高等院校机电类工程教育系列规划教材

特种加工技术

主编 花国然 刘志东
副主编 田宗军 沈理达 赵建社

电子工业出版社
Publishing House of Electronics Industry
北京·BEIJING

内 容 简 介

本书秉承"工程教育"的教学理念,实例丰富,内容全面,论述深入浅出。其内容包括绪论、电火花加工、电火花线切割加工、高能束加工、电化学加工、其他特种加工方法(涉及超声加工、磨料流加工、液体喷射加工和复合加工),以及特种加工新技术(涉及快速成形技术、微细加工技术和微机电系统应用)。同时,本书还配有电子课件和书中所有插图,可通过华信教育资源网(www.hxedu.com.cn)进行申请。

本书可作为普通高等院校或独立学院机械工程及自动化专业和相关专业的教材,也可供从事精密加工、特种加工、微细加工等研究的工程技术人员和研究生参考。

未经许可,不得以任何方式复制或抄袭本书之部分或全部内容
版权所有·侵权必究

图书在版编目(CIP)数据

特种加工技术/花国然,刘志东主编. — 北京:电子工业出版社,2012.3
高等院校机电类工程教育系列规划教材
ISBN 978-7-121-16115-5

I. ①特⋯ II. ①花⋯ ②刘⋯ III. ①特种加工－高等学校－教材 IV. ①TG66

中国版本图书馆 CIP 数据核字(2012)第 034835 号

策划编辑:余 义
责任编辑:余 义　　特约编辑:张 玉
印　　刷:北京虎彩文化传播有限公司
装　　订:北京虎彩文化传播有限公司
出版发行:电子工业出版社
　　　　　北京市海淀区万寿路 173 信箱　邮编　100036
开　　本:787×1092　1/16　印张:15　字数:403 千字
版　　次:2012 年 3 月第 1 版
印　　次:2023 年 6 月第 13 次印刷
定　　价:32.00 元

凡所购买电子工业出版社图书有缺损问题,请向购买书店调换。若书店售缺,请与本社发行部联系,联系及邮购电话:(010)88254888。
质量投诉请发邮件至 zlts@phei.com.cn,盗版侵权举报请发邮件至 dbqq@phei.com.cn。
服务热线:(010)88258888。

序

  2008年7月间，电子工业出版社邀请全国20多所高校几十位机电领域的老师，研讨符合"工程教育"要求的教材的编写方案。大家认为，这适应了目前我国高等院校工科教育发展的趋势，特别是对工科本科生实践能力的提高和创新精神的培养，都会起到积极的推动作用。

  教育部于2007年1月22日颁布了教高（2007）1号文件《教育部财政部关于实施高等学校本科教学质量与教学改革工程的意见》。同年2月17日，紧接着又颁布了教高（2007）2号文件《教育部关于进一步深化本科教学改革全面提高教学质量的若干意见》。由这两份文件，可以看到国家教育部已经决定并将逐步实施"高等学校本科教学质量与教学改革工程"（简称质量工程），而质量工程的核心思想就在于培养学生的实践能力和创新精神，提高教师队伍整体素质，以及进一步转变人才培养模式、教学内容和方法。

  教学改革和教材建设从来都是相辅相成的。经过近两年的教改实践，不少老师都积累了一定的教学经验，借此机会，编写、出版符合"工程教育"要求的教材，不仅能够满足许多学校对此类教材的需求，而且将进一步促进质量工程的深化。

  近一年来，电子工业出版社选派了骨干人员与参加编写的各位教授、专家和老师进行了深入的交流和研究。不仅在教学内容上进行了优化，而且根据不同课程的需要开辟了许多实践性、经验性和工程性较强的栏目，如"经验总结"、"应用点评"、"一般步骤"、"工程实例"、"经典案例"、"工程背景"、"设计者思维"、"学习方法"等，从而将工程中注重的理念与理论教学更有机地结合起来。此外，部分教材还融入了实验指导书和课程设计方案，这样一方面可以满足某些课程对实践教学的需要，另一方面也为教师更深入地开展实践教学提供丰富的素材。

  随着我国经济建设的发展，普通高等教育也将随之发展，并培养出适合经济建设需要的人才。"高等院校机电类工程教育系列规划教材"就站在这个发展过程的源头，将最新的教改成果推而广之，并与之共进，协调发展。希望这套教材对更多学校的教学有所裨益，对学生的理论与实践的结合发挥一定的作用。

  最后，预祝"高等院校机电类工程教育系列规划教材"项目取得成功。同时，也恳请读者对教材中的不当、不贴切、不足之处提出意见与建议，以便重印和再版时更正。

中国工程院院士、西安交通大学教授

教材编写委员会

主任委员　赵升吨(西安交通大学)

副主任委员　(按姓氏笔画排序)

　　　　　　芮延年(苏州大学)　　胡大超(上海应用技术学院)

　　　　　　钱瑞明(东南大学)　　袁清珂(广东工业大学)

参编院校

(按拼音排序)

- ※ 安徽工业大学
- ※ 长安大学
- ※ 东南大学
- ※ 广东工业大学
- ※ 华南理工大学
- ※ 华南农业大学
- ※ 淮海工学院
- ※ 吉林师范大学
- ※ 南通大学
- ※ 山东建筑大学
- ※ 陕西科技大学
- ※ 上海应用技术学院
- ※ 深圳大学
- ※ 沈阳工业大学
- ※ 苏州大学
- ※ 苏州科技学院
- ※ 同济大学
- ※ 五邑大学
- ※ 武汉科技学院
- ※ 西安电子科技大学
- ※ 西安工程大学
- ※ 西安工业大学
- ※ 西安交通大学
- ※ 西安科技大学
- ※ 西安理工大学
- ※ 西安文理学院

前　言

特种加工技术就是借助电能、电化学能、热能、声能、光能、化学能及特殊机械能等多种能量，将其施加或复合施加到工件的被加工部位上，从而实现材料被去除、变形、改变或镀覆等的非传统加工方法的统称。近年来，特种加工技术飞速发展，在航空航天、军工、汽车、模具、冶金、机械、电子、轻纺、交通等领域得到广泛应用。特种加工技术已成为衡量一个国家先进制造技术水平和能力的重要标志。

本书秉承"工程教育"的教学理念，将理论知识和实际工程应用并重，对理论推导化繁为简，侧重于结合工程实例介绍各种特种加工技术，有助于学生理解各种特种加工方法的加工原理，并使其开拓眼界，了解特种加工技术的前沿成果和发展趋势。

本书内容主要包括电火花加工、电火花线切割加工、高能束加工、电化学加工、超声加工、磨料流加工、水切割加工等特种加工方法的基本原理、设备、工艺规律、主要特点和应用范围，还包括快速成形技术、微细加工技术、微机械加工等特种加工新技术。同时，本书还配有电子课件和书中所有插图，可通过华信教育资源网（www.hxedu.com.cn）进行申请。本书可作为普通高等院校或独立学院机械工程及自动化专业和相关专业的教材，也可供从事精密加工、特种加工、微细加工等研究的工程技术人员和研究生参考。

本书由南通大学花国然教授、南京航空航天大学刘志东教授任主编，南京航空航天大学田宗军教授、沈理达副教授、赵建社副教授任副主编。全书共分7章，第1章由花国然编写，第2、3章由刘志东编写，第4章由沈理达、花国然编写，第5章由赵建社编写，第6章由南通大学居志兰、张华编写，第7章由田宗军编写。

在本书编写过程中，大量参阅了国内外同行有关资料，得到了特种加工界许多专家和朋友的支持与帮助，在此表示衷心的感谢。

本书力求结构体系清晰，取材新颖，便于学以致用，但科学技术发展迅猛，知识更新速度不断加快，加之编者水平有限，对内容的取舍及繁简深浅的把握难以准确，缺点错误在所难免，恳请广大师生、读者多提宝贵意见。

编　者
2012年2月

目　　录

第1章　绪论 ⋯⋯⋯⋯⋯⋯⋯⋯⋯⋯⋯⋯ 1
　1.1　特种加工的由来与定义 ⋯⋯⋯⋯ 1
　1.2　特种加工的分类 ⋯⋯⋯⋯⋯⋯⋯ 2
　1.3　特种加工的特点及其对机械制造
　　　 领域的影响 ⋯⋯⋯⋯⋯⋯⋯⋯⋯ 4
　1.4　特种加工的研究热点 ⋯⋯⋯⋯⋯ 7
　1.5　特种加工的地位和作用 ⋯⋯⋯⋯ 8

第2章　电火花加工 ⋯⋯⋯⋯⋯⋯⋯⋯ 9
　2.1　概述 ⋯⋯⋯⋯⋯⋯⋯⋯⋯⋯⋯⋯ 9
　　2.1.1　电火花加工的概念 ⋯⋯⋯⋯ 9
　　2.1.2　电火花加工的分类 ⋯⋯⋯⋯ 9
　2.2　电火花加工的基本原理及机理 ⋯ 10
　　2.2.1　电火花加工的基本原理 ⋯⋯ 10
　　2.2.2　电火花加工的机理 ⋯⋯⋯⋯ 11
　　2.2.3　电火花加工的极性效应 ⋯⋯ 13
　　2.2.4　电火花加工的特点 ⋯⋯⋯⋯ 14
　2.3　电火花加工的一些基本规律 ⋯⋯ 15
　　2.3.1　影响材料放电腐蚀的主要
　　　　　 因素 ⋯⋯⋯⋯⋯⋯⋯⋯⋯⋯ 15
　　2.3.2　电火花加工的加工速度和工具
　　　　　 的损耗速度 ⋯⋯⋯⋯⋯⋯⋯ 17
　　2.3.3　影响加工精度的主要因素 ⋯ 19
　　2.3.4　电火花加工的表面质量 ⋯⋯ 20
　2.4　电火花加工机床 ⋯⋯⋯⋯⋯⋯⋯ 22
　　2.4.1　电火花加工机床的型号
　　　　　 及分类 ⋯⋯⋯⋯⋯⋯⋯⋯⋯ 22
　　2.4.2　电火花加工机床本体 ⋯⋯⋯ 23
　　2.4.3　电火花加工脉冲电源 ⋯⋯⋯ 25
　2.5　电火花加工的应用 ⋯⋯⋯⋯⋯⋯ 31
　　2.5.1　火花加工工艺类型 ⋯⋯⋯⋯ 31
　　2.5.2　电火花型腔加工 ⋯⋯⋯⋯⋯ 31
　　2.5.3　电火花穿孔加工 ⋯⋯⋯⋯⋯ 37
　　2.5.4　电火花加工工艺参数关系图 ⋯ 39
　2.6　其他电火花加工技术 ⋯⋯⋯⋯⋯ 41
　　2.6.1　电火花高速小孔加工 ⋯⋯⋯ 41
　　2.6.2　电火花小孔磨削 ⋯⋯⋯⋯⋯ 42
　　2.6.3　电火花共轭回转加工 ⋯⋯⋯ 43
　　2.6.4　非导电材料电火花加工 ⋯⋯ 43
　　2.6.5　电火花表面强化和刻字 ⋯⋯ 45
　2.7　电火花加工安全防护 ⋯⋯⋯⋯⋯ 46
　2.8　电火花加工技术的发展 ⋯⋯⋯⋯ 47
　2.9　习题 ⋯⋯⋯⋯⋯⋯⋯⋯⋯⋯⋯⋯ 49

第3章　电火花线切割加工 ⋯⋯⋯⋯⋯ 50
　3.1　概述 ⋯⋯⋯⋯⋯⋯⋯⋯⋯⋯⋯⋯ 50
　　3.1.1　电火花线切割加工的概念 ⋯ 50
　　3.1.2　电火花线切割加工基本原理 ⋯ 50
　3.2　电火花线切割机床 ⋯⋯⋯⋯⋯⋯ 52
　　3.2.1　机床本体 ⋯⋯⋯⋯⋯⋯⋯⋯ 52
　　3.2.2　脉冲电源 ⋯⋯⋯⋯⋯⋯⋯⋯ 65
　3.3　电火花线切割基本规律 ⋯⋯⋯⋯ 69
　　3.3.1　切割速度及其影响因素 ⋯⋯ 69
　　3.3.2　电参数对加工的影响 ⋯⋯⋯ 69
　　3.3.3　电极丝对加工的影响 ⋯⋯⋯ 71
　3.4　电火花线切割加工工艺 ⋯⋯⋯⋯ 72
　3.5　电火花线切割加工编程 ⋯⋯⋯⋯ 76
　　3.5.1　3B程序格式 ⋯⋯⋯⋯⋯⋯⋯ 76
　　3.5.2　ISO G代码程序 ⋯⋯⋯⋯⋯⋯ 77
　　3.5.3　自动编程系统 ⋯⋯⋯⋯⋯⋯ 79
　　3.5.4　仿形编程系统 ⋯⋯⋯⋯⋯⋯ 80
　3.6　习题 ⋯⋯⋯⋯⋯⋯⋯⋯⋯⋯⋯⋯ 81

第4章　高能束加工 ⋯⋯⋯⋯⋯⋯⋯⋯ 82
　4.1　激光加工 ⋯⋯⋯⋯⋯⋯⋯⋯⋯⋯ 82
　　4.1.1　激光加工的原理与特点 ⋯⋯ 82
　　4.1.2　材料加工用激光器简介 ⋯⋯ 83
　　4.1.3　激光切割和打孔技术 ⋯⋯⋯ 87
　　4.1.4　激光焊接技术 ⋯⋯⋯⋯⋯⋯ 90
　　4.1.5　激光表面处理技术 ⋯⋯⋯⋯ 95
　　4.1.6　其他激光加工简介 ⋯⋯⋯⋯ 98
　4.2　电子束加工 ⋯⋯⋯⋯⋯⋯⋯⋯⋯ 99

4.2.1　电子束加工的基本原理 ……… 99
　　4.2.2　电子束加工的特点 ………… 101
　　4.2.3　电子束加工设备 …………… 101
　　4.2.4　电子束加工的应用 ………… 103
4.3　离子束加工 ………………………… 107
　　4.3.1　离子束加工的基本原理 …… 107
　　4.3.2　离子束加工的特点 ………… 108
　　4.3.3　离子束加工的设备 ………… 108
　　4.3.4　离子束加工的应用 ………… 109
4.4　等离子弧加工 ……………………… 114
　　4.4.1　等离子弧加工的基本原理 … 115
　　4.4.2　等离子弧加工的特点 ……… 115
　　4.4.3　等离子弧加工的设备 ……… 115
　　4.4.4　等离子弧加工的应用 ……… 116
4.5　习题 ………………………………… 117

第5章　电化学加工
5.1　概述 ………………………………… 119
　　5.1.1　电化学加工的概念 ………… 119
　　5.1.2　电化学加工的分类 ………… 128
5.2　电解加工 …………………………… 128
　　5.2.1　电解加工过程及其特点 …… 128
　　5.2.2　电解加工的基本规律 ……… 131
　　5.2.3　电解液 ……………………… 139
　　5.2.4　电解加工设备 ……………… 142
　　5.2.5　电解加工的应用 …………… 148
5.3　电铸成形及电镀加工 ……………… 153
　　5.3.1　电铸成形加工 ……………… 153
　　5.3.2　电镀加工 …………………… 154
　　5.3.3　射流电沉积 ………………… 157
5.4　习题 ………………………………… 161

第6章　其他特种加工方法
6.1　超声加工 …………………………… 162
　　6.1.1　超声加工技术发展概况 …… 162
　　6.1.2　超声加工的原理及设备 …… 162
　　6.1.3　超声加工的特点 …………… 164
　　6.1.4　超声加工的应用 …………… 164
6.2　磨料流加工 ………………………… 167

　　6.2.1　磨料流加工的基本原理 …… 167
　　6.2.2　磨料流加工的三大要素 …… 168
　　6.2.3　磨料流加工的基本特性 …… 169
　　6.2.4　磨料流加工的工艺特点 …… 170
　　6.2.5　磨料流加工的实际应用 …… 170
6.3　液体喷射加工 ……………………… 171
　　6.3.1　液体喷射加工的基本原理
　　　　　和特点 ………………………… 171
　　6.3.2　液体喷射加工的基本设备 … 172
　　6.3.3　液体喷射加工的类型及应用 … 172
6.4　复合加工 …………………………… 173
　　6.4.1　电解-电火花复合加工 ……… 173
　　6.4.2　电解-电火花机械磨削 ……… 175
　　6.4.3　超声放电加工 ……………… 179
　　6.4.4　复合电解加工 ……………… 181
　　6.4.5　复合切削加工 ……………… 186
6.5　习题 ………………………………… 190

第7章　特种加工新技术
7.1　特种加工与快速成形技术 ………… 192
　　7.1.1　快速成形技术的概念 ……… 192
　　7.1.2　快速成形工艺 ……………… 193
　　7.1.3　激光快速制造技术 ………… 201
7.2　微细加工技术 ……………………… 206
　　7.2.1　微细刻蚀 …………………… 206
　　7.2.2　LIGA 技术 ………………… 208
　　7.2.3　微细电火花加工 …………… 210
　　7.2.4　微细电铸加工 ……………… 212
　　7.2.5　微细电解加工 ……………… 214
　　7.2.6　微细高能束流加工 ………… 215
7.3　微机电系统应用 …………………… 217
　　7.3.1　微机电系统概述 …………… 217
　　7.3.2　微机电系统中的集成电路
　　　　　工艺 ………………………… 220
　　7.3.3　微机械加工实例 …………… 223
　　7.3.4　微机电系统的应用 ………… 225
7.4　习题 ………………………………… 228

参考文献 …………………………………… 229

第1章 绪 论

1.1 特种加工的由来与定义

瓦特早在 18 世纪 70 年代就发明了蒸汽机，但为何到 19 世纪才得以应用？因为苦于制造不出高精度的蒸汽机汽缸，无法推广应用。直到有人创造出和改进了汽缸镗床，解决了蒸汽机主要部件的加工工艺，才使蒸汽机得到广泛应用，引起了世界性的第一次产业革命。冷战时期，前苏联用从日本东芝公司"购买"的大型三坐标数控铣床加工出高精度潜艇用螺旋桨，噪声大大降低，使美国设在全球的侦听网失效，不得不花费大量经费与时间来研制新的侦听设备，为此美国政府对东芝公司进行制裁，不许东芝公司在相当长一段时间内进入美国市场。如果你是IT 迷，一定对 0.13 μm 不陌生，21 世纪计算机产业之所以高速发展，很重要的因素就是超大规模集成电路制造技术的不断进步。这些都归功于新技术、新加工方法的出现。

众所周知，传统的机械加工对推动人类的进步和社会的发展起到了重大的作用，从第一次产业革命到第二次世界大战前，在长达 150 多年里，人类都单纯地依靠机械切削来加工零件，用传统的机械能和切削力去除金属，其本质和特点是：

(1) 靠刀具材料比工件硬；

(2) 靠机械能切除工件上多余材料；

(3) 切削这么硬的材料，车刀很快就蹦刃。

直到 1943 年，前苏联的拉扎林柯夫妇偶然发现电火花的瞬时高温可使金属融化和汽化，由此发明了电火花加工技术。这是人类首次摆脱传统的切削加工，直接利用电能和热能去除金属的"特种加工"。

第二次世界大战后，特别是进入 21 世纪以来，随着机械加工技术，材料科学、高新技术的飞速发展和激烈的市场竞争，以及尖端国防及科学研究的需求，不仅新产品更新换代日益加快，而且要求产品具有很高的强度重量比和性能价格比，并朝着高速度、高精度、高可靠性、耐腐蚀、耐高温高压、大功率、尺寸大小两极分化的方向发展。为此，各种新材料、新结构、形状复杂的精密零件大量涌现，对机械制造业提出了一系列迫切需要解决的新问题。

(1) 各种难切削材料的加工问题　如硬质合金、钛合金、耐热钢、金刚石、宝石等。

(2) 各种特殊复杂表面的加工问题　如各种结构形状复杂、尺寸或微小或特大、精密零件的加工，喷气涡轮机叶片、巡航导弹整体涡轮、各种模具、特殊断面的型孔、喷丝头等。

(3) 具有特殊要求零件的加工问题　如薄壁、细长轴等低刚度零件，弹性元件等特殊零件的加工等。

为了解决上述问题，人们采取了以下办法：一是通过研究高效加工的刀具和刀具材料，自动优化切削参数，提高刀具可靠性和在线刀具监控系统，开发新型切削液，研制新型自动机床等途径，进一步改善切削状态，提高切削加工水平；二是采用特种加工方法。特种加工技术就是借助电能、热能、声能、光能、电化学能、化学能及特殊机械能等多种能量，或将其复合施加在工件的被加工部位上,从而实现材料的去除、变形、改变或镀覆等非传统加工方法的统称。

近年来,特种加工技术飞速发展,一方面,计算机技术、信息技术、自动化技术等在特种加工中已获得广泛应用,逐步实现了加工工艺及加工过程的系统化集成;另一方面,特种加工能充分体现学科的综合性,学科(声、光、电、能、化学等)和专业之间不断渗透、交叉、融合。因此,特种加工技术本身同样趋于系统化、集成化的发展方向。这两方面说明,特种加工已成为先进制造技术的重要组成部分。一些发达国家也非常重视特种加工技术的发展。如日本把特种加工技术和数控技术作为跨世纪发展先进制造技术的两大支柱。特种加工技术已成为衡量一个国家先进制造技术水平和能力的重要标志。

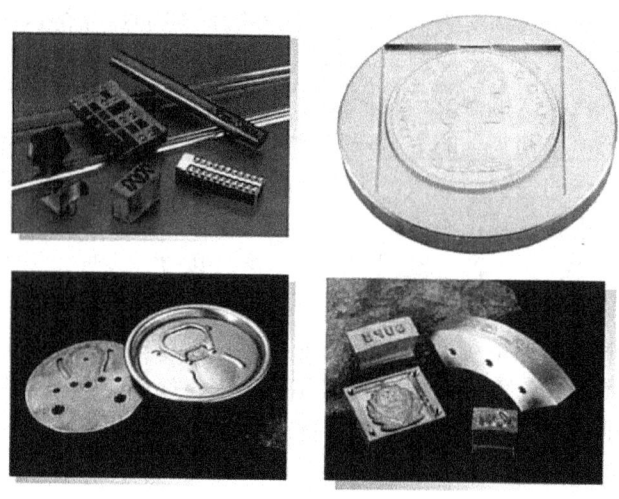

图 1-1　特种加工实例

自 20 世纪 50 年代以来,随着生产和科学技术的迅速发展,很多工业部门,尤其是国防工业部门要求尖端科技产品向高精度、高速度、耐高温、耐高压、大功率、小型化等方向发展,对机械制造部门提出了需要解决各种难切割材料,各种特殊复杂表面和各种超精、光整或具有特殊要求零件的加工问题。欲解决上述一系列工艺问题,仅仅依靠传统的切削方法很难实现,甚至根本无法实现。工艺师借助各种能量形式,探寻新的工艺途径,于是各种异于传统切割加工方法的新型特种加工应运而生。特种加工技术在国际上被称为 21 世纪的技术,主要用以解决工业制造中用常规方法无法实现的加工难题,对于军工制造业的发展,起着举足轻重的作用。

特种加工也称为非传统加工或现代加工,泛指用电能、热能、光能、水能、电化学能、化学能、声能及特殊机械能等能量达到去除或增加材料的加工方法。特种加工技术主要包括激光加工技术、高压水射流加工技术、电子束加工技术、离子束及等离子技术和电加工技术等内容。到目前为止,已经找到了多种这一类的加工方法,为区别现有的金属切削加工,将这类传统切削加工以外的新的加工方法统称为特种加工。

1.2　特种加工的分类

特种加工一般按能量来源及形式、作用原理进行分类,如表 1-1 所示。

表 1-1 常用特种加工方法分类表

特种加工		能量来源及形式	作用原理	英文缩写
电火花加工	电火花成形加工	电能、热能	熔化、汽化	EDM
	电火花线切割加工	电能、热能	熔化、汽化	WEDM
电化学加工	电解加工	电化学能	金属离子阳极溶解	ECM（ELM）
	电解磨削	电化学、机械能	阳极溶解、磨削	EGM（ECG）
	电解研磨	电化学、机械能	阳极溶解、磨削	ECH
	电铸	电化学能	金属离子阴极沉积	EFM
	涂镀	电化学能	金属离子阴极沉积	EPM
激光加工	激光切割、打孔	光能、热能	熔化、汽化	LBM
	激光打标记	光能、热能	熔化、汽化	LBM
	激光处理、表面改性	光能、热能	熔化、相变	LBM
电子束加工	切割、打孔、焊接	电能、热能	熔化、汽化	EBM
离子束加工	蚀刻、镀覆、注入	电能、动能	原子撞击	IBM
等离子弧加工	切割（喷镀）	电能、热能	熔化、汽化（涂覆）	PAM
物料切蚀加工	超声加工	声能、机械能	磨料高频撞击	USM
	磨料流加工	机械能	切蚀	AFM
	液体喷射加工	机械能	切蚀	FJM
化学加工	化学铣削	化学能	腐蚀	CHM
	化学抛光	化学能	腐蚀	CHP
	光刻	光、化学能	光化学腐蚀	PCM
快速成形	液相固化法	光、化学能	增材法加工	SL
	粉末冶金法	光、热能		SLS
	制片叠层法	光、机械能		LOM
	熔丝堆积法	电、热、机械能		FDM
复合加工	电化学电弧加工	电化学能	熔化、汽化腐蚀	ECAM
	电解电火花机械磨削	电、热能	离子转移、熔化、切削	ESMG
	电化学腐蚀加工	电化学能、热能	熔化、汽化腐蚀	ECCM
	超声放电加工	声、热、电能	熔化、切蚀	EDM−UM
	电解机械抛光	电化学、机械能	切蚀	ECMP
	超声切削加工	机械、声、磁能	切蚀	UVC

特种加工从加工原理和特点来分类，可以分为去除加工、结合加工、变形加工三大类，如表 1-2 所示。

去除加工又称为分离加工，是从工件上去除多余的材料，如金刚石刀具精密车削、精密磨削、电火花加工、电解加工等。

结合加工是利用理化方法将不同材料结合（bonding）在一起。按结合的机理、方法、强弱又可以为非附着（deposition）、注入（injection）、连接（joined）三种。附着加工又称为沉积加工，是在工件表面上覆盖一层物质，属于弱结合，如电镀、气象沉积等。注入加工又称为渗入加工，是在工件的表层注入某些元素，使之与工件基体材料产生物化反应，以改变工件表层材料的力学、机械性质，属于强结合，如表面渗碳、离子注入等。连接是将两种相同或不同的材料通过物化方法连接在一起，如焊接、粘接等。

变形加工又称为流动加工，是利用力、热、分子运动等手段使工件产生变形，改变其尺寸、形状和性能，如液晶定向。

表 1-2 特种加工方法

分类	加工成形原理		主要加工方法
去除加工	电物理加工		电火花线切割加工、电火花加工
	电化学加工、化学加工		电解加工、蚀刻（电子术曝光）、化学机械抛光
	力学加工（力溅射）		超声加工、离子溅射加工、等离子体加工、磨料喷射加工、超高压水射流加工、电子束加工、激光加工
	热物理加工（热蒸发、热扩散、热溶解）		
结合加工	附着加工	化学	化学镀、化学气相沉积
		电化学	电镀、电铸
		热物理（热熔化）	真空蒸镀、熔化镀
		力物理	离子镀（离子沉积）、物理气相沉积
	注入加工（渗入加工）	化学	氧化、渗氮、活性化学反应
		电化学	阳极氧化
		热物理（热扩散）	晶体生长、分子束外延、渗杂、渗碳
		力物理	离子束外延、离子注入
	连接加工	热物理、电物理化学	激光焊接、快速成形加工、化学粘接
变形加工（流动加工）	热流动，表面热流动		塑性流动加工（气体火焰、高频电流、热射线、电子束、激光）
	黏滞流动		液体流动加工（金属、塑料、橡胶等注塑或压铸），液晶定向
	分子定向		

目前，特种加工技术已成为先进制造技术中不可缺少的分支，在难切割、复杂型面、精细表面、优质表面、低刚度零件及模具加工等领域中已成为重要的工艺方法。

就总体而言，特种加工可以加工任何硬度、强度、韧性、脆性的金属或非金属材料，且专长于加工复杂、微细表面和低刚度零件，同时，有些方法还可以进行超精加工、镜面光整加工和纳米加工。

外因是条件，内因是根本，事物发展的根本原因在于事物的内部。特种加工之所以能产生和发展的内因，在于它具有切削加工所不具有的本质和特点。同时，也充分说明三新（新材料、新技术、新工艺）对新产品的研制、推广和社会经济的发展起着重大的推动作用。

1.3 特种加工的特点及其对机械制造领域的影响

现代特种加工（non-traditional machining）技术是借助电能、热能、光能、声能、电化学能、化学能及特殊机械能等多种能量或其复合以实现切除材料的加工方法。与常规机械加工方法相比，现代特种加工具有如下特点。

(1) 主要用其他能量去除金属材料。

有些加工方法，如激光加工、电火花加工、等离子弧加工、电化学加工等是利用热能、化学能、电化学能等去除多余材料。这些加工方法在加工范围上不受材料的物理、机械性能限制，能加工硬、软、脆、耐热或耐腐蚀、高熔点、高强度、特殊性能的金属和非金属材料。

(2) "以柔克刚",非接触加工。

特种加工不一定需要工具。有的要使用工具,但与工件不接触,加工时不受工件的强度和硬度的制约,工件不承受大的作用力,加工过程中工具和工件间不存在机械切削力,故可加工超硬材料和精密微细零件,以及刚性极低的元件和弹性元件,甚至工具材料的硬度可低于工件材料的硬度。

(3) 易于加工比较复杂的型面、微细表面及柔性零件。

有些特种加工,如超声、电化学、水射流、磨料流等,加工余量都是微细的,故不仅可加工尺寸微小的孔或狭缝,而且能获得较高精度、较低粗糙度的加工表面。

(4) 两种或更多种不同类型的能量可相互组合形成新的复合加工,其复合加工效果明显,且便于推广使用。

各种加工方法的任意复合可扬长避短,形成新的复合工艺方法,更突出其优越性,便于扩大应用范围。近年来复合加工的方法发展迅速,应用十分广泛。目前,许多精密加工和超精密加工方法采用了激光加工、电子束加工、离子束加工等特种加工工艺,开辟了精密加工和超精密加工的新途径。

(5) 加工能量易于控制和转换,加工范围广,适应性强。

特种加工中的能量易于实现转换和控制,工件在一次装夹中可实现粗、精加工,有利于保证加工精度,提高生产率。

(6) 向精密加工方向发展。

当前已出现了精密特种加工,许多特种加工方法同时又是精密加工方法、微细加工方法,如电子束加工、离子束加工、激光束加工等就是精密特种加工。精密电火花加工的加工精密可达 $0.5 \sim 1~\mu m$,表面粗糙度 Ra 可达 $0.02~\mu m$。

(7) 用简单运动加工复杂型面。

特种加工技术只需简单的进给运动即可加工出三维复杂型面,故已成为加工复杂型面的主要加工手段。

(8) 不产生宏观切屑,可以获得良好的表面质量。

不产生强烈的弹、塑性变形,残余应力、热应力、热影响区、冷作硬化等均比较小,尺寸稳定性好,不存在加工中的机械应变或大面积的热应变,热影响区及毛刺等表面缺陷均比机械切割表面小。

由于特种加工技术具有其他常规加工技术无法比拟的优点,在现代加工技术中,占有越来越重要的地位。表面粗糙度 $Ra < 0.01~\mu m$ 的超精密表面加工,非采用特种加工技术不可。特种加工已经成为必要的手段,甚至是唯一的手段。如今,特种加工技术的应用已遍及民用和军用的各个加工领域。

当前,虽然传统加工方法仍占有较大的比例,是主要的加工手段,应该重视并进一步发展,但由于特种加工的迅速兴起,不仅出现了许多新的加工机理,而且出现了各种复合加工技术,将几种加工方法融合在一起,发挥各自所长,相辅相成,因而提高了加工精度、表面质量和加工效率,扩大了加工应用范围。

由于特种加工技术逐渐被广泛应用,已经引起了机械制造领域内的许多变革。例如,对材料的可加工性、工艺路线的安排、新产品的试制过程、零件结构设计、零件结构工艺性好坏的衡量标准等产生了一系列的影响。

1) 提高了材料的可加工性

一般情况下，认为金刚石、硬质合金、淬火钢、石英、玻璃、陶瓷等是难加工的。现在已经广泛采用的聚晶金刚石、聚晶立方氮化硼等制造的刀具、工具、拉丝模等，可以采用电火花、电解、激光等多种方法来加工。工件材料的可加工性不再与其硬度、强度、韧性、脆性等有直接的关系。对于电火花、线切割等加工技术而言，淬火钢比未淬火钢更容易加工。

2) 改变了零件的典型工艺路线

工艺人员都知道，除磨削外，其他切削加工、成形加工等都应在淬火热处理之前加工完毕，但特种加工的出现，改变了这种定型的程序格式。因为特种加工基本上不受工件硬度的影响，而且为免除加工后淬火热处理的变形，一般都先淬火后加工。例如，电火花线切割加工、电火花成形加工和电解加工等都是在淬火后进行的。

特种加工的出现还对以往工序的"分散"和"集中"引起了影响。以加工齿轮、连杆等型腔锻模为例，由于精密加工与特种加工过程中没有显著的机械作用力，机床、夹具、工具的强度和刚度不是主要矛盾，即使是较大的、复杂的加工表面，往往使用一个复杂工具，经过一次安装、一道工序加工出来，工序比较集中。

3) 缩短了新产品的试制周期

在新产品试制时，若采用光电、数控电火花线切割，便可直接加工出各种标准和非标准直齿轮（包括非圆齿轮、非渐开线齿轮）、微电机定子和转子硅钢片、各种变压器铁心、各种特殊或复杂的二次曲面体零件，从而省去设计和制造相应的刀具、夹具、量具、模具及二次工具，大大地缩短了试制周期。快速成形技术更是试制新产品的必要手段，改变了过去传统的产品试制模式。

4) 影响产品零件的结构设计

例如，为了减小应力集中，花键孔、轴的齿根部分应设计和制成小圆角。但拉削加工时刀齿做成圆角对切削和排屑不利，且容易磨损，故只能设计与制成清棱清角的齿根；而用电解加工时由于存在尖角变圆现象，因此可用来加工采用圆角的齿根。又如各种复杂冲模（山形硅钢片冲模），常规制造方法由于不易制造往往采用镶拼结构，而采用电火花线切割加工后，即使是硬质合金的刀具、模具，也可以制成整体结构。喷气发动机涡轮也由于电加工而采用扭曲叶片带冠整体结构，大大提高了发动机性能。由此可见，特种加工使产品零件可以更多地采用整体性结构。

5) 重新衡量传统结构工艺性的好坏

方孔、小孔、弯孔和窄缝等过去被认为工艺性很坏，在结构上应尽量避免，而特种加工的应用改变了这种现象。对于电火花穿孔、电火花线切割工艺来说，加工方孔和加工圆孔的难易程度是一样的。对于喷油嘴小孔，喷丝头小异形孔，涡轮叶片中大量的小冷却深孔、窄缝，静压轴承、静压导轨的内油囊型腔，采用电加工后由难变易了。过去，若淬火后忘了钻定位销孔、铣槽等工艺，淬火后这种工件只能报废，现在则大可不必，可用电火花打孔、切槽进行补救。相反，有时为了避免淬火开裂、变形等影响，故意把钻孔、开槽等工艺安排在淬火之后，这在不了解特种加工的审查人员看来，将认为是工艺、设计人员的"过错"，其实是他们没有及时进行知识更新。过去很多不可修复的废品，现在都可用特种加工的方法进行修复。例如，啮合不好的齿轮可用电火花跑合；尺寸磨小了的轴、磨大了的孔，以及工作中磨损了的轴和孔，均可用电刷镀修复。

如何经济高效地加工超强超硬材料上的细长孔是一个现实的问题。目前，细长孔的机加工方式主要采用枪钻和改良型专用钻头。加工超强材料时,枪钻磨损很大,效率很低,易折断,加工成本高,更难以进行批量加工。改良型专用钻头因为很长,刚性极差,加工出的细长孔往往出现偏斜,且一旦钻头磨损,很容易出现强度极高的毛刺,若在盲孔内出现毛刺,则去除将非常困难,从而严重影响产品的性能。因此,对于超硬材料产品上的超长孔(如孔径$\phi 2$ mm,孔深 300 mm 以上),可采用电加工方法加工细长孔。

综上所述,特种加工技术在机械制造中发挥着重要作用,已成为现代制造技术不可分割的重要组成部分。随着科学技术和现代工业的发展,特种加工必将不断完善和迅速发展,反过来又必将推动科学技术和现代工业的发展,并发挥越来越重要的作用。

1.4 特种加工的研究热点

国外电解加工应用较广,除叶片和整体叶轮外已扩大到机匣、盘环零件和深小孔加工,用电解加工可加工出高精度金属反射镜面。目前,电解加工机床最大容量达到 5 万安培,并已实现 CNC 控制和多参数自适应控制。电火花加工气膜孔采用多通道、纳秒级、超高频脉冲电源和多电极同时加工的专用设计,加工效率为 2~3 s/孔,表面粗糙度为 0.4 μm。通用高档电火花成形及线切割已能提供微米级加工精度,可加工 3 μm 的微细孔和 5 μm 的孔。根据上述现状,为进一步提高特种加工技术的应用范围,今后特种加工技术的发展趋势有以下 3 个方面。

1) 微细化

特种加工技术适宜于复杂微机械结构的加工。目前,国内外对电火花、电化学、激光和超声微细加工的研究方兴未艾,微细化已经成为特种加工技术的重要发展方向。

在理论研究方面,英国的 D. T. Pham 等人对微细电火花加工的工艺和面临的问题进行了综述。电火花微细加工的主要工艺方法有线切割加工(线电极直径小于 20 μm)、成形钻削(电极直径 5~10 μm)和铣削(电极直径 5~10 μm)。而电极的装夹和在线制作、电极和工件的在线测量、加工精度的测量和评价,以及火花放电过程的随机性,都是阻碍电火花加工应用于微细领域的主要问题。

在实际应用方面,瑞士的 Ivano Beltrami 等人研制出了一种小型化的高精度微细电火花加工机床,工作行程为 8 mm × 8 mm × 8 mm,具有 5 nm 的分辨率和 600 Hz 的带宽。而英国的 Hideki Takezawa 等人则研制出了一种微细电火花加工中心,可用于工件的加工和测量。

2) 复合化

许多新的特种加工方法来自于几种已有加工方法的结合,通过对多种加工方法进行取长补短,形成新的复合加工方法,从而获得更高的加工精度和加工效率。

电解电火花加工综合了电解加工和电火花加工的特点。工具和工件间充满了电解液,使用直流脉冲电源,工具接阴极,工件接阳极,这样加工工件既包括了电火花的蚀除作用,又包括了电化学的溶解作用。电解电火花加工同时具有电火花加工的高精度和电化学加工的高效率。例如,电解电火花加工可用于非导电脆性材料(如光学玻璃和石英棒)的切片。

在微细加工中,可将线电极电火花磨削(WEDG)和单脉冲电火花放电(OPED)结合起来制造了微球形探针,该探针可应用于坐标测量机。这种方法先利用线电极电火花磨削加工电极,然后将加工后的电极移动到工件上方进行单脉冲电火花放电加工。

3) 自动化

以计算机技术、通信技术和控制技术为代表的信息技术已成为社会生产力发展的重要推动力。制造技术与信息技术相结合，使得加工过程具有自动化、柔性化、集成化和智能化的特点，以 CAD/CAM 为代表的 CAX 技术、以模糊逻辑控制和人工神经网络为代表的智能控制技术，在特种加工的各个领域都得到了广泛的应用。

基于 PC 的开放式数控系统有 PC 嵌入 NC、NC 嵌入 PC 和全软件 NC 等结构。中国台湾的颜木田等人开发的微细电火花线切割加工数控系统采用了 NC 嵌入 PC 的结构。该系统主要由 PC 和基于 DSP（TMS320C32）的运动控制卡组成，二者通过双端口 RAM 通信。PC 主要实现数控代码解释、人机界面和网络功能，运动控制卡主要实现逻辑控制、运动控制和程序控制功能。

哈尔滨工业大学特种加工及机电控制研究所为微细电火花铣削开发了专用的 CAD/CAM 系统。该系统能针对微三维结构的形状选择最优的加工路径，并对电极的损耗进行补偿，能保证自由曲面加工的精度。利用微细电火花铣削方法在直径 1 mm 的圆形范围内加工出人脸轮廓。

特种加工技术是机械、电子、信息和材料技术的集成，体现了各项技术的最新研究成果，发展十分迅速。加工尺度的微细化、加工方法的复合化和加工过程的自动化，已成为近年来特种加工的研究热点。随着科学技术的飞速发展，特种加工技术必将进一步更新和扩展，在制造业中发挥更大、更重要的作用。

1.5 特种加工的地位和作用

特种加工技术已经成为在国际竞争中取得成功的关键技术。发展尖端技术、国防工业、微电子工业等，都需要特种加工技术来制造相关的仪器、设备和产品。在制造业自动化领域，已经进行了大量有关计算机辅助制造软件的开发，如计算机辅助设计（CAD）、计算机辅助工程分析（CAE）、计算机辅助工艺过程设计（CAPP）、计算机辅助加工（CAM）等；又如面向装配的设计（DFA）、面向制造的设计（DPM）等，统称为面向工程的设计（DFX）；同时进行了计算机集成制造技术（CIM），生产模式如精良生产、敏捷制造、虚拟制造及绿色制造等研究，这些都是十分重要和必要的，代表了当今社会高新制造技术的一个重要方面。但是，作为制造技术的主战场，作为真实产品的实际制造，必然要依靠特种加工技术。例如，计算机工业的发展不仅要在软件上，还要在硬件上，即在集成电路芯片上有很强的设计、开发和制造能力。目前，我国集成电路的制造水平制约了计算机工业的发展。

我国对特种加工技术既有广大的社会需求，又有巨大的发展潜力。目前，我国特种加工的整体技术水平与发达国家还存在着较大的差距，需要我们不断地拼搏和努力，加速开展在这些方面的研究开发和推广应用等工作。

特种加工主要用于航空航天、军工、汽车、模具、冶金、机械、电子、轻纺、交通等工业中。例如，航空航天工业中各类复杂深小孔加工，发动机蜂窝环、叶片、整体叶轮加工，复杂零件三维型腔、型孔、群孔和窄缝等的加工。在军事工业中，尤其对新型武器装配的研制和生产中，无论飞机、导弹，还是其他作战平台，都要求减小结构重量及燃油消耗，提高飞行速度，增大航程，达到战技性能高、结构寿命长、经济可承受性好的目的。在这些领域，特种加工发挥着极其重要的并且是不可替代的作用。

第 2 章　电火花加工

2.1　概述

2.1.1　电火花加工的概念

所谓电火花加工（Electrical Discharge Machine，EDM），是在介质中，利用两极（工具电极与工件电极）之间脉冲性火花放电时的电腐蚀现象对材料进行加工，以使零件的尺寸、形状和表面质量达到预定要求的加工方法。在火花放电时，火花通道内会瞬时产生大量的热，致使电极表面的金属产生局部熔化甚至汽化而被蚀除下来。电火花加工表面不同于普通金属切削表面具有规则的切削痕迹，其表面是由无数个不规则的放电凹坑组成。图 2-1 中分别展示了磨削加工表面、电火花成形加工表面及电火花线切割表面的微观形貌。

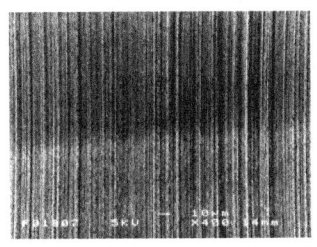
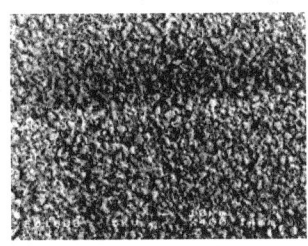

(a) 磨削加工　　　　　　(b) 电火花成形加工　　　　　　(c) 电火花线切割加工

图 2-1　不同加工方式表面微观形貌照片

【背景知识 2-1】　电火花加工是如何发明的？

真正的电火花加工开始于 1943 年，以前苏联莫斯科大学的教授拉扎连科夫妇发现的电火花放电原理为标志。当时正值第二次世界大战时期，前苏联政府要求他们夫妇领导的科研小组研究如何减小钨开关触点因通电时产生火花而导致的电腐蚀，以延长钨开关的使用寿命。该问题在当时的机动车辆，尤其是坦克上尤为突出，并大大影响了坦克的使用可靠性及寿命。在实验中他们把触点浸入油中，希望可以减少火花导致的电蚀现象，但实验并未成功。不过，他们却发现浸入油中的触点产生的火花电蚀凹坑比空气中的更加一致并且大小可控，于是就想到利用这种现象采用火花放电的方法进行材料的放电腐蚀，从而发明了世界上第一台电火花加工机床。1946 年，拉扎连科夫妇因此获得斯大林奖章。

2.1.2　电火花加工的分类

按工具电极与工件相对运动的方式和用途的不同，电火花加工大致可分为电火花穿孔成形加工，电火花线切割加工，电火花内孔、外孔和成形磨削，电火花同步共轭回转加工，电火花高速小孔加工，电火花表面强化与刻字六大类。前五类属于电火花成形、尺寸加工，是用于改变工件形状和尺寸的加工方法；后一类则属于表面加工方法，用于改善或改变零件表面性质。

目前，以电火花穿孔成形加工和电火花线切割加工应用最为广泛。表 2-1 中列出了电火花加工的分类及适用范围。

表 2-1 电火花加工的分类及适用范围

类别	工艺类型	特点	适用范围	备注
1	电火花穿孔成形加工	(1) 工具和工件间有一个相对的伺服进给运动 (2) 工具为成形电极，与被加工表面有相对应的形状	(1) 穿孔加工：各种冲模、挤压模、粉末冶金模、异形孔及微孔等 (2) 型腔加工：加工各类型腔模及各种复杂的型腔工件	约占电火花加工机床总数的 20%，典型机床有 DK7125、D7140 等电火花成形机床
2	电火花线切割加工	(1) 工具电极为移动的线状电极 (2) 工具与工件在两个水平方向同时有相对伺服进给运动	(1) 切割各种冲模和具有直纹面的零件 (2) 下料、截割和窄缝加工	约占电火花机床总数的 70%，典型机床有 DK7725、DK7632 等数控电火花线切割机床
3	电火花内孔、外圆和成形磨削	(1) 工具与工件有相对的旋转运动 (2) 工具与工件间有径向和轴向的进给运动	(1) 加工高精度、表面粗糙度值小的小孔，如拉丝模、挤压模、微型轴承内环、钻套等 (2) 加工外圆、小模数滚刀等	约占电火花机床总数的 3%，典型机床有 D6310 电火花小孔内圆磨床等
4	电火花同步共轭回转加工	(1) 成形工具与工件均做旋转运动，但二者角速度相等或成整倍数，相对应接近的放电点可有切向相对运动速度 (2) 工具相对工件可做纵、横向进给运动	以同步回转、展成回转、倍角速度回转等不同方式，加工各种复杂型面的零件，如高精度的异形齿轮，精密螺纹环规，高精度、高对称度、表面粗糙度值小的内、外回转体表面等	约占电火花机床总数不足 1%，典型机床 JN—2、JN—8 内外螺纹加工机床等
5	电火花高速小孔加工	(1) 采用细管（>φ0.3 mm）电极，管内冲入高压水 (2) 细管电极旋转 (3) 穿孔速度高（30~60 mm/min）	(1) 线切割预穿丝孔 (2) 深径比很大的小孔，如喷嘴等	约占电火花加工机床总数的 3%，典型机床有 D703A 电火花高速小孔加工机床等
6	电火花表面强化与刻字	(1) 工具在工件表面上振动，在空气中火花放电 (2) 工具相对工件移动	(1) 模具刃口，刀、量具刃口表面强化和镀覆 (2) 电火花刻字、打印记	约占电火花加工机床总数的 1%~2%，典型设备有 D9105 电火花强化机等

2.2 电火花加工的基本原理及机理

2.2.1 电火花加工的基本原理

实现电火花加工应具备如下条件。

(1) 工具电极和工件电极之间在加工中必须保持一定的间隙，一般是几个微米至数百微米。若两个电极距离过大，则脉冲电压不能击穿介质，也不能产生火花放电；若两个电极短路，则在两个电极间没有脉冲能量消耗，也不可能实现电腐蚀加工。因此，加工中必须用自动进给调节机构来保证加工间隙随加工状态而变化，如图 2-2 所示。

(2) 火花放电必须在有一定绝缘性能的液体介质中进行，如火花油、水溶性工作液或去离子水等。液体介质有压缩放电通道的作用，同时液体介质还能把电火花加工过程中产生的金属蚀除产物、碳黑等从放电间隙中排出去，并对电极和工件起到较好的冷却作用。

(3) 放电点局部区域的功率密度足够高，即放电通道要有很高的电流密度（一般为 10^5~10^6 A/cm^2）。放电时所产生的热量，足以使工件表面金属局部瞬时熔化甚至汽化，从而在被加工材料表面形成一个电蚀凹坑。

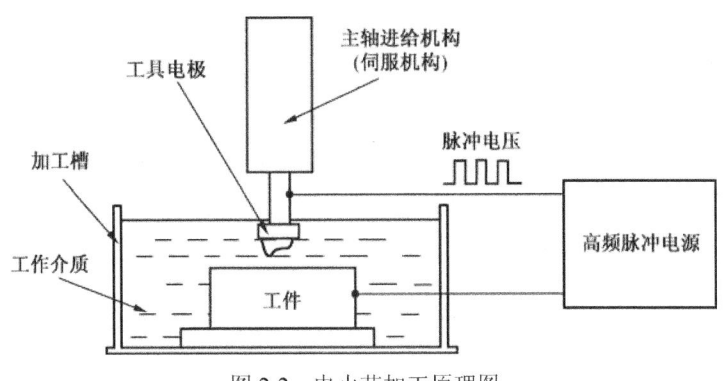

图 2-2　电火花加工原理图

(4) 火花放电是瞬时的脉冲性放电，放电的持续时间一般为 $10^{-7} \sim 10^{-3}$ s。由于放电时间短，放电时产生的热量来不及扩散到工件材料内部，能量集中，温度高，放电点集中在很小范围内。如果放电时间过长，就会形成持续电弧放电，使加工表面材料大范围熔化烧伤而无法作为尺寸加工的工艺方法进行。

(5) 在先后两次脉冲放电之间，有足够的停歇时间，排除电蚀产物，使极间介质充分消电离，恢复介电性能，以保证下次脉冲放电不在同一点进行，避免发生局部烧伤现象，使重复性脉冲放电顺利进行。

脉冲电源的放电电压及电流波形如图 2-3 所示。

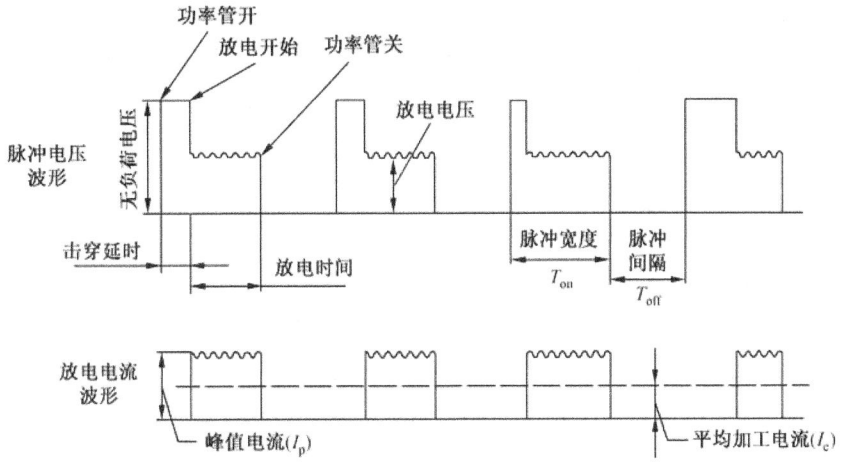

图 2-3　脉冲电源的放电电压及电流波形

2.2.2　电火花加工的机理

每次电火花放电的微观过程都是电场力、磁力、热力、流体动力、电化学和胶体化学等综合作用的过程。这一过程大致可分以下四个连续阶段：极间介质的电离、击穿，形成放电通道；介质热分解、电极材料熔化、汽化热膨胀；电极对材料的抛出；极间介质的消电离。

(1) 极间介质的电离、击穿，形成放电通道。任何物质的原子均是由原子核与围绕着原子核并且在一定轨道上绕行的电子组成，而原子核又由带正电的质子和不带电的中子组成，如图 2-4 所示。对于极间的介质，当极间没有施加脉冲电压时，两电极的极间状态如图 2-5 所示。当脉冲电压施加于工具电极与工件之间时，两电极间立即形成一个电场。电场强度与电压成正比，与距离成反比，随着极间电压的升高或极间距离的减小，极间电场也将随着增大。由于工具电极和工件的微观表面凸凹不平，极间距离又很小，因而极间电场强度是不均匀的，两电极间离得最近的突出或尖端处的电场强度最大。当电场强度增加到一定程度后，将导致介质原子中绕轨道运行的电子摆脱原子核的吸引成为自由电子，而原子核成为带正电的离子，并且电子和离子在电场力的作用下，分别向正极与负极运动，形成放电通道，如图2-6所示。

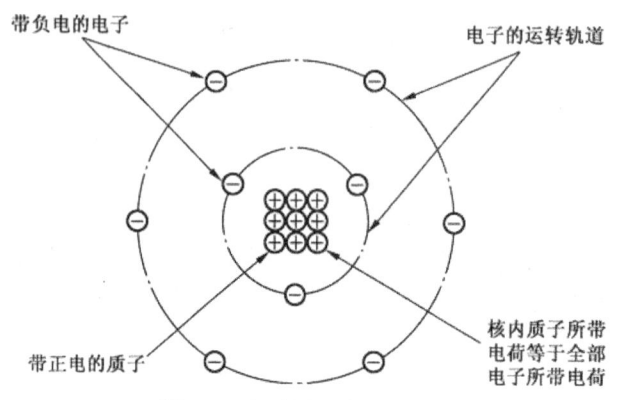

图2-4 介质原子结构示意图

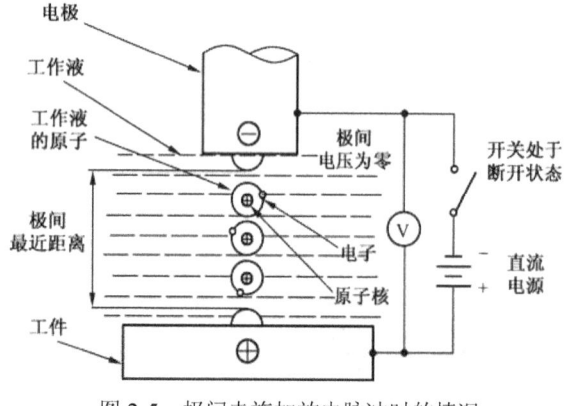

图2-5 极间未施加放电脉冲时的情况

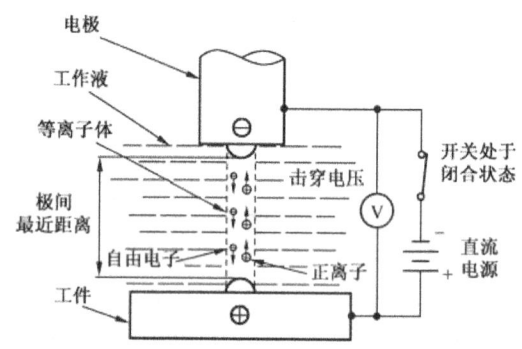

图2-6 极间施加放电脉冲形成放电通道的情况

（2）介质热分解、电极对材料熔化、汽化热膨胀。极间介质一旦被电离、击穿，形成放电通道后，脉冲电源将使通道内的电子高速奔向正极，正离子奔向负极，电能变成动能，动能通过带电粒子对相应电极材料的高速碰撞转变为热能。于是，在通道内正极和负极表面分别产生瞬时热源，并达到很高的温度。正负极表面的高温除使周围工作液汽化、热分解外，也使金属材料熔化甚至沸腾汽化，这些汽化的工作液和金属蒸气，瞬间体积猛增，在放电间隙内成为气泡，迅速热膨胀，就像火药、爆竹点燃后具有爆炸特性一样。观察电火花加工过程，可以看到放电间隙间冒出气泡，工作液逐渐变黑，并可听到轻微而清脆的爆炸声。

【机理解释2-1】 粒子轰击作用的直观解释

在放电通道内，电子、正离子在电场作用下奔向正极、负极的过程就犹如陨石从天外受到地球的吸引而撞击地球表面一样，由于陨石高速运动而发生的撞击，将产生巨大的热量，从而发生爆炸，形成陨石坑。

（3）电极材料的抛出。通道内的正负电极表面放电点瞬时高温使工作液汽化并使两电极对应表面金属材料产生熔化、汽化，如图2-7所示。通道内的热膨胀产生很高的瞬时压力，使汽化了的气体体积不断向外膨胀，形成一个扩张的"气泡"，从而将熔化或汽化的金属材料推挤、抛出，使其进入工作液中。抛出的两极带电荷的材料在放电通道内汇集后进行中和及凝聚，如图2-8所示，最终形成了细小的中性圆球颗粒，成为电火花加工的蚀除产物，如图2-9所示。实际上，熔化和汽化了的金属在抛离电极表面时，向四处飞溅，除绝大部分抛入工作液中收缩成小颗粒外，还有一小部分飞溅、镀覆、吸附在对面的电极表面上。这种互相飞溅、镀覆及吸附的现象，在某些条件下可以用来减小或补偿工具电极在加工过程中的损耗。

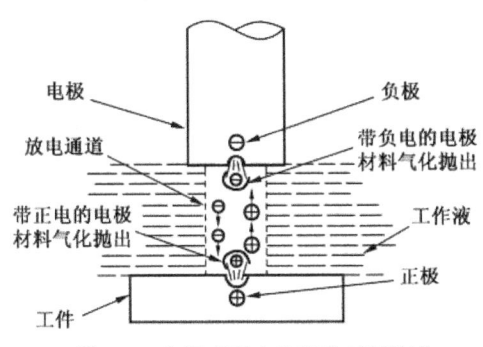

图2-7 电极表面产生熔化甚至汽化

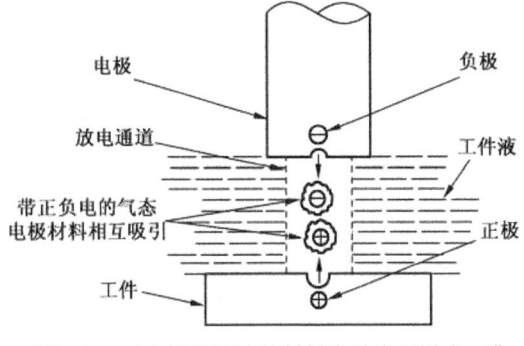

图2-8 两电极被蚀除的材料在放电通道内汇集

(4) 极间介质的消电离。随着脉冲电压的结束，脉冲电流也迅速降为零，但此后仍应有一段间隔时间，使间隙介质消除电离。即放电通道中的正负带电粒子复合为中性粒子（原子），并且将通道内已经形成的放电蚀除产物及一些中和的带电微粒尽可能排出通道，恢复本次放电通道处间隙介质的绝缘强度，以及降低电极表面温度等，从而避免由于此放电通道绝缘强度较低，下次放电仍然可能在此处击穿而导致的总是重复在同一处击穿产生电弧放电的现象，以保证在别处按两极相对最近处或电阻率最小处形成下一个放电通道，从而形成均匀的电火花加工表面。

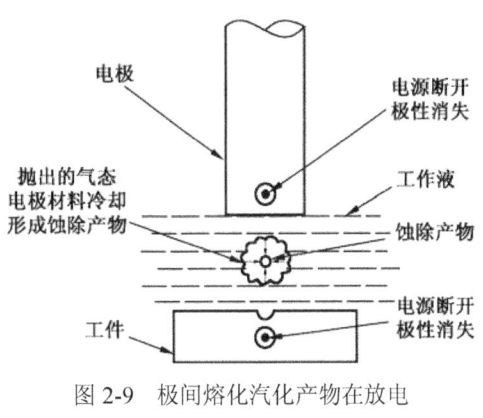

图2-9 极间熔化汽化产物在放电通道内汇集形成蚀除产物

2.2.3 电火花加工的极性效应

由电火花放电的微观过程可知，在电火花加工过程中，无论是正极还是负极，都会受到粒子轰击产生不同程度的电蚀。即使是相同材料（例如用钢加工钢），正、负电极的电蚀量也不同。这种单纯由于正、负极性不同而彼此电蚀量不一样的现象称为极性效应。如果两极材料不同，则极性效应更加复杂。在我国，通常把工件接脉冲电源的正极（工具电极接负极）时，定义为"正极性"加工；反之，工件接脉冲电源的负极（工具电极接正极）时，定义为"负极性"加工，又称"反极性"加工。

产生极性效应的原因很复杂，对这一问题的原则性解释是：在火花放电过程中，正、负电极表面分别受到负电子和正离子的轰击和瞬时热源的作用，由于两极表面所分配到的能量不一样，因而熔化、汽化抛出的电蚀量也不一样。因为电子的质量和惯性均小，容易获得很大的加速度和速度，在介质击穿放电的初始阶段就有大量的电子奔向正极，把能量传递到正极表面，使其迅速熔化和汽化；而正离子则由于质量和惯性较大，启动和加速较慢，在击穿放电的初始阶段，大量的正离子来不及到达负极表面，到达负极表面并传递能量的只有一小部分正离子。所以，在用短脉冲加工时，负电子对正极的轰击作用大于正离子对负极的轰击作用，正极的蚀除速度大于负极的蚀除速度，这时工件应接正极。当采用长脉冲（即放电持续时间较长）加工时，质量和惯性大的正离子将有足够的时间加速，到达并轰击负极表面的离子数将随放电时间的延长而增多。由于正离子的质量大，对负极表面的轰击破坏作用强，故长脉冲时负极的蚀除速度将大于正极，这时工件应接负极。因此，当采用窄脉冲（如纯铜电极加工钢时，$T_{on} < 10\ \mu s$）精加工时，应选用正极性加工；当采用长脉冲（如纯铜加工钢时，$T_{on} > 100\ \mu s$）粗加工时，应采用负极性加工，以得到较高的蚀除速度和较低的电极损耗。

能量在两极上的分配对两电极电蚀量的影响是一个极为重要的因素，而电子和正离子对电极表面的轰击则是影响能量分布的主要因素，因此，电子轰击和正离子轰击无疑是影响极性效应的重要因素。但是，近年来的生产实践和研究结果表明，正电极表面能吸附分解油性工作介质因放电高温而产生游离出来的碳微粒，减小电极损耗。因此，极性效应是一个较为复杂的问题，它除了受脉宽、脉间的影响外，还要受到正极吸附碳黑保护膜和脉冲峰值电流、放电电压、工作液及电极对材料等因素的影响。

从提高加工生产率和减小工具损耗的角度来看，极性效应越显著越好，故在电火花加工过程中必须充分利用极性效应。当用交变的脉冲电压加工时，单个脉冲的极性效应便会相互抵消，增加工具的损耗，因此，电火花加工一般都采用单向脉冲电源。

除了充分利用极性效应、正确选用极性、最大限度地降低工具电极的损耗外，还应合理选用工具电极的材料，根据电极对材料的物理性能和加工要求选用最佳的电参数，使工件的蚀除速度最大，工具损耗尽可能小。

【机理解释 2-2】 极性效应的直观解释

可以把电子和正离子直观地比喻为小汽车和火车。小汽车的质量小，加速很快，而火车的质量很大，加速起来很慢，因此在短时间内小汽车可以很快获得高速，而火车的加速时间却很长，但一旦火车获得高速后其产生的冲击作用比小汽车要巨大得多。

2.2.4 电火花加工的特点

电火花加工是与机械加工完全不同的一种工艺方法，由于电火花加工有其独特的优越性，再加上数控水平和工艺技术的不断提高，因此其应用领域日益扩大，已经覆盖到机械、宇航、航空、电子、核能、仪器、轻工等部门，用以解决各种难加工材料、复杂形状零件和有特殊要求的零件制造，成为常规切削、磨削加工的重要补充和拓展。其中，模具制造是电火花加工应用最多的领域，而且非常典型。

电火花加工的优点如下：

(1) 适合于难切削材料的加工。由于加工中材料的去除是靠放电时的电热作用实现的，材料的可加工性主要与材料的导电性及其热学特性，如电阻率、熔点、沸点（汽化点）、比热容、热导率等有关，而几乎与其力学性能（硬度、强度等）无关，因此可以突破传统切削加工中对刀具的限制，实现用软的工具加工硬、韧的工件，甚至可以加工像聚晶金刚石、立方氮化硼一类的超硬材料。目前，电极材料多采用纯铜（俗称紫铜）或石墨，因此工具电极较容易制得。

(2) 可以加工特殊及复杂形状的零件。由于加工中工具电极与工件不直接接触，没有机械加工的切削力，因此适宜加工低刚度工件及进行微细加工。由于可以简单地将工具电极的形状复制到工件上，因此特别适用于复杂表面形状工件的加工，如复杂型腔模具加工等。另外，数控技术的采用使得用简单电极加工复杂形状工件也成为可能。

(3) 易于实现加工过程自动化。由于是直接利用电能加工，而电能、电参数较机械量易于实现数字控制、适应控制、智能化控制和无人化操作等。

(4) 可以改进结构设计，改善结构的工艺性。可以将拼镶结构的硬质合金冲模改为用电火花加工的整体结构，缩短了加工工时和装配工时，延长了使用寿命。如喷气发动机中的叶轮，采用电火花加工后可以将拼攘、焊接结构改为整体叶轮制造，既大大提高了工作可靠性，又大大减小了体积和质量。

(5) 脉冲放电持续时间极短，放电时产生的热量传导范围小，材料受热影响范围小。

电火花加工也有其一定的局限性，具体是：

(1) 只能用于加工金属等导电材料。不像切削加工那样可以加工塑料、陶瓷等绝缘的非导电材料。但近年来研究表明，在一定条件下也可加工半导体和聚晶金刚石等非导体超硬材料。

(2) 加工速度一般较慢。因此，通常安排工艺时，多采用切削方法先去除大部分余量，然后再进行电火花加工，以求提高生产率。但最近的研究表明，采用特殊水基不燃性工作液进行电火花加工，其粗加工生产率基本接近于切削加工。

(3) 存在电极损耗。由于电火花加工靠电、热来蚀除金属，电极也会产生损耗，而且电极损耗多集中在尖角或底面，影响成形精度。但近年来粗加工时已能将电极相对损耗比降至0.1%，甚至更小。

(4) 最小角部半径有限制。一般电火花加工能得到的最小角部半径略大于加工放电间隙（通常为0.02~0.03 mm），若电极有损耗或采用平动头加工，则角部半径还要增大。但近年来的多轴数控电火花加工机床，采用 X、Y、Z 轴数控摇动加工，可以棱角分明地加工出方孔、窄槽的侧壁和底面。

(5) 加工表面有变质层甚至微裂纹。

2.3 电火花加工的一些基本规律

2.3.1 影响材料放电腐蚀的主要因素

1) 电参数的影响

研究结果表明，在电火花加工过程中，无论正极或负极，单个脉冲的蚀除量与单个脉冲能量在一定范围内成正比的关系，而工艺系数与电极材料、脉冲参数、工作介质等有关。某一段时间内的总蚀除量约等于这段时间内各单个有效脉冲蚀除量的总和，故正、负极的蚀除速度与单个脉冲能量、脉冲频率成正比。

从形象的角度而言，如图 2-10 所示，假使放电击穿延时时间相等，则放电脉宽决定了放电凹坑直径的大小，而如图 2-11 所示，放电的峰值电流则决定了放电凹坑的深浅。

由上述分析可知，如果要提高蚀除速度，可以采用提高脉冲频率，增加单个脉冲能量，或者增加平均放电电流（或峰值电流）和脉冲宽度，减小脉间的形式获得。

当然，实际加工时要考虑到这些因素之间的相互制约关系和对其他工艺指标的影响。例如脉冲间隔时间过短，将产生电弧放电；随着单个脉冲能量的增加，工件表面粗糙度值也随之增大等。

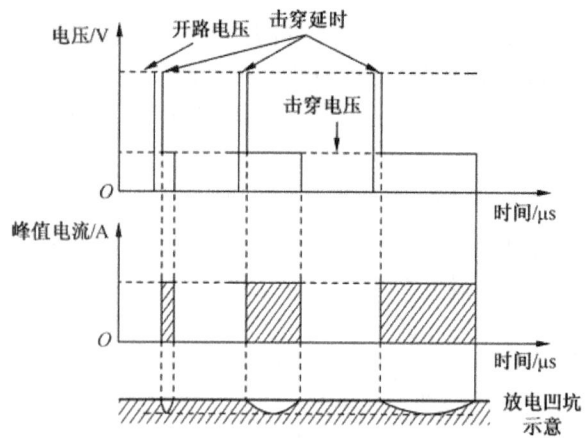

图 2-10　放电凹坑与放电脉冲宽度的对应关系

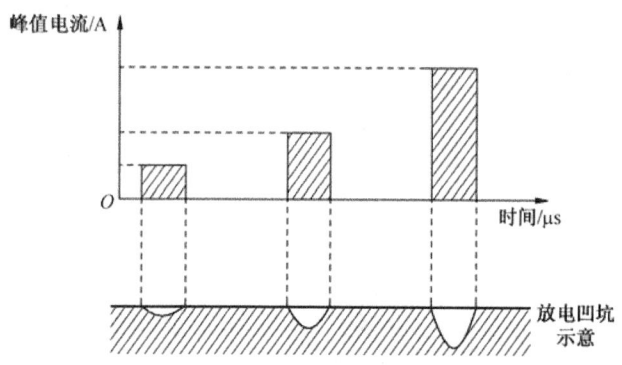

图 2-11　放电凹坑与放电脉冲峰值电流的对应关系

2) 金属材料热学常数对电蚀量的影响

金属热学常数是指熔点、沸点（汽化点）、热导率、比热容、熔化热、汽化热等。显然，当脉冲放电能量相同时，金属的熔点、沸点、比热容、熔化热、汽化热越高，电蚀量将越少，越难加工；另一方面，热导率越大，瞬时产生的热量越容易传导到材料基体内部，因而也会减少放电点本身的蚀除量。

钨、钼、硬质合金等熔点、沸点较高，所以难以蚀除；纯铜的熔点虽然比铁（钢）的低，但因导热性好，所以耐蚀性也比铁好；铝的导热系数虽然比铁（钢）的大好几倍，但其熔点较低，所以耐蚀性比铁（钢）差。石墨的熔点、沸点相当高，导热系数也不太低，故耐蚀性好，适合于制作电极。表 2-2 列出了几种常用材料的热学物理常数。

表 2-2　常用材料的热学物理常数

热学物理常数	材料				
	铜	石墨	钢	钨	铝
熔点 T_r /℃	1083	3727	1535	3410	657
比热容 c /J·(kg·K)$^{-1}$	393.56	1674.7	695.0	154.91	1004.8
熔化热 q_r /J·kg^{-1}	179 258.4	—	209 340	159 098.4	385 185.6
沸点 T_f /℃	2595	4830	3000	5930	2450
汽化热 q_q /J·kg^{-1}	5 304 256.9	46 054 800	6 290 667	—	10 894 053.6
热导率 λ /W·(m·K)$^{-1}$	3.998	0.800	0.816	1.700	2.378
热扩散率 a /cm^2·s^{-1}	1.179	0.217	0.150	0.568	0.920
密度 ρ /g·cm^{-3}	8.9	2.2	7.9	19.3	2.54

3) 工作介质对电蚀量的影响

在电火花加工过程中,工作介质的作用是:形成火花击穿放电通道,并在放电结束后迅速恢复级间的绝缘状态;对放电通道产生压缩作用;帮助抛出和排除电蚀产物;对工具、工件起到冷却作用。因此,它对电蚀量也有较大的影响。介电性能好、密度和黏度大的工作液有利于压缩放电通道,提高放电的能量密度,强化电蚀产物的抛出效果。但黏度大,不利于电蚀产物的排出,影响正常放电。目前,电火花成形加工主要采用油类作为工作介质。粗加工时采用的脉冲能量大,加工间隙也较大,爆炸排屑抛出能力强,往往选用介电性能较好、黏度较大的机油,且机油的燃点较高,大能量加工时着火燃烧的可能性小;而在中、精加工时放电间隙比较小,排屑比较困难,故一般均选用黏度小、流动性好、渗透性好的煤油作为工作液,但考虑到实际加工的方便性,一般均采用火花油或煤油作为工作介质。

由于油类工作液有味、容易燃烧,尤其在大能量粗加工时工作液高温分解产生的烟气很大,故寻找一种像水那样的流动性好、不产生碳黑、不燃烧、无色无味、价廉的工作液一直是人们努力的目标。水的绝缘性能和黏度较低,在同样加工条件下,和煤油相比,水的放电间隙较大,对通道压缩作用差,蚀除量较少,且易锈蚀机床。但经过加入各种添加剂,可以改善其性能。最新的研究结果表明,水基工作液加工时的蚀除速度大大高于煤油,甚至接近切削加工,但在大面积精加工方面较煤油还有一段距离。对于电火花线切割而言,低速单向走丝选用去离子水作为工作介质;高速往复走丝则采用乳化液、水基工作液或复合工作液等水溶性工作介质。

4) 影响电蚀量的一些其他因素

影响电蚀量的还有其他一些因素。首先是加工过程的稳定性,加工过程不稳定将干扰以致破坏正常的火花放电,使有效脉冲利用率降低。随着加工深度、加工面积的增加或加工型面复杂程度的增加,都不利于电蚀产物的排出,影响加工稳定性,降低加工速度,严重时将产生结碳拉弧,使加工难以进行。为了改善排屑条件,提高加工速度和防止拉弧,常采用强迫冲油和工具电极定时抬刀等措施。

如果加工面积较小,而采用的加工电流较大,也会使局部电蚀产物浓度过高,放电点不能分散转移,放电后的余热来不及扩散而积累起来,造成过热,形成电弧,破坏加工的稳定性。

2.3.2 电火花加工的加工速度和工具的损耗速度

1. 电火花加工的加工速度

电火花成形加工的加工速度一般采用体积加工速度 V_W(mm^3/min)来表示,即被加工掉的体积除以加工时间:

$$V_W = \frac{V}{t}$$

有时为了测量方便,也采用质量加工速度 V_m 来表示,单位为 g/min。

提高加工速度的途径在于增加单个脉冲能量,提高脉冲频率,提高工艺系数,同时还应考虑这些因素间的相互制约关系和对其他工艺指标的影响。

单个脉冲能量的增加,即增大脉冲电流和增加脉冲宽度,可以提高加工速度,但同时会使表面粗糙度变差并降低加工精度,因此一般只用于粗加工和半精加工的场合。

提高脉冲频率可有效地提高加工速度,但脉冲停歇时间过短,会使加工区放电通道内工作介质来不及消电离,不能及时排除电蚀产物及气泡,以恢复其介电性能,从而形成破坏性的稳定电弧放电,使电火花加工过程不能正常进行。

提高工艺系数的途径很多，例如合理选用电极材料、电参数和工作液，改善工作液的循环过滤方式等，从而提高有效脉冲利用率，达到提高工艺系数的目的。

电火花成形加工速度分别为：粗加工（加工表面粗糙度 Ra 为 10～20 μm）时可达 200～300 mm^3/min，半精加工（Ra 为 2.5～10 μm）时降低到 20～100 mm^3/min，精加工（Ra 为 0.32～2.5 μm）时一般都在 10 mm^3/min 以下。随着表面粗糙度值的减小，加工速度显著下降。加工速度与平均加工电流 I_e 有关，对于电火花成形加工，一般条件下，每安培平均加工电流的速度约为 10 mm^3/min。

2. 电火花加工工具的损耗速度

在生产实际中用来衡量工具电极是否损耗，不仅要看工具损耗速度 V_e，还要看同时能达到的加工速度 V_w。因此，一般采用相对损耗或损耗比 θ 作为衡量工具电极损耗的指标，即

$$\theta = \frac{V_e}{V_w} \times 100\%$$

式中，加工速度和损耗速度如均以 mm^3/min 为单位计算，则 θ 为体积相对损耗比；如以 g/min 为单位计算，则 θ 为质量相对损耗比。

为了降低工具电极的相对损耗，必须充分利用好电火花加工过程中的各种效应。这些效应主要包括极性效应、吸附效应、传热效应等。这些效应又是相互影响、综合作用的。

1) 正确选择极性

一般来说，在短脉冲精加工时采用正极性加工（即工件接电源正极），而长脉冲粗加工时则采用负极性加工。人们曾对不同脉冲宽度和加工极性的关系做过许多实验，得出了如图 2-12 所示的试验曲线。试验用的工具电极为 ϕ6 mm 的纯铜，加工工件为钢，工作介质为煤油，矩形波脉冲电源，加工峰值电流为 10 A。由图可见，负极性加工时，纯铜电极的相对损耗随脉冲宽度的增大而减小，当脉冲宽度大于 120 μs 后，电极相对损耗比将小于 1%，可以实现低损耗加工。如果采用正极性加工，不论采用哪一挡脉冲宽度，电极的相对损耗比都难以低于 10%。然而在脉宽小于 15 μs 的窄脉宽范围内，正极性加工的工具电极相对损耗比负极性加工的小。

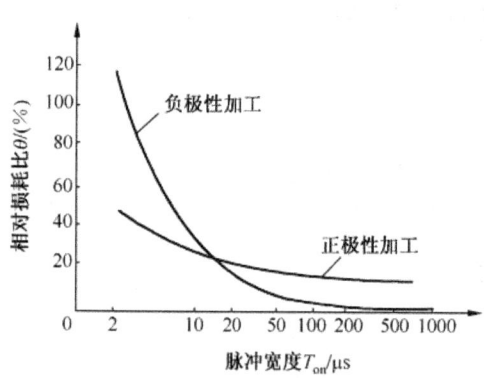

图 2-12　电极相对损耗与极性、脉宽的关系

2) 利用吸附效应

由于碳黑膜只能在正极表面形成，因此，要利用碳黑膜的补偿作用来实现电极的低损耗，必须采用负极性加工。影响"吸附效应"的除了峰值电流、脉冲间隔等电参数外，还有冲、抽油的影响。采用强迫冲、抽油，有利于间隙内电蚀产物的排除，使得加工稳定；但强迫冲、抽油使吸附、镀覆效应减弱，因而增加了电极的损耗。所以，在加工过程中采用冲、抽油时，在稳定加工的前提下，要注意控制其冲、抽油的压力，使其不要过大。

3) 利用传热效应

在放电初期，限制脉冲电流的增长率（dI/dt）对降低电极损耗是有利的，可使电流密度不至于太高，也就使电极表面温度不至于过高而遭受较大的损耗。当脉冲电流增长率太高时，对在热冲击作用下易脆裂的工具电极（如石墨）的损耗，影响尤为显著。另外，由于一般采用的

工具电极的导热性能比工件好，如果采用较大的脉冲宽度和较小的脉冲电流进行加工，导热作用将使电极表面温度升高较小而损耗减小，而工件表面温度仍较高而使工件遭到蚀除。

4) 选用合适的材料

钨、钼的熔点和沸点较高，损耗小，但其机械加工性能不好，价格又贵，所以除电火花线切割用钨钼丝外，其他电火花加工很少采用。纯铜的熔点虽较低，但其导热性好，因此损耗也较小，又方便制成各种精密、复杂的电极，常作为中、小型腔加工的工具电极。石墨电极不仅热学性能好，而且在长脉冲粗加工时能吸附游离的碳，补偿电极的损耗，所以相对损耗很低，目前已广泛用做型腔加工的电极。铜碳、铜钨、银钨合金等复合材料，不仅导热性好，而且熔点高，因而电极损耗小，但由于其价格较贵，制造成形比较困难，所以一般只在精密电火花加工时采用。

上述各因素对电极损耗的影响是综合作用的，应根据实际加工经验，进行必要的试验和调整。

2.3.3 影响加工精度的主要因素

与传统的机械加工一样，机床本身的各种误差，以及工件和工具电极的定位、安装误差都会影响到加工精度，但是，电火花加工精度主要还是取决于与电火花加工工艺相关的因素。

影响加工精度的主要因素有：放电间隙的大小及其一致性、工具电极的损耗及其稳定性。

电火花加工时，工具电极与工件之间存在着一定的放电间隙。如果加工过程中放电间隙能保持不变，则可以通过修正工具电极的尺寸对放电间隙进行补偿，以获得较高的加工精度。然而，放电间隙的大小实际上是变化的，影响着加工精度。

除了间隙能否保持一致性外，间隙大小对加工精度也有影响，尤其是对复杂形状的加工表面，棱角部位电场强度分布不均，间隙越大，影响越严重。因此，为了减小加工误差，应该采用较小的加工规准，缩小放电间隙，这样不但能提高仿形精度，而且放电间隙越小，可能产生的间隙变化量也越小。另外，还必须尽可能使加工过程稳定。电参数对放电间隙的影响是非常显著的，精加工时的放电间隙一般只有 0.01 mm（单面），而在粗加工时则达到 0.5 mm 左右。

工具电极的损耗对尺寸精度和形状精度都有影响。电火花穿孔加工时，电极可以贯穿型孔而补偿电极的损耗。型腔加工时则无法采用这一方法，精密型腔加工时一般可采用更换电极的方法保障加工精度。

影响电火花加工形状精度的因素还有"二次放电"。二次放电是指在已加工表面上由于电蚀产物等的介入而再次进行的非正常放电，集中反映在加工深度方向产生斜度和加工棱角棱边变钝等方面。

加工过程中，由于工具电极下端加工时间长，绝对损耗大，而电极入口处的放电间隙则由于电蚀产物的存在，"二次放电"的概率增大而使得间隙扩大，从而产生了如图 2-13 所示的加工斜度。

电火花加工时，工具的尖角或凹角很难精确地复制在工件上，这是因为当工具为凹角时，工件上对应的尖角处放电蚀除的概率大，容易遭受电蚀而成为圆角，如图 2-14(a)所示。当工具为尖角时，一则由于放电间隙的等距性，工件上只能加工出以尖角顶点为圆心、放电间隙为半径的圆弧；二则工具上的尖角本身因尖端放电蚀除的概率大而损耗成圆角，如图 2-14(b)所示。采用高频窄脉宽精加工，放电间隙小，圆角半径可以明显减小，因而提高了仿形精度，可以获得圆角半径小于 0.01 mm 的尖棱，这对于加工精密小模数齿轮等冲模是很重要的。

目前，电火花加工的精度可达 0.01~0.05 mm，在精密光整加工时可小于 0.005 mm。

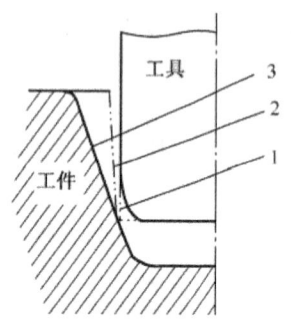
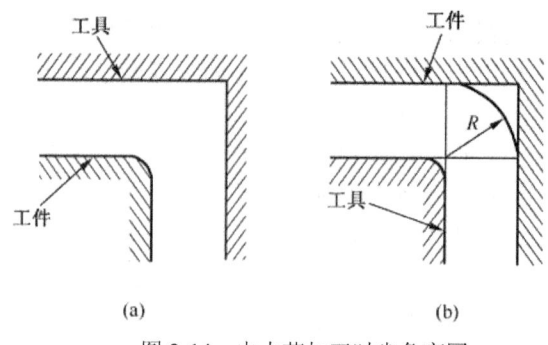

图 2-13　电火花加工时的加工斜度
1—电极无损耗时的工具轮廓线；
2—电极有损耗而不考虑二次放电时的工件轮廓线；
3—电极有损耗并考虑二次放电时的工件轮廓线

图 2-14　电火花加工时尖角变圆

2.3.4　电火花加工的表面质量

电火花加工的表面质量主要包括表面粗糙度、表面变质层和表面机械性能三部分。

1. 表面粗糙度

电火花加工的表面和机械加工的表面不同，它是由无方向性的无数放电凹坑和硬凸边叠加而成，有利于保存润滑油，而机械加工表面则存在着切削或磨削刀痕，具有方向性。两者相比，在相同的表面粗糙度和有润滑油的情况下，其表面的润滑性能和耐磨损性能均比机械加工的表面好。

对表面粗糙度影响最大的因素是单个脉冲能量，因为脉冲能量大，每次脉冲放电的蚀除量也大，放电凹坑既大又深，从而使表面粗糙度恶化。

电火花穿孔、型腔加工的表面粗糙度可以分为底面粗糙度和侧面粗糙度，同一规准加工出来的侧面粗糙度因为有二次放电的修光作用，往往要稍好于底面的粗糙度。要获得更好的侧壁表面粗糙度，可以采用平动头或数控摇动工艺来达到。

电火花加工的表面粗糙度和加工速度之间存在着很大的矛盾，例如 Ra 从 2.5 μm 提高到 1.25 μm，加工速度要下降十多倍。为获得较好的表面粗糙度，需要采用很低的加工速度。因此，一般电火花加工要求 Ra 小于 2.5～0.63 μm 时，通常采用研磨方法改善其表面粗糙度，这样比较经济。

工件材料对加工表面粗糙度也有影响，在相同能量下加工，熔点高的材料（如硬质合金）表面粗糙度要比熔点低的材料（如钢）好。当然，加工速度会相应下降。

精加工时，工具电极的表面粗糙度也将影响到加工粗糙度。由于石墨电极很难加工到非常光滑的表面，因此用石墨电极加工的工件表面粗糙度较差。

虽然，影响表面粗糙度的因素主要是脉宽与峰值电流的乘积，亦即单个脉冲能量的大小。但实践中发现，即使单脉冲能量很小，但在电极面积较大时，Ra 也很难低于 0.32 μm，而且加工面积越大，可达到的最佳表面粗糙度越差。这是因为在火花油介质工作中的工具和工件相当于电容器的两个极，具有"潜布电容"（寄生电容），相当于在放电间隙上并联了一个电容器。当小能量的单个脉冲到达工具和工件时，由于能量太小，不能产生击穿放电，因此电能被此电容"吸收"，只能起"充电"作用而不会引起火花放电。只有当多个脉冲充电到较高的电压，积累了较多的电能后，才能引起击穿放电，此时的能量总释放便会打出较大的放电凹坑。这种由于潜布电容使加工较大面积时表面粗糙度恶化的现象称为"电容效应"。

20 世纪末日本首先出现了"混粉加工"工艺，它可以较大面积地加工出 Ra 为 0.05～0.1 μm

的光亮表面。其方法是在火花油工作介质中混入硅或铝等导电微粉,使工作介质的电阻率降低,放电间隙成倍扩大,潜布、寄生电容成倍减小;同时每次从工具到工件表面的放电通道,被微粉颗粒分割形成多个小的火花放电通道,到达工件表面的脉冲能量被"分散",相应的放电凹坑也就较小,从而可以稳定获得大面积的光整加工表面。

2. 表面变质层

电火花加工过程中,在火花放电的瞬时高温和工作介质的快速冷却作用下,材料的表面层化学成分和组织结构会发生很大变化,材料表面层改变了的这一部分称为表面变质层,它又包括熔化层和热影响层,如图 2-15 所示。

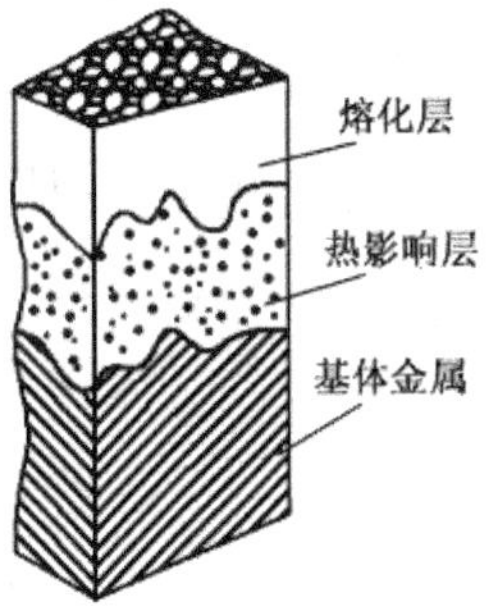

(1) 熔化层。该层位于工件表面最上层,它被放电时的瞬时高温熔化而滞留下来,受工作介质的快速冷却而凝固。对于碳钢来说,熔化层在金相照片上呈现白色,故又称之为白层,它与基体金属完全不同,是一种树枝状的淬火铸造组织。

(2) 热影响层。该层位于熔化层和基体金属之间。热影响层

图 2-15 电火花加工表面变质层

的金属材料并没有熔化,只是受到高温的影响,使材料的金相组织发生了变化。对淬火钢,热影响层包括再淬火区、高温回火区和低温回火区;对未淬火钢,热影响层主要为淬火区。因此,淬火钢的热影响层厚度比未淬火钢的要厚。

熔化层和热影响层的厚度随着脉冲能量的增加而加大。由于熔化层是一种晶粒细小的树枝状的淬火铸造组织,因此,一般来说,电火花加工表面最外层的硬度比较高、耐磨性好。但对于滚动摩擦,由于是交变载荷,尤其是干摩擦,则因熔化凝固层和基体的结合不牢固,容易剥落而磨损。因此,有些要求高的模具需要把电火花加工后的表面变质层研磨掉。

(3) 显微裂纹。火花加工表面由于受到瞬时高温作用并迅速冷却而产生拉应力,往往出现显微裂纹。实验表明,一般裂纹仅在熔化层内出现,只有在脉冲能量很大情况下(粗加工时)才有可能扩展到热影响层。

脉冲能量对显微裂纹的影响是非常明显的,能量越大,显微裂纹越宽越深。不同工件材料对裂纹的敏感性也不同,硬脆材料容易产生裂纹。工件预先的热处理状态对裂纹产生的影响也很明显,加工淬火材料要比加工淬火后回火或退火的材料容易产生裂纹,因为淬火材料脆硬,原始内应力也较大。

3. 表面机械性能

1) 显微硬度及耐磨性

电火花加工后表面层的硬度一般均比较高,但对某些淬火钢,也可能稍低于基体硬度。对未淬火钢,特别是含碳量低的钢,热影响层的硬度都比基体材料的硬度高;对淬火钢,热影响层中的再淬火区硬度稍高或接近于基体的硬度,而回火区的硬度比基体的硬度低,高温回火区又比低温回火区的硬度低。

2) 残余应力

电火花加工表面存在着由于瞬时先热胀后冷缩作用而形成的残余应力,而且大部分表现为拉应力。残余应力的大小和分布,主要和材料在加工前的热处理状态及加工时的脉冲能量有关。因此,对表面层要求质量较高的工件,应尽量避免使用较大的放电加工规准加工。

3) 耐疲劳性能

电火花加工表面存在着较大的拉应力,还可能存在显微裂纹,因此其耐疲劳性能比机械加

工的表面低许多倍。采用回火、喷丸处理等有助于降低残余应力，或使残余拉应力转变为压应力，从而提高其耐疲劳性能。

试验表明，当表面粗糙度值 Ra 在 0.32～0.08 μm 时，电火花加工表面的抗疲劳性能将与机械加工表面相近。这是因为电火花精微加工表面所使用的加工规准很小，熔化凝固层和热影响层均非常薄，不会出现显微裂纹，而且表面的残余拉应力也较小。

2.4 电火花加工机床

2.4.1 电火花加工机床的型号及分类

电火花加工机床既可用于穿孔加工，又可用于成形加工，通常把电火花成形加工机床命名为 D71 系列，其型号表示方法如下：

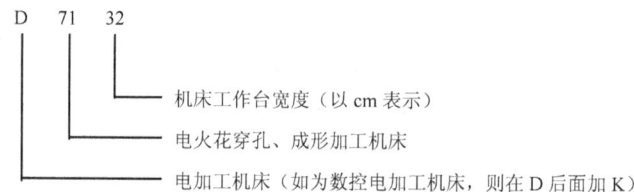

电火花成形加工机床主机一般有 X、Y、Z 三轴传动系统。当 Z 轴用电动机伺服驱动，X、Y 轴为手动时，称为普通机床或单轴数控机床。当 X、Y、Z 三轴同时用电动机伺服驱动时，称为三轴数控机床。C 轴为旋转伺服轴，R 轴为高速旋转轴。各传动轴的名称与方向定义如图 2-16 所示。

Z 轴（主轴）：主轴头上下移动轴。面对机床，主轴头移动向上为+Z，向下为–Z。

X 轴：工作台左右移动轴。面对机床，主轴向右（工作台向左）移动为+X，反向为–X。

Y 轴：工作台前后移动轴。面对机床，主轴向前（工作台向后）移动为+Y，反向为–Y。

C 轴：安装在主轴头下面的电极旋转伺服轴。从上向下看，电极逆时针方向旋转为+C，顺时针方向旋转为–C。

电火花成形加工机床结构有 C 形结构、龙门式结构、滑枕式结构、摇臂式结构、台式结构等多种类型，其中最常见的是 C 形结构。

C 形结构机床的结构特点是：床身、立柱、主轴头、工作台构成一"C"字形（如图 2-17 所示）。优点是结构简单，制造容易，具有较好的精度和刚性，操作者可从前、左、右三面充分靠近工作台。缺点是抵抗热变形能力较差，主轴头受热后易产生后仰，影响机床精度。

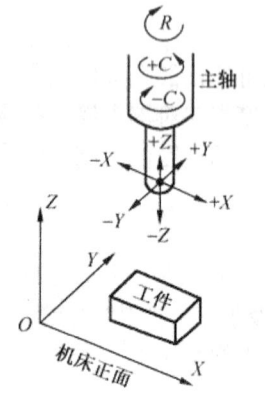

图 2-16 传动轴名称及方向定义

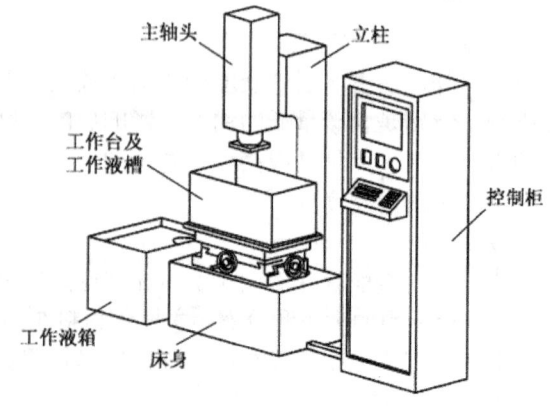

图 2-17 C 形电火花成形机床结构图

随着模具制造业的发展，目前已有各种结构形式的三轴（或多于三轴）数控电火花成形加工机床及带工具电极库按程序自动更换电极的电火花加工中心。

2.4.2 电火花加工机床本体

电火花成形机床主机是由床身、立柱、主轴头、工作台、工作液槽等组成。随着制造技术的进步和对加工工件要求的提高，电火花成形加工机床需要具备以下四项技术要求：

(1) 传动机构的正反向间隙要小，无爬行、滞后及超调；
(2) 变速范围要大（从零点几微米每分到几十米每分）；
(3) 响应速度要快，定位精度要高；
(4) 机床本身的刚性、伺服系统分辨率要高，这样才能提高加工稳定性，避免造成电弧放电，提高加工效率。

下面以单立柱十字工作台型的电火花成形加工机床主机为例介绍各部分的结构和设计要求。

1) 床身、立柱

床身、立柱是基础结构件（图 2-18 中的 1、2），其作用是保证电极与工作台、工件之间的相互位置。它们的刚度和精度的高低对加工有直接的影响，如果刚度不足，加工精度难以保证。

2) 工作台

工作台主要用来支承和装夹工件，可实现横向（X）、纵向（Y）两轴的运动。工作台上面装有工作液槽，用以盛放工作液，使电极和被加工件浸泡在工作液里，起到冷却、排屑作用。

图 2-18 床身、立柱、工作台结构
1—床身；2—立柱；3—中滑板；4—上滑板；5—工作台

工作台由中滑板、上滑板、工作台三部分组成（图 2-18 中的 3、4、5）。中滑板安装在床身的导轨上实现了 X 轴方向运动，其传动原理如图 2-19 所示。它是由伺服电动机（或手轮）通过联轴器带动丝杠转动，进而带动螺母及中滑板移动。双向推力球轴承和单列向心球轴承起支撑和消除反向间隙的作用。另外，丝杠副多采用消间隙结构。上滑板安装在中滑板的导轨上实现了 Y 轴方向运动，其传动系统原理同 X 轴方向。工作台与上滑板做成一体，上面有丁形槽或螺孔用于固定工件。精度要求高的机床有的采用花岗岩材质作为工作台。这种材质的工作台具有良好的绝缘性、热稳定性和非常小的变形。

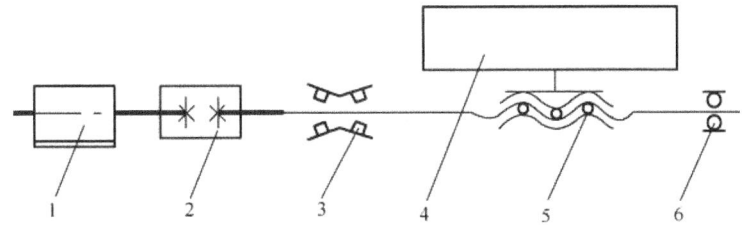

图 2-19 X、Y 轴方向的传动系统原理示意图
1—伺服电动机（或手轮）；2—联轴器；3—双向推力球轴承；
4—中滑板（Y 向为上滑板）；5—丝杠副；6—单列向心球轴

3) 主轴头

主轴头是电火花成形加工机床的一个最为关键的部件，可实现上、下方向的 Z 轴运动。它是由伺服进给机构、导向和防扭机构、辅助机构三部分组成，可控制工件与工具电极之间的放电间隙。

主轴头的好坏直接影响加工的工艺指标，如加工效率、几何精度及表面粗糙度。

普通手动、单轴数控机床已普遍采用步进电动机、直流电动机或交流伺服电动机作为主轴头的进给驱动元件。主轴头的伺服进给结构形式一般采用伺服电动机经同步齿形带带动齿轮减速，再带动丝杠副转动，进而驱动主轴作上下（Z向）移动，其结构如图2-20所示。其导向和防扭是由矩形贴塑导轨或"平-V"形贴塑导轨构成，导轨结合面应施加一定的预紧力以消除间隙，保证运动精度。

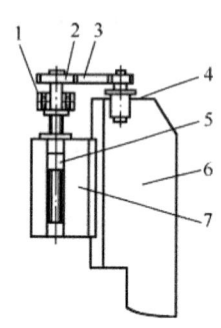

图 2-20 Z轴方向的传动系统原理图
1—双向推力球轴承；2—带轮；
3—同步齿形带；4—伺服电动机；
5—丝杠副；6—立柱；7—主轴头

主轴伺服电机内应装有抱闸装置。通电时，抱闸松开，主轴头可以实现伺服控制；断电时，抱闸吸合，主轴锁定。

4) 工作液槽

工作液槽与工作液过滤系统的结构有着紧密联系，电火花成形加工机床的工作液过滤系统是整机的重要组成部分。其作用主要有两点：①向加工区域输送干净的工作液，以满足电火花加工对液体介质的要求；②根据加工工艺的要求，实现各种冲抽液的方式。

电火花成形加工用的工作液过滤系统主要由工作液泵、储液箱、过滤器、管道、冲抽液方式控制部分及工作液压力调整部分等组成。

工作液循环方式按电蚀产物的排出方式可分为图2-21所示的几种，其中(a)为上冲液，(b)为下冲液，(c)为上抽液，(d)为下抽液，(e)为侧喷射。冲液(a)、(b)是把经过过滤的清洁工作液经泵加压，强迫冲入电极与工件之间的放电间隙里，放电蚀除的电蚀产物随同工作液一起从放电间隙中排出，以达到稳定加工的目的。在加工时，冲液的压力可根据不同工件和几何形状及加工的深度随时改变，一般压力选在 0~0.2 MPa 之间。抽液(c)、(d)是直接将放电间隙中电蚀产物抽出，并将清洁工作液补充到放电间隙中，这种方式必须在特定的抽液装置附件上完成。对盲孔加工采用(a)和(c)方式，从图中可看出，采用冲液的循环效果比抽液更好，特别在型腔加工中大都采用冲液方式，用以改善加工的稳定性。侧喷射方式(e)是在电极和工件都不易采用冲液和抽液情况下进行，特别适合深窄槽的加工。

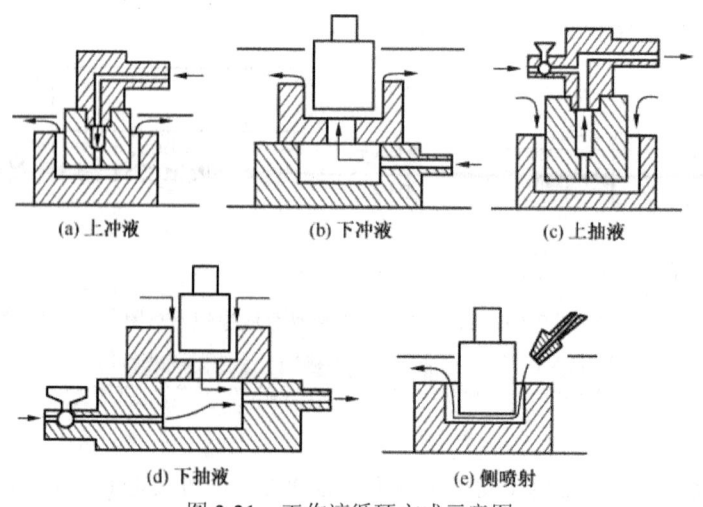

图 2-21 工作液循环方式示意图

需要说明的是，电火花加工过程虽没有机械切削力，但在抬刀时，由于抬起的瞬间电极间产生负压的作用，将使主轴头和工作台承受很大的作用力，因此在设计时应充分考虑强度和刚度，特别是数控电火花加工机床。

2.4.3 电火花加工脉冲电源

电火花成形加工脉冲电源的作用是在电火花加工过程中提供能量。它的功能是把工频正弦交流电转变为适应电火花加工需要的脉冲电源。脉冲电源输出的各种电参数对电火花加工的加工速度、表面粗糙度、工具电极损耗及加工精度等各项工艺指标都具有重要的影响。因此，脉冲电源性能的好坏在电火花加工设备和电火花加工工艺中，都具有十分重要的意义。

脉冲电源的组成首先要有一个参数可调整、脉冲波形可变化的脉冲发生器（主振级），还要有脉冲的功率放大部分，脉冲的功率输出部分，还应有可随机调整加工参数的适应控制部分。为了供给各部分能量，需有对交流电进行变压、整流、滤波的直流电源部分。另外，应有方便、直观的操作面板。

1. 脉冲电源的要求

为在电火花加工中做到高效低耗、稳定可靠和兼作粗精加工之用，一般对脉冲电源有以下要求。

(1) 脉冲电压波形的前后沿应该很陡，即脉冲电流及脉冲能量的变化较小，减小因电极间隙的变化或极间介质污染程度等引起工艺过程的波动。

(2) 脉冲是单向的，即没有负半波或负半波很小，这样才能最大限度地利用极性效应，实现高效低耗加工。

(3) 脉冲的主要参数如电流幅值、脉冲宽度、脉冲间隔等应能在很宽的范围内调节，以适应不同要求。

(4) 工作稳定可靠，操作维修方便，成本低，寿命长，体积小。

脉冲电源的分类方法很多，可以按构成脉冲电源的主要元件分类，按输出脉冲电源波形分类，按受间隙状态影响分类和按工作回路数目分类。

随着微电子技术的发展，目前脉冲电源的控制方式已经由单一的间隙电压的采样控制发展到先进的单片机控制脉冲电源、自适应控制脉冲电源、智能化控制脉冲电源、模糊控制脉冲电源等。这些电源控制水平的提高，使得电源的加工性能越来越好。脉冲电源正在朝着功率越来越大、体积越来越小、电能利用率越来越高、加工质量越来越好的方向发展。

2. 几种典型的脉冲电源

1) 弛张式脉冲电源

弛张式脉冲电源是电火花加工中应用最早、结构最简单的脉冲电源。其基本形式是 RC 电路，后又逐步改进为 RLC、RLCL、RLC-LC 电路；其优点是可产生脉冲宽度很小的窄脉冲，加工精度较高，表面粗糙度好，工作可靠，装置简单，易于制造，操作维修方便。缺点是加工速度低，电极损耗大，因此目前常用于精加工和微细加工回路。

图 2-22 是 RC 电源的工作原理图。它由两个回路组成：一个是充电回路，由直流电源 E、充电电阻 R（可调节充电速度，同时限流，以防电流过大及转变为电弧放电，故又称为限流电阻）和电容器 C（储能元件）组成；另一个是放电回路，由电容器 C、工具电极和工件及其间的放电间隙组成。

当直流电源接通后,电源经限流电阻 R 向电容器 C 充电,电容器 C 两端的电压按指数曲线逐步上升,因为电容器两端的电压就是工具电极和工件间隙两端的电压,因此当电容器 C 两端的电压上升到等于工具电极和工件间隙的击穿电压 U_d 时,间隙就被击穿,放电通道内电阻变得很小,电容器上存储的能量瞬时放出,形成较大的脉冲电流 i_e,如图 2-23 所示。电容器上的能量释放后,电压瞬时下降到接近于零,间隙中的工作液又迅速恢复绝缘状态。此后电容器再次充电,又重复前述过程。如果间隙过大,则电容器上的电压 U_c,按指数曲线上升到直流电源电压 E。

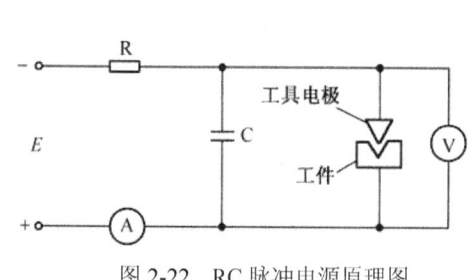

图 2-22 RC 脉冲电源原理图

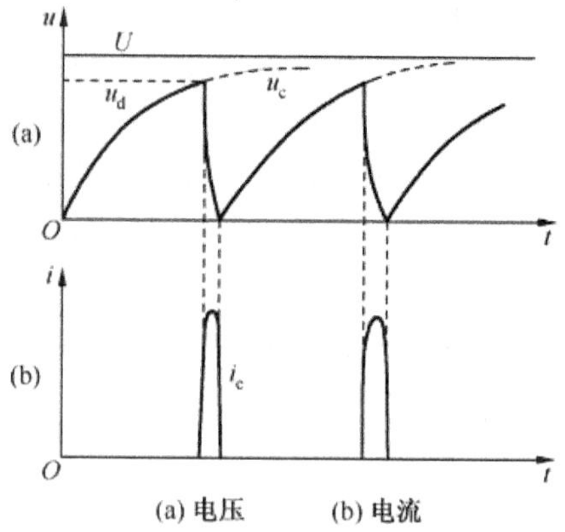

图 2-23 RC 电源脉冲电压、电流波形图

RC 线路脉冲电源的最大优点如下:

(1) 结构简单,工作可靠,成本低;

(2) 在小功率时可以获得很窄的脉宽(小于 0.1 μs)和很小的单个脉冲能量,可用做光整加工和精微加工;

(3) 电容器瞬时放电可达很大的峰值电流,能量密度很高,放电爆炸、抛出能力强,金属在汽化状态下被蚀除的百分比大,不易产生表面微裂纹,加工稳定。

2) 晶体管脉冲电源

晶体管脉冲电源是利用大功率晶体管作为开关元件而获得单向脉冲的,这类电源由于晶体管元件功率的限制,总输出功率一般都比较小。但由于它具有脉冲频率高,脉冲参数调节方便,脉冲波形较好,易于实现多回路控制和自适应控制等特点,故得到较为广泛的应用。特别是在 100 A 以下的中小型脉冲电源中,采用多管并联输出的方式,可使输出加工电流达到线性可调。它的主要组成部分如图 2-24 所示。由主振级、前置放大级、功率放大级和直流电源等组成。主振级发出一定脉冲宽度和停歇时间的脉冲信号,经过脉冲放大级放大,最后推动末级功率晶体管导通或截止,使直流电源的电压转换成为脉冲形式加到放电间隙上进行电蚀加工。

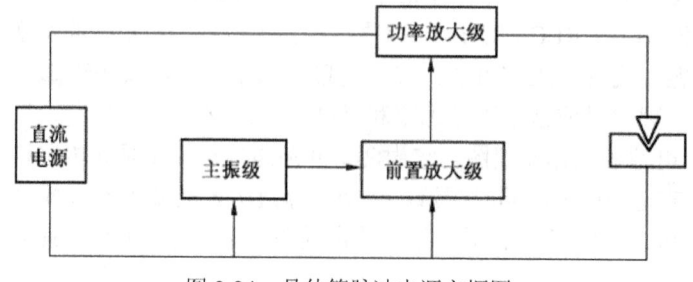

图 2-24 晶体管脉冲电源方框图

主振级为脉冲电源的重要组成部分,用以产生矩形脉冲信号。电源的脉冲参数,如脉冲宽度、间歇、频率等都是由此级决定的。根据电火花成形加工工艺的特点,对主振级要求振荡稳定,脉冲参数调节范围大,调节时相互牵制要小。近年来计算机控制电源,一般用晶振分频来形成脉冲。

主振级脉冲发生器的形式有很多种,最早的主振级是由分离元件构成的,随着高稳定性、高性能的集成电路问世,取代了原分离元件的主振电路,例如用 74 系列的 74804 集成芯片组成的主振级。

功率输出级在脉冲电源中起着向放电间隙输送脉冲能量的作用,它通过调节输出管的数量来改变输出电流的峰值。一般采取共发射级耦合脉冲放大电路及反向放大电路,也有采用设计输出级共集电极电路的。

3) 高频分组波和梳形分组波

如图 2-25 所示,这两组波形在一定程度上都具有高频脉冲加工表面粗糙度值小和低频脉冲加工速度高、电极损耗低的双重优点。而且梳形分组波在大脉宽期间电压不过零,始终加有一较低的正电压,其作用为当负极性精加工时,使正级工具能吸附碳膜,获得较低的电极损耗。

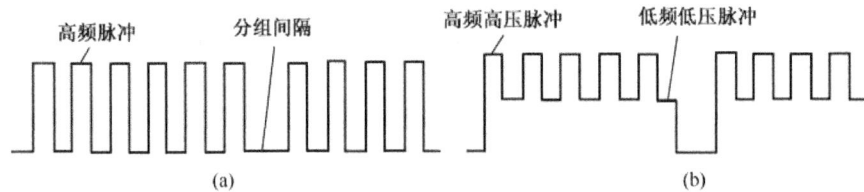

图 2-25 高频分组波和梳形分组波

4) 高、低压复合脉冲波形

高、低压复合脉冲电源的主回路如图 2-26 所示。在放电间隙并联两个供电回路:一个为高压脉冲回路,其脉冲电压较高(约 300 V),平均电流较小,主要起击穿间隙的作用,也就是控制低压脉冲的放电击穿点,因而也称之为高压引燃回路;另一个为低压脉冲回路,其脉冲电压比较低(60~90 V),可输出的电流比较大,起着蚀除金属的作用,所以称之为加工回路。二极管 VD 用以阻止高压脉冲进入低压回路。所谓高、低压复合脉冲,就是在每个工作脉冲电压(60~90 V)波形上再叠加一个小能量的高压脉冲(约 300 V),使放电间隙先击穿引燃而后再放电加工,这样将大大提高脉冲的击穿率和利用率,并使放电间隙加大,排屑良好,加工稳定。这种电路在"钢打钢"时显示出很大的优越性。

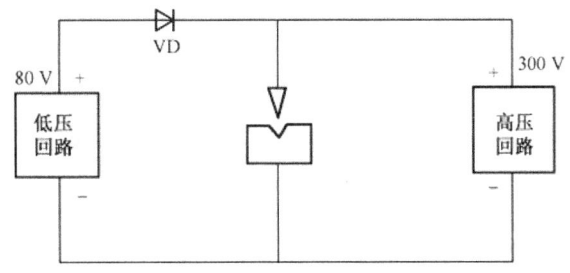

图 2-26 高、低压复合脉冲电源的主回路原理图

近年来,在高、低压复合脉冲电源形式方面,除了高压脉冲和低压脉冲同时触发加到放电间隙处之外[图 2-27(a)],还出现了两种高压脉冲比低压脉冲提前一段时间 Δt 触发的形式,如

图 2-27(b)、(c)所示，此 Δt 时间是 1～2 μs。实践表明，图 2-27(c)的效果最好，因为高压矩形波加到电极间隙上去之后，往往也需有一小段延时才能击穿，在高压击穿之前低压脉冲不起作用，而在精加工窄脉冲时，高压不提前，低压脉冲往往来不及起作用而成为空载脉冲，为此，应使高压脉冲提前触发，与低压同时结束。

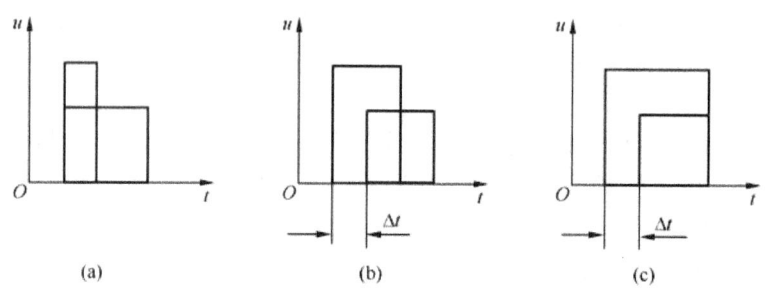

图 2-27　高、低压复合脉冲电源的形式

5) 多回路脉冲电源

所谓多回路脉冲电源，即在加工电源的功率级并联分割出相互隔离绝缘的多个输出端，可以同时供给多个回路进行放电加工。这样不依靠增大单个脉冲放电能量，可不使表面粗糙度值变大而可以提高生产率，这在大面积、多工具、多孔加工时很有必要，如电机定子和转子冲模、筛网孔等多孔穿透加工及大型腔模加工中经常采用该电源，如图 2-28 所示。多回路电源总的生产率并不与回路数目完全成正比增加，因为多回路电源加工时，电极进给调节系统的工作状态变坏，例如当某一回路放电间隙短路时，电极回升，全部回路都得停止工作。回路数越多，这种相互牵制干扰损失也越大，因此回路数必须选取得当，一般常采用 2～4 个回路。加工越稳定，回路数可取得越多。多回路脉冲电源中，同样可采用高低压复合脉冲回路。

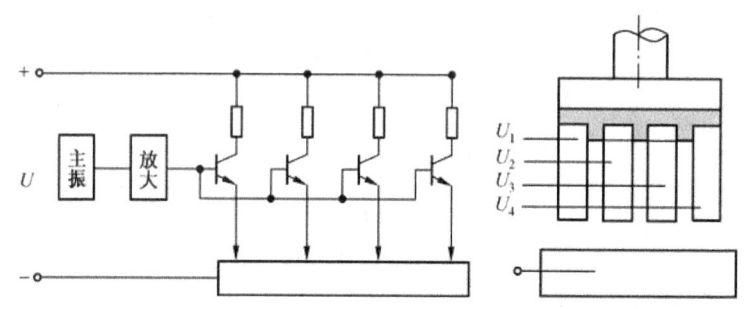

图 2-28　多回路脉冲电源和分割电极

6) 等能量脉冲波形

所谓等能量脉冲波形，是指每个脉冲在介质击穿后所释放的单个脉冲能量相等。对于矩形波脉冲电流来说，由于每次放电过程的电流幅值基本相同，因而能量脉冲电源也即意味着每个脉冲放电电流持续时间相等。

前述普通等频脉冲电源，虽然电压脉冲宽度和脉冲间隔在加工过程中保持不变，但因为放电间隙物理状态总是不断变化，每个脉冲的击穿延时有长有短，随机性很大，各不相同，结果使实际放电的脉冲电流宽度发生变化，单个脉冲能量的放电凹坑大小不等，也就使得加工表面粗糙度微观上不均匀。等能量脉冲电源能自动保持脉冲电流宽度相等，用相同的脉冲能量进行加工，从而可以在保证一定表面粗糙度的情况下，进一步提高加工速度。

获得等脉冲电流宽度的方法，通常是在间隙加上直流电压后，利用火花击穿信号（击穿后电压突然降低）来控制脉冲电源中的一个单稳态电路，令它开始延时，并以此作为脉冲电流的起始时间，再经单稳态电路延时之后，发出信号关断导通着的功放管，使它中断脉冲输出，切断火花通道，从而完成一次脉冲放电。同时触发另一个单稳态电路，使其经过一定的延时（脉冲间隔），发出下一个信号，使功放管再次导通，开始第二个脉冲周期，这样所获得的极间放电电压和电流波形如图 2-29 所示，每次的脉冲电流宽度都相等，而电压脉宽则不一定相等。

7) 微精加工场脉冲电源

在电火花加工中，有时对加工工件的表面粗糙度要求较精细，例如 Ra 为 $0.1\sim0.4$ μm，即所谓"微精"加工。图 2-30 是一种 VT—RC 型微精加工场效应管脉冲电源示意图，其中 VT 是场效应管，R 是限流电阻，C 是储能电容器，PG 是控制用的脉冲电路，图 2-31 是输出电压波形。这种电路综合了弛张式脉冲电源和场效应管脉冲电源的优点，适用于电火花加工中的微精加工。

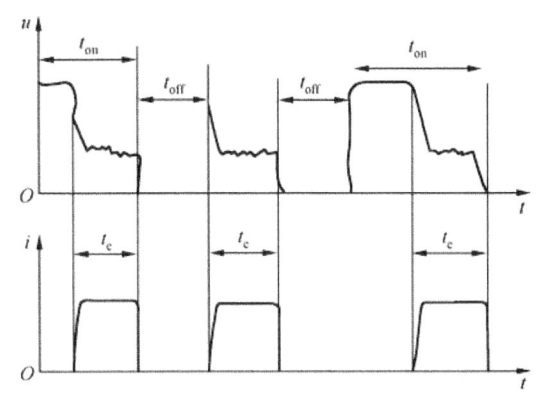

图 2-29 等能量脉冲电源电压和电流波形

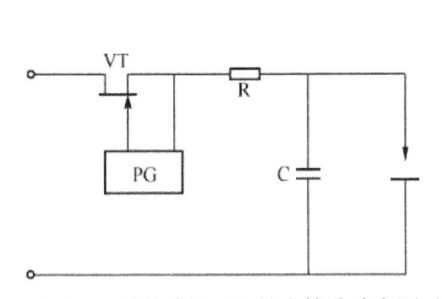

图 2-30 VT—RC 型微精加工场效应管脉冲电源示意图

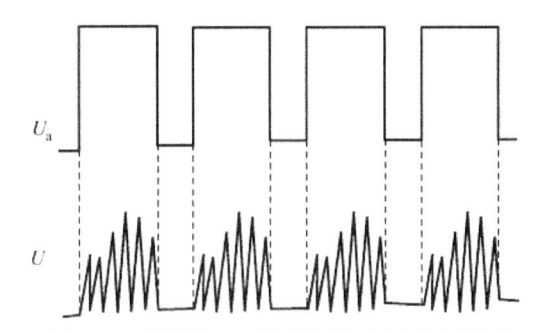

图 2-31 微精加工场效应管脉冲电源电压波形

工作时，脉冲控制电路 PG 输出一系列的控制脉冲 U_a。当它使场效应晶体管 VT 导通时，情况就如 RC 型弛张式脉冲电源一样，小容量的电容器 C（数十皮法至数千皮法）输出一群很窄的脉冲进行电火花加工。当脉冲处于停歇期，场效应管 VT 截止时，电容器停止充放电过程，让放电间隙进行消电离，这样就可弥补弛张式脉冲电源充电时间必须较长的缺陷。此时，加工的效率可显著提高。

根据 R、C 参数的不同配合，这种 VT—RC 电路能加工出 Ra 为 $0.1\sim0.4$ μm 范围内所需的表面粗糙度。此外，它还可用来配合其他脉冲电源对小型轮廓的表面进行精修。

8) 低功耗脉冲电源

目前，晶体管-电阻器型脉冲电源使用电阻器来限制放电电流，其原理图如图2-32所示。如果直流电源电压是 75 V，而放电电压是 15 V，则电阻器的功率消耗是(75-15)/75 = 0.8。这就是说，来自直流电源的 80% 的能量是电阻器消耗的，而没有被加工工件所使用。因此，这种电源需要一个大的直流电源和一些大体积的高功率电阻器。另外，功率消耗引起周围温度的上升会导致工件的热变形而引起加工误差。

为了避免这些缺点，用电感 L 代替电阻 R 来限制电流，由于电感 L 对直流阻抗很小，所用导线较粗，线电阻很小，随意流过时发热也很小。但是电感对脉冲突变电流有较大阻抗，电感 L

在限制电流突变时存储的能量将经过放电间隙反馈给电源,从而达到节能的目的。其工作原理参见后面第 3 章的高速往复走丝电火花线切割加工脉冲电源。节能型脉冲电源消耗的功率一般只有传统晶体管-电阻器型脉冲电源的 1/5～1/10。

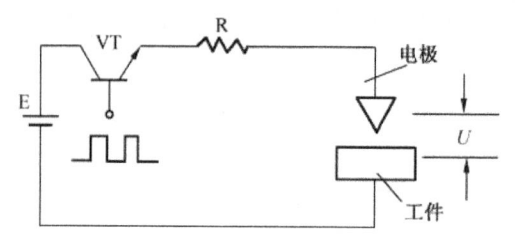

图 2-32　传统晶体管-电阻器型脉冲电源

9) 微机控制脉冲电源

由于计算机、集成电路技术的发展,人们可以把不同材料,粗、中、精电加工参数,规准都做成曲线表格,作为数据库写入只读存储器(EPROM)集成芯片内。操作者只要输入工具电极、工件材料和表面粗糙度等加工条件,通过微机内部"查表",电源就可以"输出"较佳的加工规准参数(脉宽、脉间、峰值电流、电源、极性等),成为具有自选加工规准的脉冲电源。

智能化、自适应控制脉冲电源还有一个更完善的控制系统,能不同程度地代替人工监控功能,即能根据某一给定目标(保证一定表面粗糙度提高生产率)不断地检测放电加工状态,并与最佳模型(数字模型或经验模型)进行比较运算,然后按其计算结果控制有关参数,以获得最佳加工效果。当工件和工具材料,粗、中、精不同的加工规准,工作液的污染程度与排屑条件、加工深度及加工面积等现场条件变化时,自适应控制系统能自动地、连续不断地调节有关脉冲参数,如脉冲间隔 t_{on} 和进给、抬刀参数,防止电弧放电,并在表面粗糙度等加工质量不变的前提下,达到生产率最高的最佳稳定放电状态。

图 2-33 所示的是微机控制脉冲电源原理框图。它是由微处理器 CPU、只读存储器 ROM、读写存储器 RAM 和接口电路 IFC—A 和 IFC—B 组成的微型计算机。其系统软件由设计者写入 ROM,而数控软件也由设计者写入 ROM 或存于外存储器。微型计算机通过接口电路 IFC—A 与外设键盘 KB、录音磁带 REC(或光盘)及显示器 CRT 连接。键盘可输入各种工艺数据、电规准参数及典型工艺参数等。CRT 则显示有关数据、表格、工艺程序和加工状态等,实现人机对话。

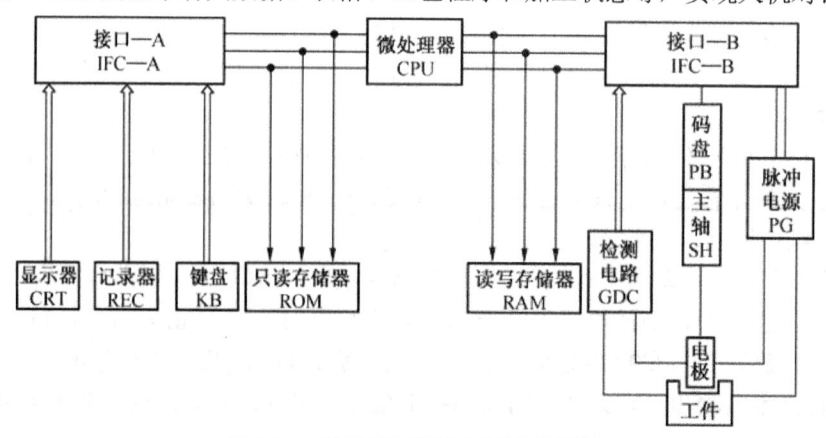

图 2-33　微机控制脉冲电源原理框图

微型计算机还可通过接口电路 IEC—B、数控脉冲电源 PG,与机床主轴 SH 的位置反馈装置 PB 及放电间隔的检测电路 GDC 相连接;如果是多轴数控,还应与 X、Y、Z、R 轴的位置反馈装置相连接，以实现多轴联动控制。根据键盘脉冲电源的指令，使之产生加工所需的脉冲，输向放电间隙，进行电火花放电加工。加工中主轴 SH 上的位置反馈装置 PB（如码盘、光栅尺等）给微型计算机提供主轴行程的位置信息和速度信息，检测电路 GDC 则用来检测放电间隙状态，这些信息经微型计算机处理后用来控制脉冲电源输出的电参数，实现适应控制（包括适应抬刀、适应间歇等）及智能化，以提高电火花加工过程的稳定性和各项工艺指标。

2.5 电火花加工的应用

2.5.1 火花加工工艺类型

电火花成形加工可归纳为穿孔加工、型腔加工和切断加工。穿孔加工应用于冲模（包括凸凹模及卸料板、固定板）、粉末冶金模、挤压模（型孔）、型孔零件和小孔（$\phi 0.01 \sim 3$ mm 小圆孔和异形孔）的加工；型腔加工用于型腔模（锻模、塑料模、胶木模等）及型腔零件的加工。

电火花成形加工的基本工艺路线如图 2-34 所示。

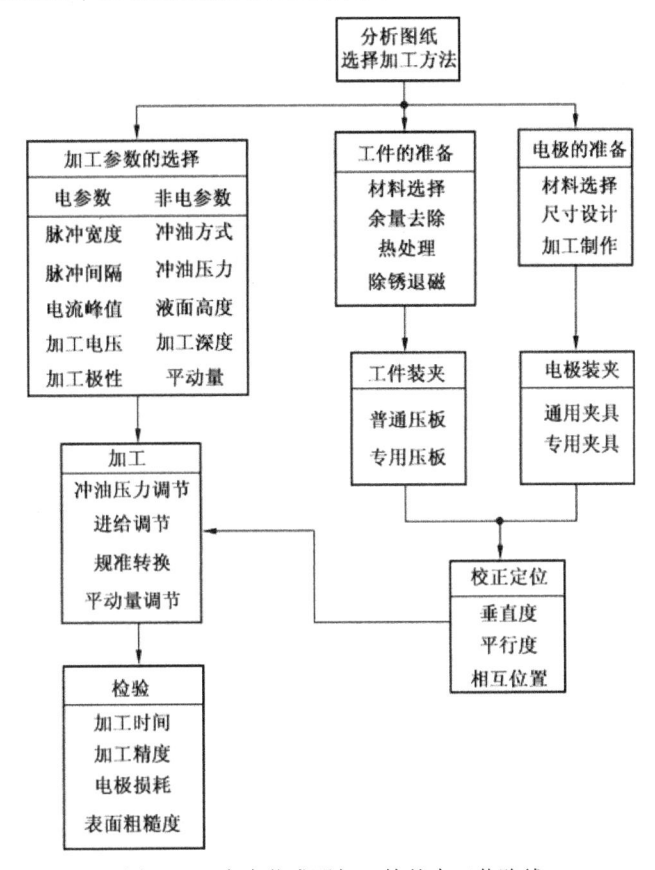

图 2-34 电火花成形加工的基本工艺路线

2.5.2 电火花型腔加工

型腔模主要包括锻模、压铸模、挤压模、玻璃模、陶瓷模、胶木模、塑料模等。因为都是盲孔，加工时金属蚀除量大，工作液循环困难，电蚀产物排除条件差，工具电极耗损后无法靠进给补偿，所以加工比较困难。

1. 型腔模加工基本工艺方法

型腔模加工主要有单电极平动法、多电极更换法和分解电极加工法等。

(1) 单电极平动法 单电极平动法主要是指用一个成形电极，通过平动头使电极各点做平面小圆运动，如图 2-35 所示，按着粗—中—精的顺序，逐级改变加工规准，依次加大电极平动量，以补偿前后两个加工规准之间放电间隙差值和表面粗糙度差值，实现型腔侧壁仿形修光，完成整个型腔模的加工。如果不采用平动加工，在用粗加工电极对型腔进行粗加工之后，型腔四周侧壁留下很大的放电间隙，而且表面粗糙度很差，如图 2-36(a)所示；此时再用精加工规准已无法进行加工，如图 2-36(b)所示；必要时只好更换一个尺寸较大的精加工电极，如图 2-36(c)所示，费时又费钱。如果采用平动（或摇动）加工，如图 2-36(d)、(e)所示，只要用一个电极向四周平动，逐步地由粗到精改变规准，就可以较快地加工出型腔来。

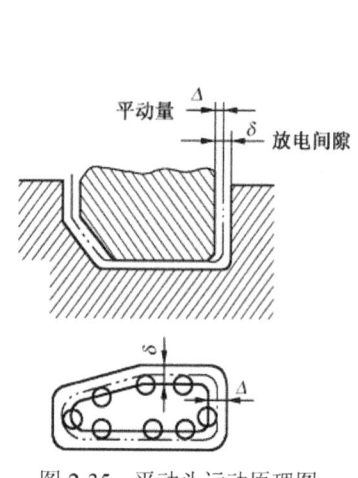

图 2-35 平动头运动原理图

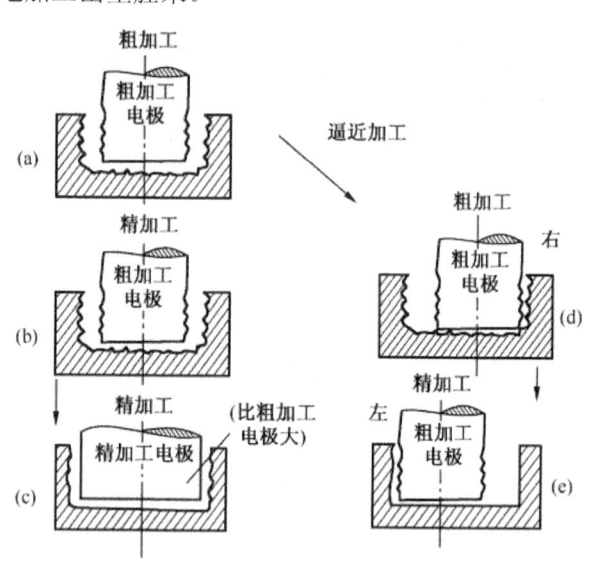

图 2-36 电极平动加工过程

单电极平动法最大的优点是只需要一个电极一次装夹定位，便可达到±0.05 mm 的加工精度；其缺点是很难加工出清棱清角的型腔模，一般清角圆弧半径大于偏心半径。此外，电极在粗加工中因材料热疲劳容易引起表面龟裂，影响型腔表面粗糙度。为弥补这些缺陷，可采用精度较高的重复定位夹具，将粗加工后的电极取下来，经均匀修光后，再重复定位装夹，利用平动头完成形腔精加工。

单电极亦可采用工作台带动工件纵、横方向移动来实现型腔侧壁修光。为区别于主轴头附件的平动模式，通常将这种工作台的运动方式称之为摇动。由于摇动的轨迹是靠数控系统实现的，除了小圆轨迹运动外，还有方形、十字形轨迹运动，因此具有灵活多样的运动模式，能适应复杂形状的侧面修光，尤其可以做到尖角处的"清根"，这是平动运动一般无法做到的，图 2-37 为基本的摇动模式。图 2-37(a)为摇动加工修光六角形孔侧壁和底面，图 2-37(b)为摇动加工修光半圆柱侧壁和底面，图 2-37(c)为摇动加工修光半圆球柱的侧壁和球头底面，图 2-37(d)为摇动加工修光四方孔壁和底面，图 2-37(e)为摇动加工修光圆孔孔壁和孔底，图 2-37 (f)为摇动加工三维放射进给对四方孔底面修光并清角，图 2-37(g)为摇动加工三维放射进给对圆孔底面、底边修光并清角，图 2-37(h)为用圆柱形工具电极摇动展成加工出任意角度的内圆锥面。

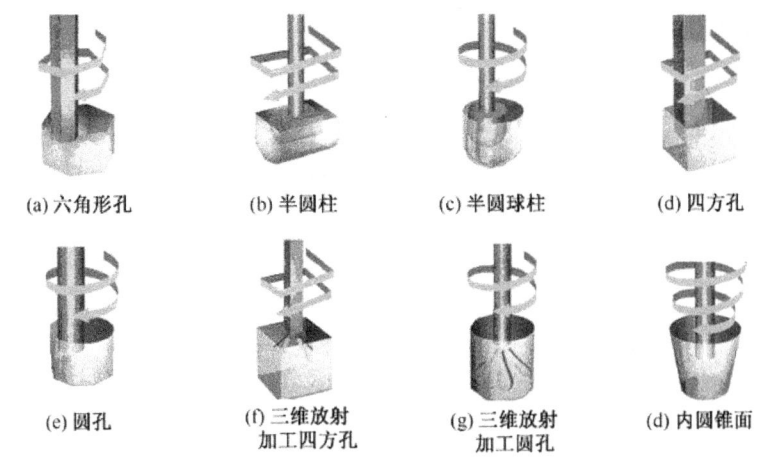

(a) 六角形孔　　(b) 半圆柱　　(c) 半圆球柱　　(d) 四方孔

(e) 圆孔　　(f) 三维放射加工四方孔　　(g) 三维放射加工圆孔　　(d) 内圆锥面

图 2-37　基本摇动模式

(2) 多电极更换法　多电极更换法是采用多个电极依次更换加工同一个型腔。如图 2-38 所示，各电极在有效工作范围内的直壁部分和倾斜部分的尺寸，必须根据不同规准的加工间隙来确定，每次加工必须把上一规准的放电痕迹去掉。一般用两个电极进行粗、精加工就可满足要求，只有在型腔模的精度要求很高，表面粗糙度值要求很小时，才需要采用三个或多个电极进行粗、半精和精加工。

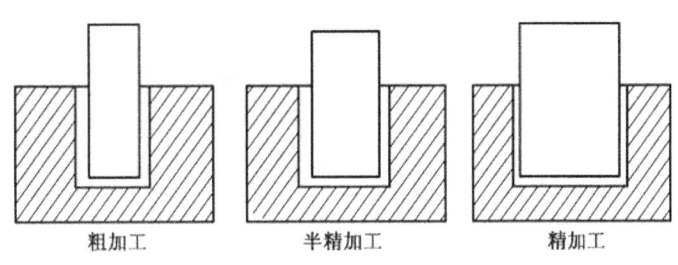

粗加工　　半精加工　　精加工

图 2-38　多电极更换成形加工工艺示意图

采用多电极加工，其仿形精度高，尤其适用于尖角、窄缝多的型腔模加工。

不足之处是要求多个电极制造一致性好，制造精度要高；另外更换时要求定位装夹精度高。

(3) 分解电极加工法　分解电极加工法是单电极平动加工法和多电极更换加工法的综合应用。根据型腔的几何形状，把电极分解成主型腔电极和副型腔电极分别制造。先用主型腔电极加工出主型腔，后用副型腔电极加工尖角、窄缝等部位的副型腔。如图 2-39 所示，此方法的优点是：根据主、副型腔不同的加工条件，选择不同的加工规准，有利于提高加工速度和改善加工表面质量；同时可以简化电极制造，便于电极修整。缺点是主型腔和副型腔间的精确定位较难解决。

主型腔电极　　工件　　副型腔电极　　工件

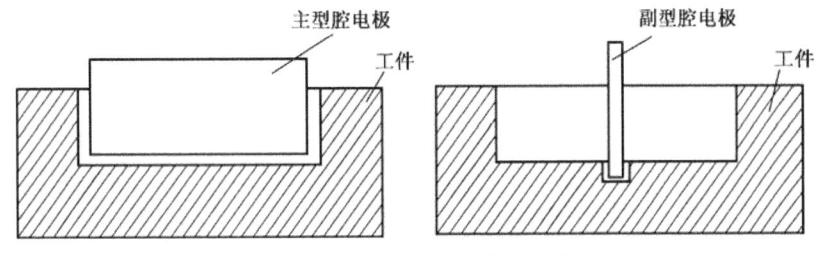

图 2-39　分解电极更换成形工艺示意图

2. 工具电极的设计与制造

1) 电极材料的选择

目前，应用最多的电极材料是石墨和紫铜。紫铜组织致密，制造时不易崩边塌角，适用于形状复杂、轮廓清晰、精度要求较高的胶木模、塑料模、工艺美术型腔模等。但机械加工成形性差，不宜成形磨削；而且比重大、价格贵，不适宜作为大、中型电极。石墨电极具有成形容易的突出优点，且比重小，适宜作为大、中型电极。但机械强度较差，在宽脉冲大电流加工时，容易起弧烧伤。

铜钨合金和银钨合金是较理想的电极材料，但价格较贵，只用于特殊型腔加工。

2) 电极的设计

(1) 结构形式的确定　整体式电极适用于尺寸大小和复杂程度都一般的型腔加工。它可分为有固定板和无固定板两种形式。无固定板式多用于型腔尺寸较小、形状简单、只用单孔冲油或排气的情况。有固定板式用于型腔尺寸稍大、形状较复杂、采用多孔冲油或排气的情况。

组合式电极适用于一模多腔的情况，可大大提高蚀除速度，简化各型腔之间的定位工序，提高定位精度。

镶拼式电极适用于型腔尺寸较大、单块坯料尺寸不够；或型腔形状复杂，只有分块才易于制作的电极。

(2) 电极尺寸的确定　斜壁型腔在半精、精加工时，仅需垂直进给就可将型腔修光，相应电极尺寸的确定较容易。对于直壁型腔，由于粗加工的放电间隙较大，仅靠垂直进给是无法修光侧面的。在半精、精加工时需用单电极平动加工法使电极作平面移动修光侧面，但电极必须缩小或放大平动量。此时的电极尺寸确定方法如下：

① 水平尺寸的计算。电极与主轴头进给方向垂直的尺寸称为水平尺寸（如图 2-40 所示），用下式确定：

$$a = A \pm Kb \qquad (2\text{-}1)$$

式中　a——电极水平方向的尺寸；
A——图纸上型腔的名义尺寸；
K——与型腔尺寸注法有关的系数；
b——电极单边缩放量（或平动头偏心量，一般取 0.7～0.9 mm）。

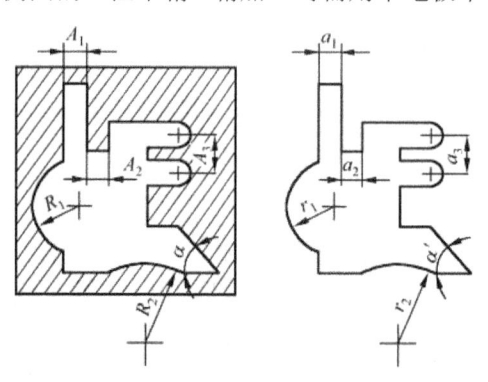

图 2-40　电极水平截面尺寸缩放示意图

$$b = S_L + H_{max} - h_{max} \qquad (2\text{-}2)$$

式中　S_L——最粗规准加工时单边加工间隙；
H_{max}——最粗规准加工时表面微观不平度最大值；
h_{max}——最精规准加工时表面微观不平度最大值。

式(2-1)中的"±"号及 K 值按以下原则决定：

- 凡图纸上型腔凸出部分，其相对应的电极凹入部分的尺寸应放大，即用"+"；反之，凡图纸上型腔凹入部分，其相对应的电极凸出部分的尺寸应缩小，即用"–"。
- K 值的选择原则　当图中型腔尺寸完全标注在边界上（即相当于直径方向尺寸）时，K 取 2；一端以中心线或非边界线为基准（即相当于半径方向的尺寸）时，K 取 1；对于图纸上型腔中心线之间的位置尺寸及角度值，电极上相对应的尺寸不增不减，K 取 0。对于圆弧半径，亦按上述原则确定。

② 垂直方向的尺寸计算　电极上与主轴进给方向平行的尺寸，称为垂直尺寸（如图 2-41 所示），用下式确定：

$$l = B \pm K \cdot \Delta \tag{2-3}$$

式中　l——电极垂直方向的有效加工尺寸；
　　　B——型腔深度方向的尺寸；
　　　K——与尺寸注法有关的系数；
　　　Δ——加工时的放电间隙和电极损耗要求电极端面的修正量。

$$\Delta = \Delta l_{EF} - S_F \tag{2-4}$$

式中　Δl_{EF}——电极端面损耗（$\Delta l_{EF} \approx B \times 1\%$）；
　　　S_F——最末挡精规准的加工间隙。

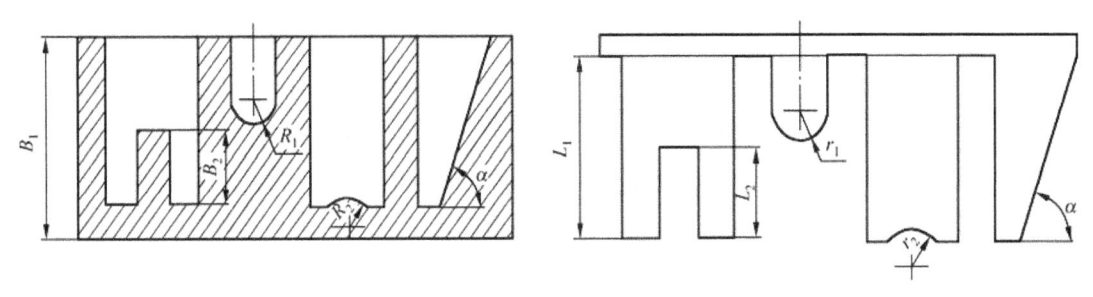

图 2-41　电极垂直方向尺寸示意图

③ 电极总高度 H 的确定　需根据实际情况，如电极使用次数、装夹要求等决定。从图 2-42 可知：

$$H = l + L_1 + L_2 \tag{2-5}$$

式中　H——除装夹部分外的电极总高度；
　　　l——电极每加工一个型腔在垂直方向的有效高度；
　　　L_1——当需加工的型腔位于另一型腔中时，电极需要增加的高度；
　　　L_2——考虑到加工结束时，电极夹具或固定板不和模块或压板发生碰撞，以及同一电极能重复使用而需要增加的高度。

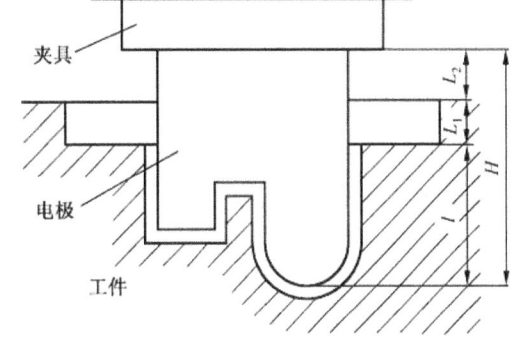

图 2-42　电极总高度设计示意图

(3) 排气孔与冲油孔的设计　型腔电火花加工一般均为盲孔加工，所以排气、排屑状况直接影响加工效率与稳定性。精加工时则影响表面粗糙度，因此必须引起足够重视。一般情况下，冲油孔要开在不易排屑的拐角、窄缝处；而排气孔则开在蚀除面积较大及电极端部有凹入的位置。冲油孔和排气孔的直径约为平动头偏心量的 1～2 倍，一般取为 ϕ1～2 mm。若孔开得过大，则加工后残留的凸起太大，不易清除。为有利于排气排屑，常把排气孔、冲油孔的上端加大孔径为 ϕ5～8 mm。孔的数目应以不产生蚀除产物堆积为宜，孔距在 20～40 mm 左右，孔要适当错开以减少"波纹"。

3) 电极的制造

制造电极的方法很多，主要是根据电极材料、模具型腔的精度和数量等来决定。

(1) 紫铜电极的制造　主要采用机械加工方法制造，并配合钳工的修整达到预定要求。还可采用电铸法、精锻法、油压成形和放电成形代替机械加工，然后用钳工精修。电铸电极能节省大量工时，减少钳工繁重劳动，适用于多电极更换加工法。另外对品种多、数量少、形状复杂的型腔模加工亦宜采用电铸电极。精密模锻和放电成形加工制造电极，工艺比较复杂，适用于同品种大批量电极制造。

(2) 石墨电极的制造　石墨材料的机械加工性能好，机加工后修整、抛光都很容易。因此，目前主要采用机械加工法制造。另外也有采用数控切割成形、振动加工成形和等离子喷涂成形等工艺。

在制造较大型腔电极时，石墨坯料尺寸不够可采用拼块的方法，用螺栓连接或采用环氧树脂、聚氯乙烯酸液等黏合。拼接时要注意石墨材料的方向性，否则方向不同将引起耗损不均而影响加工质量。

3．加工规准选择、转换与平动量的分配

1) 加工规准的选择

(1) 粗规准　一般选取宽脉冲（大于 400 μs）、高峰值电流进行粗加工。加工时，应注意加工面积与加工电流之间的配合关系。通常在石墨电极加工钢时，最高电流密度为 3～5 A/cm^2，紫铜电极加工钢时，电流密度可稍大些。选用粗规准加工速度高、表面粗糙、电极损耗低。

(2) 中规准　一般选用脉冲宽度为 20～40 μs、峰值电流较小的参数进行半精加工。中规准与粗规准之间并没有明显的界限，应按具体对象划分。中规准要在保持一定的蚀除速度情况下，尽量做到低的电极损耗，以利于修型。加工有小孔、窄缝等复杂型腔时，可直接用中规准粗加工型腔。

(3) 精规准　是在中规准加工的基础上，进行最后精加工的参数。精加工的去除量很小，一般不超过 0.1～0.2 mm，表面粗糙度 Ra 值小于 1.6 μm，多选用 10～20 μs 的窄脉宽、小峰值电流加工。电极相对损耗量在 10%～25% 左右。

2) 加工规准的转换和平动量的分配

加工规准转换的挡数，必须根据具体对象确定。对于小尺寸、形状简单的浅型腔加工，规准转换挡数可少些，对大尺寸、大深度、形状复杂的型腔，规准转换的挡数要多些。粗加工规准一般选定一挡，半精加工规准选 2～4 挡，精加工规准选 2～4 挡。

当每挡规准加工的凹坑底部与上一挡规准加工的凹坑底部一样平，即加工表面刚好达到本挡规准应达到的粗糙度时，就应及时转换规准。这样既达到修光的目的，又可使各挡的金属蚀除量最小，得到尽可能高的蚀除速度和尽可能低的电极损耗。

平动量如何分配是单电极平动加工法的一个很关键的问题。电极的平动量，主要取决于被加工表面由粗变细的修光量，此外还和电极损耗、平动头原始偏心量、主轴进给运动的精度等有关。当加工形状复杂、纹路棱槽细浅、深度较浅、尺寸较小的型腔时，加工规准较细，平动量应选得小些。反之，当加工形状简单、深度较深、尺寸较大的型腔时，加工规准较粗，平动量应选得大些。

因粗、中、精各挡规准产生的放电蚀除凹坑不一样，电极的平动量不能按每挡平均分配。一般，中规准加工平动量为总平动量的 75%～80%，端面进给量为端面余量的 75%～80%。中规准加工后，型腔基本成形，只留很少余量用精规准修光。

2.5.3 电火花穿孔加工

冲模是生产上应用最多的一种模具,由于形状复杂和尺寸精度要求高,所以它的制造已成为生产上关键的技术之一。特别是凹模,应用一般的机械加工是比较困难的,在某些情况下甚至不可能。而靠钳工加工则劳动量大,质量不易保证,常因淬火变形而报废。采用电火花加工能较好地解决这些问题。冲模采用电火花加工工艺和机械加工工艺对比有如下优点:

(1) 电火花加工可以在工件淬火后进行,避免了加工后热处理变形的问题;
(2) 电火花加工冲模的配合间隙和斜度均匀,刃口耐磨,提高了模具质量;
(3) 电火花加工,可以加工机械加工难以加工的材料,扩大了模具材料的选用范围;
(4) 对于复杂的凹模可以不用镶拼结构,一般都采用整体式,从而大大简化了模具的结构。

1. 基本方法

凹模的尺寸精度主要靠工具电极来保证。因此,对工具电极的精度和表面粗糙度都应有一定的要求。如凹模的尺寸为 L_2,工具电极相应的尺寸为 L_1(图 2-43),单面火花间隙为 S_L,则

$$L_2 = L_1 + 2S_L$$

式中,加工间隙值 S_L 主要取决于脉冲参数与机床的精度。只要加工规准选择适当,保证加工稳定,加工间隙 S_L 的误差是很小的。因此,只要工具电极的尺寸精确,用它加工出的凹模尺寸也是精确的。

对冲模来说,配合间隙是一个很重要的质量指标。它的大小和均匀性都直接影响冲件的质量及模具的寿命,因此在加工中配合间隙必须予以保证。最常用的保证配合间隙的方法有:直接配合法、间接配合法、冲头修配法和二次电极间接法等。

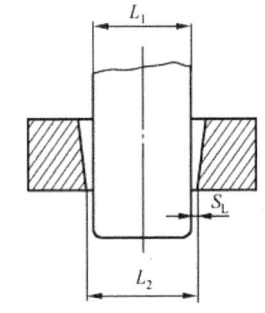

图 2-43 凹模电火花加工

直接配合法是直接用加长的钢冲头作电极加工凹模,加工后再将其因作为电极而损耗的部分切除。此法通过调节脉冲参数,可保证加工间隙与要求的配合间隙均匀一致,加工的模具质量较高,制作周期短,还能节约电极材料。但用钢作电极,加工稳定性差,加工速度低。

间接配合法是将冲头和电极黏结在一起,用成形磨削同时磨出。加工时,调节脉冲电源参数,可保证电极穿透凹模的加工间隙与冲头和凹模的配合间隙一致,这样,凹模就可不用经任何修整而直接和冲头配合。采用此法,凸凹模间隙配合均匀,模具质量高。电极材料采用电火花加工性能好的铸铁,可提高蚀除速度。

冲头修配法是将冲头与电极分别用机械加工制出。但冲头不加工到最后尺寸,留下一定的待修余量。用制好的电极加工出凹模,然后按凹模修配冲头,以达到所需的配合间隙。

二次电极间接法(或称为二间法)多用于冲头制造比较困难,而凹模容易加工的情况。用已加工好的凹型工具电极,电火花加工冲头,并合理控制加工间隙,以保证冲头与凹模的配合间隙。

上述四种冲模电火花加工方法,各有自己的特点和适用范围。

2. 工具电极的设计与制造

1) 电极材料的选择

电极材料必须是导电材料,并要求加工过程中损耗小,稳定,工件蚀除速度高,机械加工性好,来源丰富,价格便宜等。常用的电极材料有:紫铜、石墨、铸铁、钢、黄铜、铜钨合金、银钨合金等,最常用的是紫铜与石墨。

2) 电极结构形式

由于凹模的精度主要决定于工具电极的精度，因而对工具电极要有严格的要求，要求它的尺寸精度比凹模高一级，一般不低于 IT7 级，表面粗糙度 Ra 值不大于 $0.8~\mu m$。

正确设计电极，首先要了解机床主轴头的承载能力、工作台尺寸及负荷，其次还要了解脉冲电源各规准的蚀除速度、电极损耗、加工间隙等加工工艺指标。然后，再根据工件型孔的尺寸精度、几何形状精度、粗糙度等，决定电极的结构形式、轮廓尺寸及长度。

电极结构形式通常有整体式、镶拼式和组合式三种类型：

① 整体式电极如图 2-44(a)所示，是最常用的结构形式。对于较大体积的电极，为了减轻重量，可在端面开孔或挖空。对于小体积、易变形的电极，可在有效长度的上部将截面尺寸增大。

② 镶拼式电极如图 2-44(b)所示，一般在机械加工困难时采用，如一些冲模电极，在磨削时，不能深入到底部，做到"清根、清角"。而采用几块分开制造后镶拼的方法，易得到"清角"，有时也有因整体式电极不能保证制造精度，而采用镶拼结构电极的。

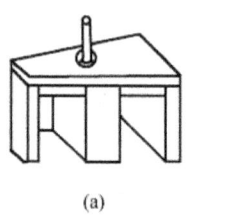

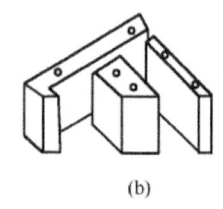

图 2-44 整体式与镶拼式电极结构示意图

③ 组合式电极是将多个电极组合在一起，用于一次加工多孔落料模、级进模和在一凹模上若干个型孔。用组合电极加工，只要垫块尺寸精确，组合时保证各电极间的平行度，装卡牢固，就可以加工出精度较高的凹模。

3) 电极的制造

冲模电极的制造，一般首先用普通机械加工，然后成形磨削。一些不易磨削加工的材料，可在机加工后，由钳工精修。目前，直接用电火花线切割加工电极已获得广泛应用。

采用钢冲头（凸模）直接作为电极时，可直接用成形磨削磨出。如果凸凹模配合间隙不在电火花加工间隙范围内，则作为电极的部分必须在此基础上增大或缩小。常采用化学侵蚀的办法制作出台阶并达到尺寸要求，或采用镀铜、镀锌的办法扩大到要求的尺寸。

3．工件的准备

1) 加工预孔

电火花加工前，工件型孔部分要加工预孔，并留适当的电火花加工余量。余量的大小应以能补偿电火花加工的定位找正误差及机械加工误差为宜。若余量太大，将增加电火花加工工时；若余量太小，则不易定位找正，甚至使凹模刃口加工不出所要求的粗糙度而造成废品。一般情况下，单边余量以 0.3～1.5 mm 为宜，并力求均匀。如遇到形状复杂的型孔，余量要适当增大。

凹模电火花加工部位采用阶梯空刀时，台阶加工深度尽量一致。型孔有尖角部位时，为减小电火花加工电极棱角损耗，加工预孔要尽量做到清角。

2) 热处理

工件在淬火前，除加工预孔外，螺纹孔、销孔均应先加工出来，再进行热处理。淬火硬度一般要求为 HRC58～62 左右。

3) 磨光、除锈、去磁

淬火后，为防止变形，需再磨光两平面。当需要用块规、角尺定位时，还要磨出基准面。最后，检验无淬火裂纹，并除锈去磁后便可进行电火花加工。

4．电规准的选择及转换

所谓电规准，是指电火花加工过程中的一组电参数，如电压、电流、频率、脉宽、极性等。电规准选择正确与否将直接影响工艺指标。所以，必须根据工件的要求、电极与工件的材料、加工工艺指标和经济效果等，确定合理的加工规准，并在加工过程中，正确、及时地转换。

冲模加工中，粗、中、精三种规准都必须用上。

钢打钢时，粗规准主要用于蚀除加工余量大的部分；中规准主要用于过渡性加工，在由粗规准转换为精规准加工时，为使加工稳定和过渡圆滑，一般两者之间需用中规准加工 1～2 mm，再转入精规准；精规准主要是实现冲模要求的各项技术指标，如配合间隙、刃口斜度、表面粗糙度等。脉冲宽度一般为 2～6 μs，加工速度 7～10 mm³/min，表面粗糙度 Ra 值达 1.6 μm。

加工过程中，提高蚀除速度和改善表面粗糙度是互相矛盾的，在选择加工规准时，应根据不同的加工要求合理选用，可以利用电火花成形加工工艺曲线指导生产。

2.5.4 电火花加工工艺参数关系图

无论是成形加工还是穿孔加工，电火花加工的工艺参数都可以借助工艺参数曲线图来正确选择加工规准。主要工艺指标主要有：加工速度、电极损耗、表面粗糙度、加工精度等。图 2-45 是铜打钢时加工速度与脉冲宽度和峰值电流的关系曲线。

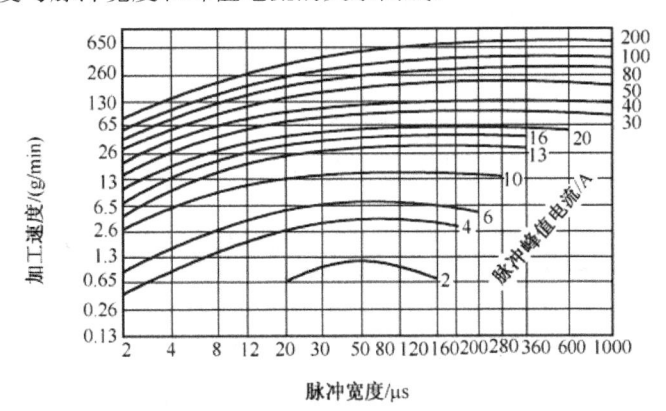

图 2-45　铜打钢时加工速度与脉冲宽度和峰值电流的关系曲线

在电火花成形加工中，工具电极的损耗直接影响仿形精度，特别是对于型腔加工，电极损耗这一工艺指标较加工速度更为重要。为了减小电极的损耗，必须很好地利用电火花加工中的各种效应（极性效应、吸附效应、热传导效应等），使电极表面形成碳黑膜，利用碳黑膜的补偿作用来降低电极损耗，并且这些效应又互相影响，互相制约。图 2-46 为铜打钢时电极损耗率与脉冲宽度和峰值电流的关系曲线。

工件的电火花加工表面粗糙度直接影响其使用性能，如耐磨性、接触刚度、疲劳强度等。尤其对于高速高压条件下工作的模具和零件，其表面粗糙度往往是决定其使用性能和寿命的关键，图 2-47 为铜打钢时表面粗糙度与脉冲宽度和峰值电流的关系曲线。

总之，只有协调好电参数，处理好效率与损耗、放电间隙、粗糙度之间的矛盾，才能快速、低损耗、高精度地完成工件的加工。

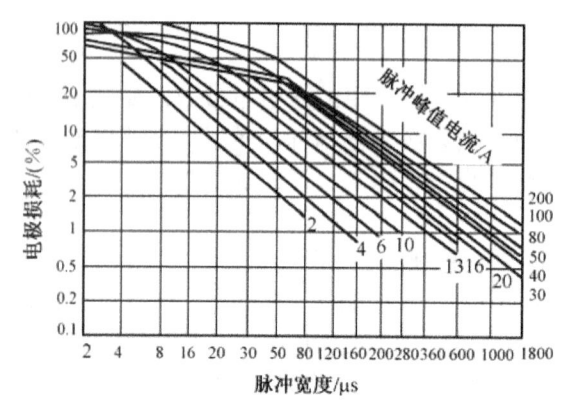

图 2-46 铜打钢时电极损耗率与脉冲宽度和峰值电流的关系曲线

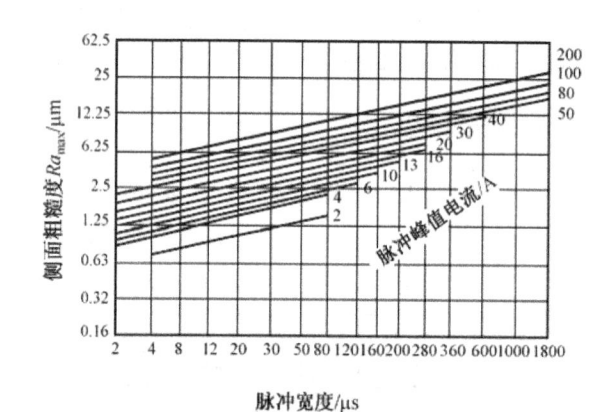

图 2-47 铜打钢时表面粗糙度与脉冲宽度和峰值电流的关系曲线

【应用实例 2-1】 电火花加工冲模型孔时,为什么要从模板底面开始向下加工?

在电火花穿孔加工时,放电间隙中存在着电蚀产物。这些电蚀产物在经火花间隙排出的过程中,会引起电极与已加工过的侧面的二次放电。二次放电会使已加工过的表面再次电蚀。在凹模的上口、电极进口处,二次放电机会就更多一些,这样就形成了锥度(如图 2-48 所示)。一般模具是需要锥度的,可作落料用。但由于模具上的锥度大口在底面,所以电火花穿孔时要从模板的底面开始,使其锥度的方向正好相同。电火花加工自然形成的锥度一般在 $2'\sim10'$ 之间,常在 $4'\sim6'$ 左右,正好可满足冲模落料的需求。

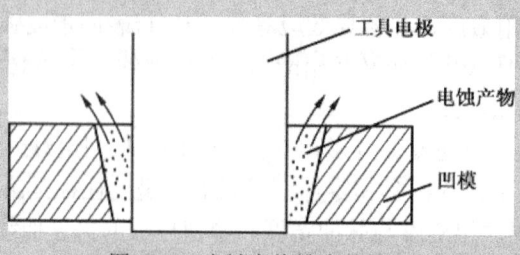

图 2-48 电蚀产物锥度的情况

2.6 其他电火花加工技术

2.6.1 电火花高速小孔加工

电火花高速小孔加工是近年来新发展起来的电火花加工技术。电火花加工的特点如下：不用机械能量，不靠切削力去除金属，而是直接利用电能进行加工，加工过程易于控制；加工过程中没有常规加工中的切削力；可以加工任何硬度的金属材料、导电材料，包括硬质合金、导电陶瓷和导电聚晶金刚石等。因此，可以利用电火花加工方法解决微孔加工、群孔加工、深小孔加工、异形小孔加工、特殊超硬材料的小孔加工等难题。

电火花高速小孔加工除了要遵循电火花加工的基本加工机理外，还有别于一般电火花加工方法，其主要特点有：一是采用中空的管状电极；二是管状电极中通有高压工作液，以强制冲走加工蚀除产物；三是加工过程中电极要做回转运动，可以使管状电极的端面损耗均匀，不致受到电火花的反作用力而产生振动倾斜，而且，高压高速流动的工作液在小孔壁按着螺旋线的轨迹排出小孔外，类似液静压轴承的原理，使得管状电极稳定保持在小孔中心，不会产生短路故障，可以加工出直线度和圆柱度很好的小深孔。从原理上，小深孔的深径比取决于管状电极的长度，只要有足够长的管状电极，就能加工出极深的小孔。加工时，管状电极作轴向进给运动，管状电极中通入 1～7 MPa 的高压工作液（自来水、去离子水、蒸馏水、乳化液或煤油），其加工原理如图 2-49(a)所示，加工区域的微观示意如图 2-49(b)所示。

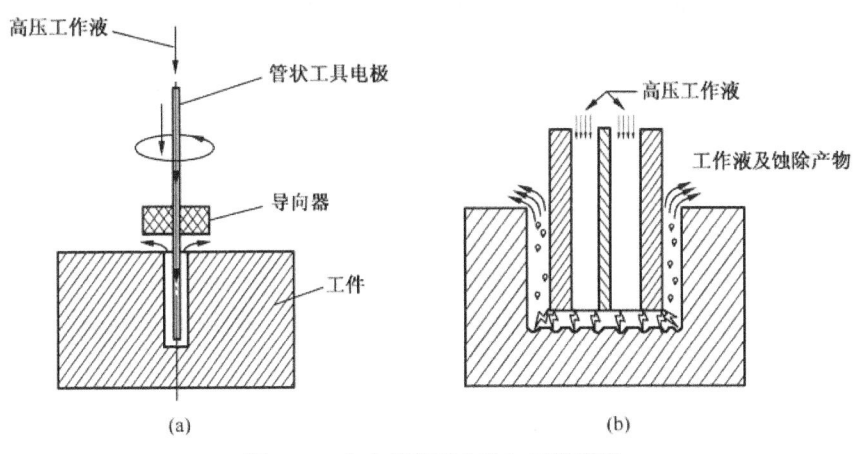

图 2-49 电火花高速小孔加工原理图

由于高压工作液能够迅速强制将电蚀产物排出，而且能够强化电火花放电的蚀除作用，因此这个加工方法的最大特点是加工速度很高，一般电火花小孔加工速度可以达到 30～60 mm/min，比机械加工钻削小孔快得多。这种加工方法最适于加工直径为 ϕ0.3～3 mm 的小孔，而且深径比可以超过 200∶1。

用一般空心管状电极加工小孔，即使电极进行旋转也容易在工件上留下毛刺料芯，如图 2-50所示，料芯会阻碍工作液的高速流通，且过长、过细时会歪斜，以致引起短路。为此，电火花高速加工小孔时通常采用专业厂特殊冷拔的双孔、三孔甚至四孔管状电极，其截面上有多个月形孔，如图 2-50 中断面放大图所示，这样加工中电极转动时，在工件上不会留下毛刺料芯。

电火花高速小孔加工方法还可以在斜面和曲面上打孔，已被广泛应用于线切割零件的预穿丝孔、喷嘴和耐热合金等难加工材料的小孔加工中，并且已经应用在航空、航天工业产品中的小孔、深孔、斜孔等零件的加工方面。其典型的穿孔应用如图 2-51 所示。

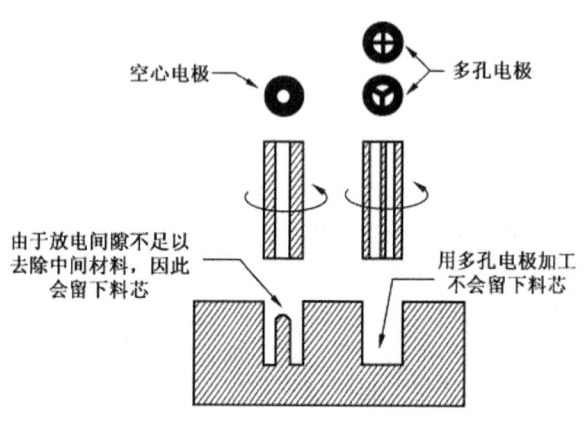

图 2-50　空心电极加工料芯示意及多孔电极截面

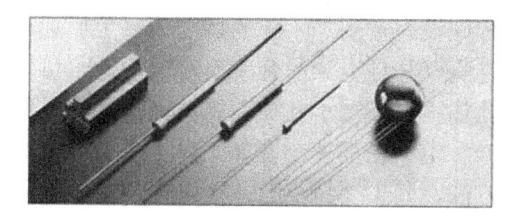

图 2-51　电火花高速小孔加工的典型应用

2.6.2　电火花小孔磨削

电火花小孔磨削实质上是应用机械磨削的成形运动进行电火花加工。它的工具电极与工件电极之间做相对运动，其中之一或二者做旋转运动。在加工过程中，不需要电火花成形那样的伺服进给运动。电火花磨削主要用于磨平面和内外圆、小孔、深孔，以及成形镗磨和铲磨，如电火花小孔磨削、电火花铲磨硬质合金小模数齿轮滚刀等。

在生产中往往遇到一些较深较小的孔，而且精度和表面粗糙度要求较高，而工件材料（如磁钢、硬质合金、耐热合金等）的机械加工性能很差。这些小孔采用研磨方法加工时，生产率太低，采用内圆磨床磨削也很困难，因为内圆磨削小孔时砂轮轴很细，刚度很差，砂轮转速很难达到要求，因而磨削效率下降，表面粗糙度值变大。而采用电火花磨削或镗磨能较好地解决这些问题。

图 2-52 为电火花镗磨机床原理图，工件 5 装夹在三爪自定心卡盘 6 上，由电动机带动旋转，电极丝 2 由螺钉 3 拉紧，并保证与孔的旋转中心线相平行，固定在弓形架上。为了保证被加工孔的直线度和表面粗糙度，工件（或电极丝）还做往复运动，这是由工作台 9 做往复运动来实现的。加工用的工作液由工作液管 1 供给。

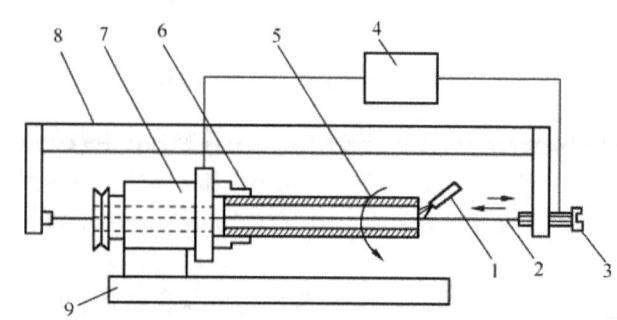

图 2-52　电火花镗磨机床原理图

1—工作液管；2—电极丝（工具电极）；3—螺钉；4—脉冲电源；5—工件；
6—三爪自定心卡盘；7—电动机；8—弓形架；9—工作台

电火花镗磨虽然生产率较低，但比较容易实现，而且加工精度高，表面粗糙度值小，小孔的圆度可达 0.003～0.005 mm，表面粗糙度 Ra 小于 0.32 μm，所以生产中应用较多，目前用来加工小孔径的弹簧夹头、硬质合金压模及微型轴承的内环、冷挤压模的深孔、液压件深孔等。

采用电火花铲磨硬质合金小模数齿轮滚刀的齿形，已开始用于齿形的粗加工和半精加工，提高生产率 3～5 倍，成本降低 4 倍左右。

2.6.3 电火花共轭回转加工

电火花共轭回转加工方法是利用成形工具电极与工件电极做相对应的展成运动（回转、回摆或往复运动等），使二者相对应的点保持固定重合的关系，逐点进行电火花加工。它的特点是工具与工件相互接近的部位切向相对运动线速度很小，有时几乎等于零。目前应用较广的是共轭回转加工，如螺纹环规、丝规、小模数齿轮、内螺旋齿轮等回转体零件加工，还有棱面展成、锥面展成、螺旋面展成加工等。如采用工件与电极同向同步旋转，同时工件或电极做径向进给来实现精密的内、外齿轮加工，特别适用于非标准内齿轮加工，如图 2-53(a)和(b)所示。

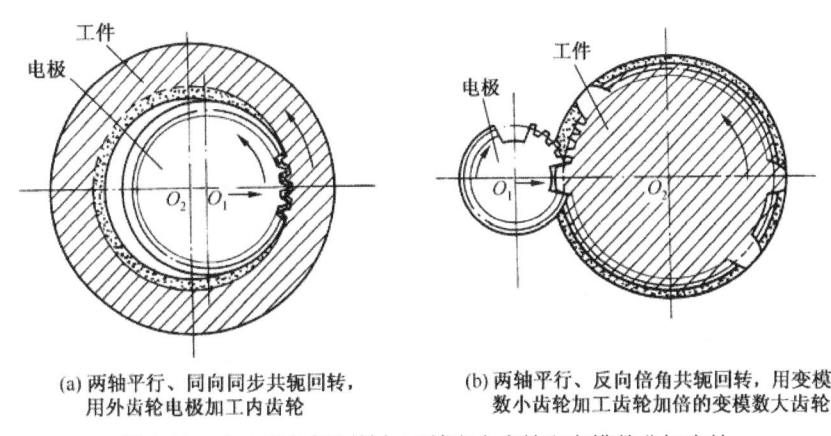

(a) 两轴平行、同向同步共轭回转，用外齿轮电极加工内齿轮

(b) 两轴平行、反向倍角共轭回转，用变模数小齿轮加工齿轮加倍的变模数大齿轮

图 2-53　电火花共轭回转加工精密内齿轮和变模数非标齿轮

2.6.4 非导电材料电火花加工

1. 聚晶金刚石等高阻抗材料的电火花加工

聚晶金刚石被广泛用做拉丝模、刀具、磨轮等材料。它的硬度仅稍次于天然金刚石。金刚石虽是碳的同素异构体，但天然金刚石几乎不导电。聚晶金刚石是将人造金刚石微粉用铜、铁粉等导电材料作为黏结剂，搅拌、混合后加压烧结而成，因此整体仍有一定的导电性能，可以用于电火花加工。

电火花加工聚晶金刚石的要点如下：

(1) 采用 400～500 V 较高的峰值电压，使有较大的放电间隙，易于排屑；

(2) 采用较大的峰值电流，一般瞬时电流需在 50 A 以上。为此可以采用 RC 线路脉冲电源，电容放电时可输出较大的峰值电流，增加爆炸抛出力。

电火花加工聚晶金刚石的原理是靠火花放电时的高温将导电的黏结剂熔化、汽化蚀除掉，同时电火花高温使金刚石微粉"碳化"成为可加工的石墨，也可能因黏结剂被蚀除掉后而整个金刚石微粒自行脱落下来。有些导电的工程陶瓷及立方氮化硼材料等也可用类似的原理进行电火花加工。

2. 陶瓷材料电火花加工

非导电工业陶瓷材料如氧化铝、氧化锆、氮化硅及立方氮化硼等超硬材料的广泛应用,以及其形状的复杂化,使得研究对这些材料进行电火花加工已经成为该领域的新趋势之一。

目前采用的方法主要有如下两种。

1) 电解电火花复合加工方法

电解电火花复合加工方法是借助于电解液中火花放电作用来蚀除非导电工件的电加工方法。加工时,工具电极接负极,辅助电极接正极,当两极间加上脉冲电压时,由于电化学作用,在电极表面产生气泡,通过气泡,使工具电极表面与导电的工作液间形成高的电位梯度,引起火花,靠放电时的瞬时高温及冲击波等作用来达到蚀除工件的目的,其火花放电过程的原理图如图 2-54 所示。但由于实质放电是在工具电极通过气泡与导电工作液间进行的瞬时高温大部分被工作液所吸走,因此加工效率极低。

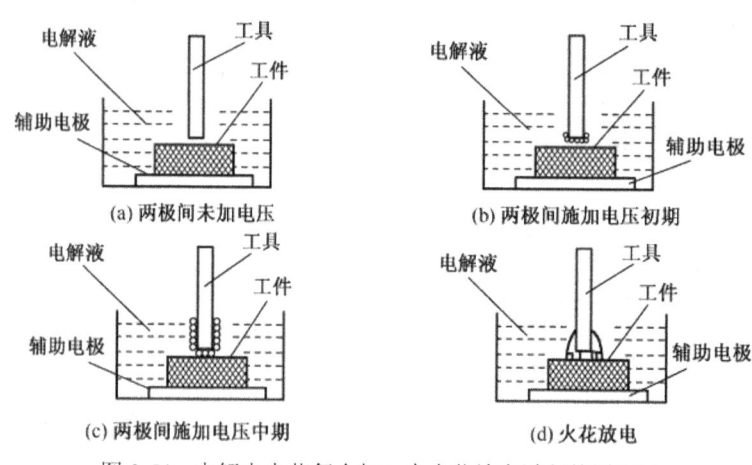

图 2-54 电解电火花复合加工中火花放电过程的原理图

2) 辅助电极法电火花加工

辅助电极法的原理是利用电极和辅助导电电极之间电火花放电,使煤油工作液中产生热分解出的碳沉积物在绝缘陶瓷加工表面不断形成导电膜,使绝缘陶瓷的加工表面具有导电性来实现对绝缘陶瓷的电火花放电加工。

图 2-55 是绝缘陶瓷辅助电极法电火花加工简图。在陶瓷工件上放置金属板(铜板)作为辅助电极,通过夹紧装置(压板)固定在工作台上,并与工作台导通,工具电极装夹在主轴上,辅助电极和工具电极分别接脉冲电源的正、负极。加工时,首先对辅助电极金属板进行电火花穿孔加工,当金属板辅助电极被电火花加工穿通后,才开始对陶瓷进行电火花穿孔成形加工。

图 2-56 是绝缘陶瓷辅助电极法加工原理图。图 2-56(a)表示普通电火花加工上边的辅助电极金属板;图 2-56(b)表示辅助电极金属板加工结束后,在陶瓷表面附着上加工粉末屑(主要由电极消耗产生的粉末)和由工作液煤油分解产生的碳黑膜,使要加工的陶瓷表面部分获得了导电性;图 2-56(c)表示辅助电极金属板加工一结束,在陶瓷加工面附着的加工粉末屑和碳的混合物的膜与工具电极间产生放电,由放电产生的热和冲击来加工陶瓷。这种加工方法是利用电极和辅助导电电极之间电火花放电,使煤油工作液中产生热分解出的碳沉积物在绝缘陶瓷加工表面不断形成导电膜,使绝缘陶瓷的加工表面具有导电性来实现对绝缘陶瓷的电火花放电加工的。这种加工方法不需要专门的设备,在普通电火花加工机床上就可进行加工,但加工效率很低。

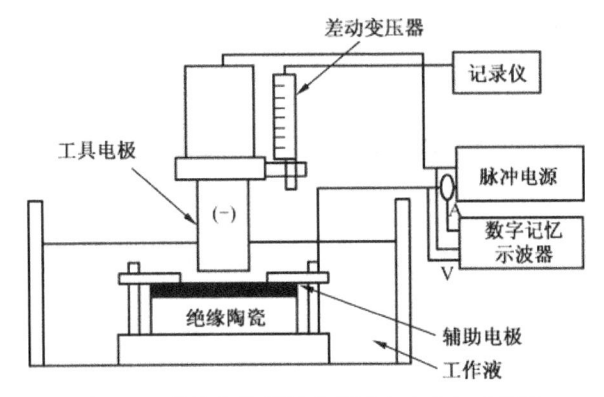

图 2-55 绝缘陶瓷辅助电极法电火花加工简图

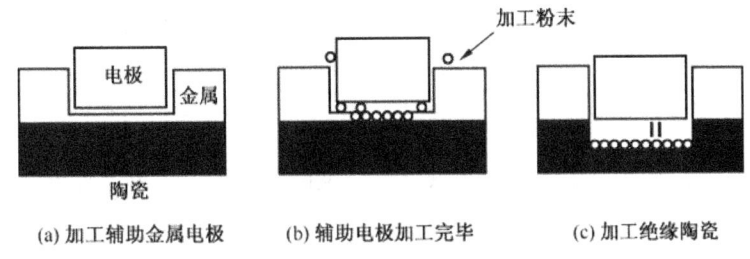

图 2-56 绝缘陶瓷辅助电极法加工原理图

2.6.5 电火花表面强化和刻字

1. 电火花强化工艺

电火花表面强化也称为电火花表面合金化。图 2-57 是金属电火花表面强化器的加工原理图。在工具电极与工件之间接上 RC 直流电源,由于振动器 L 的作用,使电极与工件之间的放电间隙频繁变化,工具电极与工件间不断产生火花放电,从而实现对金属表面的强化。

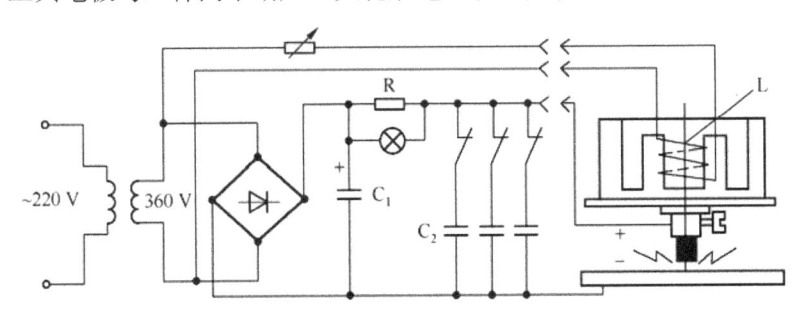

图 2-57 金属电火花表面强化器的加工原理图

电火花强化过程如图 2-58 所示。当电极与工件之间距离较大时,如图 2-58(a)所示,电源经过电阻 R 对电容器 C 充电,同时工具电极在振动器的带动下向工件运动。当间隙接近到某一距离时,间隙中的空气被击穿,产生火花放电[图 2-58(b)],使电极和工件材料局部熔化,甚至汽化。当电极继续接近工件并与工件接触时[图 2-58(c)],在接触点处流过短路电流,使该处继续加热,并以适当压力压向工件,使熔化了的材料相互黏结、扩散形成熔渗层。图 2-58(d)为电极在振动作用下离开工件,由于工件的热容量比电极大,使靠近工件的熔化层首先急剧冷凝,从而使工具电极的材料黏结、覆盖在工件上。

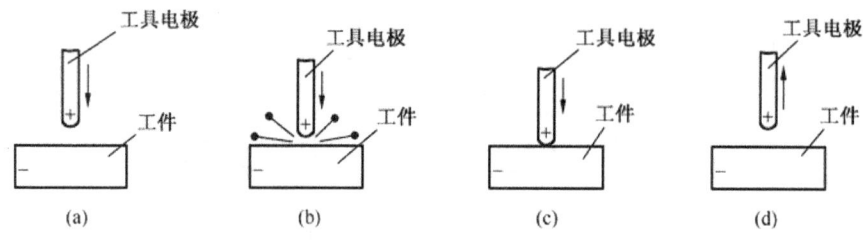

图 2-58　电火花表面强化过程原理图

电火花强化工艺方法简单、经济、效果好，因此广泛应用于模具、刃具、量具、凸轮、导轨、水轮机和涡轮机叶片的表面强化。

2. 电火电火花刻字工艺及装置

电火花表面强化的原理也可用于在产品上刻字、打印记，一般有两种办法。一种是把产品商标、图案、规格、型号、出厂年月日等用铜片或铁片做成字头图形，作为工具电极，如图 2-59 所示，工具一边振动，一边与工件间火花放电，电蚀产物镀覆在工件表面形成印记，每打一个印记约 0.5~1 s。另一种不用现成字头而用钼丝或钨丝电极，按缩放尺或靠模仿形刻字，每件时间稍长，约 2~5 s。如果不需字形美观整齐，可以不用缩放尺，而用手刻字的电笔。图 2-59 中用钨丝接负极，工件接正极，可刻出黑色字迹。若工件是镀黑或表面发蓝处理过的，则可把工件接负极，钨丝接正极，可以刻出银白色的字迹。

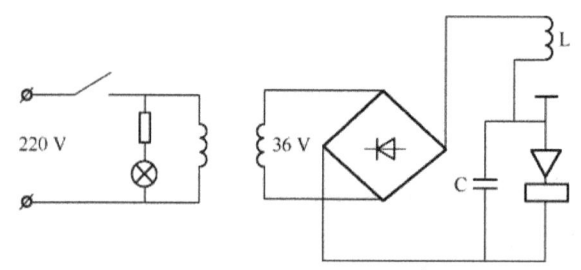

L—振动器线圈；ϕ0.5 mm 漆包线 350 匝；铁心截面约 0.5 cm^2；C—纸介电容 0.1 μF，200 V

图 2-59　电火花刻字打印装置线路

2.7　电火花加工安全防护

1. 电气安全

电火花加工是直接利用电能使金属蚀除的工艺，使用的机床和电源上设有强电及弱电回路，除与一般机床相同的用电安全要求外，对接地、绝缘、稳压还有一些特殊需求。

电源（或控制柜）外壳、油箱外壳要妥善接地，防止人员触电，并起到抗干扰、电磁屏蔽的作用。

经常检查电极（主轴头）及工作台与电源连接线的绝缘完好，防止连接线的破损引起短路，造成电源故障或引起火灾。加工中，禁用裸手接触加工区任何金属物体，若调整冲液装置必须停机进行，保障操作人员及电极、工件的安全。不在工作箱内放置不必要或暂不使用的物品，防止意外短路。

稳压电源进线加装稳压及滤波环节，提高抗干扰能力，减少对外电磁污染。

2. 火灾的防止

当进行电火花加工时，工作液（通常是煤油）或加工中产生的可燃气体在空气中被放电火花点燃时，就有引起火灾的危险。电火花加工时，工作液面要高于工件一定距离（30～100 mm），如果液面过低，加工电流较大，很容易引起火灾。为此，操作人员应该经常检查工作液面是否合适。由于操作不当，可能导致意外发生火灾的情况，如图 2-60 所示。还应该注意，在电火花放电转成电弧放电时，电弧放电点局部温度会因为温度过高，工件表面向上积碳并向上增长，同时主轴头向上回退，直至在空气中放电而引起火灾。在这种情况下，液面保护装置也无法防止。为此，除非电火花加工机床上装有烟火自动检测和自动灭火装置，否则操作人员不能较长时间离开。

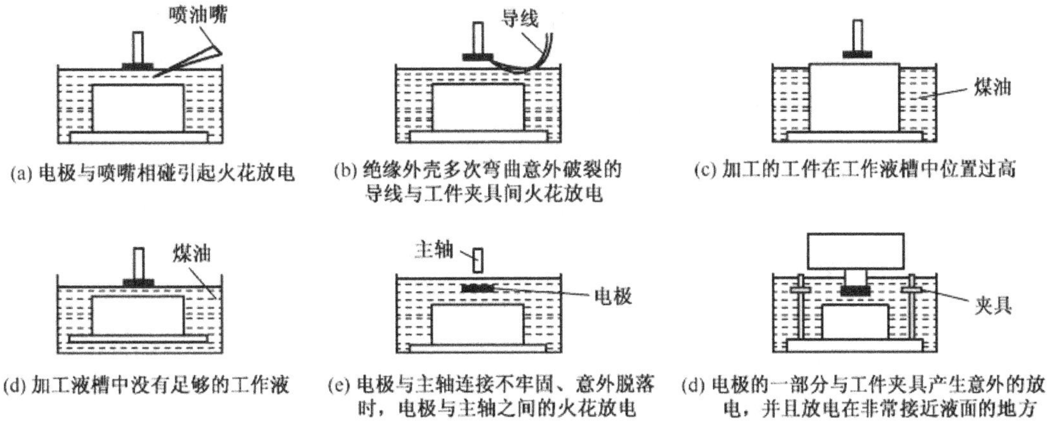

(a) 电极与喷嘴相碰引起火花放电
(b) 绝缘外壳多次弯曲意外破裂的导线与工件夹具间火花放电
(c) 加工的工件在工作液槽中位置过高
(d) 加工液槽中没有足够的工作液
(e) 电极与主轴连接不牢固、意外脱落时，电极与主轴之间的火花放电
(d) 电极的一部分与工件夹具产生意外的放电，并且放电在非常接近液面的地方

图 2-60　意外发生火灾的原因

电火花加工过程中，万一发生火灾，在最初的短暂时间内，着火范围一般局限在工作液槽内，火势容易控制，直至扑灭。所以，操作人员在机床开动，尤其是放电开始后，绝不允许远离机床，以便在产生火灾的初期及时将火扑灭。

如果发生火灾，首先应切断电源，即切断总电源或近处机床电源；然后用机床旁配备的灭火器材扑救，必要时向消防部门报警；在处理完事故、解除现场保护后，尽早清除灭火器材喷洒后的残留物，并检查损失，减少灭火药品造成的腐蚀等作用。

鉴于电火花加工中的灭火对象包括油类、电气设备及其他可燃物（如油漆、橡皮、塑料等涂层及零部件），所以灭火剂只能选用二氧化碳灭火剂、卤代烷灭火剂、干粉灭火剂等，不允许用水灭火剂或泡沫灭火剂。

3. 有害气体的防护

电火花加工时，现场空气中存在煤油（蒸发气体）、一氧化碳、丙烯醛、低碳氢化合物、氰化氢等对人体有害气体，因此需采取防护措施，主要是通风净化。

通风净化是排除有害气体、降低操作现场有害气体浓度的有效手段。电火花加工时的通风一般采用局部吸（排）气即可达到防护目的。

2.8　电火花加工技术的发展

电火花加工技术自 20 世纪 40 年代开创以来，历经半个多世纪的发展，已成为先进制造技术领域中不可或缺的重要组成部分。尤其是进入 20 世纪 90 年代后，随着信息技术、网络技术、材料科学技术等高新技术的发展，电火花加工技术也朝着更深层次、更高水平的方向发展，电火花加工的新技术也不断地涌现出来。

1．加工工艺新技术

(1) 加工过程的高效化

在保证加工精度的前提下，提高粗、精加工效率同时，还应尽量缩短辅助时间（如编程时间、电极与工件定位时间、维修时间等），为此，采取了增强机床的在线后台编程能力，改进和开发适用的电极与工件定位装置等手段。

(2) 加工过程的精密化

在保证加工速度的前提下，电火花加工成形的精确度要求越来越高，特别是在模具行业中，镜面加工、微细加工技术和表面强化处理技术得以广泛应用。

(3) 加工电规准的智能化

随着计算机技术和自动控制技术在电火花加工中的运用，模糊控制、人工神经网络技术和专家系统也频繁地出现在电规准的制订中，使加工电规准更趋向于智能化。

(4) 电极材料的专一化

工具电极的材料选用一直是放电加工的关键环节，常用的电极材料是石墨和纯铜。近年来的研究表明，石墨电极将成为未来放电加工中的首选。

2．电火花机床新技术

(1) 直线电动机伺服系统的运用

电火花成形加工设备采用直线电动机伺服系统，可使加工性能获得明显改善。由于它取代了传统的丝杠螺母传动链，减小了机械结构中的滞后，因此容易实现闭环控制。

(2) 机床多头主轴的运用

以往的电火花机床结构上采用一个主轴，目前出现了两个或三个主轴同时加工的机床。

(3) 机床电极库的运用

以往只在加工中心上看到换刀的情形，现在出现了电极库，可以在电极库中选择适合的电极实现放电加工。

(4) 机床环境保护的运用

绿色加工的提出，促进了电火花机床在环境保护上的进步。工作液配方上的改进，将工作液对环境的污染降到最低。机床全封闭的结构有利于改善工作液、烟雾、电磁辐射等对人体、机床、工作环境的污染。

【应用点评 2-1】 电火花铣削加工技术

电火花铣削加工是 20 世纪 90 年代发展起来的电火花成形加工技术，是利用简单电极（或称之为标准电极，如棒状电极）在数控系统控制下，按照一定轨迹做成形运动，借鉴数控铣削加工方式，通过简单电极与工件之间在不同相对位置（刀位）的放电加工出所需工件形状。电火花铣削加工技术已经成为三维型腔电火花加工的有力手段之一。

图 2-61 是几种典型的电火花铣削加工示意图。图中(a)、(b)、(c)、(d)采用圆柱电极，加工中电极可以高速旋转，如采用方形电极，则电极不旋转，可加工清棱清角的表面。图中(e)、(f)分别采用线框电极和板状电极进行加工，加工中电极不旋转，前者可用于有大量工件材料需要去除的加工场合，后者同时可利用旋转分度轴进行数控分度加工。

图 2-61　电火花铣削加工的几种形式

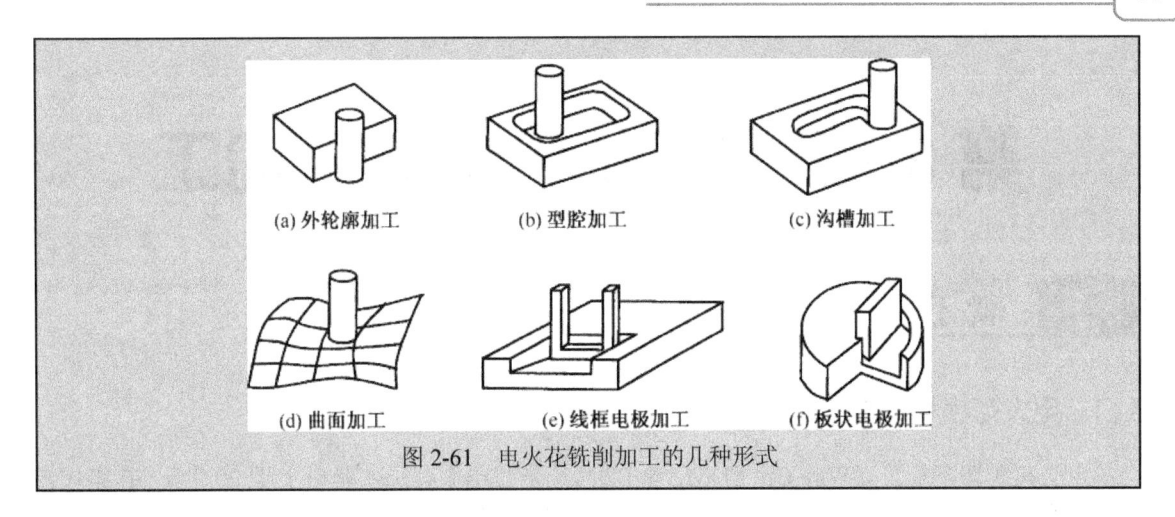

(a) 外轮廓加工　(b) 型腔加工　(c) 沟槽加工　(d) 曲面加工　(e) 线框电极加工　(f) 板状电极加工

2.9　习题

2-1　什么是电火花加工？电火花加工是怎样被发明的？要实现电火花加工需具备什么条件？

2-2　电火花加工的微观过程即机理是怎样的？

2-3　什么是电火花加工时的极性效应？实际加工中如何实现合理选择极性？

2-4　电火花加工工艺有哪些类型？

2-5　电火花加工及其工艺有何特点和优缺点？

2-6　电火花加工的主要应用领域是什么？

2-7　电火花加工的主要工艺指标有哪些？

2-8　电火花加工的生产率即加工速度与哪些因素有关？如何提高其加工生产率？

2-9　电火花加工的表面质量包括哪几方面？电火花加工的表面粗糙度与哪些因素有关？如何达到较好的表面粗糙度？

2-10　如何减小电火花加工后的表面变质层和防止产生表面微裂纹？

2-11　电火花加工时的自动进给系统和车、钻、磨削时的自动进给系统，在原理上、本质上有何不同？为什么会引起这种不同？

2-12　有没有可能或在什么情况下，可以用工频交流电源作为电火花加工的脉冲电源？在什么情况下可用直流电源作为电火花加工用的脉冲电源？（提示：轧辊电火花对磨、齿轮电火花跑合时，不考虑电极相对损耗的情况下，可采用工频交流电源；在电火花磨削、切割下料等工具、工件间有高速相对运动时，可用直流电源代替脉冲电源，为什么？）

2-13　影响电火花加工稳定性的因素是什么？如何提高加工稳定性？

2-14　电弧放电和电火花放电有何区别？电弧放电有何危害？

2-15　$\phi 0.3 \sim 3$ mm 的小深孔如何用电火花加工？高速电火花加工小深孔的基本原理是什么？

2-16　如何提高型腔加工的稳定性？

2-17　什么是电火花数控摇动加工？它与平动加工在原理和作用上有何差别？

2-18　什么是工具电极的相对损耗？怎样测量？

2-19　电火花加工中如何实现工具电极低损耗？

2-20　电火花加工对工具电极材料有哪些要求？如何根据工件材料和加工要求正确选用电极材料？

2-21　电火花加工通常选用什么介质？使用的工作液介质起什么作用？

第 3 章 电火花线切割加工

3.1 概述

3.1.1 电火花线切割加工的概念

电火花线切割加工（Wire Cut EDM，WEDM）是在电火花加工基础上于 20 世纪 50 年代末发展起来的一种新的工艺形式，是用线状电极（铜丝或钼丝）靠火花放电对工件进行的切割，故称为电火花线切割，简称线切割。目前，国内外的线切割机床已占电火花加工机床的 70%以上。

3.1.2 电火花线切割加工基本原理

电火花线切割加工与电火花成形加工一样，都是基于电极间脉冲放电时的电腐蚀现象，不同的是，电火花成形加工必须事先将工具电极做成所需的形状及尺寸精度，在电火花加工过程中将它逐步复制在工件上，以获得所需要的零件。电火花线切割加工则用一根细长的金属丝做电极，并以一定的速度沿电极丝轴线方向移动，不断进入和离开切缝内的放电加工区。加工时，脉冲电源的正极接工件，负极接电极丝，并在电极丝与工件切缝之间喷注液体介质；同时，安装工件的工作台由控制装置根据预定的切割轨迹控制伺服电动机驱动，从而加工出所需要的零件。目前，电火花线切割加工都是采用 CNC（计算机数字控制）控制装置。图 3-1 是电火花线切割机床结构图。

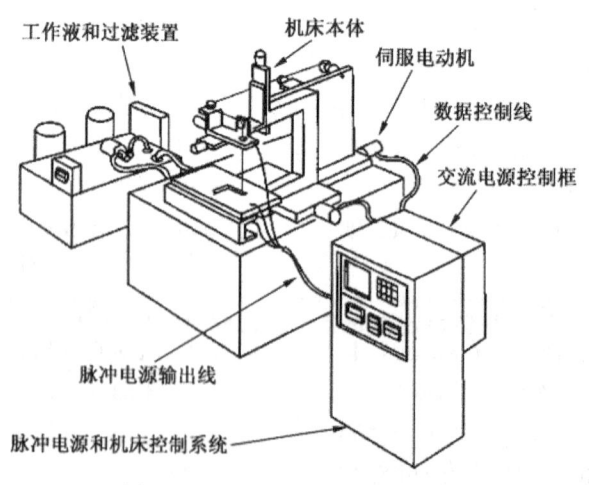

图 3-1 电火花线切割机床结构图

根据电极丝的走丝速度，电火花线切割机床通常分为两大类：一类是高速往复走丝电火花线切割机床（High Speed Wire Cut EDM），俗称高速走丝机，其电极丝做周期性高速往复运动，一般走丝速度为 8~10 m/s，这是我国生产和使用的主要机种，也是我国独创的电火花线切割加工模式；另一类是低速单向走丝电火花线切割机床（Low Speed Wire Cut EDM），俗称低速走丝机，这类机床的电极丝做低速单向运动，一般走丝速度低于 0.2 m/s，这是国外生产和使用的主要机种。

高速走丝机是我国在 20 世纪 60 年代研制成功的。由于它结构简单，性价比较高，在我国得到迅速发展，并出口到世界各地，目前年产量已达 5 万台，整个市场的保有量已接近 60 万台。其外观如图 3-2 所示。工作液为乳化液、复合工作液或水基工作液等。这类机床目前所能达到的加工精度一般为±0.01 mm，表面粗糙度 Ra 为 2.5～5.0 μm，可满足一般模具的加工要求，但对于要求更高的精密加工就比较困难。

目前，业内俗称的"中走丝"实际上是具有多次切割功能的高速走丝机，通过多次切割可以提高表面质量及切割精度，目前能达到的指标一般为经过三次切割后 $Ra < 1.2$ μm，切割精度可达±0.008 mm 左右。

低速走丝机外观如图 3-3 所示。低速走丝系统运行平稳，电极丝的张力容易控制，加工精度比较高，一般可达±0.005 mm，最高可达±0.001 mm；低速走丝的排屑条件较差，因此必须采用高压喷液加工，但加工大厚度工件时仍然比较困难，目前最大切割厚度一般在 400 mm 以内。而且，因单向走丝，电极丝消耗量很大，运行成本较高，其运行成本一般是高速走丝机的数十倍甚至近百倍，通常用于精密模具和零件的加工。低速走丝机也分为普通型、精密型、超精密型。

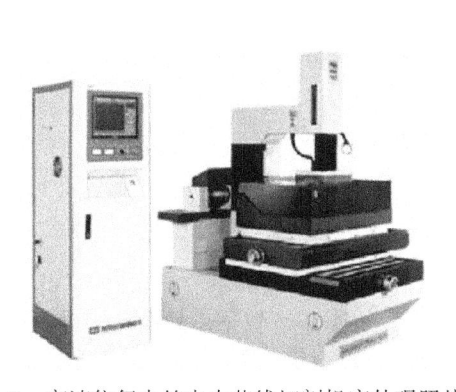

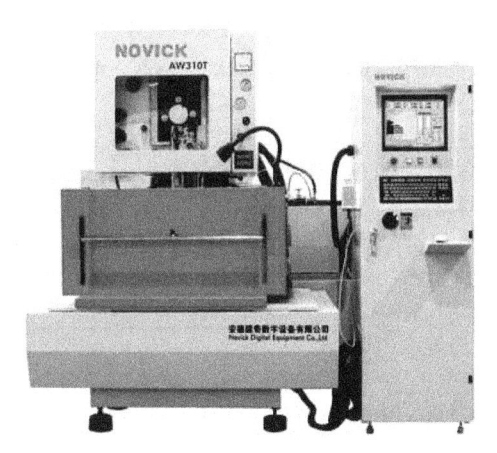

图 3-2 高速往复走丝电火花线切割机床外观照片　　图 3-3 低速单向走丝电火花线切割机床

电火花线切割加工所用的工作介质，低速走丝机一般为去离子水，精密加工时也可用煤油。高速走丝机加工则采用乳化油稀释后的乳化液或复合工作液及水基工作液做工作介质，考虑到加工工艺指标的局限及环保的问题，目前高速走丝机使用复合工作液及水基工作液的比例已经大大提高，市场占有量已经从 10 年前的不到 5% 上升到接近 40%，大有取代乳化油的势头。

两类机床的性能比较见表 3-1。

表 3-1　高速走丝与低速走丝机床比较表

比较内容	高速走丝机	低速走丝机
走丝速度	8～10 m/s	0.01～0.25 m/s
走丝方向	往复	单向
工作液	乳化液/复合工作液（浇注）	去离子水（高压喷液）
电极丝材料	钼丝/钨钼丝	黄铜丝/镀锌丝
切割速度	60～80 mm²/min	120～200 mm²/min

续表

比较内容	高速走丝机	低速走丝机
最高切割速度	200 mm²/min	500 mm²/min
加工精度	±0.01～0.02 mm	±0.005～±0.01 mm
最高加工精度	±0.008 mm	±0.001～±0.002
表面粗糙度	Ra: 2.5～5.0 μm	Ra: 0.63～1.25 μm
最佳表面粗糙度	Ra: 1.0 μm	Ra: 0.1 μm
最大切割厚度	>1000 mm	400 mm
参考价格（中等规格）	RMB 2～10 万	RMB 40～200 万

3.2 电火花线切割机床

3.2.1 机床本体

1. 高速往复走丝电火花线切割机床

高速往复走丝电火花线切割机床（俗称高速走丝机）一般由机床主机、控制系统和脉冲电源三大部分组成，我国以 DK77XX 来命名高速走丝机规格，前一个"7"代表电火花加工机床，后一个"7"代表高速走丝，"XX"代表工作台横向行程。型号为 DK7725 的高速走丝机含义如下：

```
D K 7 7 25
         └── 基本参数代号(工作台横向行程250mm)
       └──── 型别代号(7为高速走丝、6为低速走丝)
     └────── 组别代号(电火花加工机床)
   └──────── 机床特性代号(数控)
 └────────── 机床型别代号(电加工机床)
```

高速走丝机的主要技术参数包括：工作台行程（纵向行程×横向行程）、最大切割厚度、加工表面粗糙度、加工精度、切割速度和数控系统的控制功能等。机床的走丝方式如图 3-4 所示，电极丝从周期性往复运转的储丝筒输出经过上线臂、上导轮，穿过上喷嘴，再经过下喷嘴、下导轮、下线臂，最后回到储丝筒，完成一次走丝。带动储丝筒的电机周期反向运转时，电极丝就会反向送丝，实现电极丝的往复运转。其运丝速度一般为 8～10 m/s，电极丝为 ϕ 0.08～0.2 mm 的钼丝或钨钼丝。机床的运动原理如图 3-5 所示。

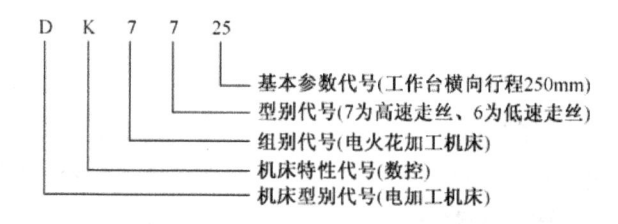

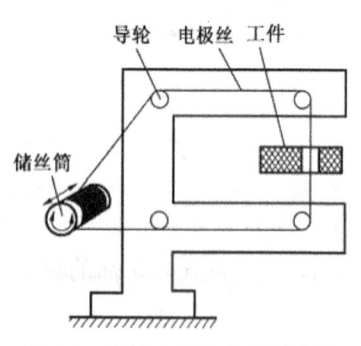

图 3-4 高速走丝机走丝示意图

1) 床身

床身是机床的基础部件，是 X、Y 坐标工作台、储丝筒、线架的支撑座。床身一般采用铸铁制造，强度较高，刚性较好，变形小，能长期保持机床精度。

床身的结构形式一般分为三种：矩形结构、T 形结构、分体式结构。图 3-6 是床身结构形式示意图。

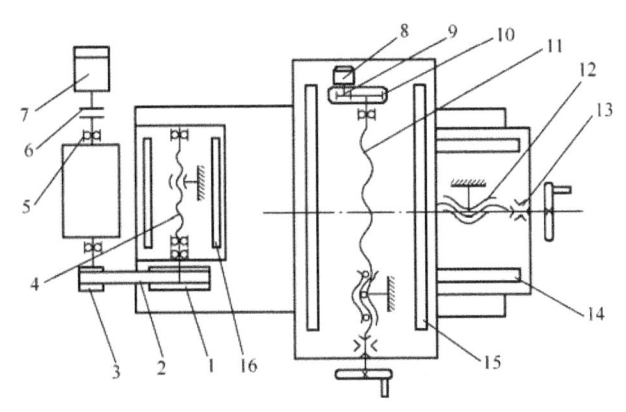

图 3-5 高速走丝机工作原理图

1—丝筒传动大皮带轮；2—丝筒传动皮带；3—丝筒传动小带轮；4—三角牙丝杠副；5—单列向心球轴承；6—联轴器；
7—丝筒电动机；8—步进电动机；9—小齿轮；10—双片齿轮；11—Y轴滚珠丝杠副；12—X轴滚珠丝杠副；
13—单列向心推力球轴承；14—X拖板导轨；15—Y拖板导轨；16—丝筒拖板导轨

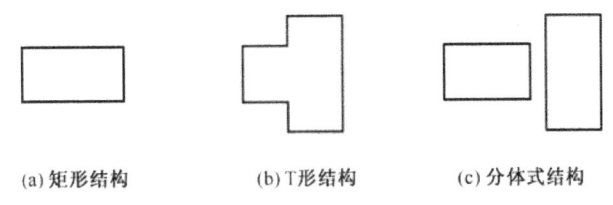

(a) 矩形结构　　(b) T形结构　　(c) 分体式结构

图 3-6 床身结构形式示意图

中小型电火花线切割机床一般采用矩形床身，坐标工作台为串联式，也就是 X、Y 工作台上下叠在一起，工作台可以伸出床身。这种形式的特点是结构简单、体积小、承重轻、精度好，但当工作台伸出床身并且承载较大时，精度会受到一定影响。

中型电火花线切割机床一般采用 T 形床身，坐标工作台也为串联式，但工作台不伸出床身，这种形式的特点是承重较大、精度高，是精密机床推荐采用的形式。

大型电火花线切割机床采用分体式结构形式较多，X、Y 坐标工作台为并联式，分别安装在两个相互垂直的床身上，优点是承重大。由于结构是分体式，所以制造起来相对简单、安装运输都比较方便，这种结构一般只用于超大行程机床如 DK77120，由于机床是分体结构，因此 X、Y 工作台的垂直度保障有一定难度，需要精确调整，同时由于运丝系统安装在 X 方向拖板上，工作台的运动平稳性会受到一定影响，切割精度受到一定限制。

2) 工作台

(1) X、Y 工作台运动原理　目前，高速走丝机 X、Y 工作台大多采用反应式或混合式步进电动机作为驱动元件，电动机通过齿轮箱减速，驱动丝杠从而带动工作台运动。图 3-7 为步进电动机驱动工作台的原理图。近年来，随着技术的进步，在精密级机床上特别是"中走丝"机床上已有厂家开始采用交流伺服电动机作为驱动元件。由电动机直接驱动滚珠丝杠的直拖结构，减少了齿轮箱的齿轮间隙传动误差，并且可通过与电动机连在一起的精密编码器构成半闭环检测控制系统，将滚珠丝杠螺距误差，反向间隙输入 NC 装置进行实时补偿，提高了 X、Y 坐标工作台的运动精度。图 3-8 为交流伺服电动机驱动工作台的原理图。

用步进电动机驱动工作台移动时，要求的脉冲当量是 0.001 mm，因此一般需要通过齿轮减速才能达到，在设计时要计算齿轮的减速比。

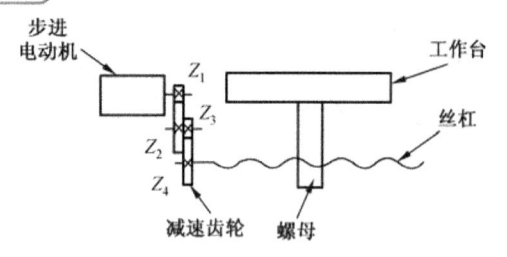

图 3-7　步进电动机驱动工作台原理图

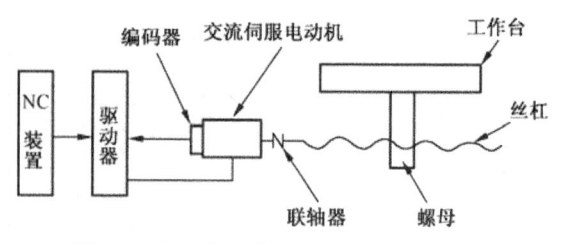

图 3-8　交流伺服电动机驱动工作台原理图

图3-9是用步进电动机驱动的工作台结构图，主要由拖板、导轨、丝杠副、齿轮副四部分组成。拖板分为 X、Y 拖板，在拖板上装有导轨、丝杠、齿轮箱。

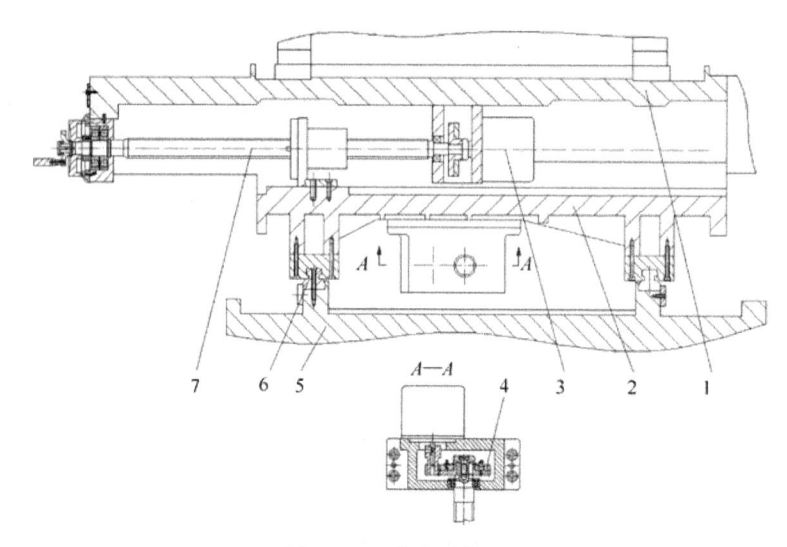

图 3-9　工作台结构图

1—上拖板；2—下拖板；3—步进电动机；4—双片齿轮；5—床身；6—直线导轨；7—滚珠丝杠

(2) 导轨　工作台的 X、Y 拖板是沿着两条导轨进行运动的，导轨主要起导向作用，因此对导轨的精度、刚度和耐磨性要求较高，导轨直接影响 X、Y 工作台的运动精度。导轨与拖板固定要求保证运动灵活、平稳。电火花线切割机床普遍采用滚动导轨副。滚动导轨有滚珠导轨、滚柱导轨和直线滚动导轨等形式。在滚珠导轨中，钢珠与导轨是点接触，承载能力不能过大；在滚柱导轨中，滚柱与导轨是线接触，有较高的承载能力；直线滚动导轨有滚珠和滚柱两种形式，运动精度高，刚性强，承载能力大，能够承受多方向载荷，具有抗颠覆力矩，是数控机床导轨选择发展的方向。

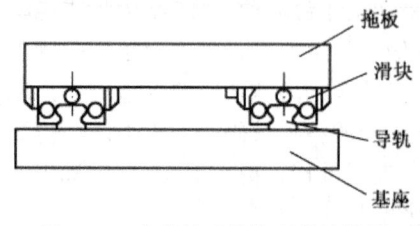

直线滚动导轨副由滑块、导轨、滚珠或滚柱、保持器、自润滑块、返向器及密封装置组成，图 3-10 是直线滚动导轨副的结构简图。直线导轨的特点是能承受垂直上下方向和左右水平方向的额定相等的载荷，额定载荷大，刚性好，抗颠覆力矩大，还可根据使用需要调整预紧力，在数控机床上可方便地实现高的定位精度和重复定位精度。

图 3-10　直线滚动导轨副结构简图

(3) 丝杠传动副　丝杠传动副由丝杠和螺母组成。丝杠传动副的作用是将电动机的旋转运动变为拖板的直线运动。丝杠副分为滑动丝杠副和滚珠丝杠副两种形式。

图 3-11 是滚珠丝杠副结构示意图。滚珠丝杠副由丝杠、螺母、钢球、返向器、注油装置和密封装置组成。螺纹为圆弧形，螺母与丝杠之间装有钢球，使滑动摩擦变为滚动摩擦。返向器的作用是使钢球沿圆弧轨道向前运行，到前端后进入返向器，返回到后端，再循环向前。返向器有外循环和内循环两种结构，螺母有单螺母和双螺母两种结构。

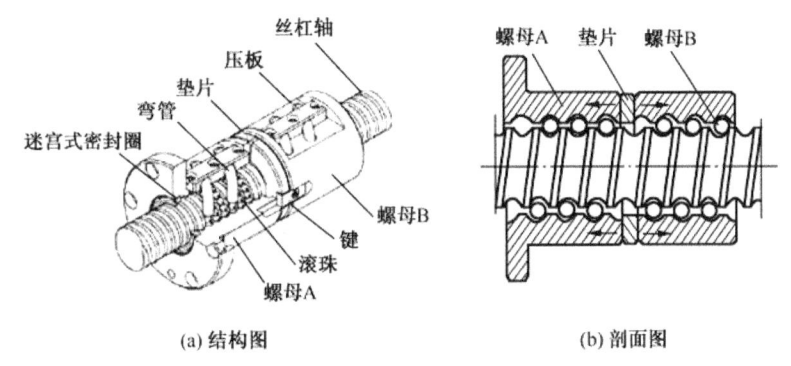

(a) 结构图　　(b) 剖面图

图 3-11　双螺旋滚珠丝杠副结构示意图

滚珠丝杠副的优点：滚动摩擦系数小、传动效率可达 90% 以上，是滑动丝杠的 3 倍。根据需求可施加不同的预紧力，来消除螺母与丝杠之间的间隙。由于滚珠丝杠具有比滑动丝杠更突出的优点，目前在数控电火花线切割机床上被广泛使用。

(4) **齿轮传动副**　步进电动机与丝杠间的传动一般通过齿轮箱里的齿轮来实现，以达到降速增扭的作用。齿轮采用渐开线圆柱齿轮，由于齿轮啮合传动时有齿侧间隙，故当步进电动机改变转动方向时，就会出现传动空行程，为了减少和消除齿轮侧隙，可采取齿轮副中心距可调整结构，如图 3-12 所示，通过移动相啮合齿轮的中心距来减小齿轮侧隙。齿轮 1 装在带有偏心轴套 2 的轴上，调节轴套 2 可以改变齿轮 1 与齿轮 3 之间的中心距，从而达到消除齿轮侧隙的目的。也可以采用双片齿轮弹簧消齿轮侧隙结构，一片是主齿轮、一片是副齿轮，两者之间用四个拉簧拉紧。一个双片齿轮组与一个单片齿轮啮合，双片齿轮的主齿轮靠紧单片齿轮的一个齿侧面，副齿轮靠紧单片齿轮的另一个齿侧面，这样就消除了齿轮侧隙。弹簧的拉力是可调的，拉力小不起作用，拉力大会产生较大摩擦阻力，所以要将弹簧拉力调整适当。图 3-13 是双片齿轮弹簧消除齿隙的结构示意图。实际使用中也有直接通过主副齿轮的角度错位调整后用螺栓固定，利用固定的错位角度来消除齿轮侧隙的结构。

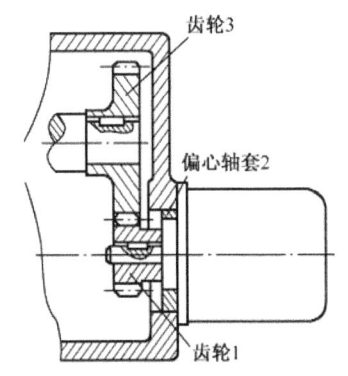

图 3-12　齿轮副中心距可调偏心轴 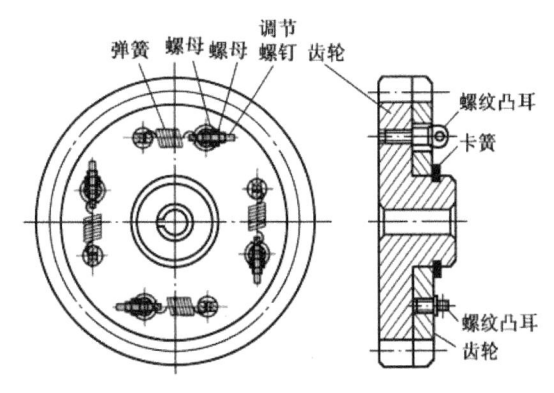　　　　图 3-13　双片齿轮弹簧消除齿隙的结构示意图

3) 运丝机构

运丝机构的功能是带动电极丝按一定的线速度周期往复走丝，并将电极丝螺旋状排绕在储丝筒上。图 3-14 是运丝系统结构示意图，运丝机构由丝筒电机、联轴器、储丝筒、支承座、齿轮副（或同步带）、丝杠副、拖板、导轨、底座等部件组成。其工作原理如图 3-15 所示，电动机通过联轴器驱动储丝筒，储丝筒转动带动电极丝运行，并通过齿轮副 Z_1、Z_2、Z_3、Z_4 或同步齿形带机构减速驱动丝杠副，丝杠副带动拖板做轴向移动，使电极丝螺旋状排列在储丝筒上。

图 3-14　运丝系统结构示意图

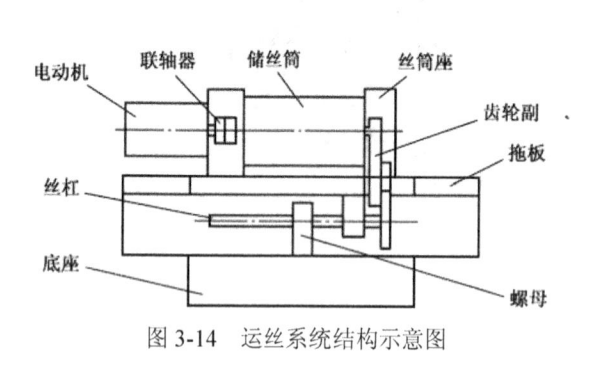

图 3-15　运丝系统工作原理图

4) 线架及导轮结构

按功能分，线架可分为固定式、升降式和锥度线架三种；按结构形式分，可分为音叉式和 C 形结构。目前，中小型电火花线切割机床的线架多采用音叉式，优点是结构简单，走丝路径短，缺点是刚性不强。图 3-16 是可调音叉式线架结构。

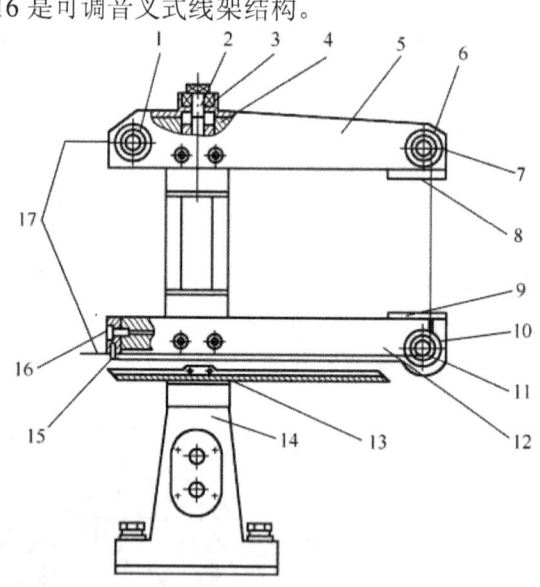

图 3-16　可调音叉式线架结构

1—后导轮帽；2—升降丝杆；3—止推轴承；4—滑块；5—上线臂；6—上导轮套；7—上导轮；8—上喷水板；9—下喷水板；10—下导轮套；11—下导轮；12—下线臂；13—挡水板；14—线架立柱；15—挡丝棒；16—挡丝棒座；17—电极丝

导轮组件是高速走丝机床的关键部件，对切割精度、切割表面粗糙度都起到至关重要的作用。

导轮组合件结构主要有两种：单支承结构、双支承结构。图 3-17 是单支承导轮结构图。此结构上丝方便，且导轮套可做成偏心结构，便于电极丝垂直度的调整。

图 3-18 是双支承分体导轮结构图。此结构导轮两端用轴承支撑，导轮居中，结构合理、刚性好，不易发生变形和跳动，转动平稳，导轮和轴承寿命比单支承结构高，因此被广泛采用。

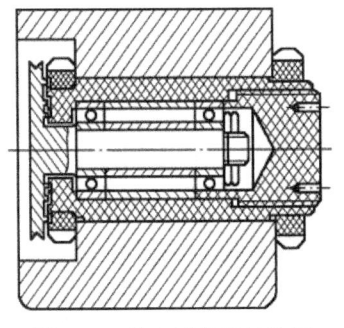

图 3-17 单支承导轮结构图 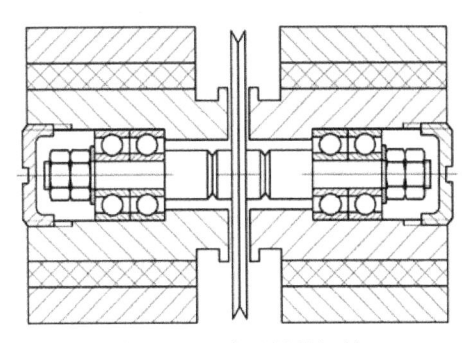　　　　　　图 3-18 双支承导轮组件

导轮要求使用硬度高、耐磨性好的材料制成（如 Cr12、GCr15、W18Cr4V），也可选用硬质合金或陶瓷材料制成导轮的圆环镶件，来增强导轮 V 形槽工作面的耐磨性和耐蚀性。

5) 电极丝导丝器

由于电极丝具有一定的刚性，在通过定位导轮后呈现如图 3-19 所示的弧线状，其与上、下导轮的公切线存在偏差 δ，δ 的大小将随着电极丝张力 T 的变化而改变。在实际加工过程中，由于电极丝张力处于不稳定状态，因此走丝系统需要对电极丝张力进行控制。同时，电极丝采用导轮进行定位时，由于导轮的半敞开定位方式，使得电极丝在切割时因受到放电爆炸力的作用，存在各个方向定位状态的差异，其中以切割-X 方向稳定性最差（如图 3-20 所示）。在此方向切割时，放电的爆炸力会将电极丝推离导轮的定位槽，使切割稳定性降低，易产生断丝现象。因此在精密切割时，为确保电极丝在加工过程中空间位置的稳定，一般需要增加电极丝导向装置（导丝器）。

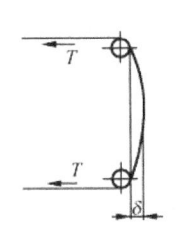

图 3-19 电极丝导轮定位时实际空间位置 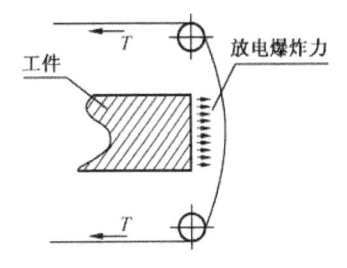　　　　　　图 3-20 切割-X 方向放电爆炸力作用示意图

6) 恒张力机构

电火花线切割机床在加工过程中，火花放电时，电极丝处在高温状态，会受热延伸、损耗变细，所以电极丝随着加工时间的延续，会伸长而变松弛，从而大大影响加工的稳定性及工艺指标。目前，普遍采用人工操作紧丝轮的办法，一般工作一个班次（8 小时）就需要进行一次人工紧丝。因此，如果安装一套恒张力机构，对加工稳定性及工艺效果均会有很大改善。

目前，普遍采用重锤张紧机构，主要分为两种：单边张紧机构（如图 3-21 所示）、双边张紧机构（如图 3-22 所示）。由于存在电极丝与导电块等接触区域的摩擦作用，因此单边张紧机构会存在正反向运丝时电极丝存在紧边与松边问题而产生的张紧力不均匀，而双边重锤张紧机构效果会好一些，使电极丝正反向走丝时张力一致。

7) 锥度机构

为了切割有落料斜度的冲模和某些有锥度或斜度的内外表面，有些线切割机床具有锥度切割功能。锥度切割加工是基于 X、Y 和 U、V 平面四轴联动完成的，根据上、下线架运动形式的不同，锥度切割线架分为两大类：单动式锥度线切割机、双动式锥度线切割机。具体形式，根据线架结构不同，又可分为单臂移动式、双臂移动式、摆动式、四连杆式等结构。

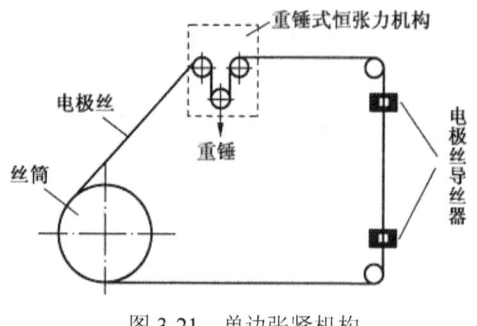

图 3-21　单边张紧机构

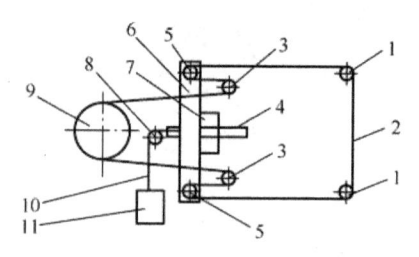

图 3-22　双边张紧机构

1—主导轮；2—电极丝；3—辅助导轮；4—直线导轨；5—张紧导轨；
6—移动板；7—导轨滑块；8—定滑轮；9—储丝筒；10—绳索；11—重锤

单动式锥度机构一般采用上导轮移动或摆动进行锥度切割，双动式锥度机构是指上、下定位导轮均进行移动或摆动形成锥度切割。在锥度切割中，选用导轮对电极丝进行定位后，当机构进行锥度运动时导轮的定位切点将产生变化，如图 3-23 所示，导致电极丝实际位置偏离理论位置，造成误差，并且切割的锥度越大，导轮直径越大，误差越严重。当电极丝垂直时，电极丝在导轮上的切点在 A、B 点位置；当电极丝倾斜后，切点变到 A'、B' 位置。而电极理论理想位置应是 DE 线，可实际变到了 $A'B'$ 线，从而产生 DE 线到 $A'B'$ 线之间在刃口面的理论误差 δ，仅此在大锥度精密切割时，必须经过软件进行补偿处理。

高速走丝机有四种常见的锥度切割方法。三种是移动式线架（运动简图如图 3-24 所示），一种是四连杆摆动式大锥度机构。

(1) 单臂移动式锥度线架　如图 3-24(a)所示，下导轮中心轴线固定不动，上导轮通过步进电动机驱动 U、V 十字拖板，带动其四个方向移动，使电极丝与垂直线偏移角度，并与 X、Y 轴按轨迹运动来实现锥度加工，即四轴联动。此锥度不宜过大，一般不超过 ±3°（工件 50 mm 厚），通常为±1.5°，否则钼丝易从轮槽中跳出或拉断，导轮易产生侧面磨损，在工件上会形成一定的加工圆角。目前，这种结构是小锥度机床最通用和普及的方式。

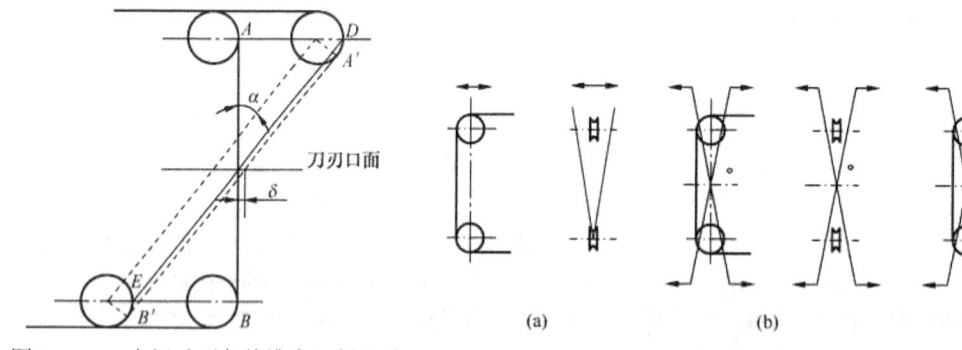

图 3-23　U 向运动引起的锥度切割误差

图 3-24　移动式线架实现锥度加工的方法

(2) 双臂移动式锥度线架　如图 3-24(b)所示，其上、下线臂同时绕中心点 O 移动，此时如果模具刃口在中心 O 上，则加工圆角近似为电极丝半径，此法加工锥度也不宜过大，一般也在±3°范围内。此结构复杂，由四个步进电动机驱动两副小十字拖板，难以制造、装配和调试，控制系统复杂，在 U、V 方向和单臂移动式一样存在误差。在实际应用中问题较多，所以该结构已不用于生产。

(3) 摆动式锥度线架　上、下线臂分别沿导轮径向平动和轴向整体摆动。如图 3-24(c)所示，目前常用的是杠杆回转式及双臂分离摆动式线架。其结构原理如图 3-25 所示，此种方法加工锥度不影响导轮磨损，最大切割锥度通常可达 ±6°。这种结构制造比较复杂，目前使用量在逐步减少。

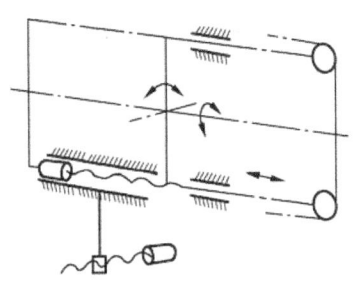

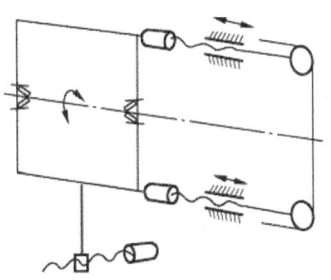

(a) 杠杆摆动式锥度线架结构示意图　(b) 双臂分离摆动式锥度线架结构示意图

图 3-25　摆动式锥度线架典型结构

(4) 四连杆摆动式大锥度机构　四连杆摆动式大锥度机构目前最大切割锥度可以达到 ±45°。大锥度机构可以用来进行一些特殊锥度的切割，如进行塑胶模具、铝型材拉伸模具等的切割。图 3-26 展示了较典型的几种特殊锥度切割要求。

四连杆摆动式大锥度线架结构原理如图 3-27 所示。

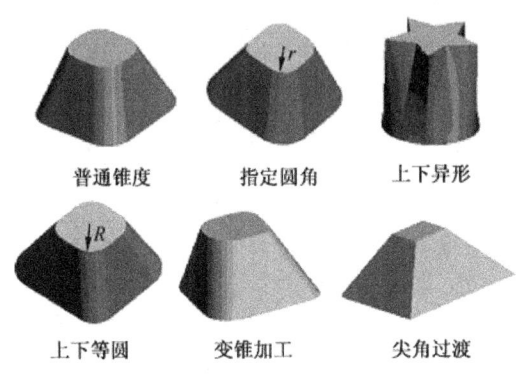

图 3-26　特殊锥度的切割要求

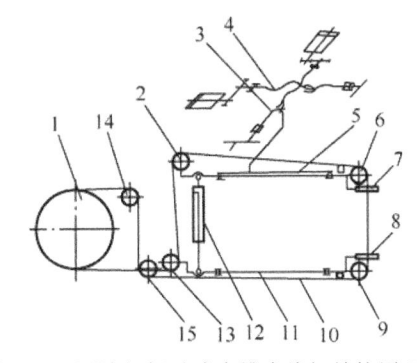

图 3-27　四连杆摆动式大锥度线架结构原理

1—储丝筒；2—后部上导轮；3—U 向运动机构；4—V 向运动机构；
5—上转轴；6—前部上导轮；7—上喷水板；8—下喷水板；9—前部下导轮；
10—电极丝；11—下转轴；12—伸缩杆；13—后部下导轮；14—导丝嘴；15—导丝轮

该机构包括丝筒、走丝架、U 向运动机构、V 向运动机构。走丝架包括上转轴及与上转轴平行设置的下转轴、上下转轴的后部连接着可以转动的伸缩杆，上、下转轴的前端部设置有上、下导轮，伸缩杆至少由两节连接而成，使得当上转轴在 U、V 电动机带动下前后运动及转动时，伸缩杆可以伸长或缩短，而下转轴只能进行转动；从储丝筒来的电极丝由下转轴的后部下导轮向上导向经过上转轴后部导轮，由上转轴后部导轮向前导向到达上转轴的前导轮，再由上转轴的前导轮向下导向下转轴的前导轮，最后由导丝轮回到储丝筒。

8) 工作液循环与过滤系统

(1) 工作液的性能和作用　在电火花线切割加工过程中，工作液对加工工艺指标的影响很大，对工作环境也有影响。工作液应具备如下性能：

① 具有一定的绝缘性能。电火花线切割加工必须是在具有一定绝缘性能的介质中进行，其工作液电导率约为 500～5000 μS/cm。

② 具有良好的润湿性能。工作液的润湿性能可保证工作液迅速粘附在快速运行的电极丝表面，随电极丝进入切缝。

③ 具有良好的洗涤性能。所谓洗涤性能，是指工作液具有较小的表面张力，对工件有较大的亲和附着力，能渗透进入切缝中，有洗涤电蚀产物的能力，且有较好的去除油污的能力。洗涤性好的工作液，切割时排屑效果好、放电间隙稳定、可切割较厚的工件，切割完毕工件自行滑落。

④ 具有较好的冷却性能。在放电加工时，放电点局部、瞬时温度极高，尤其是大电流加工时表现更加突出。为了防止电极丝烧断，必须及时冷却。

⑤ 具有良好的防锈性能。工作液在放电加工中不应锈蚀机床和工件，不应使机床油漆产生褪色或剥落。

⑥ 具有良好的环保性能。工作液在放电加工中不应产生有害气体，不应对操作人员的皮肤、呼吸道产生不良反应，废工作液不应对环境造成污染。

【应用点评 3-1】 高速走丝电火花线切割黑白交叉条纹产生的原因及解决措施

高速走丝加工时，在加工过程中周期进行电极丝的换向动作会产生肉眼可见的条纹，目前产生的条纹主要分为如下三类。

第一类是换向机械纹，其产生的原因是加工区域电极丝换向后由于受到导轮和轴承精度及张力变化等的影响，电极丝在导轮定位槽内产生位移或导轮产生总体位移而导致电极丝空间位置上发生变化，从而在工件表面产生机械纹。此类条纹贯穿整个切割表面，对切割表面粗糙度影响很大，如图 3-28 所示。此类条纹完全是由走丝系统机械精度问题所导致的，只能够通过改善走丝系统的稳定性，如通过提高导轮、轴承、储丝筒本身的精度和装配精度，维持电极丝张力恒定或采用导丝装置等措施来加以解决。

第二类是属于黑白交叉条纹类的电解纹，对表面粗糙度及外观影响很小，如图 3-29 所示。由于工作液在切缝内冷却的不均匀性，在运丝的入口处，工作液冷却相对充沛，电解几率较高，从而会形成暗色的电解条纹，并对此条纹表面通过电解作用进行整平，因此条纹处的表面粗糙度值会比无条纹处略低，微观上条纹处产生表面应该比无条纹处略为凹陷。假设喷液对称，在重力的作用下，一般在工件上端产生的电解纹颜色较深且长，在工件的下端电解纹则相对短且淡。解决此问题的关键是必须提高切缝内冷却的均匀性及工作液的洗涤能力。

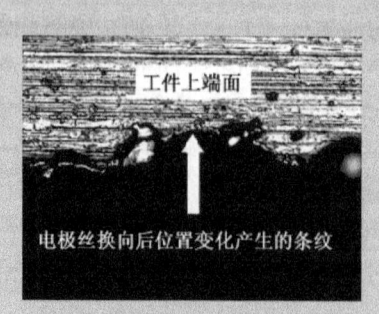

图 3-28 电极丝换向后位置变化产生的机械纹

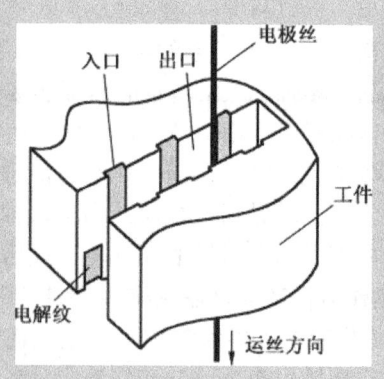

图 3-29 电解条纹产生的原因示意图

第三类也是属于黑白交叉条纹类的，称为表面烧伤纹，对表面粗糙度及外观影响较大，如图 3-30 所示。表面烧伤纹产生的根本原因，实质上就是切缝内冷却状态的不均匀和恶化所致。洗涤能力越差的工作液切割表面产生的条纹就会越明显，因此下面几种使得放电间隙内洗涤性能变差的切割状况都会使表面烧伤纹趋于明显，如：① 加工电流较大、脉间减少；② 采用洗涤性能不佳的乳化液；③ 加工某些蚀除产物不易排出的材料，如未淬火的普通材料 A3、T10 等。人们一般只有通过增加乳化液的浓度、添加一些洗涤性物质和拉大脉间来被动提高切缝内的洗涤及排屑能力，降低表面烧伤的程度。可见，如果切缝内可以做到冷却状态基本一致，切缝内工作介质在电极丝的带动下可以贯穿流动（如图 3-31 所示），同时在工作介质的选用方面尽可能选用水基或含油少的复合工作液，减少碳黑物质的生成，表面烧伤纹是可以做到很淡或完全没有的。此时，由于在整个切缝中都能做到均匀的冷却，因此切割完毕时，工件均能自行滑落。

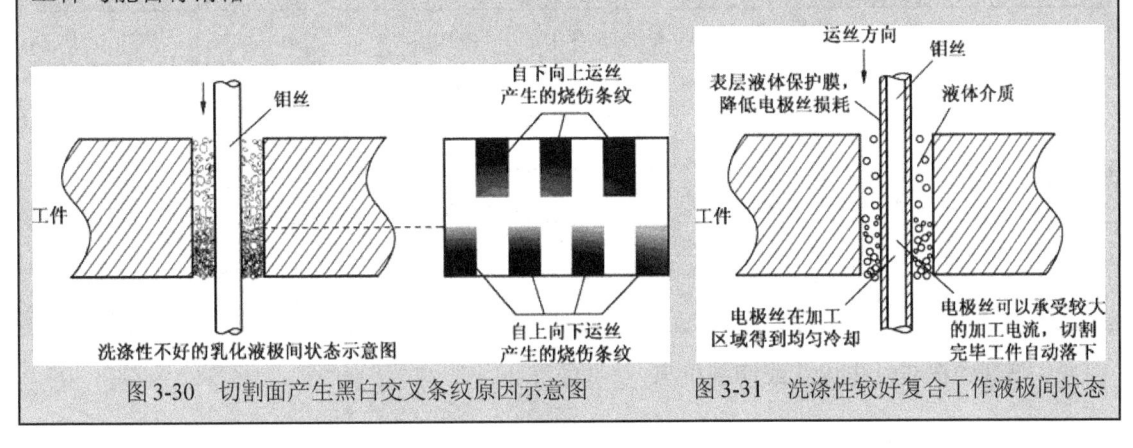

图 3-30　切割面产生黑白交叉条纹原因示意图

图 3-31　洗涤性较好复合工作液极间状态

(2) 工作液系统　图 3-32 是线切割机床工作液系统。按一定比例配制的电火花线切割专用工作液，由工作液泵输送到线架上的工作液分配阀上，阀体有两个调节开关，分别控制上、下线臂水嘴的流量，工作液经加工区回流在工作台上，再由回水管返回到工作液箱进行过滤。

在电火花线切割加工的过程中，工作液的清洁程度对加工的稳定性起着重要的作用。一般工作液循环过滤系统主要由工作液箱、海绵网、磁钢和水泵组成，图 3-33 为工作液过滤系统示意图。

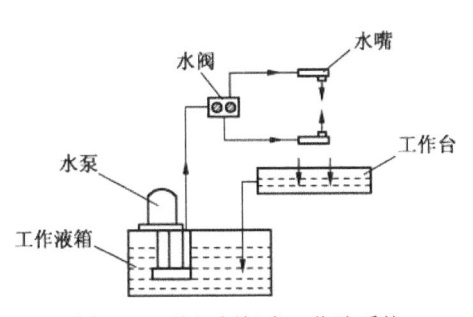

图 3-32　线切割机床工作液系统

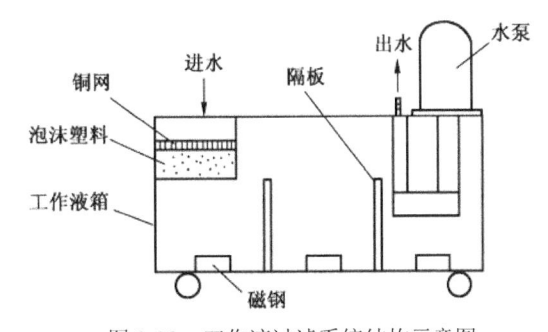

图 3-33　工作液过滤系统结构示意图

从工作台返回的工作液，经铜网（可省略不用）粗滤，海绵网细过滤，磁钢吸附铁微粒，通过两道隔板自然沉降，再由水泵送到加工区。

目前，"中走丝"机床由于需要维持工作液较好的清洁状态，因此开始采用纸芯及压力较高的水泵供液系统。

【应用点评3-2】 电火花线切割加工工作液性能对比

在相同的工艺条件下，采用不同的工作液进行加工，可以获得差异很大的切割速度及工艺效果。目前，在高速走丝加工中，工作液的种类有油基型、水基（合成）型和复合型工作液等，不同种类工作液的性能见表3-2。

表3-2 不同种类工作液性能对比表

种类	外观形态	切割效率/(mm²/min)	表面质量及条纹	适用切割厚度/mm	丝损耗0.01mm切割面积/10⁴mm²	配比
DX—1	乳化油	最高80 一般50	较差，表面有条纹	0～300	5～6	1:10～1:12
DX—4	合成工作液	最高100 一般60	一般，基本无条纹	0～500	4～5	1:14～1:16
南光—1	固体乳化皂	最高100 一般60	一般，基本无条纹	0～400	5～6	1:20～1:25
DIC—206	水溶性线切割液	最高150 一般80	表面洁白，无条纹	0～500	5～6	1:5.5
佳润JR1A JR2A	液体复合工作液	最高150 一般80	表面洁白，无条纹	0～500 最高1000	10～12	1:12～1:15
佳润JR3A JR3B	浓缩复合乳化膏	最高200 一般90	表面洁白，无条纹	0～500	10～12	1:40～1:50
佳润JR4A	固体复合皂	最高200 一般90	表面洁白，无条纹	0～500 最高1000	10～12	1:40～1:50

2. 低速单向走丝电火花线切割机床

低速单向走丝电火花线切割机床（俗称低速走丝机）目前发展也极为迅速，在加工精度、表面粗糙度、切割速度等方面的研究已有较大突破，如加工精度可达±0.001 mm，切割速度在特定条件下最高可达500 mm²/min，经过多次精修加工后，工件表面粗糙度可达 Ra 为0.05 μm。开发的抗电解脉冲电源使交变脉冲平均电压为零，防止了工件表面的锈蚀氧化，硬质合金的钴结合剂也不会流失，并与优化放电能量配合，可使表面"变质层"控制在1 μm以下，致使低速走丝加工的硬质合金模具寿命可达到机械磨削的水平。目前，低速走丝机已经广泛应用于精密冲模、粉末冶金压模、样板、成形刀具及特殊零件加工等。由于低速走丝机优异的加工性能，目前还找不到哪一种加工技术可以与之竞争。组成低速走丝机的主要部分是床身、立柱、XY 坐标工作台、Z 轴升降机构、UV 坐标轴、走丝系统、夹具、工作液系统和电器控制系统等。我国以DK76××来命名低速走丝机床的规格，"6"代表低速走丝，其余符号的含义同高速走丝机。

1) 床身、立柱

床身、立柱是整台机床的基础，其刚性、热变形和抗震性直接影响加工件的尺寸精度及位置精度。高精度机床常带有床身、立柱的热平衡装置，使机床各部件受热后均匀、对称变形，减少因机床温度变化引起的精度误差。

2) X、Y 坐标工作台

X、Y 坐标工作台是用来装夹被加工的工件的，X 和 Y 轴接收控制系统发出的进给信号，分别控制其伺服电机，进行预定轨迹的加工；与 U、V 轴伺服联动，可实现锥度加工。

(1) 工作台　低速走丝机床工作台普遍采用陶瓷材料，因陶瓷材料用在精密机床上具有很多铸铁不可替代的优点：线膨胀系数小，是铸铁的1/3，所以热传导率低，热变形小；绝缘性高，减小了两极间的寄生电容，精加工中能准确地在极间传递微小的放电能量，可实现小功率的精加工；耐蚀性好，在纯水中加工不会锈蚀；密度小，是铸铁的1/2，减轻了工作台的重量；硬度高，是铸铁的2倍，提高了工作台面的耐磨性，精度保持性好。

(2) 导轨形式　低速走丝机床的导轨通常采用三种形式：直线导轨、十字滚动导轨、陶瓷空气静压导轨。图3-34是十字滚动导轨简图，比直线导轨的滑动阻力减小2/3；因为没有返回器的阻力，所以能适应伺服电动机的微小驱动，可实现亚微米级当量的驱动；与通常的交叉滚子导轨不同，该导轨的预紧力依靠工作台的自重在纵向产生恒定的压力，因而能始终保持稳定的机械精度，能承受重载。缺点是导轨行程受到限制。

超高精度的低速走丝机要求亚微米级精度，通常采用直线电动机定位系统，导轨采用四面受约束的陶瓷空气静压滑板，图3-35是陶瓷空气静压导轨简图。

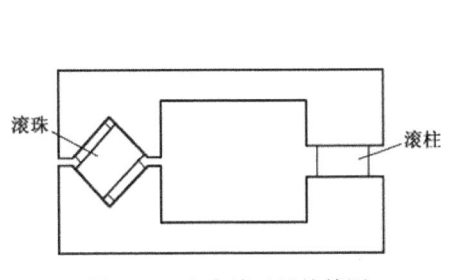

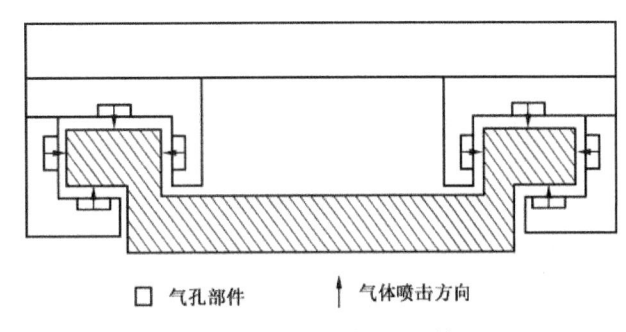

图3-34　十字滚动导轨简图　　　图3-35　陶瓷空气静压导轨简图

3) 直线电动机的应用

日本Sodick公司在1998年首先在全球推出了商品化的直线电动机驱动的电火花成形机，并且在1999应用到其AQ系列电火花线切割机上。

直线电动机是一种将电能直接转换成直线运动机械能而不需通过中间任何转换装置的新型电动机，具有系统结构简单、磨损少、噪声低、组合性强、维护方便等优点。

4) 走丝系统

低速走丝机的走丝系统原理和结构各不相同，但主要目标都是使电极丝在加工区能够精确定位，保持张力恒定，能恒速运行，可以自动穿丝。其电极丝直径为$\phi 0.15\sim 0.35$ mm，在微细加工时一般采用细钨丝，直径$\phi 0.02\sim 0.03$ mm。

图3-36是某低速走丝机的走丝路径简图。电极丝绕线筒插入绕线轴，电极丝经长导线轮到张力轮、压紧轮、张力传感器，再到自动接线装置，然后进入上部导丝器、加工区和下部导丝器，使电极丝能保持精确定位；再经过排丝轮，使电极丝以恒定张力，恒定速度运行，废丝切断装置把废丝切碎送进废丝箱，完成整个走丝过程。

低速走丝机锥度切割机构采用四轴联动方式，如图3-37所示，主要依靠上导丝器作纵横两轴（U、V轴）驱动，与工作台的X、Y轴在一起构成四轴联动控制，依靠功能丰富的软件，以实现上下异形截面形状的加工。在锥度加工时，保持导向间距（上、下导丝器与电极丝接触点之间的直线距离）一定，是获得高精度的主要保障，为此机床需要具有Z轴设置功能。

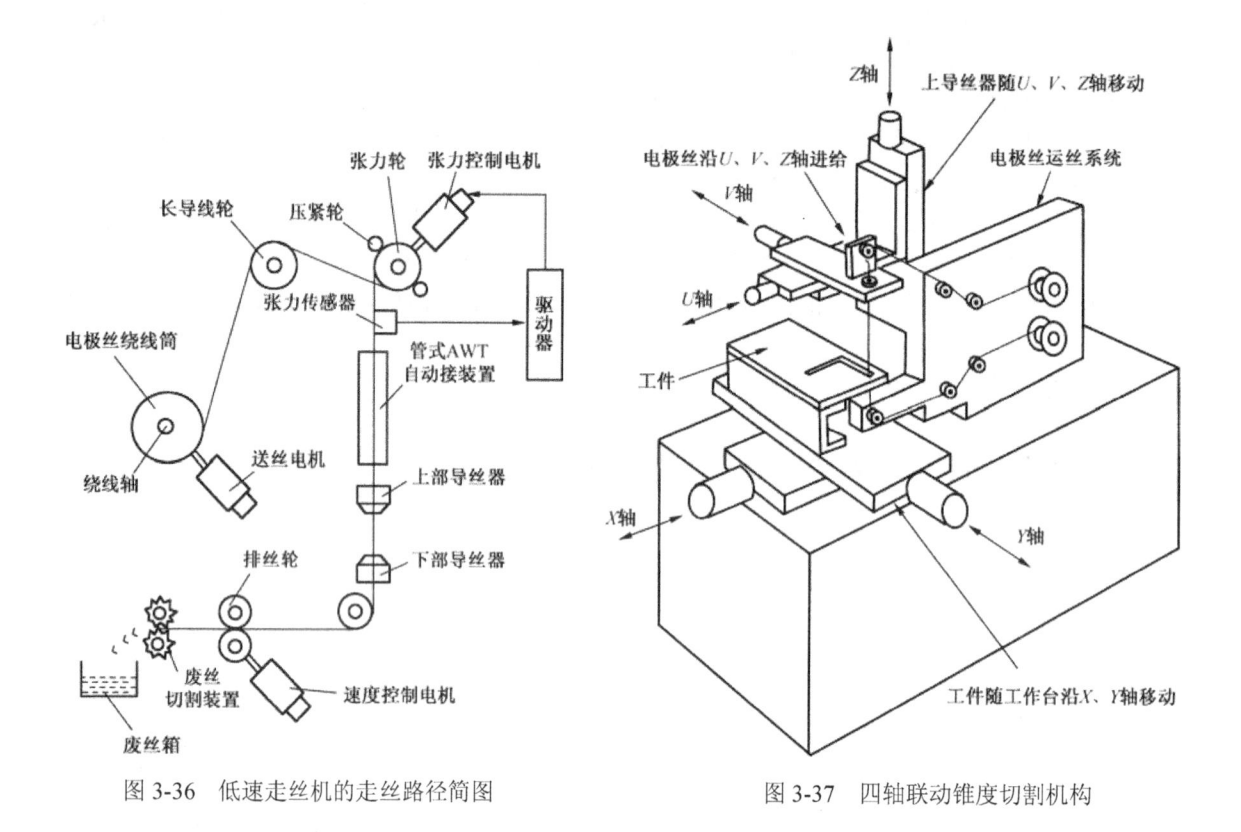

图 3-36　低速走丝机的走丝路径简图　　　　图 3-37　四轴联动锥度切割机构

【背景知识 3-1】　低速走丝电火花线切割电极丝发展史

　　对于低速走丝而言，黄铜丝是线切割领域中第一代专业电极丝。1977 年，黄铜丝开始进入市场。黄铜是紫铜与锌的合金，最常见的配比是 65% 的紫铜和 35% 的锌。当时发现黄铜丝中的锌由于熔点较低（锌为 420℃，紫铜为 1080℃）能够改善切缝中蚀除产物的冲洗性。在切割过程中，锌由于高温而汽化使得电极丝的温度降低并把热量传送到工件的加工面上。所以从理论上讲，锌的比例应该越高越好，不过在黄铜丝的制造过程中，当锌的比例超过 40% 后，材料会变得太脆，而不适合把它拉成直径较小的细丝。

　　由于低熔点的锌对于改善电极丝的放电性能有着明显的作用，而黄铜中锌的比例又受到限制，所以人们想到了在黄铜丝外面单独加一层锌，这就产生了镀锌电极丝。1979 年，瑞士几位工程师发明的这种方法，使电极丝向前迈进了一大步，并导致了更多新型镀层电极丝的出现。镀锌黄铜丝能达到切割速度高而又不易断丝的主要原理如图 3-38 所示，就如同蒸食物一样，无论外界加热的火焰温度有多高，其首先作用在水上，而水的沸点就是 100℃，因此最终作用在所蒸食物上的温度就是 100℃。对于镀锌黄铜丝而言，如图 3-39 所示，虽然放电通道内的温度高达 10 000℃，但这个温度首先是作用在具有较低熔点的镀锌层上，镀锌层一方面通过自身的汽化吸收了绝大部分热量，从而保护了铜丝基体，使得加工中不易断丝，同时由于镀锌层的汽化产生了很高的爆炸性气压，可将蚀除产物推出放电通道，起到改善放电通道内冲洗性及排屑性能的目的，进而大大提高了切割速度。

图 3-38 蒸制食物原理

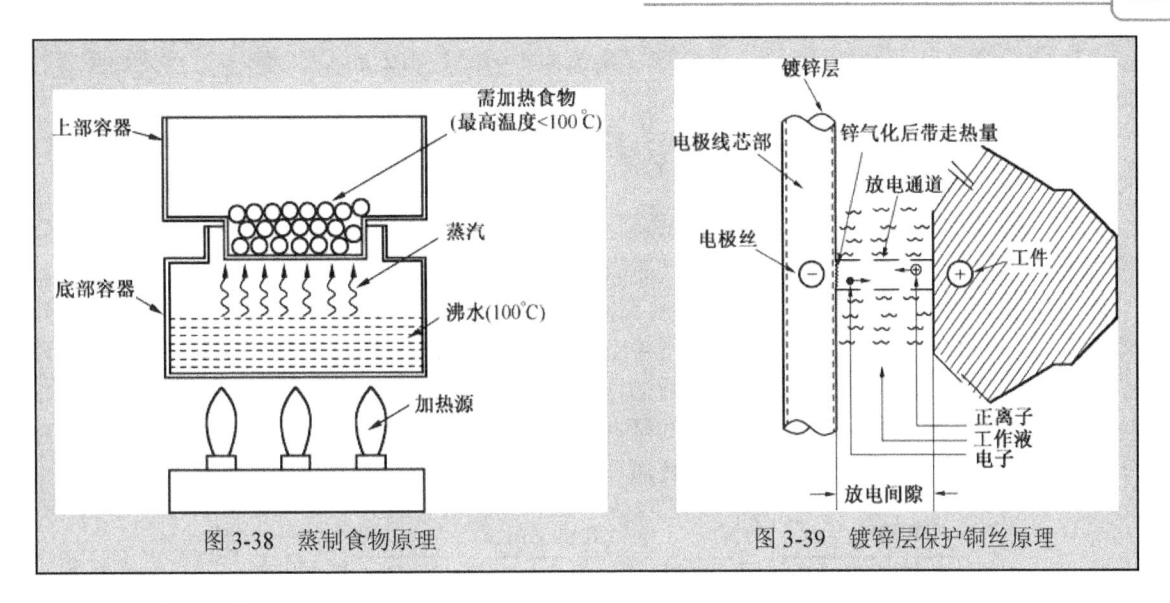

图 3-39 镀锌层保护铜丝原理

5) 工作液系统

图 3-40 是低速走丝机工作液系统方框图，在实际工作时，因为只有少量水在循环，因此加工液槽的容积大而储液箱的容积小。水的循环路径为：从加工液槽到过滤器、储液箱、冷却器和纯水器。

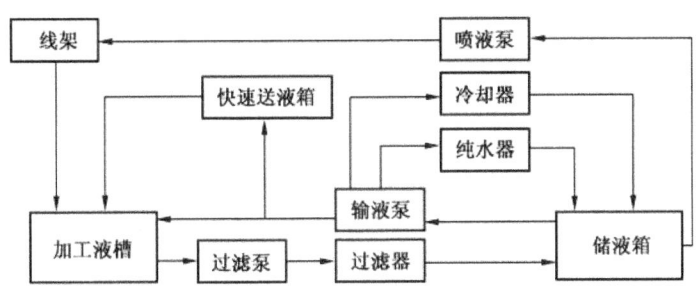

图 3-40 低速走丝机工作液系统方框图

在加工开始时，加工液槽是空的，需要快速供水，为了缩短供水时间，在加工液槽的上部设置一个预先加满水的快速送液箱，利用快速送液箱与加工液槽高低之差进行快速充液，可以节省时间 80%。

过滤泵将加工液槽的水送到过滤器，过滤器有一个或两个过滤筒，每个过滤筒里装有两个纸质过滤芯，将水过滤，过滤精度为 2~5 μm。过滤芯使用一段时间后，过滤性能下降，过滤泵的压力升高，此时需要及时更换滤芯。

低速走丝机加工要求用纯水做工作液，水质传感器和纯水器用于控制纯水的电阻率，通常，在加工中使用的水的电阻值为 $5 \times 10^4 \sim 7.5 \times 10^4$ Ω·cm。纯水的电阻率显示在水质计上。

近年来，低速走丝机的加工逐步趋向于采用浸泡式供液方式，由于被加工工件浸没在工作液中，因此对加工精度及加工的稳定性有益。

3.2.2 脉冲电源

1. 高速往复走丝电火花线切割加工脉冲电源

脉冲电源是影响电火花线切割加工工艺指标的最重要因素。高速走丝机加工用脉冲电源多为矩形波，使用的脉冲宽度为 1~128 μs。脉冲间隔 5~1500 μs，可调，一般占空比为 1∶3~

1∶12，短路峰值电流为 10～50 A，平均加工电流为 1～8 A，由于加工脉宽较窄，均采用正极性加工。

电火花线切割加工用脉冲电源的电路有多种形式，如矩形波脉冲电源、高频分组脉冲电源、节能型脉冲电源等。

(1) 矩形波脉冲电源　矩形波脉冲电源工作原理为：晶振脉冲发生器发出固定频率的矩形方波，经过多级分频后，发出所需要的脉冲宽度和脉冲间隔的矩形脉冲。

(2) 高频分组脉冲电源　为了满足不同表面粗糙度加工需要，有的机床高频电源既能提供矩形波，又能提供分组波，一般情况下使用矩形波加工，但矩形波脉冲电源对提高切割速度和改善表面粗糙度这两项工艺指标是互相矛盾的，即当提高切割速度时，表面粗糙度变差。若要求获得较好的表面粗糙度，必须采用较小的脉冲宽度，但这样会使得切割速度下降很多。而高频分组波在一定程度上能缓解上述矛盾，其原理如图 3-41 所示。

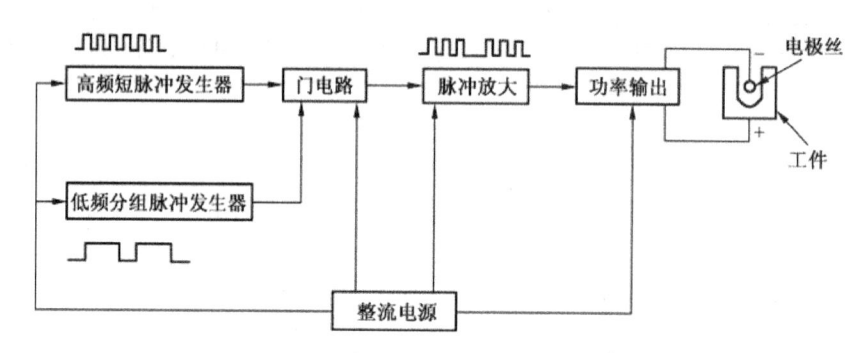

图 3-41　高频分组脉冲电源的原理方框图

这里，脉冲形成电路由高频短脉冲发生器、低频分组脉冲发生器和门电路组成。高频短脉冲发生器是产生窄脉冲宽度和窄脉冲间隔的高频多谐振荡器；低频分组脉冲发生器是产生宽脉冲宽度和较宽脉冲间隔的低频多谐振荡器，两个多谐振荡器输出的脉冲信号经过与门后，输出高频分组脉冲（见图 3-42）。然后与矩形波脉冲电源一样，把高频分组脉冲信号进行放大，再经功率输出级，把高频分组脉冲能量输送到放电间隙中去。高频分组脉冲由窄的脉冲宽度 t_{on} 和较小的脉冲间隔 t_{off} 组成。由于每个脉冲的放电能量小，切割表面粗糙度值 Ra 减小，但由于脉冲间隔 t_{off} 较小，对加工间隙消电离不利，所以在输出一组高频窄脉冲后经过一个比较大的脉冲间隔 T_{off}，使加工间隙充分消电离后，再输出下一组高频脉冲，以达到既稳定加工同时又保障切割速度和维持较低表面粗糙度的目的。

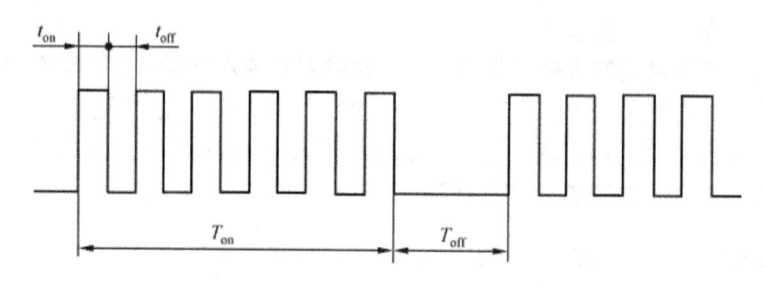

图 3-42　高频分组脉冲电源输出波形

(3) 节电型脉冲电源　为了提高电能利用率，近年来除用电感元件 L 来代替限流电阻，除了避免发热损耗外，还把 L 中剩余的电能反输给电源。图 3-43 为这类节能电源的主回路及其波形图。

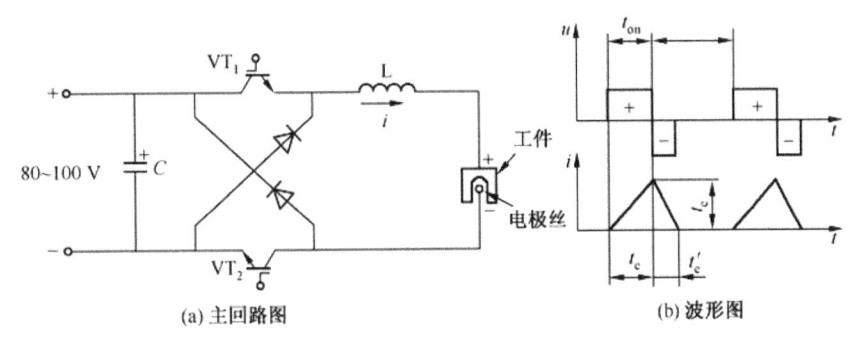

图 3-43　节电型脉冲电源的主回路及其波形图

在图 3-43(a)中，80～100 V（+）的电压及放电电流经过大功率开关元件 VT_1（常用 V-MOS 管或 IGBT），由电感元件 L 限制电流的突变，再流过工件和钼丝的放电间隙，最后经大功率开关元件 VT_2 流回电源（-）。由于用电感 L（扼流线圈）代替了限流电阻，当主回路中流过图 3-43(b)中的矩形波电压脉宽 t_{on} 时，其电流波形由零按斜线升至 i_e 最大值（峰值）。当 VT_1、VT_2 瞬时关断截止时，电感 L 中电流不能突然截止而继续流动，通过两个二极管反输给电源，逐渐减小为零。把存储在电感 L 中的能量释放出来，节约了能量。

由图 3-43(b)对照电压和电流波形可见，VT_1、VT_2 导通时，电感 L 为正向矩形波；放电间隙中流过的电流由小增大，上升沿为一斜线，因此钼丝的损耗很小。当 VT_1、VT_2 截止时，由于电感是储能惯性元件，其上的电压由正变为负，流过的电流不能突变为零，而是按原方向流动逐渐减小为零，这一小段"续流"期间，电感把存储的电能经放电间隙和两个二极管返输给电源，电流波形为锯齿形，能提高电能利用率，降低钼丝损耗。

这类电源的节能效果可达 80% 以上，控制柜不发热，可少用或不用冷却风扇，钼丝损耗很低，切割 $2×10^5$ mm^2，钼丝损耗仅 0.5 μm；当加工电流为 5.3 A 时，切割速度为 130 mm^2/min；当切割速度为 50 mm^2/min 时，表面粗糙度 Ra ≤2.0 μm。

2．低速单向走丝电火花线切割加工脉冲电源

目前，低速走丝加工普遍采用 BG—C 型晶体管电容器式脉冲电源，其输出功率应根据电极丝粗细、工件厚度、切割速度等进行设计。脉冲波形可采用矩形波、分组脉冲波+双极性脉冲波等，能达到良好的加工效果。由于低速走丝加工普遍采用去离子水作为加工介质，其脉冲电源的设计要求是具有适当的空载电压、大峰值电流、合适的脉宽（一般是窄脉宽）和停歇时间，极性是正极性加工。为了满足这些条件，采用的放电电路通常是电容器电路。另外，需设计各种加工自动控制，主要是控制脉冲电源的参数和加工进给速度。

脉冲电流对切割速度、电极损耗、表面粗糙度等有很大的影响，特别是对切割速度影响最大。低速走丝系统的优点是走丝平稳可靠，加工精度高。可是由于排屑困难，在低速走丝情况下如何提高切割速度就是一个重要的问题，提高脉冲电源的峰值电流则是一个重要手段。提高峰值电流能明显地提高切割速度，目前晶体管脉冲电源的峰值电流可高达 100～1500 A，而电流的脉冲宽度一般均较小，为 0.1～1 μs，否则电极丝极易烧断。

提高峰值电流的方法主要是在间隙上并联电容，其原理如图 3-44 所示。这些电容安装在放电间隙附近，并以很粗的导线并联在间隙上。当放电间隙未被击穿时，直流电源 E 通过电阻 R 向

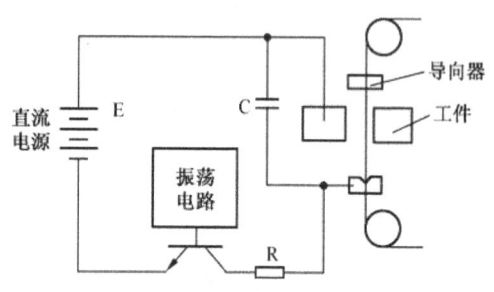

图 3-44 低速单向走丝脉冲电源原理图

电容器 C 充电，尽管此时电阻 R 及功率管的等效电阻较大，但间隙并未击穿，影响不大。充电电压达到一定数值（一般认为达到电源电压值的 80%～90%）时，间隙被击穿，积聚在电容器上的能量通过间隙放电，脉冲电流的峰值可以达到相当高的数值。

脉冲宽度减小或峰值电流的加大，都会使电极丝的损耗加大，但在低速走丝的情况下，电极丝不重复使用，因而可暂不考虑电极丝损耗。

由于脉冲电源与间隙状态、工件厚度、轨迹变化、回退与否等的联系更加多样化、自动化，因此低速走丝机床的脉冲电源可以通过计算机随时分析上述情况，自动地选择合理的参数，以适应上述各种因素的变化。脉冲电源能根据被加工工件厚度的变化和事先编制的程序，自动调整加工电流、脉冲宽度、间隔等参数，并实现厚度变化的自适应控制。

【应用点评 3-3】 低速走丝抗电解电源工作机理

低速走丝机采用水质工作液，虽然采用的是"去离子"水，但还存在一定数量离子，会在脉冲电源的作用下产生电化学反应。当工件接正极时，在电场的作用下，氢氧根负离子（OH^-）会在工件上不断沉积，使铁、铝、铜、锌、钛、碳化钨等材料氧化、腐蚀，造成所谓的"软化层"，如图 3-45 所示。在切割硬质合金工件时，硬质合金中的结合剂"钴"会成为离子状态溶解在水中，同样形成"软化层"，从而使加工材料表面硬度下降，模具寿命缩短。

抗电解脉冲电源的原理是在不产生放电的加工时间内（脉冲间隔）施加一反极性电压，加工时仍采用以往的正极性加工，这样可以使漏电流控制到最低限度。抗电解脉冲电源是采用交变脉冲使平均电压为零的脉冲电源，由于交变脉冲使 OH^- 离子在工作液中处于振荡状态，不趋向于工件及电极丝，如图 3-46 所示，这样可防止工件表面的锈蚀氧化，硬质合金的钴结合剂也不会流失，与优化放电能量配合，可使表面"软化层"控制在 1 μm 以下，从而使得低速走丝加工的硬质合金模具寿命可达到机械磨削的水平。

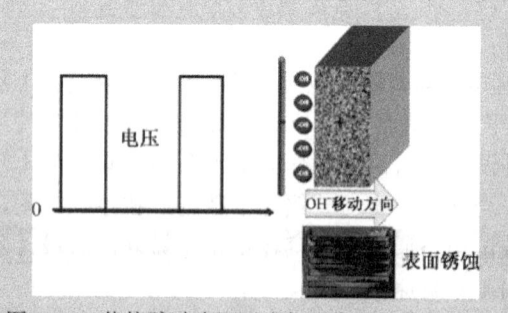

图 3-45 传统脉冲电源形成加工表面软化层机理图 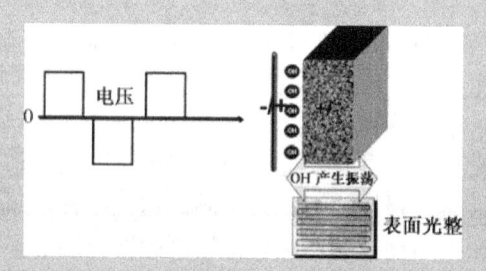　　图 3-46 抗电解电源消除加工表面软化层机理图

采用抗电解电源后，生产效率比传统的电源降低约 30%，最大的切割速度约为 260～270 mm^2/min，加工表面粗糙度达 Ra 为 0.1～0.2 μm。目前的抗电解电源可以进行从粗加工到精加工的整个加工过程，其优点在于消除了电解软化层，减少裂纹，提高表面硬度，大大提高了工件使用寿命，减少修切次数。此外，抗电解电源在加工铝、黄铜、钛合金等材料时，工件的氧化情况也有很大改善。

3.3 电火花线切割基本规律

影响电火花线切割加工工艺效果的因素很多，并且是相互制约的，人们通常采用切割速度、表面粗糙度、加工精度来衡量电火花线切割加工的性能，对于高速往复走丝电火花线切割而言，由于电极丝的反复使用，电极丝损耗也是一项衡量性能的重要指标。

3.3.1 切割速度及其影响因素

在电火花线切割加工中，工件的蚀除速度与切割速度是两个不同的概念，尽管它们之间有密切的联系。高速走丝的切割速度通常是指平均切割速度，按照 GB/T7925—1987 国家标准规定，在所选的工艺条件下，切割厚度为 40 mm 的工件，切割长度为 30 mm，并用记时表记录从切割开始至结束的时间 t，平均切割速度 $V_s = 40 \times 30/t$ mm²/min。在平常测试时一般可以通过计时 1 min（对于高速走丝而言含丝筒换向时间），测量电极丝切割的面积以近似得到平均切割速度。目前高速走丝机实用的切割速度为 60～80 mm²/min，在使用复合工作液（佳润系列产品）后切割速度可以达到 100～150 mm²/min，它与加工电流大小有关。

低速走丝切割大多采用多次切割加工工艺。加工次数一般为 3～7 次，加工修整量由中加工的几十微米逐渐递减到精加工的几微米。

蚀除速度是指在单位时间内蚀除的工件材料体积，与切割速度及切缝宽度有关。在电火花线切割加工中，调整加工参数，实际上直接影响的是工件的蚀除速度。

切割速度不仅受到放电参数的影响，还受到包括电极丝直径、走丝速度在内的其他非电参数因素的影响，其影响因素如图 3-47 所示。下面分析主要影响切割速度的因素。

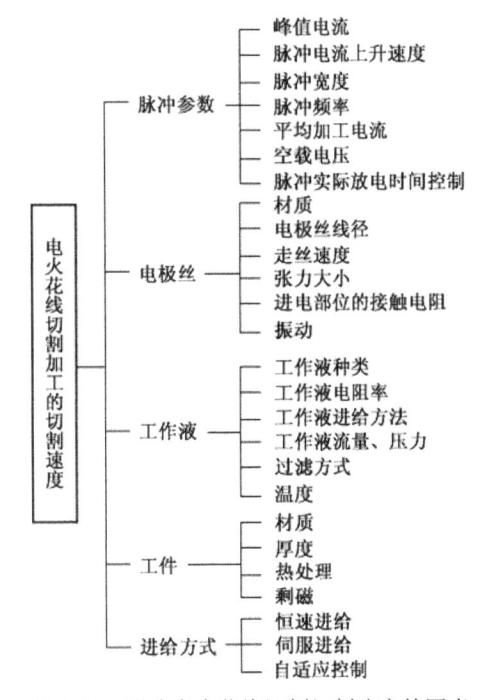

图 3-47 影响电火花线切割切割速度的因素

3.3.2 电参数对加工的影响

1. 放电峰值电流 I_p 的影响

峰值电流的增加对工件蚀除速度有利，从而影响切割速度。在一定范围内，切割速度随脉冲放电峰值电流的加大而增加；但当脉冲放电峰值电流达到某一临界值后，电流的继续增加会导致极间冷却条件恶化，加工稳定性变差，切割速度呈现饱和甚至下降趋势。脉冲放电峰值电流一般通过投入的功率管进行调节，其宏观表现是在占空比一定的前提下，投入加工的功率管增加后，平均加工电流也随着增加。

高速走丝平均电流与切割速度的规律如图 3-48(a)所示，从中可以发现，较粗的电极丝在较大的平均加工电流下仍可以稳定加工，其主要原因是此时切缝较宽，有利于蚀除产物的排出。

低速走丝峰值电流的选择范围比高速走丝选择的范围大，一般短路峰值电流可高达 100 A

以上，平均切割电流可达 20~50 A。一般主切割时，峰值电流较大；过渡切割时，随着切割次数的增加，峰值电流逐渐减小。与高速走丝机类似，峰值电流的选择还与电极丝直径有关，直径越粗，选择的峰值电流越大，图 3-48(b)是低速走丝平均电流与切割速度、电极丝直径的关系，可知，电极丝直径越粗，承受的峰值电流越大，切割速度越快，但峰值电流过高，容易造成电极丝的熔断。

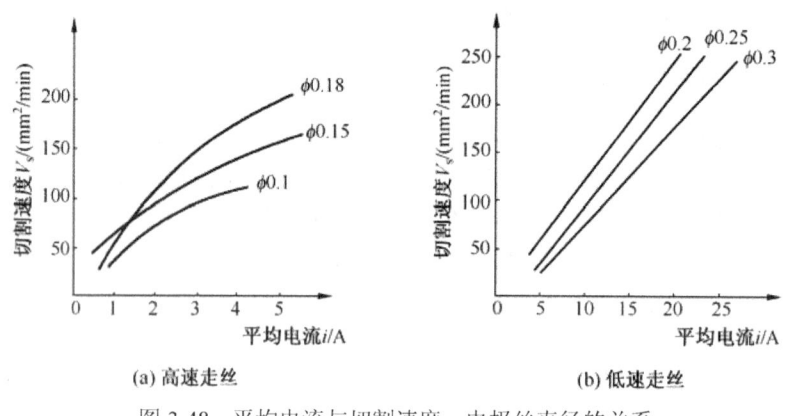

图 3-48 平均电流与切割速度、电极丝直径的关系

(a) 高速走丝　(b) 低速走丝

2. 脉冲宽度 T_{on} 的影响

其他条件不变的情况下，脉宽 T_{on} 对切割速度的影响趋势类似于脉冲放电峰值电流 I_p 的影响，即在一定范围内脉宽 T_{on} 的加大对提高切割速度有利，但是当脉宽 T_{on} 增大到某一临界值以后，切割速度也将呈现饱和甚至下降趋势。其原因是脉宽 T_{on} 达到临界值后，加工稳定性变差，影响了切割速度。在高速走丝电火花线切割加工中，脉宽 T_{on} 的范围一般为 1~128 μs，最常用的是 10~60 μs，脉宽太小，脉冲放电能量较低，切割不稳定，表现为切不动；而当脉冲宽度太大时，由于放电能量增加，切割表面质量也就较差。当然，在 300 mm 以上大厚度切割时，为了提高切割的稳定性，可以采用大于 60 μs 的脉宽进行切割，以达到增加放电间隙，改善极间冷却状况的目的。某一加工条件下脉冲宽度与切割速度的关系如图 3-49 所示。

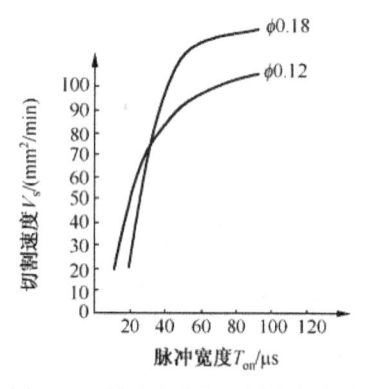

图 3-49 脉冲宽度与切割速度关系

低速走丝切割时脉冲宽度一般为 0.1~100 μs。也是随着脉冲宽度增加，单个脉冲能量增大，切割速度提高，表面粗糙度变差。主切割时，选择较宽的脉冲宽度，一般为 20~100 μs，此时切割的表面粗糙度 Ra 为 4~6 μm；过渡切割时，脉冲宽度一般为 5~20 μs；最终切割时，脉冲宽度应小于 5 μs。脉冲宽度的选择还与切割工件的厚度有关，随着工件厚度的增加适当增大。通常，低速走丝线切割加工用于精加工时，单个脉冲放电能量应限制在一定范围内，当短路峰值电流选定后，脉冲宽度要根据具体的加工要求选定。

3. 脉冲间隔 T_{off} 的影响

在其他条件固定不变的情况下，脉冲间隔 T_{off} 越长，给予放电后，极间冷却与消电离的时间越充分，加工也就越稳定，但切割速度也会降低；减小脉冲间隔，会导致脉冲频率提高，于是单位时间的放电次数增多，平均电流增大，从而提高了切割速度。由于单脉冲放电能量基本不变，因此该加工方式不至于过多地破坏表面质量，脉冲间隔与切割速度关系如图 3-50 所示。但减小脉冲间隔是有条件的，如果一味地减小脉冲间隔，影响了放电间隙蚀除产物的排出和放电通道内消电离过程，就会破坏加工的稳定性，从而降低切割速度，甚至导致断丝。合理脉冲间隔的选取与脉冲参数、走丝速度、电极丝直径、工件材料和厚度均有关。因此，在选择和确定脉冲间隔时，必须根据具体加工情况而定。在线切割加工中，习惯于以脉宽和脉间的比值即占空比来说明脉冲参数的关系，通常切割条件下占空比的选择主要与工件的切割厚度有关。

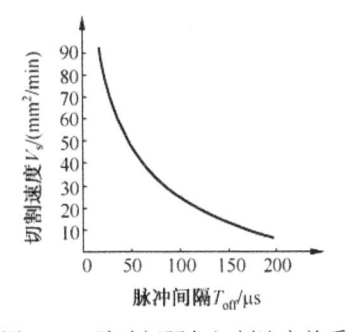

图 3-50 脉冲间隔与切割速度关系

4. 脉冲空载电压 U_p 的影响

提高脉冲空载电压，实际上起到了提高脉冲峰值电流的作用，有利于提高切割速度。脉冲空载电压对放电间隙的影响大于脉冲峰值电流对放电间隙的影响。提高脉冲空载电压，加大放电间隙，有利于介质的消电离和蚀除产物的排出，提高加工稳定性，进而提高切割速度。因此，一般对于厚工件切割需提高脉冲空载电压。

5. 平均加工电流 I_E 的影响

在稳定加工的情况下，平均加工电流越大，切割速度越高。所谓稳定加工，就是正常火花放电占主要比例的加工，一般正常放电加工应占整个脉冲比例的 80% 左右。如果加工不稳定，短路和空载的脉冲增多，会大大影响切割速度。短路脉冲增加也可使平均加工电流增大，但这种情况下切割速度反而降低。

采用不同的方法提高平均加工电流，对切割速度的影响是不同的。例如，改变脉冲放电峰值电流、脉冲放电时间、脉冲间隔、脉冲空载电压等方法，可以改变平均加工电流，但切割速度的改变略有不同。通过改变脉冲电压实现的对平均加工电流的调节，对切割速度的影响较大；而通过改变脉冲间隔的调节，对切割速度的影响略小。

3.3.3 电极丝对加工的影响

在高速走丝加工中，电极丝的丝径损耗也是一项需要控制的重要指标，它直接影响切割加工的精度。因此，如何减小加工过程中的电极丝损耗，一直是人们关心的问题。低速走丝时，电极丝损耗对加工尺寸精度影响不大，但对其加工的平直度影响不可忽视。

电极丝损耗是指电极丝在切割工件一定面积后直径的变化量。该项指标在国家标准中未做明确规定，但为了保证加工尺寸精度，常以 200 m 长的电极丝在切割 10 000 mm² 面积的工件后电极丝直径损耗量为评价标准，一般认为，小于 0.003 mm 属于正常水平。影响电极丝损耗的因素很多，主要有脉冲参数、脉冲电源波形、电极丝材质、工件材质和工作液性能等。小脉冲宽度加工也会使电极丝的损耗加大，因此对于降低电极丝丝径损耗而言，增大脉冲宽度更有效，其呈现的规律如图 3-51 所示。此外，脉冲放电电流的上升速度越快，电极丝的丝径损耗也愈大。为了降低电极丝的损耗，研究人员开发了除矩形脉冲之外的许多不同波形的电源，包括电流逐渐上升的三角波、电流逐渐下降的倒三角波、梯形波、馒头波、梳型波和分组脉冲等，但由于

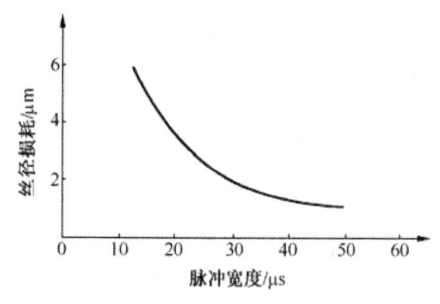

图 3-51 脉冲宽度对丝径损耗的影响

实施比较困难，并且影响切割速度，因此目前除矩形脉冲外一般只有分组脉冲在应用。

随着对高速走丝加工机理研究的深入，以往普遍认为电极丝损耗主要与高频脉冲电源和脉冲电源回路中的寄生阻抗有关，但实际上电极丝的损耗也与加工系统有关。目前研究发现，工作介质对电极丝的损耗同样起着举足轻重的作用，甚至其作用要远远大于脉冲电源的作用。

3.4 电火花线切割加工工艺

数控电火花线切割加工的工艺路线如图 3-52 所示，大致分为如下四个步骤：① 对工件图样进行审核及分析，并估算加工工时；② 工作准备，包括机床调整、工作液的制配，电极丝的选择及校正，工件准备等；③ 加工参数设定，包括脉冲参数和进给速度调节；④ 程序编制及控制系统制作。

电火花线切割加工完成之后，需根据要求进行表面处理并检验其加工质量。

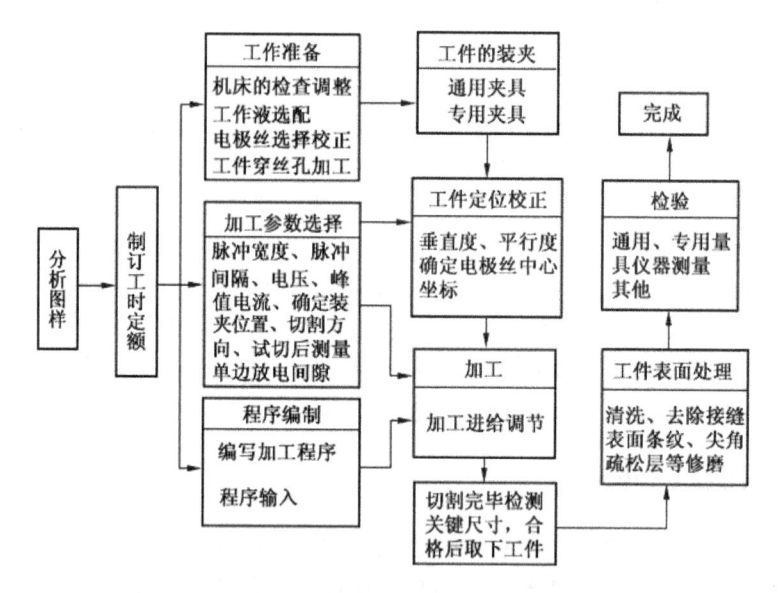

图 3-52 电火花线切割加工工艺路线安排

在电火花线切割加工前首先要准备好工件毛坯，如果加工的是凹形封闭零件，还要在毛坯上按要求加工穿丝孔，然后选择夹具、压板等工具。常用材料有碳素工具钢、合金工具钢、优质碳素结构钢、硬质合金、纯铜（紫铜）、石墨、铝等。

1. 穿丝孔加工的目的

在使用线切割加工凹形类封闭零件时，为了保证零件的完整性，在线切割加工前必须加工穿丝孔；对于凸形类零件，在线切割加工前可以不加工穿丝孔，但当零件的厚度较大或切割的边比较多，尤其对四周都要切割及切割精度要求较高的零件时，在切割前也必须加工穿丝孔，此时加工穿丝孔的目的是减小凸形类零件在切割中的变形。因为在线切割加工过程中毛坯材料的内应力会失去平衡而产生变形，影响加工精度，严重时切缝会夹住或拉断电极丝，使加工无法进行，从而造成工件报废。如图3-53所示，当采用穿丝孔切割时，由于毛坯料保持完整，不仅能有效地防止夹丝和断丝的发生，还能提高零件的加工精度。

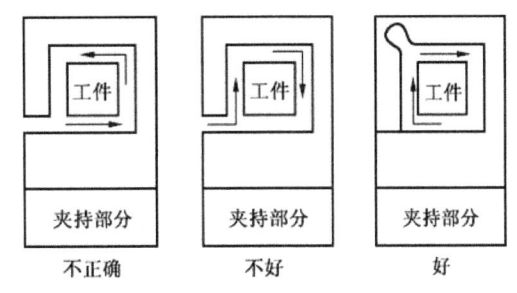

图3-53 切割凸形零件有无穿丝孔比较

2．加工路线的确定及切入点的选择

在线切割加工中，工件内部应力的释放会引起工件的变形，为了限制内应力对加工精度的影响，应注意在加工凸形类零件时尽可能从穿丝孔加工，不要直接从工件的端面引入加工。在材料允许的情况下，凸形类零件的轮廓尽量远离毛坯的端面，通常情况下，凸形类零件的轮廓离毛坯端面距离应大于5 mm。另外，选择合理的加工路径也可以有效限制应力的释放，如在开始切割时电极丝的走向应沿离开夹具的方向进行加工，如图3-54所示。选择图3-54(a)走向时，则在切割过程中，工件和易变形的部分相连接会带来较大的加工误差；选择图3-54(b)走向，就可以减少这种影响。

另外，如果在一个毛坯上要切割两个或两个以上的零件，最好每个零件都有相应的穿丝孔，这样可以有效限制工件内部应力的释放，从而提高零件的加工精度，如图3-55所示。

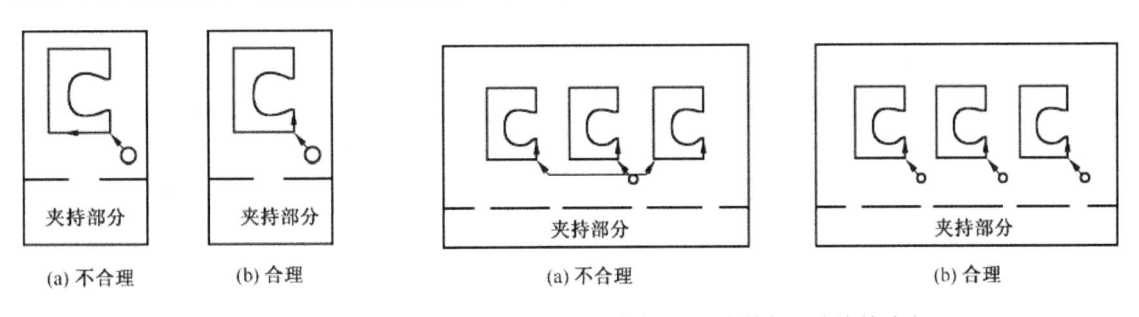

图3-54 合理选择程序走向　　　　图3-55 多件加工路线的确定

切入点就是零件轮廓中首先开始切割的点，一般情况下它也是切割的终点。当切入点选择在图形元素的非端点位置时，会在工件该点处的切割表面上留下残痕，通常应尽可能把切入点选在图形元素的交点处或选择在精度要求不高的图形元素上，也可以选择在容易人工修整的表面上。

3．工件的一般装夹

1）高速走丝线切割加工工件的装夹特点

(1) 由于线切割的加工作用力小，不像金属切削机床要承受很大的切削力，因而装夹时夹紧力要求不大。导磁材料加工还可用磁性夹具夹紧。

(2) 高速走丝机工作液主要是依靠高速运行的电极丝代入切缝，不像低速走丝机那样要进行高压冲液，对切缝周围的材料余量没有要求，因此工件装夹比较方便。

(3) 线切割是一种贯通加工方法,因而工件装夹后被切割区域要悬空于工作台的有效切割区域,一般采用悬臂式支撑或桥式支撑来装夹,如图 3-56 和图 3-57 所示。

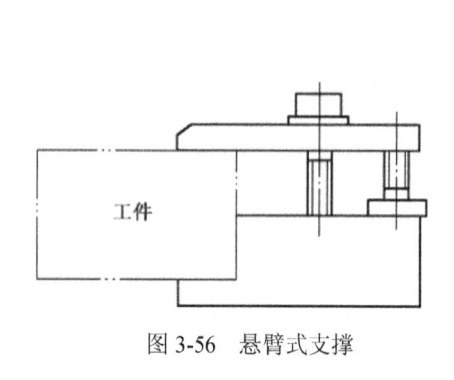

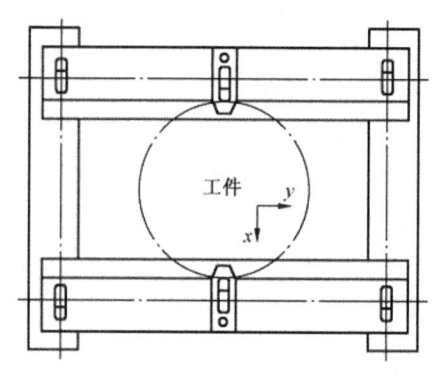

图 3-56　悬臂式支撑

图 3-57　桥式支撑

2) 低速走丝工件的安装

因为低速走丝机在加工的过程中会用高压水冲走放电蚀除产物。高压水的压力比较大,一般为 0.8~1.3 MPa,有的机床甚至可达 2.0 MPa。如果工件安装不稳,在加工的过程中,高压水会导致工件发生位移,最终影响加工精度,甚至切出的图形不正确。在装夹工件时,应最少保证在工件上两处用夹具压紧工件,如图 3-58 所示。

装夹工件时,还应考虑机床各轴的限位位置,以确保所要切割的零件外形在机床的有效行程范围之内。

装夹工件时,要充分考虑机床在移动或者加工的过程中是否会与工件或者夹具发生碰撞。如图 3-59 所示,工件安装在工作台的左侧,当上机头按图示方向移动时,如果压板上的支撑螺柱高于压板的上平面,在图示的移动方向上,浮子开关盒就会撞到支撑螺柱上。所以,在装夹的过程中一定要注意支撑螺柱的高度,以确保机器在整个移动过程中不会发生任何碰撞。如果装夹时使用专用夹具伸到工作台内部装夹工件,还需要考虑上、下喷水嘴在移动过程中可能产生的碰撞问题。

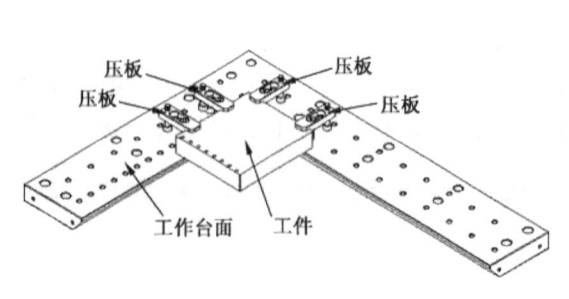

图 3-58　正确的工件装夹方式

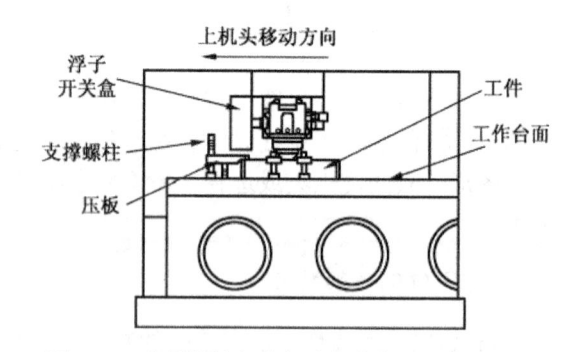

图 3-59　支撑螺柱与上机头部件产生碰撞示意图

根据工件形状、大小的不同,有时用普通的压板可能无法进行装夹,就需要考虑使用专用线切割夹具或专用工装来装夹工件。有时为了提高生产效率,也会选择一些专用夹具或工装来装夹工件,这时要充分考虑机床各轴在移动过程中的碰撞问题,并检查上/下喷水嘴、浮子开关、电极进电线等是否会发生干涉。

【应用点评 3-4】 线切割加工为什么会产生塌角，如何减小塌角误差？

电火花线切割加工时，由于放电力的作用对半柔性的电极丝会产生较大的后向推力，对于低速走丝而言，由于上/下高压喷液的作用，使液流在切缝内汇集后由已切割的切缝后方排出，也会对电极丝起到向后推动的作用，从而使电极丝产生弯曲，导致其滞后于放电理论切割线，如图 3-60 所示。当加工过程沿 L_2 方向进给到拐角处时，电极丝放电点实际上并没有到达拐角点，而是滞后了 δ，当加工继续沿 L_1 方向加工时，电极丝放电点只好从滞后 δ 处就开始逐渐拐弯，直到加工一定距离后才到达所要加工的直线上，这样就在拐角处形成一个"塌角"。

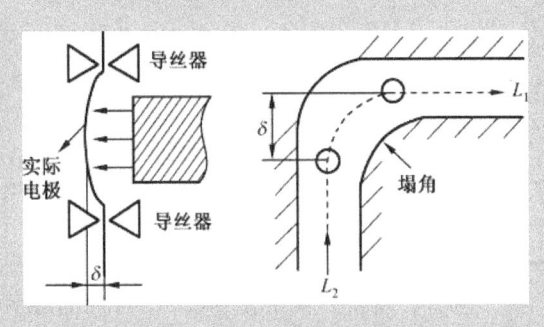

图 3-60 工件塌角产生的原因

塌角误差在精冲模具或一些精密模具的加工中会造成模具报废，或冲裁的产品产生飞边等问题。为了减小这个误差，就应该设法减小电极丝的滞后现象，如到达拐角处时降低进给速度、减小脉冲放电能量，提高电极丝张力，甚至进行轨迹补偿等。也可以采用如图 3-61 所示的附加程序方式，在拐角处增加一个正切的小正方形或三角形作为附加程序，以切割出清晰的尖角，但此方式只能应用在凸模加工上。目前，在高速走丝加工中最常用的塌角处理对策是在程序的转接点处设置停滞时间（一般设定为 10~20 s）。使在此点位置时，通过火花放电的持续和电极丝的张力，使得电极丝在拐角处尽可能在停滞时间内回弹到理论切割线位置以尽量消除滞后量，再进行转角程序的下一道加工；对于低速走丝而言，一般有专门的拐角控制软件可使塌角尺寸大幅减小，同时在加工高精度工件时，在拐角处，自动减慢 X、Y 的进给速度，降低放电能量，使电极丝的实际位置与 X、Y 轴的坐标点同步。所以，加工精度要求越高，拐角处进给速度越慢；拐角越多，则切割速度越低。

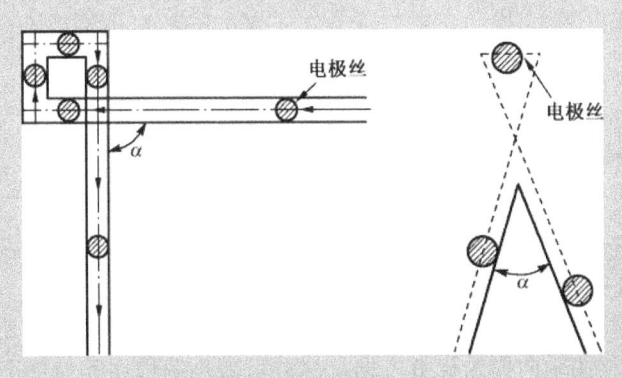

图 3-61 拐角和尖角附加程序方式

3.5 电火花线切割加工编程

电火花线切割编程的方法可分为手工编程和计算机辅助自动编程两种。由于切割工件的形状越来越复杂,单靠手工往往无法完成,因此必须借助计算机辅助技术,依靠线切割编程软件来实现。目前,常用的线切割软件大多随机床配套使用,且软件版本众多。但是,不论哪个编程软件都必须先绘制线切割加工工件图形,然后生成加工工件的图形轨迹,再生成加工程序代码。

电火花线切割编程的程序格式主要有 3B 格式和 ISO 格式。

3.5.1 3B 程序格式

3B 程序格式见表 3-3。

表 3-3 3B 程序格式

B	x	B	y	B	J	G	Z
	x 坐标值		y 坐标值		计数长度	计数方向	加工指令

其中,B——分隔符,用来区分、隔离 x、y 和 J 等数码,B 后的数字如为 0,则此 0 可以不写。

x、y——直线的终点或圆弧起点的坐标值,编程时均取绝对值,单位为 μm。

J——计数长度,单位为 μm。

G——计数方向,分为 Gx 或 Gy,即可以按 x 或 y 方向计数,工作台在该方向每走 1 μm,计数累减 1,当累减到计数长度 J = 0 时,这段程序加工完毕。

Z——加工指令,分为直线 L 与圆弧 R 两大类。按走向和终点所在象限,直线又分为 L_1、L_2、L_3、L_4 四种;圆弧又按第一步进入的象限及走向的顺、逆圆又分为 SR_1、SR_2、SR_3、SR_4 及 NR_1、NR_2、NR_3、NR_4 八种,如图 3-62 和图 3-63 所示。

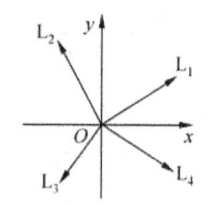

图 3-62 直线的加工指令

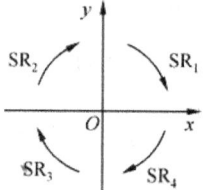

图 3-63 圆弧的加工指令

1) 直线的编程

(1) 把直线的起点作为坐标的原点。

(2) 把直线的终点坐标值作为 x、y,均取绝对值,单位为 μm。因为 x、y 的比值表示直线的斜度,故亦可用公约数将 x、y 缩小整倍数。

(3) 计数长度 J,按计数方向 Gx 或 Gy 取该直线在 x 轴或 y 轴上的投影值,即取 x 值或 y 值,单位为 μm。决定计数长度时,要与选计数方向一并考虑。

(4) 计数方向的选取原则,应取此程序最后一步的轴向为计数方向。不能预知时,一般选取与终点处的走向较平行的轴向作为计数方向,这样可减小编程误差与加工误差。对直线而言,取 x、y 中较大的绝对值和轴向作为计数长度 J 和计数方向。

(5) 加工指令按直线走向和终点所在象限不同,分为 L_1、L_2、L_3、L_4。其中,与+X 轴重合

的直线算作 L_1，与+Y轴重合的算作 L_2，与–X轴重合的算作 L_3，与–Y轴重合的算作 L_4。与 x、y 轴重合的直线，编程时 x、y 均可作 0，且在 B 后可不写。

2) 圆弧的编程

(1) 把圆弧的圆心作为坐标原点。

(2) 把圆弧的起点坐标值作为 x、y，均取绝对值，单位为μm。

(3) 计数长度 J 按计数方向，取 x 或 y 轴上的投影值，单位为μm。如果圆弧较长，跨越两个以上象限，则分别取计数方向 x 轴（或 y 轴）上各象限投影值的绝对值相累加，作为该方向总的计数长度，也要与所选计数方向一并考虑。

(4) 计数方向同样取与该圆弧终点时走向较平行的轴向作为计数方向，以减少编程和加工误差。对圆弧来说，取终点坐标中绝对值较小的轴向作为计数方向（与直线相反），最好取最后一步的轴向为计数方向。

(5) 加工指令对圆弧而言，按其第一步所进入的象限可分为 R_1、R_2、R_3、R_4；按切割走向，又可分为顺圆 S 和逆圆 N，于是共有 8 种指令，即 SR_1、SR_2、SR_3、SR_4 及 NR_1、NR_2、NR_3、NR_4，如图 3-63 所示。

3) 工件编程举例

设要切割如图 3-64 所示的轨迹，该图形由三条直线和一条圆弧组成，故分四个程序编制（暂不考虑切入路线的程序）。

(1) 加工直线 AB。坐标原点取在 A 点，AB 与 x 轴向重合，x、y 均可作 0 计（按 $x = 40000$，$y = 0$，也可编程为 B40000B0B40000 GxL_1，不会出错），故程序为 BBB40000 GxL_1。

(2) 加工斜线 BC。坐标原点取在 B 点，终点 C 的坐标值是 $x = 10000$，$y = 90000$，故程序为 B1B9B900000GxL_1。

(3) 加工圆弧 CD。坐标原点应取在圆心 O，这时起点 C 的坐标可用勾股弦定律算得为 $x = 30000$，$y = 40000$，故程序为 B30000B40000B60000GxNR_1。

(4) 加工斜线 DA。坐标原点应取在 D 点，终点 A 的坐标为 $x = 10000$，$y = -90000$（其绝对值为 $x = 10000$，$y = 90000$），故程序为 B1B9B90000 GyL_4。

实际线切割加工和编程时，要考虑钼丝半径 r 和单面放电间隙 Δ 的影响。对于切割孔和凹模，应将编程轨迹偏移减小 $r + \Delta$ 距离，对于凸模，则应偏移增大 $r + \Delta$ 距离。

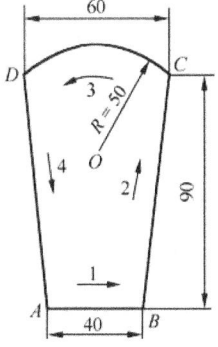

图 3-64 编程图形

3.5.2 ISO G 代码程序

1) ISO 格式编程

ISO 格式编程方式是国际上通用的一种编程方式。一个完整的 ISO 格式加工程序由程序名、程序的主体（若干程序段）、程序结束指令所组成。例如：

```
TXWJ
N01 G90
N02 G92 X0 Y0
N03 G01 X2000 Y2000
N04 G01 X10000 Y8000
N05 G01 X4500 Y4500
N06 G01 X0 Y0
N07 M02
```

程序名由文件名和扩展名组成。程序的文件名可以用字母和数字表示，最多可用 8 个字符，如 TXWJ，但是文件名不能重复。扩展名最多用 3 个字母表示，如 TXW.ISO。

在上面的这段程序中，N01~N06 是程序段号，N 为程序段名，N 后的数字为段号。有了程序段号，阅读程序就会很方便。在程序段号后是由字母"G"和"数字"组成的加工指令，或由字母"M"和"数字"组成的辅助加工指令。M02 指令安排在程序的最后一句，单列一行。当电火花线切割数控系统执行到 M02 程序段时，就会自动停止进给并使数控系统复位，标志着加工过程的结束。

另外，电火花线切割机床的开、关冷却液以及开、关走丝均采用字母"T"和"数字"组成的辅助加工指令。当电火花线切割机床需要做跳步加工时，还应使用 M00 指令。M00 为电火花线切割机床暂停指令，可使机床作短暂暂停，方便操作者拆除电极丝或穿丝。

程序段是由若干个程序字所组成的，其书写格式如下：

   N G X Y

其中：N 为程序段的行号，由 2~4 位数字组成，也可省略不写；G 为准备功能，用来建立机床或控制系统工作方式的一种指令，其后续有两位正整数；X（或 Y）为 X（或 Y）轴移动的距离，单位常用微米，若移动的距离紧跟着小数点，则认为该距离的单位为毫米。表 3-4 是电火花线切割数控机床常用的 ISO 代码。

表 3-4 常用的 ISO 代码

代码	功能	代码	功能
G00	快速定位	G55	加工坐标系 2
G01	直线插补	G56	加工坐标系 3
G02	顺圆插补	G57	加工坐标系 4
G03	逆圆插补	G58	加工坐标系 5
G05	X 轴镜像	G59	加工坐标系 6
G06	Y 轴镜像	G80	接触感知
G07	X、Y 轴交换	G82	半程移动
G08	X 轴镜像，Y 轴镜像	G84	微弱放电找正
G09	X 轴镜像，X、Y 轴交换	G90	绝对尺寸
G10	Y 轴镜像，X、Y 轴交换	G91	增量尺寸
G11	Y 轴镜像，X 轴镜像，X、Y 轴交换	G92	定起点
G12	消除镜像	M00	程序暂停
G40	取消间隙补偿	M02	程序结束
G41	左偏间隙补偿	M05	接触感知解除
G42	右偏间隙补偿	M96	主程序调用文件程序
G50	消除锥度	M97	主程序调用文件结束
G51	锥度左偏	W	下导轮到工作台面高度
G52	锥度右偏	H	工作厚度
G54	加工坐标系 1	S	工作台面到上导轮高度

2) G 代码程序编制举例

线切割如图 3-65 所示的五角星，试用 G 代码编程序（暂不考虑电极丝直径及放电间隙）。

[编程]

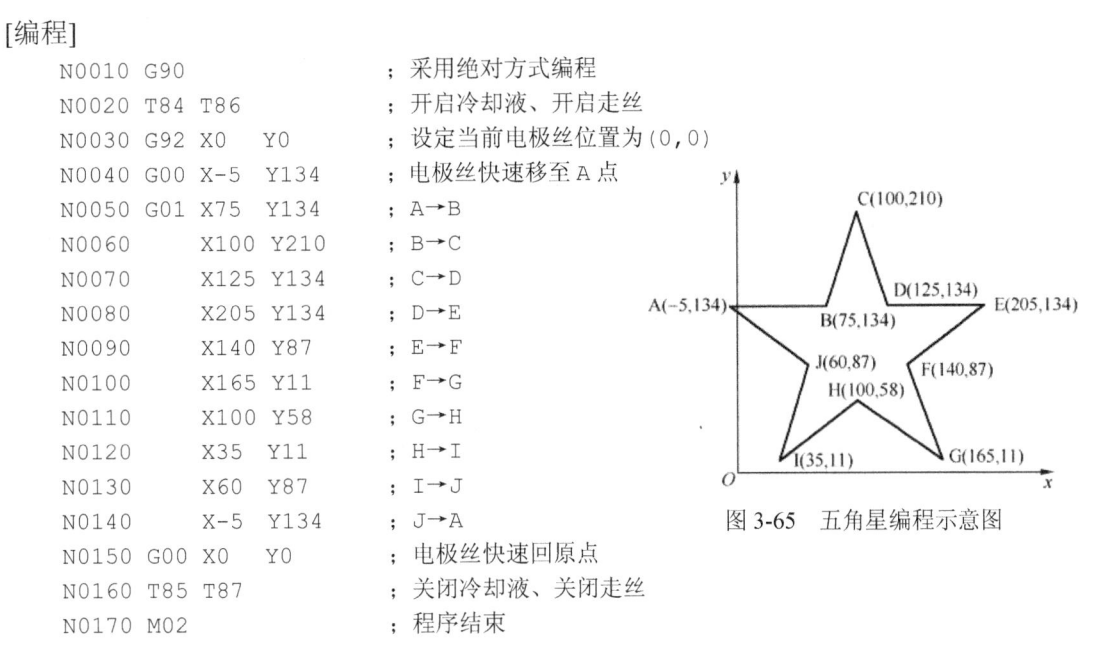

```
N0010 G90                ; 采用绝对方式编程
N0020 T84 T86            ; 开启冷却液、开启走丝
N0030 G92 X0   Y0        ; 设定当前电极丝位置为(0,0)
N0040 G00 X-5  Y134      ; 电极丝快速移至A点
N0050 G01 X75  Y134      ; A→B
N0060     X100 Y210      ; B→C
N0070     X125 Y134      ; C→D
N0080     X205 Y134      ; D→E
N0090     X140 Y87       ; E→F
N0100     X165 Y11       ; F→G
N0110     X100 Y58       ; G→H
N0120     X35  Y11       ; H→I
N0130     X60  Y87       ; I→J
N0140     X-5  Y134      ; J→A
N0150 G00 X0   Y0        ; 电极丝快速回原点
N0160 T85 T87            ; 关闭冷却液、关闭走丝
N0170 M02                ; 程序结束
```

图 3-65 五角星编程示意图

3.5.3 自动编程系统

自动编程使用专用的数控语言和各种输入手段，向计算机输入必要的形状和尺寸数据，利用专门的应用软件即可求得各交、切点坐标及编写数控加工程序所需的数据，编写出数控加工程序，并可由打印机打出加工程序单，由穿孔机穿出数控纸带，或直接将程序传输给线切割机床。即使是数学知识不多的人也照样能进行这项工作。

目前，编控一体的高速走丝机本身已具有自动编程功能，并且可以做到控制机与编程机合二为一，在控制加工的同时，可以"脱机"进行自动编程。我国高速走丝线切割加工的自动编程机基本都采用绘图式编程技术进行编程。操作人员只需根据待加工的零件图形，按照机械作图的步骤，在计算机屏幕上绘出零件图形，计算机内部的软件即可自动转换成 3B 或 ISO 代码的线切割程序，非常简捷方便。图 3-66 为某自动编程系统的主界面。

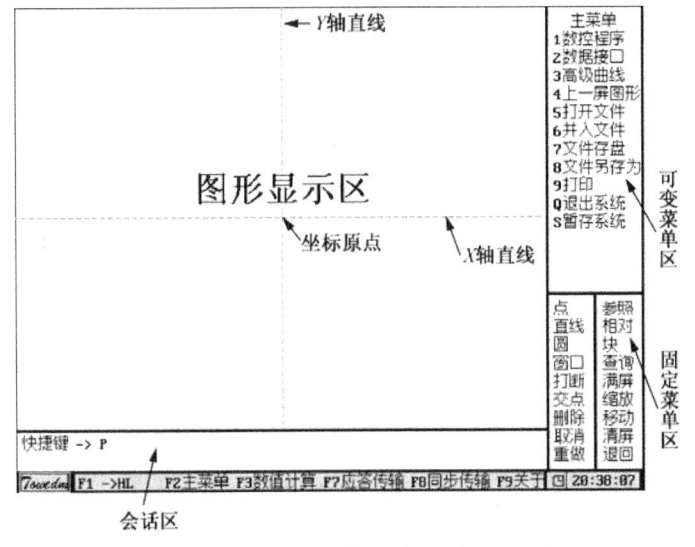

图 3-66 某自动编程系统的主界面

3.5.4 仿形编程系统

自动编程系统必须根据图纸标注的尺寸信息输入图形才能产生线切割程序，因此编程的前提是必须有明确尺寸标注的图纸。这对那些从设计的美观性角度随意勾画轮廓图形的程序编制就显得十分棘手，而这些行业（如首饰、证章、眼镜、钟表、修模、玩具等）的模具相当一部分是用线切割加工的。同时，对那些按样品制造的模具，即便是由比较规则的曲线组成的，仍然需要对样品测绘后再编程。仿形编程系统的作用就是利用图像输入设备，将所需加工零件的图像输入计算机，由计算机对该图像进行处理后得到零件轮廓图形，再对该图形进行后置处理，生成电火花线切割机用的加工指令。其工作流程如图3-67所示。

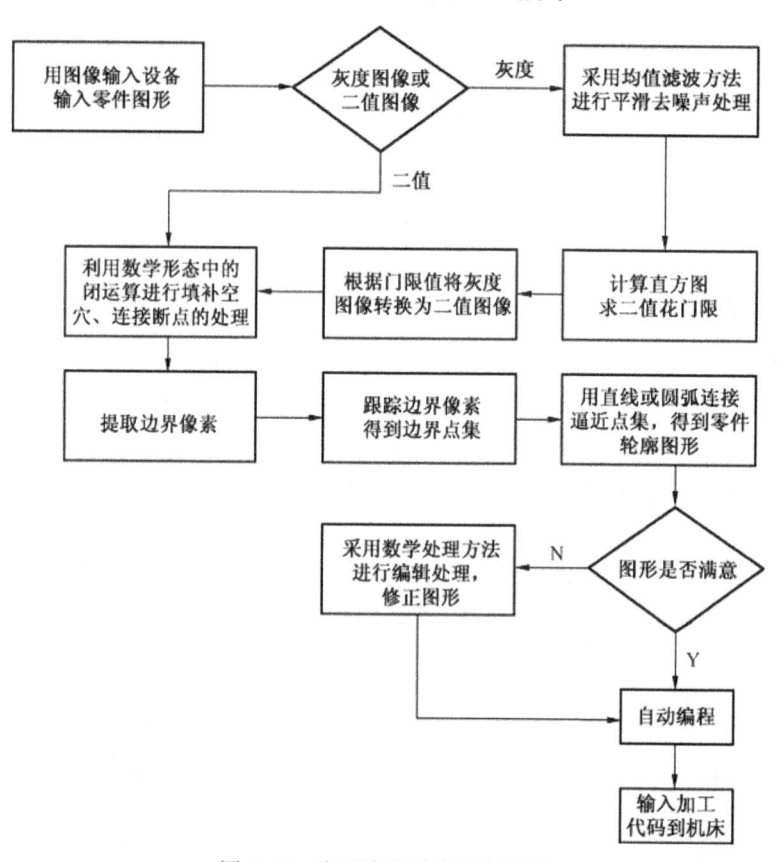

图3-67 仿形编程系统工作流程

仿形编程系统不同于过去的光电跟踪系统，光电跟踪系统虽然也能进行复杂零件的仿形切割，但不能进行后置的图形处理，同时每次仿形切割得到的零件形状和尺寸都存在差异。仿形编程系统最终输出的是程序，因此可以保障切割零件的一致性和模具的配合间隙。

其具体的工作过程如下：
① 提高复杂、无尺寸标注的图形或工件的对比度（图3-68(a)）。
② 通过扫描将信息输入仿形编程系统（图3-68(b)）。
③ 自动获得图形形状，拟合为直线和圆弧（图3-68(c)）。
④ 对图形通过编辑功能进行修改，如增删点、直线圆弧转换、对称、拼接等，并可以对图形采用曲线拟合，获得光滑曲线（图3-68(d)）。

⑤ 对处理好的图形进行自动编程，得到加工代码，输入控制系统进行切割，采用仿形编程系统编程后得到的切割样品如图 3-68(e)所示。

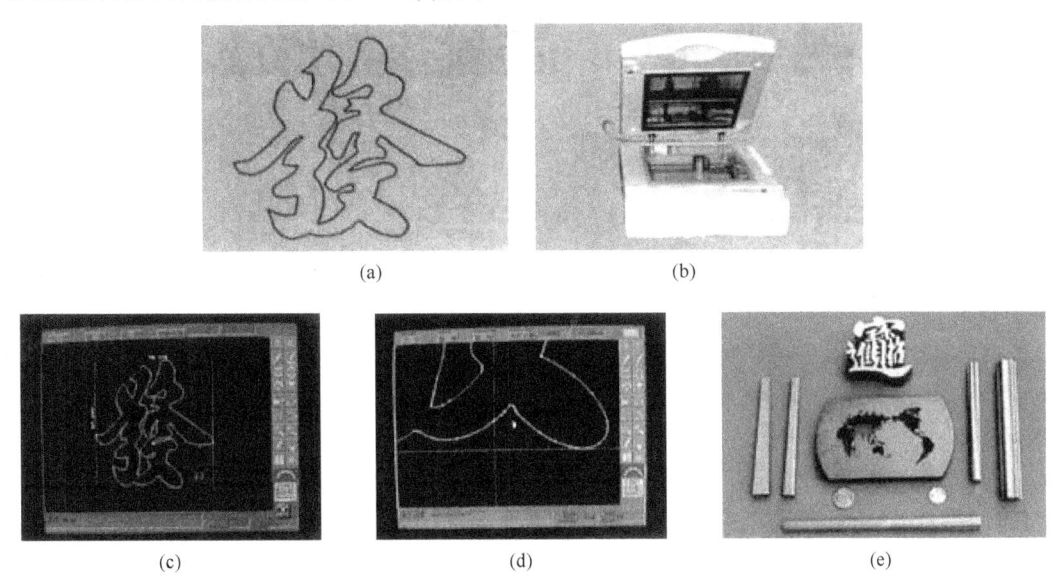

图 3-68 仿形编程系统工作过程及切割样品

3.6 习题

3-1 比较"高速往复走丝电火花线切割"与"低速单向走丝电火花线切割"的性质差异。

3-2 电火花线切割加工与电火花成形加工比较，有哪些相同之处？有哪些不同之处？

3-3 为什么线切割加工尖角时会产生"塌角"？有什么减小和避免"塌角"的方法？

3-4 列举一些工件线切割以后变形和开裂的实例。

3-5 电火花线切割常用的电极丝材料有哪几种？为什么镀锌电极丝能大幅度提高切割效率又可以降低断丝机率？

3-6 电火花线切割加工的工艺指标主要包括哪些内容？

3-7 对电火花线切割脉冲电源有哪些要求？

3-8 线切割脉冲电源由哪几个主要部分组成？

3-9 什么是3B程序格式？请举例说明如何编写。

3-10 怎样认识目前高速往复走丝电火花线切割机床的发展趋势？

3-11 高速往复走丝电火花线切割工作液主要分哪些类型？为什么复合工作液可以大幅提高线切割的工艺指标？

第 4 章　高能束加工

4.1　激光加工

激光技术是 20 世纪 60 年代初发展起来的一门新兴科学，在材料加工方面，已逐步形成一种崭新的加工方法——激光加工（Lasser Beam Machining，LBM）。激光加工可以用于打孔、切割、电子器件的微调、焊接、热处理等领域。由于激光加工不需要加工工具，而且加工速度快、表面变形小，可以加工各种材料，已经在生产实践中越来越多地显示了它的优越性，所以很受人们的重视。

激光加工是利用光的能量经过透镜聚焦后，在焦点上达到很高的能量密度，靠光热效应来加工各种材料的。人们曾用透镜将太阳光聚焦，使纸张、木材引燃，但无法用于材料加工。这是因为：①地面上太阳光的能量密度不高；②太阳光不是单色光，而是红、橙、黄、绿、青、蓝、紫等多种不同波长的多色光，聚焦后焦点并不在同一平面内。

只有激光是可控的单色光，强度高，能量密度大，可以在空气介质中高速加工各种材料，因此其日益获得广泛的应用。

4.1.1　激光加工的原理与特点

1. 激光加工的原理

激光加工是把具有足够能量的激光束聚焦后照射到所加工材料的适当部位，在极短的时间内，光能转变为热能，被照部位迅速升温。根据不同的光照参量，材料可以发生汽化、熔化、金相组织变化，并产生相当大的热应力，从而达到工件材料被去除、连接、改性或分离等加工。激光加工时，为了达到各种加工要求，激光束与工件表面需要做相对运动，同时光斑尺寸、功率和能量可调。激光加工是把激光作为热源，对材料进行热加工，其过程大体分为：激光束照射材料，材料吸收光能，光能转变为热能使材料加热，通过汽化和熔融溅出，使材料去除或破坏等。不同的加工工艺有不同的加工过程，有的要求激光对材料加热并去除材料，如打孔、切割、动平衡、微调等；有的要求将材料加热到熔化程度而不要求去除，如焊接加工；有的则要求加热到一定温度使材料产生相变，如热处理等。

2. 激光加工的特点

(1) 一机多能：在同一台机床上可分别进行切割、打孔、焊接、表面处理等多种加工，既可分步加工，又可在几个工位同时加工。比如，双光路激光焊接机，既可单光路单工位加工，又可两个工位进行同步焊接，有利于提高生产效率，尤其对于特殊定位要求的加工如光纤耦合等，比传统加工工艺有着无与伦比的优势。

(2) 适应性强：可加工各种材料，包括高硬度、高熔点、高强度及脆性、软性材料，既可在大气中，又可在真空中加工。比如，在所有材料中，金刚石比任何已知固体都硬，同时在室温下呈现最高的弹性模量、原子密度、德拜温度和热导率，金刚石有化学惰性，在整个光谱范围高度透明,是一种宽带隙半导体材料,能适用于高温和高电压场合。由于金刚石的这些特性,机械研磨、抛光和切割既昂贵又费时,制作和形成过程中存在许多潜在应用所要求的高精度和高分辨率问题。激光加工能有效地解决这些问题,如金刚石可用 Nd:YAG 激光的基波和二次谐波进行切割和打孔,金刚石表面的精密蚀刻用紫外激光脉冲效果较为显著。

(3) 加工质量好:由于激光具有能量密度高、瞬态性和非接触等特点,工件热变形极小,且无机械变形,对精密小零件的加工非常有利。例如,金属波纹管及密封继电器用重频脉冲激光焊接,其气密性可达 $10^{-10} \sim 10^{-11}$ cm³/s,比普通焊接工艺提高几个量级;又如,在人造地球卫星用镍氢电池壳体的封焊中,气密性要求极高,传统工艺一直无法解决这个难题,采用激光焊接机焊接后,其焊缝质量超过母材。

(4) 加工精度高:对微型陀螺转子,采用激光动平衡技术,其平衡精度可达百分之一或千分之几微米的质量偏心值。又如,准分子激光器的光化学加工,准分子激光的光子能量高达 7.9eV,大于许多分子的键能,在足够的高能密度上能够光解这样的分子,因而能引发或控制光化学反应,准分子膜沉淀和去除便是两个实例。

(5) 加工效率高:在某些情况下,用激光切割可提高效率 8~20 倍;用激光进行深熔焊接时,生产效率比传统方法提高 30 倍。用激光微调薄膜电阻可提高工效 1000 倍,提高精度 1~2 个量级。用激光强化电镀,其金属沉积率可提高 1000 倍。金刚石拉丝膜用机械方法打孔要花 24 小时,用 YAG 激光器打孔则只需 2 秒,提高工效 43 200 倍。至于激光雕刻和激光打标,其效率和标记内容的规范更是传统加工方法难以企及的。

(6) 经济效益高:与其他方法相比,激光打孔的直接费用可节省 25%~75%,间接加工费用可节省 50%~75%。与其他切割法相比,用激光切割钢件可降低加工费用 70%~90%,激光汽车缸套热处理,直接费用和间接费用加起来可减少到传统加工方法的 1/3~1/4。

(7) 节能和省材:激光束的能量利用率为常规热加工工艺的 10~1000 倍,激光切割可省材料 15%~30%。

(8) 无公害和污染:激光束不会产生 X 射线等有害射线,无加工污染,也无须安装射线防护装置。

激光加工虽有多样性的特点,但必须按照工件的加工特性,选择合适的激光器,对照射能量密度和照射时间实现最佳控制。如果激光器、能量密度和照射时间的条件选择不当,则加工效果同样不会理想。

4.1.2 材料加工用激光器简介

1. 气体激光器

气体激光器一般采用电激励,工作物质为气体介质。因其效率高、寿命长,连续输出功率大,因此广泛应用于切割、焊接、热处理等加工领域。用于材料加工的常见的气体激光器有二氧化碳激光器、氩离子激光器等。

1) 二氧化碳激光器

二氧化碳激光器以 CO_2 气体为工作物质,是目前连续输出功率最高的气体激光器,连续输出功率可达上万瓦,输出的激光波长为 10.6 μm,属于红外激光。

CO_2 分子是一种线性对称排列的三原子分子。三个原子排列成一条直线,碳原子在中间,氧原子在两边。分子的能级比一般原子的能级复杂得多,其中分子的振动能级对产生激光起主要作用,其基本振动形式有三种:

(1) 对称振动　碳原子保持不动，氧原子沿分子联线做方向相反的振动，如图 4-1(a)所示。

(2) 弯曲振动　氧原子和碳原子均做沿垂直分子联线方向振动，且它们的运动方向相反，如图 4-1(b)所示。

(3) 非对称振动　三个原子沿分子联线运动，碳原子与氧原子的运动方向相反，如图 4-1(c)所示。

常用 100、200、300 等表示对称振动的各能级，用 010、020、030 等表示弯曲振动的各能级，用 001、002、003 等表示非对称振动的各能级。图 4-2 是二氧化碳分子振动的部分能级图。图中还画出了 N_2 的基态和第一激发态。通过电极放电，高速电子与 CO_2 分子碰撞，把 CO_2 分子激发到高能级(001)上，然后在(001)和(100)能级之间实现分子数反转条件。但是纯 CO_2 激光器的功率很低，必须加入 N_2 和 He 才能提高输出功率和效率。加入 N_2 时，它的第一能级（$r=1$）与 CO_2 的(001)能级的能量几乎相等，符合共振转移条件，即当气体放电时，电子与 N_2 分子碰撞，把 N_2 分子激发到第一级能级，然后处于激发态的 N_2 分子与 CO_2 分子碰撞时就发生共振转移，把能量交给 CO_2 分子，使 CO_2 分子激发到(001)能级上去，实现 CO_2 分子在高低能级间的分子数反转。当(001)能级的 CO_2 分子向(100)能级跃迁时，就发射出波长为 10.6 μm 的激光。其他能级的跃迁，如从(001)能级向(020)能级跃迁，发射波长为 9.6 μm 的激光也有可能。由于 10.6 μm 波长比 9.6 μm 波长的激光的强度大得多，在通常情况下，认为 CO_2 激光器输出激光波长为 10.6 μm。

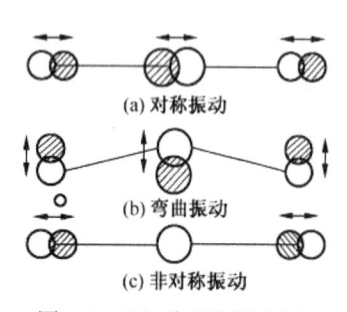

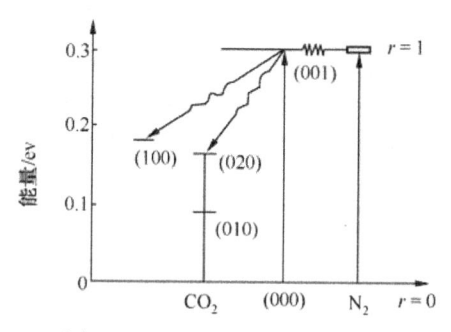

图 4-1　CO_2 分子的振动图　　　　图 4-2　CO_2 和 N_2 的部分振动能级

二氧化碳激光器的效率可以高达 20% 以上。这是因为二氧化碳激光器的工作能级寿命较长，约为 $10^{-3} \sim 10^{-1}$ s，而原子或离子气体激光器的工作能级寿命比较短，约为 $10^{-7} \sim 10^{-6}$ s。工作能级寿命长有利于粒子束反转的积累。另外，二氧化碳的工作能级离基态近，激励阈值低，而且电子碰撞分子，把分子激发到工作能级的概率比较大。

为了提高激光器的输出功率，二氧化碳激光器一般都加进氮（N_2）、氦（He）、氙（Xe）等辅助气体和水蒸气。N_2 和 CO_2 混合后，可使输出功率提高 1 倍左右。N_2 分子是双原子分子，电子激发 N_2 分子的概率很大，当 CO_2 分子与受激 N_2 分子碰撞时，能量可以迅速转移，使 CO_2 分子受激，所以说 N_2 分子能增大 CO_2 分子的激发速率，从而增大它的输出功率。但是，N_2 在放电过程中形成的 N_2O 分子，对激发的 CO_2 分子有抵消激发的作用，所以 N_2 和 CO_2 的混合比不能太高。在 $CO_2 + N_2$ 的激光器中加入大量 He，可使输出功率提高 5～10 倍，其作用是抽空低能级。因为 He 的导热性好，使放电管内热量向管壁传递的速率提高，使激光介质冷却，降低工作气体的温度，十分有利于提高激光器的输出功率。在 $CO_2 + N_2 + He$ 的激光器中加进 Xe，可使输出功率提高 25%～30%。Xe 的作用是降低放电管内的电子温度，使高能级的电子数减少，低能级的电子数增多，因此减少了 CO_2 分子的分解，使 CO_2 分子保持一定的浓度。在 $CO_2 + N_2 + Xe$ 的激光器中加入适量的水蒸气,可使输出功率增大2～3倍,水蒸气的主要作用是抽空低能级,但也要注意比例适当。气体混合比对输出功率有很大影响,一般采用的比例是 CO_2：N_2：He：Xe：H_2O=1：(1.5～2)：(6～8)：0.5：0.1。

2) 氩离子激光器

氩离子激光器是惰性气体 Ar 通过气体放电,使氩原子电离并激发,实现粒子数反转,而产生激光,其结构如图4-3所示。

氩离子激光器发出的谱线很多,最强的是波长为0.5145 μm 的绿光和波长为0.4880 μm 的蓝光。因为其工作能级距基态较远,所以能量转换效率很低,一般仅为0.05%左右。通常采用直流放电。放电电流为10～100 A,功率小于1 W 时,放电管可用石英管,功率较高时,为承受高温而用氧化铍(BeO)或石墨环作为放电管。在放电管外加一适当的轴向磁场,可使输出功率增加1～2倍。

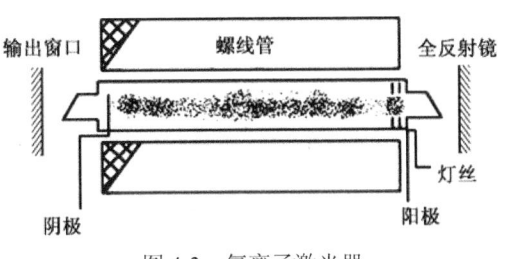

图 4-3　氩离子激光器

由于氩离子激光器波长短,发散较小,所以可用于精密细微加工,如用于激光存储光盘的蚀刻等。

2．固体激光器

1) 红宝石激光器

红宝石是掺有浓度为0.05%氧化铬的氧化铝晶体,发射 $\lambda = 0.6943$ μm 的红光,易于获得相干性好的单模输出,稳定性好。

红宝石激光器是三能级系统的激光器,主要是铬离子起受激发射作用。如图 4-4 所示红宝石激发跃迁情况。在高压氙灯的照射下,铬离子从基态 E_1 被抽运到 E_3 吸收带,由于 E_3 平均寿命短,小于10^{-7} s,大部分离子通过无辐射跃迁落到亚稳态 E_2 上,E_2 的平均寿命为$3×10^{-3}$ s,所以在 E_2 上可以存储大量粒子,实现 E_2 和 E_1 能级之间的粒子数反转,发射 $\gamma = (E_2 - E_1)/h$, $\lambda = 0.6943$ μm 的激光。红宝石激光器一般都是脉冲输出。

红宝石激光器在激光加工初期用的较多,现在大多已被钕玻璃激光器和掺钕钇铝石榴石激光器所代替。

2) 钕玻璃激光器

钕玻璃激光器是掺有少量氧化钕(Nd_2O_3)的非晶体硅酸盐玻璃,含钕离子(Nd^{3+})质量分数为1%～5%,吸收光谱较宽,发射 $\lambda = 1.06$ μm 的红外激光。

钕玻璃激光器是四能级系统的激光器,因为有中间过渡能级,所以比红宝石之类的三能级系统更容易实现粒子数反转,如图4-5所示,在通常情况下,处于基态 E_1 的钕离子吸收氙灯的很宽范围的光谱而被激发到 E_4 能级。E_4 能级的平均寿命很短,通过无辐射跃迁到 E_3 能级。E_3 能级寿命可长达$3×10^{-4}$ s,所以形成 E_3 和 E_2 能级的粒子数反转。当 E_3 能级粒子回到 E_2 能级时,发出波长为1.06 μm 的红外激光。钕玻璃激光器的激励阈值很小,其效率可达2%～3%,钕玻璃棒具有较高的光学均匀性,光线的发散角小,特别适合于精密细微加工。钕玻璃价格低,易做成较大尺寸,输出功率可以做得比较大。其缺点是导热性差,必须有合适的冷却装置。钕玻璃激光器一般以脉冲方式工作,工作频率每秒几次,广泛用于打孔、焊接等工作。

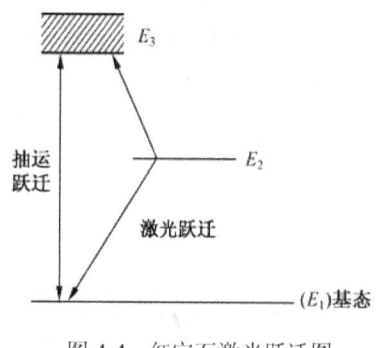

图 4-4 红宝石激光跃迁图

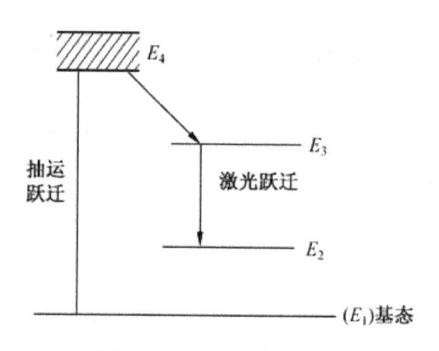

图 4-5 钕玻璃激光跃迁图

3) 掺钕钇铝石榴石（YAG）激光器

掺钕钇铝石榴石是在钇铝石榴石（$Y_3Al_5O_{12}$）晶体中掺以 1.5% 左右的钕而成，与钕玻璃激光器一样属于四能级系统，产生激光的也是钕离子，也发射 1.06 μm 波长的红外激光。

钇铝石榴石晶体的热物理性能好，导热性较大，膨胀系数小，机械强度高，它的激励阈值很低，效率可达 3%。钇铝石榴石激光器可以脉冲方式工作，也可以连续方式工作，工作频率可达 10～100 Hz，连续输出功率可达几百瓦，尽管其价格比钕玻璃激光器贵，但由于其性能优越，广泛用于打孔、切割、微调等工作。

3. 光纤激光器

光纤激光器是指用掺稀土元素玻璃光纤作为增益介质的激光器。光纤激光器可在光纤放大器的基础上开发出来：在泵浦光的作用下光纤内极易形成高功率密度，造成激光工作物质的激光能级"粒子数反转"，适当加入正反馈回路（构成谐振腔），便可形成激光振荡输出。光纤激光器应用范围非常广泛，包括激光光纤通信、激光空间远距通信、工业造船、汽车制造、激光雕刻激光打标激光切割、印刷制辊、金属非金属钻孔/切割/焊接（铜焊、淬水、包层以及深度焊接）、军事国防安全、医疗器械仪器设备、大型基础建设等。

光纤激光器作为第三代激光技术的代表，具有以下优势。

(1) 玻璃光纤制造成本低、技术成熟及其光纤的可绕性所带来的小型化、集约化优势。

(2) 玻璃光纤对入射泵浦光不需要像晶体那样严格的相位匹配，这是由于玻璃基质 Stark 分裂引起的非均匀展宽造成吸收带较宽的缘故。

(3) 玻璃材料具有极低的体积面积比，散热快、损耗低，所以转换效率较高，激光阈值低。

(4) 输出激光波长多：这是因为稀土离子能级非常丰富及其稀土离子种类多。

(5) 可调谐性：由于稀土离子能级宽和玻璃光纤的荧光谱较宽。

(6) 光纤激光器的谐振腔内无光学镜片，具有免调节、免维护、高稳定性的优点，这是传统激光器无法比拟的。

(7) 光纤导出：使得激光器能轻易胜任各种多维任意空间加工应用，使机械系统的设计变得非常简单。

(8) 胜任恶劣的工作环境：对灰尘、震荡、冲击、湿度、温度具有很高的容忍度。

(9) 不需热电制冷和水冷，只需简单的风冷。

(10) 高的电光效率：综合电光效率高达 20% 以上，大幅节约工作耗电，节约运行成本。

(11) 高功率：目前商用化的光纤激光器最大功率可以达到万瓦级别。

双包层光纤的出现是光纤领域的一大突破，使得高功率的光纤激光器和高功率的光放大器的制作成为现实。包层泵浦技术已被广泛地应用到光纤激光器和光纤放大器等领域，成为制作高功率光纤激光器首选途径。图 4-6 为一种双包层光纤的截面结构。不难看出，包层泵浦的技术基础是利用具有两个同心纤芯的特种掺杂光纤。小的纤芯与传统的单模光纤纤芯相似，专用于传输信号光，并实现对信号光的单模放大。大的纤芯则用于传输不同模式的多模泵浦光。这样，使用多个多模激光二极管同时耦合至包层光纤上，当泵浦光每次横穿过单模光纤纤芯时，就会将纤芯中稀土元素的原子泵浦到上能级，然后通过跃迁产生自发辐射光，通过在光纤内设置的光纤光栅的选频作用，特定波长的自发辐射光可被振荡放大而最后产生激光输出。

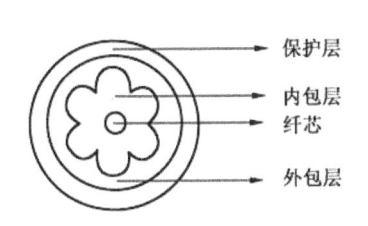

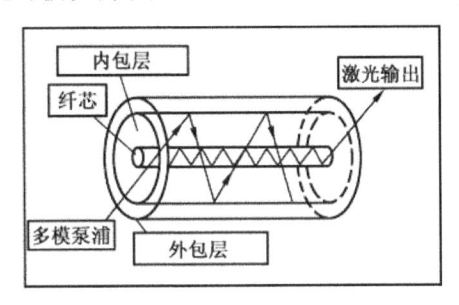

图 4-6 双包层光纤及工作原理

【应用实例 4-1】 光纤激光器在车身焊接加工领域的应用

在加工领域，随着大功率双包层光纤激光器的出现，其应用正向着激光加工、图像显示和生物医疗等更广阔的领域迅速扩展。目前，光纤激光器的功率已突破千瓦。最近宝马公司向 IPG 订购一批光纤激光器用来焊接车门，标志着光纤激光器开始大规模应用于工业生产。

4.1.3 激光切割和打孔技术

1. 激光切割

激光切割是利用经聚焦的高功率密度激光束（较多使用 CO_2 连续激光）照射工件，在超过阈值功率密度的条件下，光束能量及其与辅助气体之间产生的化学反应所产生的热能被材料吸收，引起照射点材料温度急剧上升，到达沸点后，材料开始汽化，形成孔洞。随着光束与工件的相对移动，最终使材料形成切缝。切缝处熔渣被一定压力的辅助气体吹走，如图 4-7 所示。

激光切割总的特点是高速度、高质量，可以概括为：切缝窄，节省切割材料，还可割盲缝；切割速度快，热影响区小，因而热畸变程度低；割缝边缘垂直度好，切边光滑；切边无机械应力，无剪切毛刺，几乎没有切割残渣；激光切割是非接触式加工，不存在工具磨损问题，不需要更换刀具，只需调整工艺参量；可以切割塑料、木材、纸张、橡胶、

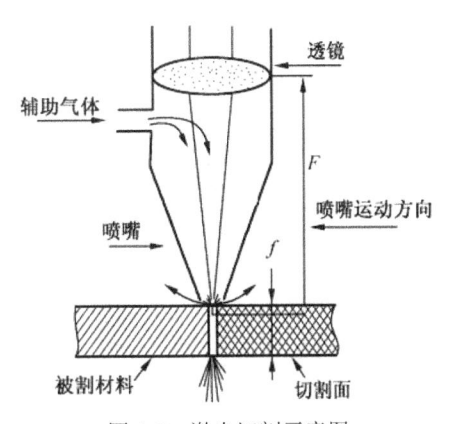

图 4-7 激光切割示意图

皮革、纤维和复合材料等，也可切割多层层叠纤维织物；由于激光束能以极小的惯性快速偏转，可实行高速切割，并且能按任意需要的形状切割；由于激光光斑小、切缝窄，且便于自动控制，所以更适宜于对细小部件做各种精密切削；热作用区小；切割噪声小。

从切割各类材料不同的物理形式来看，激光切割大致可分为汽化切割、熔化切割、氧助熔化切割和控制断裂切割。

1) 汽化切割

在激光束加热下，工件温度升高至沸点以上，部分材料化作蒸气逸去，部分作为喷出物从切缝底部吹走。它需要的高功率密度为 10^8 W/cm^2，是熔化切割机制所需能量的 10 倍，这是对不能熔化的材料如木材、碳素和某些塑料所采用的切割方式。

2) 熔化切割

激光束功率密度超过一定值时，会将工件内部材料蒸发、形成孔洞，然后与光束同轴的辅助气流把孔洞周围的熔融材料去除、吹走，这就是熔化切割。所需功率密度只有汽化切割的 1/10。

3) 氧助熔化切割

如果用氧或其他活性气体代替熔化切割所用的惰性气体，由于热基质的点燃，因此除激光能量外，另一热源同时产生，且与激光能量共同作用，进行熔化切割。

4) 控制断裂切割

通过激光束加热，可以高速、可控地切断易受热破坏的脆性材料，称为控制断裂切割。这只需要很小的激光功率，功率太高会造成工件表面熔化，并破坏切缝边缘。

激光切割加工充分利用了激光和计算机技术，从而实现了"速度快、精度高、省料"，不会造成机械变形，从而提高产品档次，激光加工无须模具，更有利于新产品的开发。激光切割特色：切缝窄，工件变形小；非接触；与计算机配合高速加工；切割非金属是其他方法不可比的（如图 4-8 所示）。

2．激光打孔

随着近代工业技术的发展，使用硬度大、熔点高的材料越来越多，并且常常要求在这些材料上打出又小又深的孔。例如，钟表或仪表的宝石轴承、钻石拉丝模具、化学纤维的喷丝头以及火箭或柴油发动机中的燃料喷嘴等。这类加工任务用常规的机械加工方法很困难，有的甚至是不可能的，而用激光打孔则比较容易。激光打孔（如图 4-9 所示）是将聚焦的激光束射向工件，将其指定范围"烧穿"。一般采用固体激光器，以脉冲方式打孔。

图 4-8　激光切割木工艺品

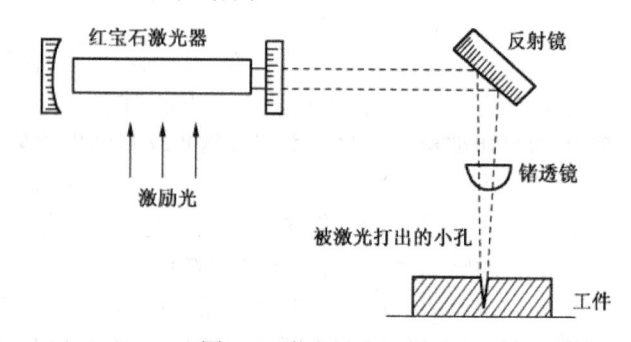

图 4-9　激光打孔示意图

当高强度的聚焦脉冲能量照射到材料时，材料表面温度升高至接近材料的蒸发温度，此时固态金属开始发生强烈的相变，首先出现液相，继而出现气相。金属蒸气瞬间膨胀，以极高的压力从液相的底部猛烈喷出，同时携带着大部分液相一起喷出。由于金属材料溶液和蒸气对光的吸收比固态金属要强得多，所以材料将继续被强烈地加热，加速熔化和汽化。这样一来，在开始相变区域的中心底部形成了更强烈的喷射中心，开始是在较大的立体角范围内向外喷，而后逐渐收拢，形成稍有扩散的喷射流。这是由于相变来得极其迅速，横向熔融区域还来不及扩大，就已经被蒸气携带喷出，激光的光通量几乎完全用于沿轴向逐渐深入材料内部，形成孔型。

为叙述方便，把瞬时的激光脉冲分成5个连续的小段，如图4-10所示，"1"段为前缘，"2"、"3"、"4"段为稳定输出，"5"段为尾缘。当"1"段进入材料时，材料开始被加热，由于材料表面有反射，加热显得缓慢无力，随后热量向材料内部传导，造成材料较大区域的温升，产生以熔化为主的相变。相变区面积大而深度浅。当"2"段进入材料后，因材料相变而剧烈加热，熔融区面积比相变区缩小而深度增加，开始形成小的孔径。"3"、"4"段进入材料后，打孔过程相对稳定。材料的汽化比例剧增至最大，形成了孔的圆柱段。当"5"段进入材料后，材料的加热已临近终止，随后汽化及熔化迅速趋于结束，从而形成孔的尖锥形孔底。

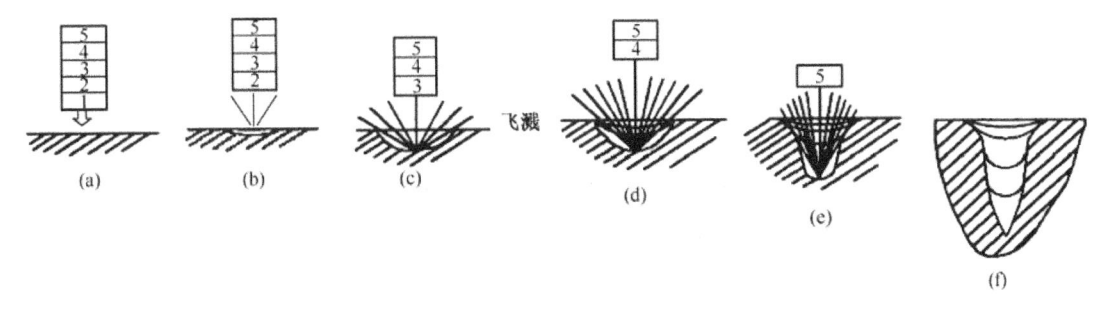

图4-10 孔形成示意图

【应用实例4-2】 金刚石模具打小孔应用

在有色金属行业，金刚石拉丝模是一种很重要的工具。8 mm 的铜杆经过多级拉丝模拉拔后，可以变成 0.1 mm 左右的细丝。金刚石拉丝模本身的小孔加工一直是个难题，因为金刚石相当坚硬，普通机械方法很难加工，其传统方法是在细钨棒上粘金刚石粉，使钨棒旋转进行研磨打孔，时间长达 10~25 小时，而采用多脉冲激光打孔，几分钟即可完成。用激光在金刚石上打孔时，如果一个脉冲供给很多的热能，金刚石就会破裂，故用 300~400 个脉冲总共提供10 J 的低热能。

但在打玻璃孔的时候，波长为1.06 μm 的 YAG 激光能透过玻璃，致使能量不能集中，因而必须采用不能透射的波长为10.6 μm 的 CO_2 激光。

【应用实例4-3】 涡轮叶片激光打孔应用

航空燃气涡轮上的叶片、喷管叶片和燃烧室等部件在工作状态时需要被冷却，因此人们在这些部件的表面打上数以千计的孔，用来保证部件表面被一层薄薄的冷却空气覆盖。这层冷却空气不仅能够延长零件的使用寿命，还可以提高引擎的工作性能。一个典型的较先进的引擎表面会有 10 万个这样的孔。随着打孔技术的发展，目前业界通常采用高峰值功率脉冲Nd-YAG 激光器来加工。

目前，航空领域中用于喷射引擎的气体温度可达到 2000℃，这个温度已经超过了涡轮叶片和燃烧室材料即镍基合金的熔点，于是人们一般采用边界层冷却的方法来解决这个问题，即在气压涡轮、喷管叶片和燃烧室表面加工孔（如图 4-11 所示），其中每个零件上的孔从 25 个到 4 万个不等，冷却气体可以通过零件上的小孔覆盖整个零件的表面来隔绝外界的温度，从而起到保护作用。

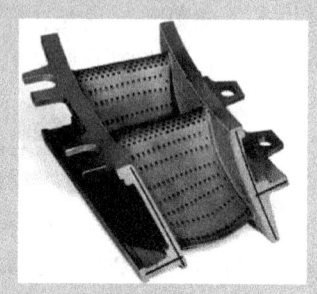

图 4-11　激光穿孔后的零件

4.1.4　激光焊接技术

1. 激光焊接的特点

激光焊接是用激光作为热源对材料进行加热，使材料熔化而联结的工艺方法。由于激光的单色性、方向性都很好，很容易聚焦成很细的光斑，光斑内能量密度极高，因此激光焊接的主要特点是焊缝的深宽比（熔深与焊缝宽度之比）大。激光焊接可在大气中进行，有时根据加工需要使用保护气体。激光可对高熔点材料进行焊接，有时可以实现异种材料（如金属和陶瓷）的焊接。随着工业用激光器、控制技术和机床设备的发展，固体激光焊接机正向着小型、紧凑、高效、耐用和可靠性方向发展，并配有计算机、可旋转透镜、多路分束及光纤传输等，以提高操作灵活性和自动化水平。与氧气-乙炔焊和电弧焊等传统焊接方法相比较，激光焊接过程中会产生四种独特的效应。

1) 焊缝净化效应

当激光束照射到焊缝上时，由于材料中的氧化物等杂质对激光的吸收率要比金属对激光的吸收率高得多，因此，焊缝中的氧化物等杂质被迅速加热并汽化逸出，使焊缝中的杂质含量大幅度减小。所以，激光焊接不但不会污染工件，反而能对材料起净化作用。

2) 光爆冲击效应

当激光功率密度很高时，在强大的激光束的照射下，焊缝中的金属急剧汽化。在高压金属蒸气的作用下，熔池中的金属熔液产生爆炸性飞溅，其强大的冲击波向孔穴的深度方向传播，形成细长的深孔。在激光不断移动焊接的过程中，周围熔融金属不断地填充空穴，凝结成牢固的深熔焊缝。

3) 深熔焊的小孔效应

在功率密度高达 10^7 W/cm^2 的激光束照射下，其能量输入焊缝的速率远远大于热传导、对流、辐射散失的速率，使激光照射区内的金属迅速汽化，在高压蒸气的作用下，在熔池中形成小的孔穴。这种孔穴犹如天文学中的黑洞一样，可将光能全部吸收，激光束通过这种孔穴直射孔底，其孔穴的深度决定着熔化的深度。

4) 熔池中孔穴侧壁对激光的聚焦效应

在激光照射下熔池中形成孔穴的过程中，由于入射到孔穴侧壁的激光束的入射角通常较大，使入射激光束在孔穴侧壁反射而传向孔穴的底部，因而出现孔穴中的光束能量叠加的现象，可以有效地增加孔穴中的光束强度,这种现象称为孔穴侧壁聚焦效应。激光之所以能用于焊接,都是基于上述作用的结果。

激光焊接的独特效应使激光焊接具有如下优点:

(1) 激光照射时间短,焊接过程极为迅速,不仅有利于提高生产率,而且被焊材料不易氧化,热影响区小,适合于热敏感很强的晶体管元件焊接。激光焊接既没有焊渣,也不需去除工件的氧化膜,甚至可以透过玻璃进行焊接,尤其适用于微型精密仪表中的焊接。

(2) 激光不仅能焊接同种金属材料,而且可以焊接异种金属材料,甚至可以焊接金属与非金属材料。例如,用陶瓷做基体的集成电路,由于陶瓷熔点很高,又不宜施加压力,采用其他焊接方法很困难,而用激光焊接比较方便。当然,激光焊接并不能焊接所有的异种材料。

【应用点评 4-1】 碳钢的焊接

随着含碳量的增加,在激光焊的迅速加热和冷却下,焊接的裂纹和缺口敏感性也会增加,所以激光焊对含碳量一般也有一定限制。激光焊对民用船舶船体的结构钢的焊接规范如下:含碳量不大于 0.23%,含锰量为 0.6%,激光功率为 10 kW 左右,焊接速度 0.6 m/min。机械性能试验表明,焊接接头抗拉性能很好,均断在母材处,并具有足够的韧性,而且激光焊比常规弧焊变形小。所以,高功率激光焊对造船业有着重要的潜在发展能力。以合适的工艺规范焊接的焊缝不仅拉伸和冲击等机械性能很好,而且 X 射线等非破坏性检验结果也很好。例如,激光焊接的汽车齿轮原来只能用电子束焊接,现在已经证明能够用激光焊接,表现出激光焊无须真空室的优点。

【应用点评 4-2】 异种金属的焊接

激光深熔焊已在许多类异种金属间进行,业已证明,其他焊接方法对此往往不能获得满意结果。研究表明,铜-镍、镍-钛、钛-钼、黄铜-铜、低碳钢-铜等不同异种金属在一定条件下都可以进行激光焊。对镍-钛焊接熔合区金相分析显示,熔合区主要由高分散度的细微组织组成,并有少量金属间化合物分布在熔区界面。激光焊能顺利地连接在钛基体上加强铍的复合材料,用它来制造风机和汽轮机的压缩机叶片。此外,激光深熔焊焊接镍合金和不锈钢作为彩色显像管热补偿元件,也可以收到很好的使用效果。在普通碳钢基部激光镶焊硬质合金刀片,也是一种理想的刀具镶合工艺。

2. 热传导焊接

激光焊接的方法和材料成千上万,但就其焊接方式和特性来讲都是一样的。激光焊接的机理可以分为两种:激光热传导焊接和激光深熔焊接。

1) 激光热传导焊接的原理

热传导激光焊接是将高强度激光束直接辐射至材料表面,通过激光与材料的相互作用,使材料局部熔化实现焊接。激光与材料相互作用过程中,产生光的反射、光的吸收、热传导及物质的传导。在热传导过程中,辐射至材料表面的功率密度比较低,光能量只能被表层吸收,不产生非线性效应或小孔效应。当光在材料表面穿透微米数量级后,入射光强度趋于零,材料通过热传导方式进行内部加热。一旦表面温度达到材料的熔点,材料表面熔化,只要表面温度不超过沸点，熔化波向材料内部稳定传播，使内部金属加热熔化形成一种半球形的焊缝。其传播速度与激光功率密度和材料的液相和固相热力学有关。热传导焊接所使用的功率密度较低，工件较薄，其焊缝两侧热影响区的宽度比实际的焊接深度要大得多，即焊接的深宽比较低，约为 3∶1。

2) 激光热传导焊接的应用范围和相关的工艺方法

激光焊接不需要填料和焊剂，既可以焊接一般的金属材料、非金属材料，又可焊接难熔或极易氧化的材料，还能在不同金属之间乃至金属与非金属材料之间进行焊接，对金属箔、板、丝、玻璃、硬质合金等材料的焊接也都很出色，能够得到没有气孔且具有相当韧性的焊缝，其平均抗拉强度高于或等于母材。由于激光束可以通过透明材料，所以可以对诸如电子管、显像管等封闭器件内部进行焊接。此外，利用光束能远距离传输能量的特性，可以在恶劣的特殊环境中，如高温、高压、低温、剧毒、水下及放射性等环境中进行远距离焊接，这些都是传统的焊接方法所不能比拟的。热传导激光焊接的应用主要有激光点焊、缝焊等方面。

(1) 激光点焊技术　激光点焊技术是脉冲激光的一种典型应用。脉冲点焊主要用于微小型金属器件的精密焊接，已成功地进行焊接的金属有铜、镍、不锈钢、铁镍合金、铂、铑、各类铜合金、金、银、钨等，其最大焊接深度为 2 mm。

丝状元件的焊接是点焊的重要领域。对于直径在 0.01～0.1 mm 的细丝，采用激光点焊可以取得良好的效果。丝状元件的焊接工艺方法主要有丝与丝的对焊、交叉焊、平行搭接焊和 T 型焊。对这些工艺有不同的要求，例如在对焊中，为了避免细丝的断裂，光斑能量分布要均匀，光斑应覆盖整个细丝的接头；在交叉焊中，激光应该同时照射两金属丝的交点，如果两金属丝直径不同，应将细丝放在上层，或者将细丝在粗丝上绕几圈。在实际应用中，应该满足如下条件：被焊接元件必须精密定位；工件离聚焦镜的位置必须精确定位，以避免工件上功率密度变化；焊接过程需要良好的周围环境，若材料在空气中易氧化，必须采用保护气体；若两丝直径相同，需进行对称的加热。

(2) 缝焊　在许多产品中，常使用脉冲激光器作为缝焊的工具，尤其在气密件缝焊中，其优越性更显著。用脉冲激光器通过熔点重叠可以形成连续的熔池。目前，脉冲 Nd:YAG 激光器的重复率已达几百次，但是焊接的速率并非全由脉冲重复率决定，而是由脉冲重复率的上限及可接受的重叠度共同决定。

在脉冲激光缝焊中，若无足够的重叠度会出现两个问题：首先，熔池的截面会出现锯齿形，熔深不均匀，焊接强度不够；其次，在焊接过程中若出现了小的缺陷，这些缺陷常常由于初始时激光尖峰结构在熔池引起汽化形成，常以气泡形式出现，若气泡的深度扩展到整个熔区厚度，则会出现漏气。当重叠度足够时，随后的脉冲作用于缺陷区可重新熔化，并将气泡堵住。若重叠度不够，气泡区不可能重新熔化，因而会使元件漏气或零件失效。

在缝焊中，最大的穿透深度约为 2 mm。较深的焊接必须由小孔效应产生。但是，在气密性缝焊中，小孔效应不能用，因为其效应难以控制。在缝焊中，大量缺陷是气泡和不均匀的穿透深度，这是由于脉冲间隔时间过长形成的。因为在脉冲激光焊接中，在脉冲间隔时间内小孔不能保持，每个后续脉冲必须部分重新打开小孔。

尽管激光焊接并不需要保护气体或真空，但是采用保护气体可使外观得以改善或满足其他需要。焊接可在真空中进行，也可在氩和氮的气体中进行，只需有一对光透明的窗口输入激光即可。激光的优越性使激光焊接的应用很广泛。表 4-1 列举了在传导型激光焊接的某些典型应用。

表 4-1　传导型激光焊接的典型应用

零件形式	材料
（内引线）	50 μm 铜箔与 2 μm 铜膜
集成电路引线	50 μm 铜箔与 0.3 μm 磷青铜片
仪表游缘	0.5～0.2mm 铁与 ϕ4 黄铜轴
存贮器引线	ϕ0.05～0.1 mm 铜丝与 ϕ0.08～0.12 mm 铍铜
微波零件	钨与钼
电真空零件	钨、钼、镍、不锈钢等
显像管电子枪组装	镍及其合金、不锈钢
镶牙用托架	铬-钴和钯-金
集成电路封装	可伐合金、不锈钢
锂电池封装	不锈钢
钽电容外壳	不锈铜、全钽
起搏器外壳	不锈钢

【应用点评 4-3】　钛和钛合金激光焊接

　　航空航天和化学工业中广泛采用的钛合金属于常规方法较难焊接的材料类型。对最典型的钛合金 TC4 和工业纯钛激光深熔焊研究表明，当使用 4.7 kW 激光输出功率焊接 1 mm 厚的 TC4 钛合金时，其焊接速度可达 15 m/min。X 射线检查显示，接头致密，无裂纹、气孔和杂质，未发现明显咬边。强度试验结果指出，接头至少可与母材等强度，而弯曲疲劳性能也相当优异。

【应用实例 4-4】　激光焊接在 A380 轻量化中应用

　　比起传统的焊接技术，激光焊接拥有精度高、无须焊料等显著优势，通过激光焊接，空客 A380 从第 7～19 舱节约下来的铆钉就重达 20 吨，这 20 吨的载重量全部"变成"了座位数，使 A380 成了每个座位单位能耗最低的飞机。

3. 激光深熔焊接

　　激光深熔焊接所用的激光功率密度较高，材料吸收光能后转化为热能，使工件迅速熔化乃至汽化，产生较高的蒸气压力。在这种高压作用下，将熔融的金属迅速从光束的周围排开，在激光照射处呈现出一个小的孔眼。随着照射时间的增加，这个孔眼不断向下延伸，一旦激光照射停止，孔眼四周的熔融金属（或其他熔物）立即将孔眼填充，这些熔融物冷却后，便形成了牢固的平齐焊缝。这种焊接方式的焊缝两侧的热影响区的宽度要比实际的焊接深度窄得多，其深宽此可高达 12：1。

　　激光深熔焊接的原理如下。

1) 小孔效应

　　在激光焊接过程中，高功率密度激光束照射到被焊工件表面，短时间内能量被充分吸收，导致局部熔化，如材料满足可焊性基本要求，将形成局部焊接区。当光束在工件上移动或工件在光束下行进时，就产生一条连续焊缝。然而，焊缝的横截面形成并不决定于简单的热传输机制。

　　激光深熔焊的机制与电子束焊和等离子焊很相似，其能量是通过小孔传递和转换的。当激光束功率密度足够高，引起被焊金属材料蒸发时，小孔即可形成。金属蒸气产生的压力促使熔融金属沿着孔壁向上移动，小孔作为一个黑体，帮助激光束吸收和传热至材料深部。而在大多数常规焊接和热传导型激光焊接过程中，能量首先积聚在材料表面，然后通过热传导，带到材料内部。这是两种完全不同的焊接机制。图 4-12 为激光深熔焊过程的几何特征。在高功率激光束照射下，被焊材料的微小局部被加热、熔化并蒸发，首先形成一个小孔，然后穿透材料。在激光束作用下，孔壁材料连续蒸发的蒸气充满小孔，由这局部封闭的蒸气所产生的高压把邻近的熔化金属推向四边，以使激光束通过这个低密度的蒸气孔深透进材料内部。小孔周围液体的流动和表面张力倾向于消除小孔，而孔壁材料连续产生的蒸气则极力保持小孔。于是小孔产生的蒸气压力与它周围的熔化金属的液体静压力达到平衡。随着激光束或工件移动，熔融金属在稳定态小孔后以行进光束或工件确定的速度向前运动，随之凝固形成焊缝金属。

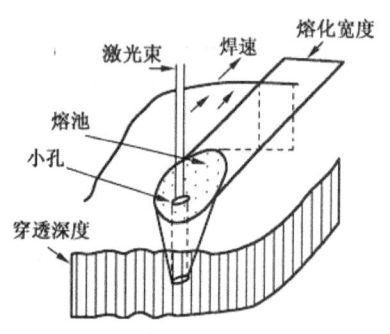

图 4-12 激光深熔焊接几何示意图

一般认为，适合深熔焊的功率密度范围为 $10^6 \sim 10^7$ W/cm^2，相当于 20 000～36 000 K 的热源温度。功率密度太低，深熔焊小孔不能形成，而功率密度过高，由于蒸发汽化太甚，不能获得光滑焊缝。在上述合适的功率密度范围，作用于工件表面局部的输入能量如此强烈，以致通过传导、对流和辐射都不能从入射光点处散去，由此形成局部蒸发汽化，在材料内形成小孔。

2) 等离子体屏蔽

激光深熔焊过程中，由于激光器输出功率过大导致过高的功率密度，如超过 10^7 W/cm^2 时，被焊工件表面过度蒸发而形成等离子云。这种等离子云对光束不透明或透明度较低，对入射光束事实上起了屏蔽作用，从而影响焊接过程继续向材料深部进行。

等离子云的形成对光束吸收影响很大，紧贴金属表面生成，是很强的光束吸收体。在强光束照射下，金属表面发生激烈蒸发，金属蒸气流反冲到入照的激光束中，随之被光束电离形成稳定的等离子云，能辐射、驱散入射光束，形成屏蔽。一旦屏蔽性的等离子云形成，随后仅允许少量光束穿入工件表面，以保持继续蒸发。试验发现，当激光输出功率超过 8 kW 时，在未使用辅助保护气体的激光焊过程中，在强激光作用下，金属表面焊接空间上方就会产生等离子云屏蔽层，必须采取预防措施。从机制方面考虑，预防措施主要有两种途径：一种是使用保护气体吹散激光与工件作用点反冲出的金属蒸气，另一种是使用可抑制金属蒸气电离的保护气体，从根本上阻止离子云的形成。

惰性气体一般被用来作为吹散金属蒸气的保护气体，其中氦气更有效，因它能生成所有保护气体中密度最小的粒子气流。在氦气中加氢和二氧化碳，由于提高了保护气体的导热性，或依靠附着形成负离子，从而减小自由电子密度，更利于抑制等离子云的有害作用。

3) 纯化作用

高功率连续波 CO_2 激光器是目前应用最广泛的工业用激光器，发出波长为 10.6 μm 的激光束为金属表面高度反射，而恰恰为非金属体很好吸收。深熔焊时，激光束通过小孔，光束在小孔边界处与光滑的熔融金属表面间发生反复反射作用。在这个过程中，光束如遇到非金属夹杂如氧化物或硅酸盐，将被优先吸收。因此，这些非金属夹杂被选择性地加热和蒸发并逸出焊区，使焊缝金属获得纯化。

【应用实例 4-5】 汽车齿轮激光焊接应用

汽车齿轮激光焊接是一个发展趋势，目前世界各大汽车制造厂竞相采用激光焊接齿轮，取代电阻焊、感应焊、电子束焊等工艺方法，以提高产品在国际市场上的竞争力。齿轮焊接既可减少零件数量，又能提高齿轮质量，降低齿轮的制造成本。与传统焊接工艺相比，激光焊接齿轮无须在真空中进行，可避免焊接变形，焊接后的齿轮无须再精加工。激光焊接可使焊缝深宽比高达 10∶1，且焊缝处具有相当或优于母材的综合机械性能，保证了齿轮可以传递较大的扭矩。图 4-13 为汽车齿轮激光焊接。

图 4-13 汽车齿轮激光焊接

4.1.5 激光表面处理技术

激光表面处理技术，是研究金属材料及其制品在激光作用下组织和性质的变化规律，以及在工业应用中所必须解决的工艺及装备。激光表面处理技术涉及光学、材料科学与工程、机械与控制等多学科高新技术。激光表面处理技术是传统表面处理技术的发展和补充。虽然，目前激光表面处理在表面处理行业的总产值中所占份额不大，但其应用前景广阔，许多研究成果和应用实例都说明，采用激光表面处理可以解决某些其他表面处理方法难以实现的技术目标，如细长钢管内壁表面硬化、成形精密刀具刃部超高硬化、模具合缝线强化、缸体和缸套内壁表面硬化等。采用激光热处理的经济效益显著优于传统热处理，如汽车转向器壳体激光淬火（相变硬化）和锯齿激光淬火等。因此，激光表面处理的研究、开发和应用都处于上升阶段，并且已经成为激光加工技术中的一个重要的发展方向。

按照作用原理的不同，激光表面处理技术主要有以下 4 种：激光相变硬化、激光冲击强化、激光合金化、激光熔覆等。这些激光表面处理工艺共同的理论基础是激光与材料相互作用的规律及其金属学行为，它们的特点见表 4-2。

表 4-2 各种激光表面处理工艺的特点

工艺方法	功率密度/(W/cm²)	冷却速度/(℃/s)	作用区深度/mm
激光表面淬火	$10^4 \sim 10^5$	$10^4 \sim 10^5$	0.2~3
激光合金化	$10^4 \sim 10^6$	$10^4 \sim 10^5$	0.2~2
激光熔覆	$10^4 \sim 10^6$	$10^4 \sim 10^6$	0.2~1
激光冲击强化	$10^9 \sim 10^{12}$	$10^4 \sim 10^6$	0.02~0.2

1. 激光相变硬化

激光相变硬化也叫激光表面淬火，它以高能密度的激光束快速照射材料表面，使其需要硬化的部位瞬间吸收光能并立即转化为热能，而使激光作用区的温度急剧上升到相变温度以上，形成奥氏体。此时工件基体仍处于冷态，并与加热区之间的温度梯度极高。因此，一旦停止激光照射，加热区因急冷而实现工件的自冷淬火，从而提高材料表面的硬度和耐磨性。激光相变硬化一般采用大功率的二氧化碳连续激光器，目前已广泛应用到汽车发动机汽缸、机床导轨及齿轮齿面的热处理中。激光相变硬化具有如下优点：

(1) 极快的加热速度（$10^4 \sim 10^6$ ℃/s）和冷却速度（$10^6 \sim 10^8$ ℃/s），比感应加热的工艺周期短，通常只需 0.1 s 即可完成淬火，生产率极高。

(2) 仅对工件局部表面进行激光淬火,且硬化层可精确控制,因而它是精密的节能热处理技术。激光淬火后工件变形小,几乎无氧化脱碳现象,表面光洁程度高,故可成为工件加工的最后一道工序。

(3) 激光淬火的硬度可比常规淬火硬度提高 15%～20%。铸铁激光淬火后,其耐磨性可提高 3～4 倍。

(4) 可实现自冷淬火,不需水或油等淬火介质,避免了环境污染。

(5) 对工件的许多特殊部位,如槽壁、槽底、小孔、盲孔、深孔以及腔筒内壁等,只要能将激光照射到位,均可实现激光淬火。

(6) 工艺过程容易实现生产自动化。

【应用实例 4-6】 发动机缸体激光强化应用

淬火是非常普遍的零件表面强化工艺,传统的淬火工艺需要对零件先进行整体加热,使用激光则可以方便地对零件表层进行热处理。其中,利用激光可对各种类型的发动机缸体缸套内壁进行淬火,硬化带轨迹为螺旋、网纹、波纹等,淬硬带宽 3～3.5 mm,淬硬层深 0.2～0.3 mm,硬度为基材 3 倍以上。如图 4-14 所示为缸体的激光淬火加工过程。

图 4-14 缸体的激光淬火过程

2. 激光冲击强化

激光冲击强化是利用高功率密度 10^9 W/cm^2 短脉冲(纳秒级)强激光照射金属材料表面,产生向金属内部传播的强冲击波,使金属材料表层发生塑性变形,形成激光冲击强化区,从而改善金属材料的机械性能。其原理如图 4-15 所示。随着高质量强化用激光器的研制及工艺的研究,未来在航空航天、武器、轨道交通等高技术领域将有望获得广泛应用。

与其他激光表面处理比较,激光冲击处理的突出优点是没有向材料内部的热传递,因此没有热影响区。

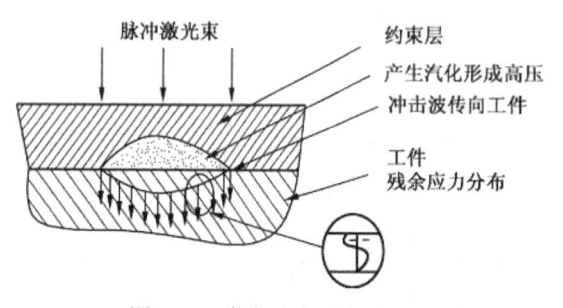

图 4-15 激光冲击强化原理图

【应用实例 4-7】 模具表面强化应用

金属工模具的失效事实上均因其表层局部材料磨损等原因而报废,而且金属工模具的加工周期很长,加工费用极高(尤其是精密复杂模具或大型模具制造加工费高达数十万元乃至数百万元)。因此对金属工模具真正承受磨损作用的特定部位进行表面强化,以大幅度延长、提高工模具的使用寿命,无疑是一种具有重要经济意义的方法。如图 4-16 所示为汽车模具的激光表面强化。

图 4-16 汽车模具的激光表面强化

3. 激光合金化

激光表面合金化是在高能束激光的作用下，将一种或多种合金元素快速熔入基体表面，使母材与合金材料同时熔化，形成表面合金层，从而使基体表层具有特定的合金成分的技术。换句话讲，激光合金化是一种利用激光改变金属或合金表面化学成分的技术。利用高功率激光处理的优点在于，可以节约大量具有战略价值的或贵重的元素，形成具有特殊性能的非平衡相或非晶态、晶粒细化，提高合金元素的固熔度和改善铸造零件的成分偏析。

激光表面合金化的许多效果可以用快速加热和随后的急冷加以解释。在激光加热过程中，其表面熔化层与它下面的基体之间存在着极大的温度梯度。在激光作用下，其加热速率和冷却速率可达 $10^5 \sim 10^9$℃/s。快速加热和快速冷却导致了许多特殊的化学特征和显微结构变化，从而达到改善材料表面性能的目的。

4. 激光重熔

激光重熔是用激光束将工件表面熔化而不加任何金属元素，已达到表面组织改善的目的。有些铸件的粗大树枝状结晶中常有氧化物和硫化物夹杂，以及金属化合物及气孔等缺陷，如果这些缺陷处于表面部位就会影响到疲劳强度、耐腐蚀性和耐磨性，用激光做表面重熔就可以把杂质、气孔、化合物释放出来，同时由于迅速冷却而使晶粒得到细化。

与激光淬火工艺相比，激光重熔处理的关键是使材料表面经历了一个快速熔化—凝固过程，所得到的熔凝层为铸态组织。工件横截面沿深度方向的组织为：熔凝层、相变硬化层、热影响区和基材，如图 4-17 所示。因此也常称其为液相淬火法。

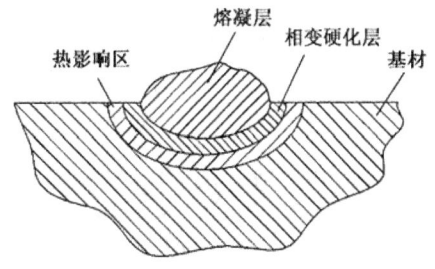

图 4-17 激光重熔工件的组织变化

其主要特点如下：

(1) 表面熔化时一般不添加任何合金元素，熔凝层与材料基体是天然的冶金结合。

(2) 在激光熔凝过程中，可以排除杂质和气体，同时急冷重结晶获得的组织有较高的硬度、耐磨性和抗蚀性。

(3) 熔层薄，热作用区小，对表面粗糙度和工件尺寸影响不大，甚至可以直接使用。

5. 激光熔覆

激光熔覆技术是指以不同的填料方式在被涂覆基体表面上放置选择的涂层材料，经激光辐照使之与基体表面一薄层同时熔化，快速凝固后形成稀释度极低并与基体材料成冶金结合的表面涂层，从而显著改善基体材料表面的耐磨、耐蚀、耐热、抗氧化及电器特性等的工艺方法。

激光熔覆与激光合金化的原理一致，是利用激光在基体表面覆盖一层具有特定性能的涂覆材料。这类涂覆材料可以是金属和合金，也可以是非金属，还可以是化合物及其混合物。在涂覆过程中，涂覆层与基体表面通过熔和结合在一起，激光熔覆的方式与激光合金化相似。获得的涂层可以提高材料表面的耐蚀、耐磨、耐热、减磨以及其他特性。与常规的表面涂覆工艺相比较，激光涂覆涂层成分几乎不受基体成分的干扰和影响，涂层厚度可以准确控制，涂层与基体的结合为冶金结合，十分牢固，稀释度小，加热变形小，热作用区也很小，整个过程很容易实现在线自动控制。

激光熔覆工艺依据材料的添加方法不同，分为预制涂层法和同步送料法。预制涂层法的工艺是，先采用某种方式在机体表面预置一层金属或者合金，然后用激光使其熔化，获得与集体冶金结合的熔覆层。同步送料法是指在激光束照射基体的同时，将待熔覆的材料送入激光熔池，径熔融、冷凝后形成熔覆层的工艺过程。激光熔覆材料包括金属、陶瓷或者金属陶瓷，材料的形式可以是粉末、丝材或者板材。其工艺过程如图 4-18 所示。

激光熔覆过程类似于普通喷焊或者堆焊过程，只是所采用的热源为激光束而已。与后者相比，激光熔覆技术具有如下优点：

① 激光束的能量密度高，作用时间短，使基材热影响区及热变形均可降低到最小程度。

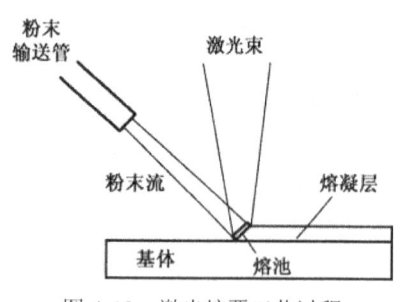

图 4-18 激光熔覆工艺过程

② 控制激光输入能量，可以限制基材的稀释作用保持原熔覆材料的优异性能，使覆层的成分与性能主要取决于熔覆材料自身的成分和性能。因此，可以用激光熔覆各种性能优良的材料对基材表面进行改性。

③ 激光熔覆层组织致密，微观缺陷少，结介强度高，性能更优。

④ 激光熔覆层的尺为大小和位置可以精确控制，通过设计专门的导光系统，可对深孔、内孔、凹槽、盲孔等部位进行处理。采用一些特殊的导光系统，可以使单道激光熔覆层宽度达到 20～30 mm 以上，使熔覆效率和覆层质量进一步提高。

⑤ 激光熔覆对环境无污染，无辐射，低噪声，劳动条件得到较大程度的改善。

【应用实例 4-8】 大型转动部件表面激光熔覆修复加工应用

电力、石化行业的各种涡轮动力设备及其他大型转动设备机组的关键部件价格十分昂贵，配件更换困难，采用激光熔覆修复加工转子、主轴径、叶片等部件，不仅可以获得很好的效益，而且能够加快重大设备的修复时间。如图 4-19 所示为大型转动设备机组关键部件表面采用激光熔覆技术进行修复加工。

图 4-19 大型转动部件表面激光熔覆修复加工

4.1.6 其他激光加工简介

激光技术的应用已渗透到几乎所有学科，进入到各行各业，无所不包，无所不用。激光清洗技术的引入使一些传统的清洗技术与研究方法得到更新和改进，同时提供新的生产和研究手段。例如，当今的微电子工业中最严重的问题之一是芯片表面残存微粒，会使成品率下降，要提高芯片成品率，必须采用有效的清洗技术，这对各种高技术过程都是关键的技术单元。这种过程包括半导体生产、计算机驱动器、光存储装置和高能光学元件的加工。当这些小尺寸产品的技术要求提高时，要移去的最小微粒尺寸逐步变小，如对于亚微米集成电路技术，1 μm 大小的颗粒是造成线路失败的主要原因。

20 世纪 90 年代初，衣阿华大学 Susan Allen 小组报道了激光清洗技术：水作为能量的转移物，首先在表面形成 10 μm 厚的薄层（为避免引入水中的杂质，采用气相蒸发技术形成薄层），再用 CO_2 激光器辐照表面，将水层温度升高到 309℃，蒸发过程如爆炸，将表面残余粒子带走。

IBM 公司用波长为 248 nm 的准分子激光器也做了激光清洗研究，不同的是，被处理的基板吸收紫外光后，再来加热表面的薄水层。麦道公司利用 Nd:YAG 激光束清洗直径为 2 μm 的钨颗粒，钨颗粒本身吸收激光能量。

与传统的物理、化学或机械（水或微粒）清洗技术相比，激光清洗法可以克服上述方法中的污染物引入、化学反应等缺陷，不需要任何可能损伤被处理物的水或微粒，可用来处理不坚固的风化的文物等；既不会损伤被处理物质表面的色泽，也不会改变它的结构。

> **【应用实例 4-9】 低功率 YAG 脉冲激光清洗应用**
>
> 一束几百毫焦耳的 YAG 激光束集中到几平方毫米或平方厘米范围的区域，根据被处理物（雕刻艺术品、石头墙壁等）表面的情况改变激光脉冲的频率（每秒 0.5～30 个脉冲）和脉冲宽度（8～25 ns）。
>
> 目前，用激光清除漆层始终是替代普通溶剂清除法和喷砂法的一种诱人的手段，如美国军方一直利用激光清除飞机、舰艇和其他交通工具表面的油漆。

4.2 电子束加工

电子束加工（Electron Beam Maching，EBM）是近年来得到较大发展的特种加工技术，主要用于打孔、焊接等热加工和电子束光刻化学加工，在精密微细加工方面，尤其是在微电子学领域中得到较多的应用。

4.2.1 电子束加工的基本原理

人们通常把利用高密度能量的电子束对材料进行工艺处理的各种方法统称为电子束加工。电子束加工是利用高能电子束流轰击材料，使其产生热效应或辐照化学和物理效应，以达到预定的工艺目的。

图 4-20 为电子束加工的原理图。通过加热发射材料产生电子，在热发射效应下，电子飞离材料表面。在强电场作用下，热发射电子经过加速和聚焦，沿电场相反方向运动，形成高速电子束流。例如，当加速电压为 150 V 时，电子速度可达 1.6×10^5 km/s（约为光速的一半）。电子束通过一级或多级会聚，便可形成高能束流，当它冲击工件表面时，电子的动能瞬间大部分转变为热能。由于光斑直径极小（其直径可达微米级或亚微米级），而获得极高的功率密度，可使材料的被冲击部位在几分之一微秒内，温度升高到几千摄氏度，其局部材料快速汽化、蒸发，而实现加工的目的。这种利用电子束热效应的加工方法称为电子束热加工。

上述物理过程只是一个简单的描绘，实际上电子束热加工的物理过程是一个复杂的过程，其动态过程理论分析非常困难，通常用简化的模型进行分析。

当具有一定动能的电子轰击材料表面时，电子将首先穿透材料表面很薄的一层，该层称为电子穿透层。当电子穿透该层时，其速度变化不大，即电子动能损失很小，所以不能对电子穿透层进行加热。当电子继续深入材料时，其速度急剧减小，直到速度降为零。此时电子将从电场获取的约 90% 动能转换为热能，使材料迅速加热。对于导热材料来讲，电子束斑中心处的热量将因热传导而向周围扩散。但由于加热时间持续很短，而且加热仅限于中心周围局部小范围内，导致加热区的温度达到极高。我们可以用图 4-21(a) 的简化模型来分析。将工件看作半无限大物体，具有固定的热学常数。设在工件表面有半径为 a（cm）的圆形截面电子束轰击发热（忽略热辐射等），电子束输入的热流强度为 Q（cal/s），材料物质的导热系数为 K（cal/cm·s·℃），密度为 ρ（g/cm³），比热为 C（cal/g·℃），从时间 $t = 0$ 开始加热，表面横向温度分布的计算结果如图 4-21(b)所示。在图 4-21(b)中，$\theta_0 = Q/\pi Ka$ 为饱和温度，$T_c = \pi a^2 \rho c / K$ 为基准时间。

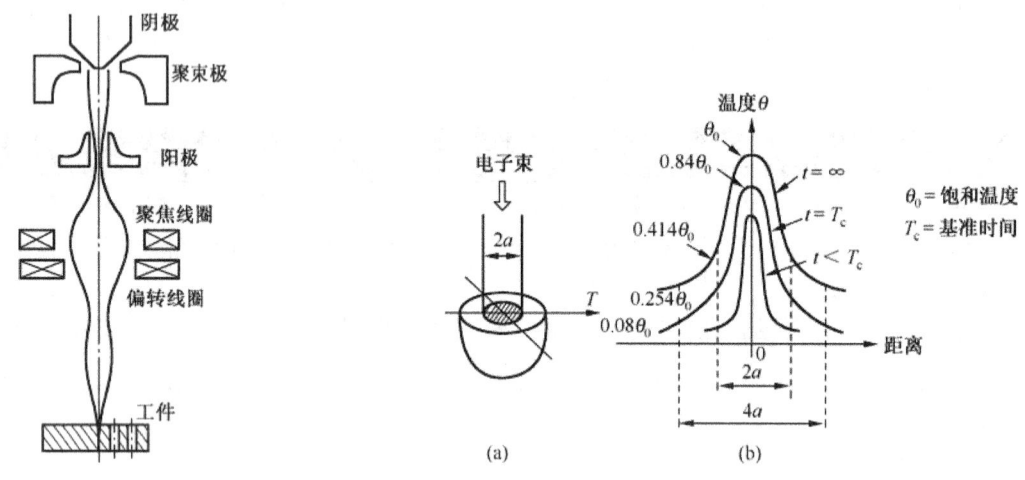

图 4-20 电子束加工原理图

图 4-21 电子束照射下材料表面温度分布图

如图 4-21(b)所示，在 T_c 时间后，中心部分的温度只上升到饱和温度（连续照射时的中心温度）的 84%，而在距中心为电子束半径 2 倍处温度上升很少。例如，$a = 0.01$ cm 的电子束，铜的 T_c 为 0.3 ms，玻璃的 T_c 为 55 ms，如要达到材料充分蒸发的温度 $Q_y = 3000$ ℃，以 $Q_y = 0.84 Q_0$ 计算，加工铜时为 440 W（功率密度为 1.4×10^6 W/cm²），加工玻璃时为 1 W（功率密度为 3.6×10^3 W/cm²）。这样就可以做到只使电子束照射的区域蒸发，而让工件材料其他部位保持比较低的温度。上述分析是在连续照射情况下作出的。当采用脉冲电子束照射时，在脉宽为数微秒到数毫秒，脉间为脉宽的数十倍情况下，可以形成更陡峭的温度分布，进一步强化了局部蒸发效果。

从电子束向工件深度方向加工过程可以用图 4-22 表示。图 4-22(a)为用低功率密度的电子束照射时，电子束中心部分的饱和温度在材料熔化温度附近，材料蒸发缓慢且熔化坑也较宽。图 4-22(b)为用中等功率密度的电子束进行照射时，中心部分先蒸发，出现材料蒸气形成的气泡，由于功率密度不足，在电子束照射完后会按原形状固化在材料内；在采用远超过蒸发温度的强功率密度电子束照射时，由于气泡内的材料蒸气压力大于熔化层表面张力，所以材料可以从电子束加工的入口处排除出去，从而有效地向深度方向加工。如图 4-22(c)所示，随着加工孔的深度加深，电子束照射点向材料内部深入。但电子束能量因孔的内壁不断吸收而削弱，因而加工深度受到一定限制。影响加工深度的参数有工件材料的导热系数 K、密度 ρ、比热 C 和电子束的功率密度，还受到电子束沿深度方向的张角所限。通常对于金属材料，当电子束功率密度达到 $10^6 \sim 10^9$ W/cm² 时，才能实现如图 4-22(c)的加工状态。

另外一类电子束加工是利用电子束的非热效应。利用功率密度比较低的电子束和电子胶（又称为电子抗蚀剂，由高分子材料组成）相互作用，产生辐射的化学或物理效应。当用电子束流照射这类高分子材料时，由于入射电子和高分子相碰撞，使电子胶的分子链被切断或重新聚合，而引起分子量的变化，以实现电子束曝光。将这种方法与其他处理工艺联合使用，就能在材料表面进行刻蚀细微槽和其他几何形状。其工作原理如图 4-23 所示。该类工艺方法广泛应用于集成电路、微电子器件、集成光学器件、表面声波器件的制作，也适用于某些精密机械零件的制造。通常是在材料上涂覆一层电子胶（称为掩膜），用电子束曝光后，经过显影处理，形成满足一定要求的掩膜图形，然后进行不同后置工艺处理，达到加工要求。其槽线尺寸可达微米级。

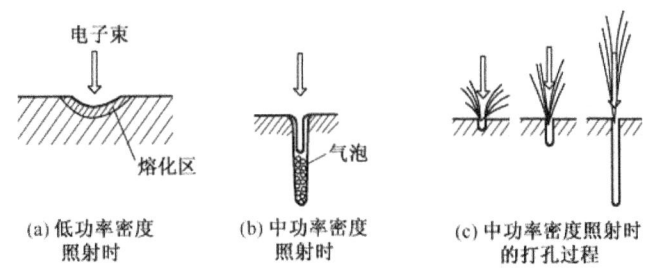

图 4-22　电子束向工件深度方向加工过程示意图

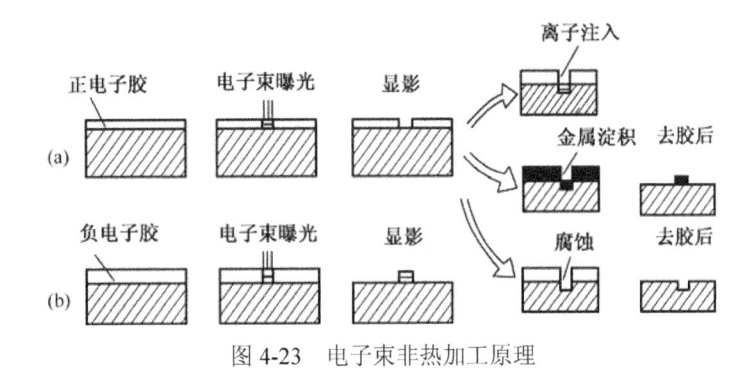

图 4-23　电子束非热加工原理

4.2.2　电子束加工的特点

(1) 束斑极小。束斑直径可达几十分之一微米至一毫米，可以适用于精微加工集成电路和微机电系统中的光刻技术，即可用电子束曝光达到亚微米级线宽。

(2) 能量密度高。在极微小的束斑上能达到 $10^7 \sim 10^9$ W/mm²，足以使任何材料熔化或汽化，这就易于对钨、钼或其他难熔金属及合金加工，而且可以对石英、陶瓷等熔点高、导热性差的材料进行加工。

(3) 生产率高。由于电子束能量密度高，而且能量利用率可达 90% 以上，所以电子束加工的生产效率极高。例如，每秒钟可以在 2.5 mm 厚的钢板上加工 50 个直径为 0.4 mm 的孔；厚度达 200 mm 的钢板，电子束可以 4 mm/s 的速度一次焊接，这是目前其他加工方法望尘莫及的。

(4) 可控性能好。电子束能量和工作状态均可方便而精确地调节和控制，位置控制精度能准确到 0.1 μm 左右，强度和束斑的大小也容易达到小于 1% 的控制精度。电子质量极小，其运动几乎无惯性，通过磁场或电场可使电子束以任意快的速度偏转和扫描，易于对电子束实行数控。

(5) 无污染。一般在真空室中进行加工，不会对工件及环境产生污染，所以适用于加工易氧化的材料及合金材料，特别是纯度要求极高的半导体材料。

4.2.3　电子束加工设备

电子束加工装置的基本结构如图 4-24 所示，主要由电子枪、真空系统、控制系统和电源等部分组成。

1) 电子枪

电子枪是获得电子束的装置,包括电子发射阴极、控制栅极和加速阳极等,如图 4-25 所示。阴极经电流加热发射电子,带负电荷的电子高速飞向带高电位的阳极,在飞向阳极的过程中,经过加速极加速,又通过电磁透镜把电子束聚焦成很小的束斑。

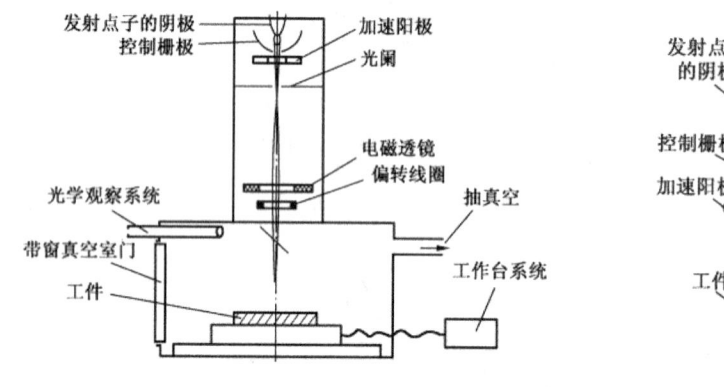

图 4-24 电子束加工装置结构示意图

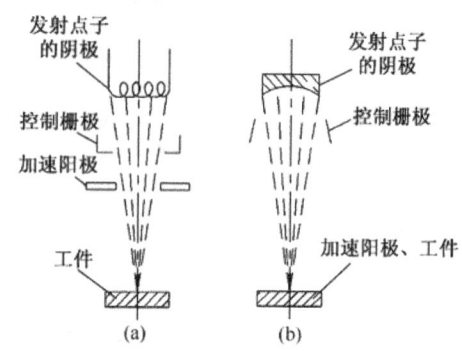

图 4-25 电子枪工作示意图

发射阴极一般用钨或钽制成,在加热状态下发射大量电子。小功率时用钨或钽做成丝状阴极,如图 4-25(a)所示,大功率时用钽做成块状阴极,如图 4-25(b)所示。控制栅极为中间有孔的圆筒形,其上加以较阴极为负的偏压,既能控制电子束的强弱,又有初步的聚焦作用。加速阳极通常接地,而阴极为很高的负电压,所以能驱使电子加速。

2) 真空系统

真空系统是为了保证在电子束加工时维持 $1.33 \times 10^{-4} \sim 1.33 \times 10^{-2}$ Pa 的真空度。因为只有在高真空中,电子才能高速运动。此外,加工时的金属蒸气会影响电子发射,产生不稳定现象,因此需要不断地把加工中生产的金属蒸气抽出去。

真空系统一般由机械旋转泵和油扩散泵或涡轮分子泵两级组成,先用机械旋转泵把真空室抽空,然后用油扩散泵或涡轮分子泵抽至 $0.00014 \sim 0.014$ Pa 的高真空度状态。

3) 控制系统和电源

电子束加工装置的控制系统包括束流聚焦控制、束流位置控制、束流强度控制和工作台位移控制等。

束流聚焦控制是为了提高电子束的能量密度,使电子束聚焦成很小的束斑,基本上决定着加工点的孔径或缝宽。聚焦方法有两种:一种是利用高压静电场使电子流聚焦成细束,另一种是利用"电磁透镜"靠磁场聚焦。后者比较安全可靠。所谓电磁透镜,实际上为一电磁线圈,通电后,它产生的轴向磁场与电子束中心线相平行,端面的径向磁场则与中心线相垂直。根据左手定则,电子束在前进运动中切割径向磁场时将产生圆周运动,而在圆周运动时在轴向磁场中又将产生径向运动,所以实际上每个电子的合成运动为一半径越来越小的空间螺旋线而聚焦交于一点。根据电子光学的原理,为了消除像差和获得更细的焦点,常再进行第二次聚焦。

束流位置控制是为了改变电子束的方向,常用电磁偏转来控制电子束焦点的位置。如果使偏转电压或电流按一定程序变化,电子束焦点便按预定的轨迹运动。

工作台位移控制是为了在加工过程中控制工作台的位置。因为电子束的偏转距离只能在数毫米之内,过大将增加像差和影响线性,所以在大面积加工时需要用伺服电动机控制工作台移动,并与电子束的偏转相配合。

电子束加工装置对电源电压的稳定性要求较高，常用稳压设备，这是因为电子束聚焦和阴极的发射强度与电压波动有密切关系。

4.2.4 电子束加工的应用

电子束加工可用于打孔、焊接、切割、热处理、蚀刻等多方面工作，但是生产中应用较多的是焊接、打孔和蚀刻。

1. 电子束打孔

无论工件是何种材料，如金属、陶瓷、金刚石、塑料和半导体材料，都可以用电子束加工工艺加工出小孔和窄缝。由此可知，电子束加工不受材料硬度限制，又不需要容易磨损的加工工具。

电子束打孔利用功率密度高达 $10^7 \sim 10^8$ W/cm² 的聚焦电子束轰击材料，使其汽化而实现打孔，打孔的过程如图 4-26 所示。第一阶段是电子束 1 对材料表面层 2 轰击，使其熔化并进而汽化（如图 4-26(a)所示）；第二阶段随着表面材料蒸发，电子束进入材料内部，材料汽化形成蒸气气泡，气泡破裂后，蒸气逸出，形成空穴，电子束进一步深入，使空穴一直扩展到材料贯通（如图 4-26(b)和(c)所示）；最后，电子束进入工件下面的辅助材料 3，使其急剧蒸发，产生喷射，将空穴周围存留的熔化材料吹出，完成全部打孔过程（如图 4-26(d)所示）。被打孔材料应贴在辅助材料的上面。当电子束穿透金属材料到达辅助材料时，辅助材料应能急速汽化，将熔化金属从束孔通道中喷出去，形成小孔。由此可见，能否保证打孔质量，选择辅助材料也是很关键的环节。辅助材料的要求是既要有高蒸发性，如黄铜粉、硫酸钙等，还要有一定的塑性。典型的环氧基辅料配方为 75%的环氧树脂、15%黄铜粉和 10%的固化剂。

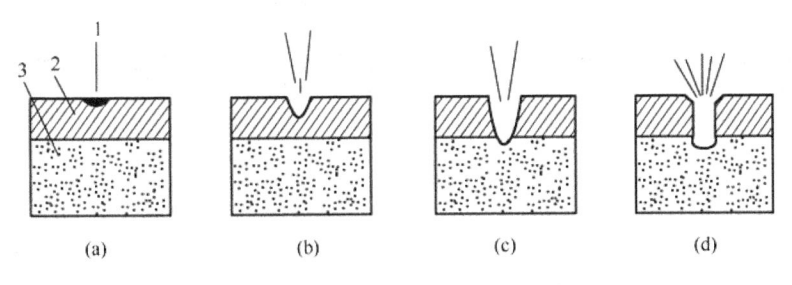

图 4-26 电子束打孔过程示意图

将工件置于磁场中，适当控制磁场的变化使束流偏移，即可用电子束加工出斜孔，倾角在 35°～90°之间，甚至可以用电子束加工出螺旋孔。电子束打孔的速度高，生产率也极高。这也是电子束打孔的一个重要特点。通常每秒可加工几十至几万个孔。例如，板厚 0.1 mm、孔径 0.1 mm 时，每个孔的加工时间只有 15 μs。利用电子束打孔速度快的特点，可以实现在薄板零件上快速加工高密度的孔。

综上所述，电子束打孔的主要特点如下：
(1) 可以加工各种金属和非金属材料；
(2) 生产率极高，其他加工方法无可比拟；
(3) 能加工各种异形孔（槽）、斜度孔、锥孔、弯孔。

【应用实例 4-10】 喷气发动机燃烧室罩电子束打孔

经电子束打孔的某喷气发动机燃烧室罩如图 4-27 所示。零件材料为 CrNiCoMoW 钢，厚度 1.1 mm。共有 3478 个直径为 0.81 mm 的圆通孔分布于外侧球面上，孔径公差为 ±0.03 mm，所有孔轴与零件底面垂直。用带有计算机控制的 K12—Q11P 型电子束打孔机加工。零件置于真空室，真空度为 2 Pa，安装于夹具上作连续转动。加工时，以 200 ms 的单脉冲方式工作，脉冲频率为 1 Hz。

图 4-27　经电子束打孔的某喷气发动机燃烧室罩

【应用实例 4-11】 化纤喷丝头打孔

化纤喷丝头打孔示意图如图 4-28 所示。

零件材料为钴基耐热合金，厚度为 4.3~6.3 mm，需要加工出 11 766 个直径为 0.81 mm 的圆形通孔，其公差为 ±0.03 mm。用脉宽为 16 ms 的单脉冲方波，脉冲频率为 5 Hz。零件置于真空室的夹具上，工件连续转动，打孔过程中电子束随工件同步偏转，每打一个孔，电子束跳回原位。加工一件只需要 40 分钟，而用电火花加工则需 30 小时，用激光加工也要 3 小时才能完成，而且公差要优于激光加工，且无喇叭口。

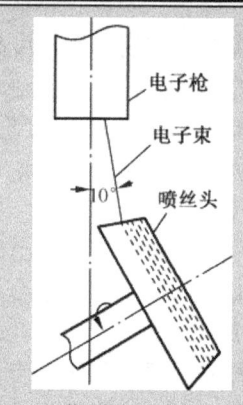

图 4-28　化纤喷丝头打孔示意图

【应用实例 4-12】 人造革气孔打孔

人造革的应用虽很普及，但透气性很差，穿着很不舒服。用电子束在上面打孔效果相当好，如以天然革穿着的舒适度为 100，微孔聚氨酯革只有 55，而用电子束打孔的聚氯乙烯人造革可达 85。人造革打透气孔的方式如图 4-29 所示。

加工时，用一组钨杆将电子枪产生的单股电子束分割为 200 条平行细束，使其在一个脉冲内同时打出 200 个孔，由于对孔形无要求，因此效率非常高。当人造革在滚筒上连续旋转时，电子束无须随动转动。如对 1.5 mm 厚的 PVC 革加工时，采用频率为 25 Hz 的脉冲电子束，滚筒转速为 6 rpm，可获得每秒 5000 个的打孔速率。

激光打孔生产效率较低，同时由于人造革有弹性，也不能用机械加工方法打孔，而电子束可以打出深径比为 10∶1 的微孔，且生产效率极高。

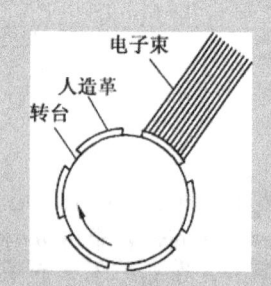

图 4-29　人造革打透气孔示意图

2. 加工型孔及特殊表面

图 4-30 所示的是电子束加工的喷丝头异型孔截面的一些实例。出丝口的窄缝宽度为 0.03~

0.07 mm，长度为 0.80 mm，喷丝板厚度为 0.6 mm。为了使人造纤维具有光泽，松软有弹性，透气性好，喷丝头的异型孔都是特殊形状的。

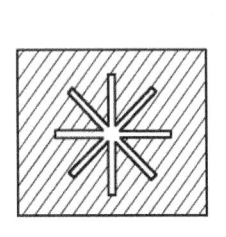

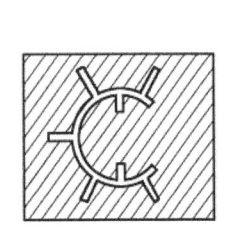

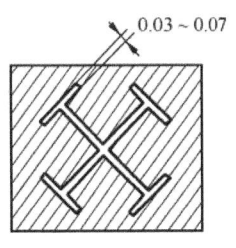

图 4-30 电子束加工喷丝头异型孔

电子束可以用来切割各种复杂型面，切口宽度为 6～3 μm，边缘表面粗糙度可控制在 R_{max} 为 0.5 μm 左右。电子束不仅可以加工各种直的型孔和型面，而且可以加工弯孔和曲面。利用电子束在磁场中偏转的原理，使电子束在工件内部偏转。控制电子速度和磁场强度，即可控制曲率半径，加工出弯曲的孔。如果同时改变电子束和工件的相对位置，就可进行切割和开槽。图 4-31(a)是对长方形工件施加磁场之后，若一面用电子束轰击，一面依箭头方向移动工件，就可获得如实线所示的曲面。经图 4-31(a)所示的加工后，改变磁场极性再进行加工，就可获得图 4-31(b)所示的工件。同样原理，可加工出图 4-31(c)所示的弯缝。如果工件不移动，只改变磁场的极性进行加工，则可获得图 4-31(d)所示的入口为一个而出口有两个的弯孔。

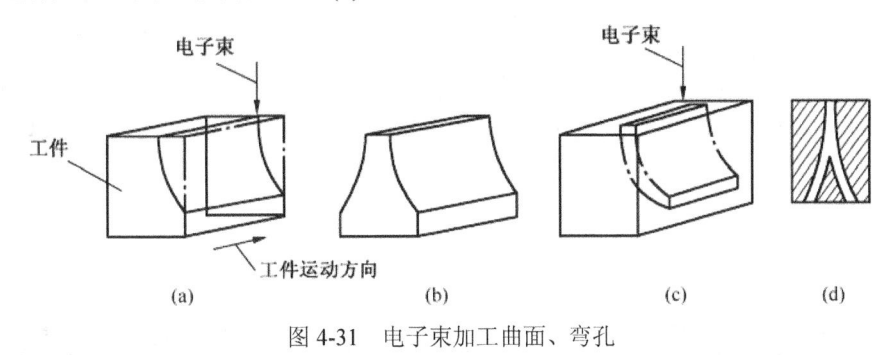

图 4-31 电子束加工曲面、弯孔

【应用实例 4-13】 电子束加工过滤设备中钢板上的小型锥孔

离心过滤机、造纸化工过滤设备中钢板上的小孔为锥孔（上小下大），这样可防止堵塞，并便于反冲清洗。用电子束在 1 mm 厚不锈钢板上打直径 0.13 mm 的锥孔，每秒可打 400 孔，在 3 mm 厚的不锈钢板上打直径 1 mm 锥形孔，每秒可打 20 孔。

【应用点评 4-4】 电子束加工斜孔

燃烧室混气板及某些透平叶片需要大量的不同方向的斜孔，使叶片容易散热，从而提高发动机的输出功率。如某种叶片需要打斜孔 30 000 个，使用电子束加工能廉价地实现。燃气轮机上的叶片、混气板和蜂房消音器三个重要部件已用电子束打孔代替电火花打孔。

3．电子束焊接

电子束焊接是电子束加工技术中发展最快、应用最广泛的一种，已成为工业生产中不可缺少的焊接方法。

以电子束作为高能量密度热源的电子束焊接,比传统焊接工艺优越得多,它有以下主要特点:

(1) 焊缝深宽比高。电子束束斑小,能量密度高,因而能焊接具有高深宽比的工件。

(2) 焊接速度高。由于能量集中,熔化和凝固过程均大大加快,因而焊接速度加快,容易实现自动化高速焊接。

(3) 工件热变形小。由于能量集中,热影响区小,工件热变形小,工件产生裂纹的可能性也相应减少。

(4) 焊缝物理性能好。由于焊接速度快,避免了焊接过程中的晶粒粗大,使延展性增加。同时,由于高温作用时间短,热输入少,碳和其他合金元素析出少,焊缝抗蚀性好。

(5) 工艺适应性强。电子束焊接的适应性广:能进行变截面焊接;可达性好,可通过窄缝进入零件腔体内部焊接或偏转焊接;多层焊缝可单道贯穿焊接;利用在焊缝内侧壁聚焦的原理,电子束能量能够达到很深的区域,从而实现对狭缝厚材料的深焊。

(6) 可焊材料范围广。除了对普通的碳钢、合金钢、不锈钢焊接外,也有利于焊接高熔点金属(如钽、钼、钨、钛等及其合金)和活泼金属(如锆、铌等),还可焊接异种金属材料和半导体材料以及陶瓷和石英材料。

【应用实例 4-14】 电子束焊接衔接小齿轮

图 4-32 为电子束焊接衔接小齿轮,一定程度上实现在多处位置同时焊接(多熔池技术)。除了周期优势,这种产生极小变形的电子束焊接还能借助多熔池技术为所谓的"多程序工艺"提供研发和使用的可能性。在此基础上,更多的工艺程序可以共同被合并到同一个加工流程中(焊接和后热,硬化和退火等),从而大大节省设备技术的继续采购、时间、物流和于此产生的各种费用。例如也可以使焊接和硬化这两个流程同时进行。

图 4-32 电子束焊接衔接小齿轮

【应用实例 4-15】 Trent 发动机的前盖轴承箱电子束焊接

航空航天领域的工艺应用基本上都是电子束。大真空室设备 K640 被用于焊接 Trent 发动机上的钛零部件(如图 4-33 所示)。当工作真空达到 7×10^{-4} mbar 时,零件通过一个 5 轴的机械手相对于束流移动。无论是设备的机械性能还是设备的束流参数,都满足了业界标准的高要求。

通过使用自动焊缝追踪,设备可以焊接自动化生产企业的零部件。

图 4-33 Trent 发动机的前盖轴承箱电子束焊接

4. 电子束热处理

电子束热处理也是把电子束作为热源,但适当控制电子束的功率密度,使金属表面加热不熔化,达到热处理的目的。电子束热处理的加热速度和冷却速度都很高,在相变过程中,奥氏体化的时间很短,只有几分之一秒,乃至千分之一秒,奥氏体晶粒来不及长大,从而能得到一种超细晶粒组织,可使工件获得用常规热处理不能达到的硬度,硬化深度可达 0.3~0.8 mm。

电子束热处理与激光热处理类同，但电子束的电热转换效率高，可达 90%，而激光的转换效率只有 7%～10%。电子束热处理在真空中进行，可以防止材料氧化，电子束设备的功率可以做得比激光功率大，所以电子束热处理工艺很有发展前途。

如果用电子束加热金属达到表面熔化，可在熔化区加入添加元素，使金属表面形成一层薄的新的合金层，从而获得更好的物理力学性能。铸铁的熔化处理可以产生非常细的莱氏结构，其优点是抗滑动磨损。铝、钛、镍的各种合金几乎全可进行添加元素处理，从而得很好的耐磨性能。

【应用实例 4-16】 凸轮和凸轮轴的局部电子束硬化

凸轮和凸轮轴的局部电子束硬化是一个局部受限硬化工艺应用的案例（如图 4-34 所示）。这种工艺提高了零件的抗磨损强度，电子束硬化可以减少热量进入零件内，进而可以显著减小可能产生的变形。采用合适的硬化参数，可以在生产工序的最后对精加工零件进行电子束表面处理，对有磨损要求的表面区域实施最高质量的硬化。

图 4-34 高效发动机上的局部硬化的凸轮轴

【应用实例 4-17】 薄膜的电子束退火

膜的电子束退火——一种用于生产固定断骨的可折叠的植入骨钉的电子束高端工艺，为医学工程开辟了创新的解决方案。手术时，手术操作者手里会有一个骨钉（如图 4-35 所示），这种骨钉易于被植入人体内，没有烦琐的手术步骤。患者康复后，骨钉的去除也是很人性化的。薄膜的电子束处理通过传输离散的能量场需要快捷的束流偏转技术。这个技术可以对机械加工的精密管的四个薄壁的侧面进行略微的退火处理，以实现它在径向的折叠。

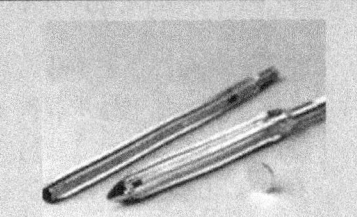

图 4-35 用于固定断骨的可折叠的植入骨钉

4.3 离子束加工

离子束技术及应用是涉及物理、化学、生物、材料和信息等许多学科的交叉领域，我国自 20 世纪 60 年代以来，离子束技术研究有了很大的进展。离子束加工是利用离子束对材料成形或改性的加工方法。在真空条件下，将由离子源产生的离子经过电场加速，获得一定速度的离子束投射到材料表面上，产生溅射效应和注入效应。

4.3.1 离子束加工的基本原理

离子束加工的原理和电子束加工基本类似，也是在真空条件下，将离子源产生的离子束经过加速聚焦，使之撞击到工件表面（如图 4-36 所示）。不同的是，离子带正电荷，其质量比电子大数千数万倍，如氩离子的质量是电子的 7.2 万倍，所以一旦离子加速到较高速度时，离子束比电子束具有更大的撞击动能，是靠微观的机械撞击能量，而不是靠动能转化为热能来加工的。

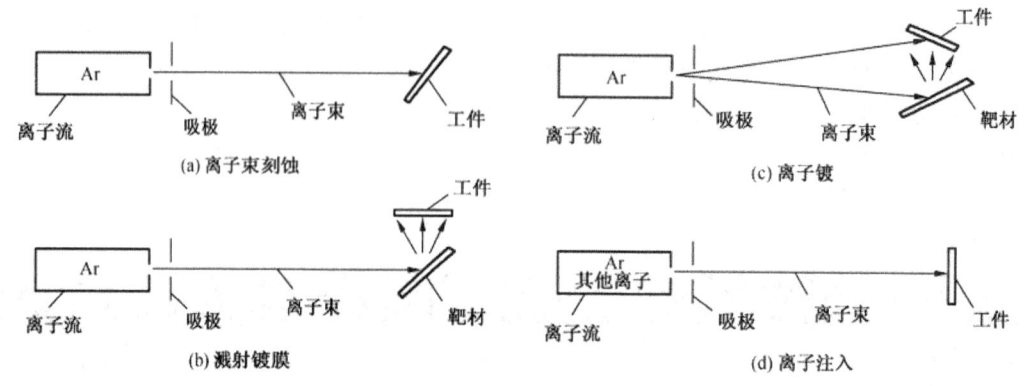

图 4-36 离子源进行离子束加工

离子束加工的物理基础是离子束射到材料表面时所发生的撞击效应、溅射效应和注入效应。具有一定动能的离子斜射到工件材料（或靶材）表面时，可以将表面的原子撞击出来，这就是离子的撞击效应和溅射效应。如果将工件直接作为离子轰击的靶材，工件表面就会受到离子刻蚀（也称为离子铣削）。如果将工件放置在靶材附近，靶材原子就会溅射到工件表面而被溅射沉积吸附，使工件表面镀上一层靶材原子的薄膜。如果离子能量足够大并垂直工件表面撞击，离子就会钻进工件表面，这就是离子的注入效应。

4.3.2 离子束加工的特点

作为一种微细加工手段，离子束加工技术是制造技术的一个补充。随着微电子工业和微机械的发展，这种加工技术获得了成功的应用，显示出如下独特的优点：

(1) 容易精确控制。通过光学系统对粒子束的聚焦扫描，离子束加工的尺寸范围可以精确控制。在同一加速电压下，离子束的波长比电子束的更短，如电子的波长为 0.053Å，离子的波长则小于 0.001Å，因此散射小，加工精度高。在溅射加工时，由于可以精确控制离子束流密度及离子的能量，可以将工件表面的原子逐个剥离，从而加工出极为光整的表面，实现微精加工；而在注入加工时，能精确地控制离子注入的深度和浓度。

(2) 加工产生的污染少。离子的质量远比电子的大，转换给物质的能量多，穿透深度较电子束的小，反向散射能量比电子束的小。因此，完成同样加工，离子束所需能量比电子束小，且主要是无热过程。加工在真空环境中进行，特别适合于加工易氧化的金属、合金及半导体材料。

(3) 加工应力小，变形极小，对材料的适应性强。离子束加工是一种原子级或分子级的微细加工，其宏观作用力很小，故对脆性材料、极薄的材料、半导体材料、高分子材料都可以加工，而且表面质量好。

(4) 离子束加工设备费用贵，成本高，加工效率低，因此应用范围受到一定限制。

4.3.3 离子束加工的设备

离子束加工的设备包括离子源（离子枪）、真空系统、控制系统和电源系统。对于不同的用途，其设备各不相同，但离子源是各种设备所需的关键部分。

离子源用以产生离子束流，产生离子束流的基本原理和方法是使原子电离。具体办法是要把电离的气态原子（如氩等惰性气体或金属蒸气）注入电离室，经高频放电、电弧放电、等离子体放电或电子轰击，使气态原子电离为等离子体。用一个相对于等离子体为负电位的电极（吸极),就可从等离子体中吸出正离子束流。根据离子束产生的方式和用途不同,离子源有很多型式,常用的有考夫曼型离子源、高频放电离子源、霍尔源、双等离子管型离子源等。

4.3.4 离子束加工的应用

离子束加工的范围正在日益扩大,目前常用的离子束加工主要有:离子刻蚀加工、离子镀膜加工、离子注入加工等。

1. 离子束刻蚀

离子束刻蚀是以高能离子或原子轰击靶材,将靶原子从靶表面移去的工艺过程,即溅射过程。进入离子源(考夫曼型离子源)的气体(氩气)转化为等离子体,通过准直栅把离子引出、聚焦并加速,形成离子束流,而后轰击工件表面进行刻蚀。在准直栅与工作台之间有一个中和灯丝。灯丝发出的电子可以将离子束的正电荷中和。离子束里剩余的电子还能中和基片表面上产生的电荷,这样有利于刻蚀绝缘膜。图 4-37 为离子束刻蚀系统。

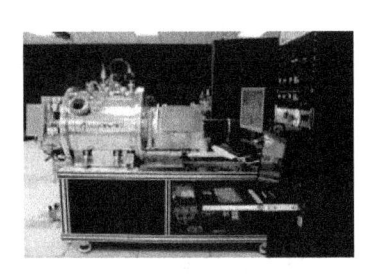

图 4-37 离子束刻蚀系统

离子束刻蚀可以在以下方面得到应用。

1) 高精度加工

离子束刻蚀可达到很高的分辨率,适合刻蚀精细图形。离子束加工小孔的优点是孔壁光滑,邻近区域不产生应力和损伤,能加工出任意形状的小孔,且孔形状只决定于掩模的孔形。

> **【应用实例 4-18】 薄膜的电子束退火**
>
> 如在玻璃毛细管的端面加工成一定曲面,而不破坏毛细管的中心孔。由于毛细管端面形状是轴对称的,所以采用大面积离子束,并让掩模在毛细管端面的上方旋转。毛细管端面上各点的总刻蚀量决定于掩模的形状。图 4-38 是加工成形的毛细管。经计算设计出漏孔石墨掩模的形状是心脏形曲线,用脉冲激光切割成形。
>
> 图 4-38 加工成形的毛细管

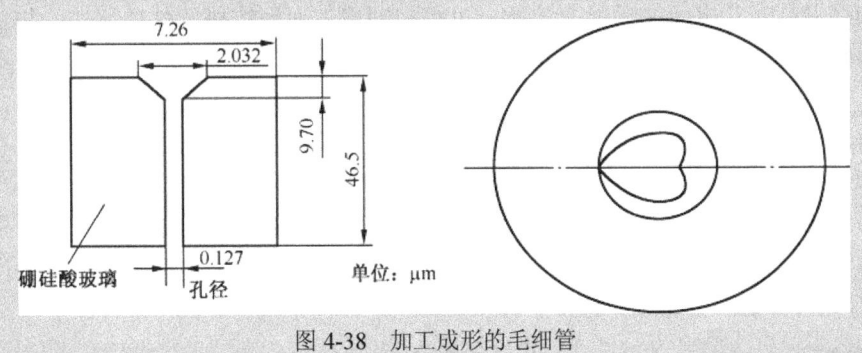

2) 图形刻蚀

(1) 磁泡存储器。磁泡存储器依赖于局部磁畴(即磁泡)来存储信息。磁泡存储器的关键工艺是玻莫合金图形的刻蚀。由于离子束刻出的图形壁角陡直,线宽和间距皆在 1 μm 以下,用离子束刻蚀只要保持入射离子的角度,就能得到一致的壁角。离子束刻蚀玻莫合金图形时,入射角为 60°左右,在工作台旋转条件下,能刻出 1 μm 以下的线条,85°的壁角。

(2) 硬掩模制作。在半导体工业中，掩模用玻璃板制作，尺寸从 50 mm×50 mm 到 150 mm×150 mm，板厚为 1.5~2.5 mm。基板上涂层可以是硬涂层（金属或金属氧化物）或者乳胶板（银卤化物乳胶），在涂层上刻蚀出基片所要求的图形。

离子束刻蚀可以得到高度重复、壁角陡直的图形。在刻蚀细线条铬、氧化铬或氧化铁硬掩模时，工艺重复性好，即使是改变掩模材料，其工艺流程变化也不大，这是其他刻蚀方法做不到的。用离子能量 100~1000 eV，离子束流小于 1 mA/cm^2 氩离子束刻蚀铬掩模版，其加工时间为 11~13 min，而且可以采用多片同时刻蚀的方法。

(3) 磁头。薄膜磁头的结构与硅器件的结构相似，是在热氧化硅基片或玻璃基片上制出的多层结构，如铝引线、绝缘层和铁-镍图形。在薄膜磁头的制备中，关键技术是铁镍合金的刻蚀。要刻出密度大、分辨率高、使用可靠的薄膜磁头，非离子束刻蚀莫属。

3) 表面抛光

离子束能完成机械加工中的最后一道工序——精抛光，以消除机械加工所产生的刻痕和表面应力，现已用于光学玻璃的最终精加工。

在用机械方法抛光光学零件时，零件表面会产生应力裂纹，并导致光线散射。光线散射会降低光学透明系统的成像效果；在激光系统中，散射光会消耗大量的能量。因此在高能激光系统中，用离子束抛光激光棒和光学元件的表面，能达到良好效果。只要严格选择溅射参数（入射离子能量、离子质量、离子入射角、样品表面温度等），光学零件可以获得极佳的表面质量，散射光极小。

采用离子束抛光光学零件，表面可以达到极高的均匀性和一致性，而且在工艺过程中也不会被污染。

4) 石英晶体谐振器制作

石英晶体的谐振频率与其厚度有关。用机械研磨和抛光致薄的晶体，可制作低频器件，但频率超过 20 MHz 时，上述工艺已不适用，因为极薄的晶片已不能承受机械应力。采用离子束抛光可以不受此限制。石英晶体谐振器的金属引线要求重量轻、低电阻，通常用铝沉积在晶体表面沟槽中，以高电导率铝作引线电极。用离子束溅射加工晶体上的沟槽是最有效的方法。

利用沟槽栅阵对声表面波反射的性质，可以控制声表面波沟槽器件的特性。与体波石英谐振相比，沟槽谐振器的基频高，使装置得到简化。沟槽器件的表面要刻出沟槽栅，即周期性变化的线条，有些器件的槽深不等，按预定的函数变化。离子束加工是制作沟槽器件，尤其是不等槽深沟槽器件的最佳工艺手段。其加工的图形线宽只有 0.5 μm。由于离子束加工精度高，刻线的分辨率最好，用离子束制造的声表面波器件，其信号沿表面传播损失最小。

上述离子束刻蚀应用实例仅仅是部分应用，随着微机电系统技术的发展，对超精微加工的要求越来越高，微机械、微传感器、微机器人所要求的结构尺寸皆为微米级，因而离子束刻蚀就成为重要的加工手段，必将得到更广泛的应用。

2．溅射镀膜

20 世纪 70 年代磁控溅射技术的出现，使溅射镀膜进入了工业应用，在镀膜的工艺领域中占有极为重要的地位。溅射镀膜是基于离子轰击靶材时的溅射效应。各种溅射技术采用的放电方式有所不同，直流二极溅射是利用直流辉光放电，三级溅射是利用热阴极支持的辉光放电，磁控溅射是利用环状磁场控制下的辉光放电。

溅射镀膜的应用如下。

1) 硬质膜磁控溅射

在高速钢刀具上用磁控溅射镀氮化钛（TiN）超硬膜，大大提高刀具的寿命，可以在工业生产中应用。氮化钛可以采用直流溅射，因为它是良好的导电材料，但在工业生产中更经济的是采用反应溅射。现介绍一种镀氮化钛的直流磁控反应溅射工艺。

工件经过超声清洗之后，再经过射频溅射清洗（1 kW，2 min）。镀膜时溅射电压为330～375 V，电流密度稳定在44 mA/cm^2，工件与靶面的距离为4.75 cm，工件加220 V的负偏压。通入真空室的氩流量1 Pa·m^3/s，氮流量为0.02～0.06 Pa·m^3/s。

氮流量在0.03 Pa·m^3/s以下时，氮气可以全部与溅射到工件上的钛原子发生化学反应而耗尽，镀膜速率为300 nm/min。随氮化钛中氮含量增加，镀膜色泽由金属光泽变为金黄色，可以用做仿金装饰镀层。

2) 固体润滑膜的镀制

在齿轮的齿面上和轴承上溅射控制二硫化钼润滑膜，其厚度为0.2～0.6 μm，摩擦系数为0.04。溅射时，采用直流溅射或射频溅射，靶材用二硫化钼粉末压制成形。为保证得到晶态薄膜（此种状态下，有润滑作用），必须严格控制工艺参数。图 4-39 为溅射镀膜产品效果图。如用射频溅射二硫化钼的工艺参数为：电压2.5 kV，真空度为1 Pa，镀膜速率为30 nm/min。为了避免得到非晶态薄膜，基片温度适当高一些，但不能超过200℃。

图 4-39 溅射镀膜产品效果图

3) 欧姆接触层的镀制

磁控溅射镀铝或铝合金可用于制备大规模集成电路的欧姆接触层。所适用的合金有 Al-Si(1.2%)、Al-Cu(4.0%)，Al-Si(1.0%)等。溅射时，要求靶材纯度高，并严格控制氢、氯等杂质气体含量。

4) 薄壁零件的镀制

难以机械加工的薄壁零件，通常可以用电铸方法得到。但电铸的材料有很大局限性，纯金属中的钼、二元合金及多元合金电铸都比较困难。而用溅射镀膜成形薄壁零件最大特点是不受材料限制，可以制成陶瓷和多元合金的薄壁零件。

【应用点评4-5】 薄壁零件镀制

例如，某零件是直径为15 mm的管件，壁厚为63.5 μm，材料为10元合金，成分为：Fe-Ni(42%)-Cr(5.4%)-Ti(2.4%)-Al(0.65%)-Si(0.5%)-Mn(0.4%)-Cu(0.05%)- C(0.02%)-S(0.008%)。先用铝棒车成芯轴，而后镀膜。镀膜后，用氢氧化钠的水溶液将铝芯全部熔蚀，即可取下零件。或用不锈钢芯轴表面加以氧化膜，溅射镀膜后，用喷丸方法或者液氮冷却方法使之与芯轴脱离。溅射镀制的薄壁管，其壁厚偏差小于1%（圆周方向）和2%（轴向），远低于一般4%的偏差要求。

3. 离子镀

离子镀是在真空蒸镀和溅射镀膜的基础上发展起来的一种镀膜技术。从广义上讲，离子镀这种真空镀膜技术是膜层在沉积的同时受到高能粒子束的轰击。这种粒子流的组成可以是离子，也可以是通过能量交换而形成的高能中性粒子。这种轰击使界面和膜层的性能发生某些变化：

膜层对基片的附着力、覆盖情况、膜层状态、密度、内应力等。由于离子镀的附着力好，使原来在蒸镀中不能匹配的基片材料和镀料，可以用离子镀完成，还可以镀出各种氧化物、氮化物和碳化物的膜层。

离子镀的应用主要如下。

1) 耐磨功能膜

为提高刀具，模具或机械零件的使用寿命，而采用反应离子镀来镀一层耐磨材料，如铬、钨、锆、钼、钛、铝、硅、硼等的氧化物、氮化物或碳化物，或多层膜如 Ti+TiC。实验表明，烧结碳化物刀具用离子镀工艺镀上一层 TiC 或 TiN，可提高刀具寿命 2～10 倍。高速钢刀具镀 TiC 膜后，使用寿命提高 3～8 倍。镀上 TiC 膜的铍和氧化铍气体轴承其耐磨性提高许多。在磨粒磨损方面，镀有 TiC 的不锈钢试件，其耐磨性为硬铬层的 7～34 倍。

2) 润滑功能膜

众所周知，固体润滑膜有很多液体润滑无可比拟的优点，但用浸、喷、刷涂方法成膜，所得膜层不均匀，附着力差。用离子镀方法可以得到良好的附着润滑膜。国外的一些航空工厂已在喷气发动机的轮毂、涡轮轴支承面和直升飞机旋翼轴的转动部件上，用离子镀成功地镀制了铬或银等固体润滑膜，除可以达到无油润滑外，还可以防止腐蚀。

3) 抗蚀功能膜

离子镀所镀覆的抗蚀膜致密、均匀、附着良好。英国道格拉斯公司对螺栓和螺帽用离子刷镀上 28 μm 厚的铝膜，能经受 2100 小时的盐雾试验。在与钛合金零件相连接的钢制品上，采用镀铝代替镀镉后，避免钛合金零件产生的镉脆现象。在原子能工业中，反应装置中的浓缩铀芯的保护层，以离子镀铝层代替电镀镍层，可防止高温下剥离。

4) 耐热功能膜

离子镀可以得到优质的耐热膜，如钨、钼、钽、铌、铁、氧化铝等。用纯离子源离子镀在不锈钢表面镀上一层 Al_2O_3，可提高基体在 980℃介质中抗热循环和抗蚀能力。在适当的基体上镀一层 ADT-1 合金（35%～41%铬，10%～12%铝，0.25%钇和少量镍），有良好的抗高温氧化和抗蚀性能，比氧化铝膜的寿命长 1～3 倍，是钴、铬、铝、钇镀层寿命的 1～3 倍。这种膜可用做航空涡轮叶片型面、榫头和叶冠等部位的保护层。

5) 装饰功能膜

由于离子镀所得到的 TiC、TaN、TaC、ZrN、VN 等膜层都具有与黄金相似的色泽，加上良好的耐磨性和耐蚀性，人们将其作为装饰层，如手表带、装饰品、餐具等。金黄色镀膜装饰已走向市场。

4. 离子注入

离子注入是离子束加工中一项特殊的工艺技术，既不从加工表面去除基体材料，也不在表面以外添加镀层，仅仅改变基体表面层的成分和组织结构，从而造成表面性能变化，满足材料的使用要求。

离子注入的过程是：在 1×10^{-4} Pa 的高真空室中，将要注入的化学元素的原子在离子源中电离并引出离子，在电场加速下，离子能量达到几万到几十万电子伏，将此高速离子射向置于靶盘上的零件；入射离子在基体材料内，与基体原子不断碰撞而损失能量；结果离子就停留在几纳米到几百纳米处，形成了注入层。进入的离子在最后以一定的分布方式固溶于工件材料中，改变了材料表面层的成分和结构。

【应用点评 4-6】 离子注入的新工艺方法

近来发展出几种新的工艺方法，如图 4-40 所示。

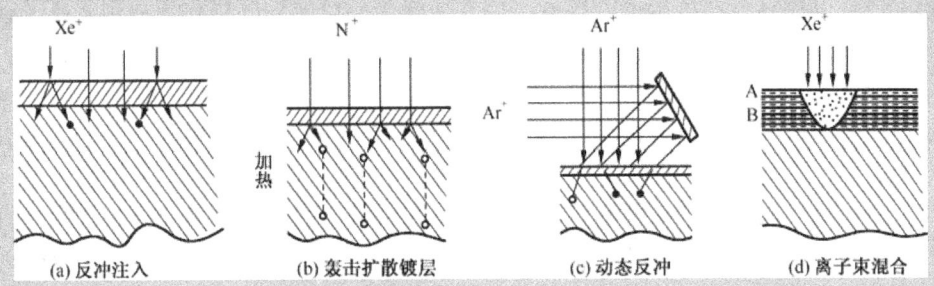

图 4-40 新的工艺方法
(a) 反冲注入 (b) 轰击扩散镀层 (c) 动态反冲 (d) 离子束混合

(1) 反冲注入法是先将希望引进的元素镀在基片上，然后用其他离子轰击镀层，使镀层元素反冲到基体中去。

(2) 轰击扩散镀层与反冲注入相似，但附有加热装置，可以同时有热扩散效应，使离子渗入更深。

(3) 动态反冲法是将元素溅射到基片表面的同时，用离子（加 Ar^+）轰击镀层。

(4) 离子束混合是将元素 A 和 B 预先交替镀在基片上，组成多层薄膜（每层约 10 nm），而后用 Xe^+ 轰击，使 A 和 B 混合成均匀膜层。用此方法可以制造非晶态合金。

离子注入的应用主要如下。

1) 在半导体方面的应用

目前，离子束加工在半导体方面的应用主要是离子注入，而且主要是在硅片中应用，用以取代热扩散进行掺杂。

(1) 硅器件方面的应用。目前应用情况见表 4-3。

表 4-3 离子注入应用情况表

器件工艺	注入元素	注入能量/keV	注入剂量（离子/cm^2）
MOS 集成电路			
阈值控制	B、P、As	20~150	10^{10}~10^{12}
P 井	B	80~200	10^{12}~10^{13}
隔离	B、P	50~200	10^{12}~10^{14}
源、漏	B、P、As	20~150	10^{15}~10^{16}
防止穿通	B、P	150~300	10^{11}~10^{12}
电阻	B、P、As	100~200	10^{13}~10^{14}
双极集成电路			
基区	B	60~200	10^{13}~10^{15}
发射极	As	40~400	10^{15}~10^{16}
隐埋层	As、Sb	100~400	10^{15}~10^{16}
I^2L 发射区	P	>500	10^{12}~10^{13}
电阻	B	50~200	10^{13}~10^{15}
肖特基二极管	P、As、Pb	100~200	10^{11}~10^{13}
沟道切断环	B	200~300	10^{14}~10^{15}

(2) 在化合物半导体中应用。目前，已用离子注入来制造发光器件，可以提高发光效率，也被用来制造红外探测器。在光集成电路中用注入 H^+ 或 O^{2+} 形成高阻层，来做电学和光学的隔离。

2) 抗水溶液腐蚀的应用

向铁中注入铬可以提高其抗蚀性，表面合金的抗蚀性比同成分的合金更好一些。其他如注入镍、铝，皆可以提高材料抗蚀性。还有一些其他元素亦可起到同样作用。用氩离子注入奥氏体不锈钢可以增加其氧化膜的厚度。

3) 在抗高温氧化中的应用

向钛合金中注入 Ca^{2+}、Ba^{2+} 后，抑制氧化的能力有所增长。向含铬的铁基和镍基合金表面注入钇离子或稀土元素离子，提高了表面抗高温氧化性能，这是金属表面化学改性。

另外，在低温下向钯中注入氢和氘离子，提高超导转变温度，改善了薄膜的超导特性，这是物理改性。向工具钢、高速钢和硬质合金中注入氮、碳、硼、钼及锡离子，可以提高这些材料的耐磨性等力学性能。

【应用点评 4-7】 离子注入与热处理、气相沉积等镀膜方法相比的优点

(1) 被注入元素（种类和数量）不受合金系统平衡相图中固溶度的限制，因而在零件表层可以获得用一般冶金工艺无法得到的各种合金成分。

(2) 离子注入层与基体有机结合为一体。

(3) 离子注入的工艺过程在低温条件下进行，不存在由于处理环境和高温状态所引起的工件尺寸变化，有利于精密加工。

(4) 注入离子的数量及注入深度可以通过调节离子能量、束流强度、作用时间等参数进行精确控制。

【应用点评 4-8】 离子束注入新趋势

(1) 等离子体浸没离子注入技术与生命科学相结合成为一个新的重要的生长点，主要方面为用等离子浸没离子注入技术对生物材料表面改性，研究引人注目。德国的 Mandl 博士和西南交通大学杨苹教授进行的涉及对心血管系统生物材料和硬组织材料等的研究，采用等离子浸没离子注入方法合成具有优异生物相容性的薄膜材料，结合等离子体技术促进生物大分子与细胞，在材料表面的结合与生长、成为该领域的一个令人瞩目的生长点。

(2) 等离子体浸没离子注入技术应用于绝缘材料（无机陶瓷和高分子材料的表面改性）处理，以增强材料的表面金属化、与复合材料基体间的黏附性以及其表面的非线性光学性能等的研究成为该项技术应用的又一个热点。

(3) 对特殊工件表面改性取得了大的进展，美国西南研究院在细长管内壁表面处理方面取得很好的结果，德国报道了对多孔材料表面等离子体处理的进展。

4.4 等离子弧加工

等离子弧加工又称为等离子体加工，是利用电弧放电使气体电离成过热的等离子气体流束，靠局部熔化及汽化来去除工件材料。

等离子弧加工主要用于焊接或切割不锈钢，合金钢，钨、钼、钴、钛等难熔金属，非金属材料，也可用于焊接或切割铜、铝及其合金，主要用于国防工业及尖端技术中，如钛合金导弹壳体、飞机乃至飞行器的薄壁容器以及微型电器、电容的外壳等。

4.4.1 等离子弧加工的基本原理

1955 年，美国首先研究成功等离子弧切割。产生等离子弧的原理是：让连续通气放电的电弧通过一个喷嘴孔，使其在孔道中产生机械压缩效应；同时，由于弧柱中心比其外围温度高、电离度高、导电性能好，电流自然趋向弧柱中心，产生热收缩效应，同时加上弧柱本身磁场的磁收缩效应。这三种效应对弧柱进行强烈压缩，在与弧柱内部膨胀压力保持平衡的条件下，使弧柱中心气体达到高度的电离，而构成电子、离子以及部分原子和分子的混合物，即等离子弧。图 4-41 为等离子加工原理图。

对自由电弧进行的压缩作用称为压缩效应。压缩效应有如下三种形式。

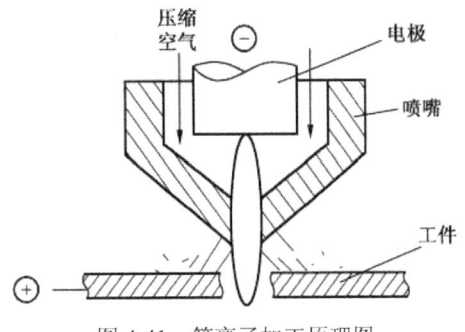

图 4-41 等离子加工原理图

(1) 机械压缩效应。在钨极（负极）和焊件（正极）之间加上一个高电压，使气体电离形成电弧，当弧柱通过特殊孔形的喷嘴的同时，又施以一定压力的工作气体，强迫弧柱通过细孔，由于弧柱受到机械压缩使横截面积缩小，故称为机械压缩效应。

(2) 热收缩效应。当电弧通过喷嘴时，在电弧的外围不断送入高速冷却气流（氮气或氢气等）使弧柱外围受到强烈冷却，电离度大大降低，迫使电弧电流只能从弧柱中心通过，导致导电截面进一步缩小，这时电弧的电流密度大大增加，这就是热收缩效应。

(3) 磁收缩效应。由于电流方向相同，在电流自身产生的电磁力作用下，彼此互相吸引，将产生一个从弧柱四周向中心压缩的力，使弧柱直径进一步缩小。这种因导体自身磁场作用产生的压缩作用叫"磁收缩效应"。电弧电流越大，磁收缩效应越强。

自由电弧在上述三种效应作用下被压缩得很细，在高度电离和高温条件下，电弧逐渐趋于稳定的等离子弧。

三种压缩效应的综合作用，使得等离子体的能量高度集中，电流密度、等离子体电弧的温度都很高，达到 11 000～28 000℃（普通电弧仅 5000～8000℃），气体的电离度也随着剧增，并以极高的速度（约 800～2000 m/s，比声速还高）从喷嘴孔喷出，具有很大的动能和冲击力，达到金属表面时，可以释放出大量的热能，加热和熔化金属，并将熔化了的金属材料吹除。

4.4.2 等离子弧加工的特点

(1) 因等离子弧切割不是靠氧化燃烧金属，而是靠材料熔化来切割，所以应用范围非常广泛，可以切割大部分金属（如不锈钢、铸铁、铜和铝及其合金等），还可切割非金属材料，如矿石、水泥板和陶瓷等。

(2) 由于等离子弧能量密度高，所以加热速度快，穿透能力强，10～12 mm 厚度钢材可不开坡口，能一次焊透双面成形，具有切割速度快、切口窄、变形小、节约材料等特点。

(3) 具有小孔效应，能较好实现单面焊双面自由成形。

(4) 设备比较复杂，气体耗量大，只宜于室内焊接。

4.4.3 等离子弧加工的设备

简单的等离子体加工装置有手持等离子体切割器、小型手提式装置。比较复杂的有数字程序控制的设备、多喷嘴的设备采用光学跟踪的设备。工作台尺寸达 13.4 m × 25 m，切割速度为 50～6100 mm/min。

在大型程序控制成形切削机床上可安装先进的等离子体切割系统，并装备有喷嘴的自适应控制，以自动寻找和保持喷嘴与板材的正确距离。

除了平面成形切割外，还有用于车削、开槽、钻孔和刨削的等离子体加工设备。切割用的直流电源空载电压一般为 300 V 左右，用氩气作为切割气体时空载电压可以降低为 100 V 左右。常用的电极为铈钨或钍钨。用压缩空气作为工质气体切割时使用的电极为金属锆或铪。使用的喷嘴材料一般为纯铜或锆铜。

4.4.4 等离子弧加工的应用

等离子弧加工广泛用于工业生产，特别是航空航天等军工和尖端工业技术所用的铜及铜合金、钛及钛合金、合金钢、不锈钢、钼等金属的焊接，如钛合金的导弹壳体，飞机上的一些薄壁容器等。切割用枪无保护气体及保护气罩。

1) 等离子弧切割

用等离子弧作为热源、借助高速热离子气体熔化和吹除熔化金属而形成切口的热切割。等离子弧切割的工作原理与等离子弧焊相似，但电源有 150 V 以上的空载电压，电弧电压也高达 100 V 以上。割炬的结构也比焊炬粗大，需要水冷。等离子弧切割一般使用高纯度氮作为等离子气体，但也可以使用氩或氩氮、氩氢等混合气体。一般不使用保护气体，有时也可使用二氧化碳作保护气体。图 4-42 为等离子切割机。

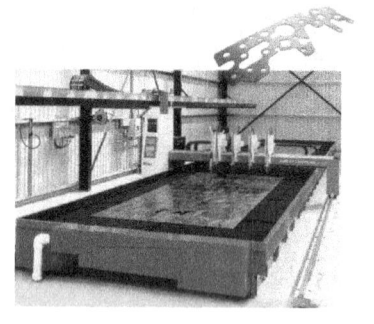

图 4-42 等离子切割机

等离子弧切割有如下 3 类。

(1) 小电流等离子弧切割使用 70～100 A 的电流，电弧属于非转移弧，用于 5～25 mm 薄板的手工切割或铸件刨槽、打孔等。

(2) 大电流等离子弧切割使用 100～200 A 或更大的电流，电弧多属于转移弧（见等离子弧焊），用于大厚度（12～130 mm）材料的机械化切割或仿形切割。

(3) 喷水等离子弧切割，使用大电流，割炬的外套带有环形喷水嘴，喷出的水罩可减轻切割时产生的烟尘和噪声，并能改善切口质量。

等离子弧可切割不锈钢、高合金钢、铸铁、铝及其合金等，还可切割非金属材料，如矿石、水泥板和陶瓷等。等离子弧切割的切口细窄、光洁而平直，质量与精密气割质量相似。同样条件下，等离子弧的切割速度大于气割，且切割材料范围也比气割更广。

【应用点评 4-9】 薄壁零件镀制

(1) 金属材料气割的基本条件是其燃点低于熔点（因为气割过程是燃烧过程而不是熔化过程）。低碳钢的燃点是 1350℃而熔点是 1500℃，所以低碳钢气割性能很好。而高碳钢和铸铁不能满足上述条件，故不能气割。

(2) 切割时燃烧形成的金属氧化物的熔点应低于金属本身的熔点，且流动性好，否则难熔的固态氧化物会阻碍下层金属与氧流接触，使气割过程难以进行。如铝及铝合金、铬镍不锈钢不能气割，就是由于这个原因。

(3) 金属燃烧所生成的热量应大于金属所传导出去的热量，这样才能确保切口及下层金属得到充分的预热。这也是导热性高的铜、铝及其合金不能气割的重要原因。

2) 等离子弧焊接

等离子弧切割是一种常用的金属和非金属材料切割工艺方法。它利用高速、高温和高能的等离子气流来加热和熔化被切割材料，并借助内部的或者外部的高速气流或水流将熔化材料排开直至等离子气流束穿透背面而形成割口。图 4-43 为等离子弧焊接机。

等离子弧焊接的分类如下。

(1) 小孔型等离子弧焊。小孔型焊又称为穿孔、锁孔或穿透焊，利用等离子弧能量密度大、等离子流力强的特点，将工件完全熔透并产生一个贯穿工件的小孔。被熔化的金属在电弧吸力、液体金属重力与表面张力相互作用下保持平衡。焊枪前进时，小孔在电弧后方锁闭，形成完全熔透的焊缝。

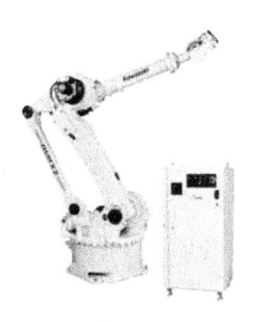

图 4-43　等离子弧焊接机

穿孔效应只有在足够的能量密度条件下才能形成。板厚增加，所需能量密度也增加。由于等离子弧能量密度的提高有一定限制，因此小孔型等离子弧焊只能在有限板厚内进行。

(2) 熔透型等离子弧焊。当离子气流量较小、弧抗压缩程度较弱时，这种等离子弧在焊接过程中只熔化工件而不产生小孔效应。焊缝成形原理和钨极氢弧焊类似，此种方法也称为熔入型或熔蚀法等离子弧焊，主要用于薄板加单面焊双面成形及厚板的多层焊。

(3) 微束等离子弧焊。微束等离子焊接是一种小电流（通常小于 30 A）熔入型焊接工艺，为了保持小电流时电弧的稳定，一般采用小孔径压缩喷嘴（0.6～1.2 mm）及联合型电弧。即焊接时存在两个电弧，一个是燃烧于电极与喷嘴之间的非转移弧，另一个为燃烧于电极与焊件之间的转移弧，前者起着引弧和维弧作用，使转移弧在电流小至 0.5 A 时仍非常稳定，后者用于熔化工件。微束等离子弧是等离子弧的一种。在产生普通等离子弧的基础上采取提高电弧稳定性措施，进一步加强电弧的压缩作用，减小电流和气流，缩小电弧室的尺寸。这样就使微小的等离子焊枪喷嘴喷射出小的等离子弧焰流，如同缝纫机针一般细小。

3) 等离子喷涂

等离子喷涂是热喷涂的一种，采用刚性非转移型等离子弧为热源，以喷涂粉末材料为主，将氩气或氮气等工作气体引入喷枪，喷枪中的电弧将气体电离成为高温高速等离子体，将喷涂材料粉末加热到熔融或半熔融状态并喷射到金属表面形成涂层。目前已开发出高能等离子喷涂、低压等离子喷涂、水稳等离子喷涂、超音速等离子喷涂等方法，以及一系列新的粉末材料和功能涂层。

等离子喷涂的特点是喷涂材料范围广，能喷涂难熔材料，制备难熔金属、陶瓷、金属陶瓷复合材料等涂层，以及其他一些特殊功能的涂层。涂层结合强度高，气孔率低，涂层质量高，可以较精细地控制工艺参数，制备精细涂层。用于质量要求高的耐蚀、耐磨、隔热、绝缘、抗高温和特殊功能涂层。

等离子弧还可以用来进行表面热辅助加工。

4.5　习题

4-1　激光为什么比普通光有更大的瞬时能量和功率密度？

4-2　固体、气体等不同激光器的能量转换过程是否相同？如不相同，则具体有何不同？

4-3　不同波长的红外线、红光、绿光、紫光、紫外线，光能转换为热能的效率有何不同？

4-4　从激光产生的原理来思考、分析，以后如何被逐步应用于精密测量、加工、表面热处理，甚至激光信息存储、激光通信、激光电视、激光计算机等技术领域的？这些应用的共同技术基础是什么？可以从中获得哪些启迪？

4-5 电子束加工和离子束加工在原理和应用范围上有何异同？

4-6 电子束加工、离子束加工和激光加工相比各自的适用范围如何，三者各有什么优缺点？

4-7 电子束、离子束、激光束三者相比，那种束流和相应的加工工艺能聚焦到更细？最细的焦点直径大约是多少？

4-8 电子束加工装置与示波器、电视机的原理有何异同？

第 5 章 电化学加工

5.1 概述

5.1.1 电化学加工的概念

电化学加工（Electrochemical Machining，ECM）是指基于电化学作用原理而去除材料（电化学阳极溶解）或增加材料（电化学阴极沉积）的加工技术。早在 1833 年，英国科学家法拉第就提出了有关电化学反应过程中金属阳极溶解（或析出气体）及阴极沉积（或析出气体）物质质量与所通过电量的关系，即创建了法拉第定律，奠定了电化学学科和相关工程技术的理论基础。但是，直到 20 世纪 30 年代才开始出现电解抛光，以及后来的电镀。随着科学技术的发展，首先是航空航天发动机、枪炮等关键零件制造的需要，在 20 世纪 50 年代、60 年代，相继发明了能够满足零件几何尺寸、几何形状和精度加工需要的电解、电解磨削、电铸成形等工艺技术。从此，作为一门先进制造技术，电化学加工技术得到不断的发展、应用和创新。

1. 电化学加工过程

当两铜片接上约 10 V 的直流电源并插入 $CuCl_2$ 的水溶液中（此水溶液中含有负离子 OH^-、Cl^- 和正离子 H^+、Cu^{2+}），如图 5-1 所示，即形成通路，导线和溶液中均有电流通过。溶液中的离子将做定向移动，正离子 Cu^{2+} 移向阴极，在阴极上得到电子而进行还原反应，沉积出铜。在阳极表面 Cu 原子失掉电子而成为正离子 Cu^{2+} 进入溶液。溶液中正、负离子的定向移动称为电荷迁移。在阳、阴电极表面发生得失电子的化学反应称为电化学反应，利用这种电化学作用为基础对金属进行加工（图 5-1 中阳极上为电解蚀除，阴极上为电镀沉积，常用于提炼纯铜）的方法即电化学加工，其实任何两种不同的金属放入任何导电的水溶液中，在电场作用下，都会有类似情况发生。

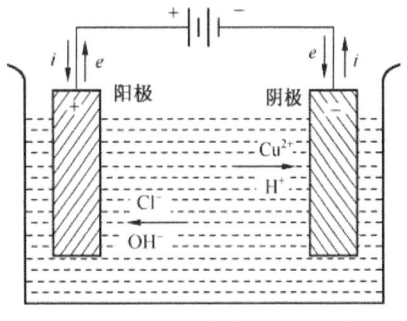

图 5-1 电解液中的电化学反应

2. 法拉第定律和电流效率

1) 法拉第定律

电化学加工作为一种加工工艺方法，人们所关心的不仅是其加工原理，而且在实践上更关心其加工过程中工件尺寸、形状以及被加工表面质量的变化规律。既可以定性分析，又可以定量计算，能够深刻揭示电化学加工工艺规律的基本定律就是法拉第定律。

法拉第定律包括以下两项内容：

(1) 在电极的两相界面处（如金属/溶液界面上）发生电化学反应的物质质量与通过其界面上的电量成正比，即法拉第第一定律。

(2) 在电极上溶解或析出 1 g 当量任何物质所需的电量是一样的，与该物质的本性无关，即法拉第第二定律。根据电极上溶解或析出一克当量物质在两相界面上电子得失量的理论计算，同时也为实验所证实，对任何物质这一特定的电量均为常数，称为法拉第常数，记为 F，即

$$F \approx 96\,500(\text{A}\cdot\text{s/mol}) \approx 1608.3(\text{A}\cdot\text{min/mol})$$

对于电解加工，如果阳极只发生确定原子价的金属溶解而没有其他物质析出，则根据法拉第第一定律，阳极溶解的金属质量为

$$M = kQ = kIt \tag{5-1}$$

式中　M ——阳极溶解的金属质量，单位为 g；
　　　k ——单位电量溶解的元素质量，称为元素的质量电化当量，单位为 g/A·s 或 g/A·min；
　　　Q ——通过两相界面的电量，单位为 A·s 或 A·min；
　　　I ——电流强度，单位为 A；
　　　t ——电流通过的时间，单位为 s 或 min。

根据法拉第常数的定义，即阳极溶解 1 g 当量（1 mol）金属的电量为 F；而对于原子价为 n（更确切地讲，应该是参与电极反应的离子价，或在电极反应中得失电子数）、相对原子质量为 A 的元素，其 1 mol 质量为 A/n (g)，则据式(5-1)，可写成

$$A/n = kF$$

可以得到

$$k = A/(nF) \tag{5-2}$$

这是有关质量电化当量理论计算的重要表达式。

对于零件加工而言，人们更关心的是工件几何量的变化。由式(5-1)容易得到，阳极溶解金属的体积为

$$V = M/\rho = kIt/\rho = \omega It \tag{5-3}$$

式中　V ——阳极溶解金属的体积，单位为 cm³；
　　　ρ ——金属的密度，单位为 g/cm³；
　　　ω ——单位电量溶解的元素体积，即元素的体积电化当量，单位为 cm³/A·s 或 cm³/A·min。

显然，

$$\omega = k/\rho = A/(nF\rho)$$

部分常见金属的体积电化当量 ω 值见表 5-1。

表 5-1　部分金属的体积电化当量

金属	密度 ρ/(g/cm³)	相对原子质量 A	原子价 n	体积电化当量 ω/(cm³/A·min)
铝	2.71	26.98	3	0.0021
钨	19.2	183.92	5	0.0012
铁	7.86	55.85	2 3	0.0022 0.0015
钴	8.86	58.94	2 3	0.0021 0.0014
镁	1.74	24.32	2	0.0044
锰	7.4	54.94	2 4	0.0023 0.0012
铜	8.93	63.57	1 2	0.0044 0.0022
钼	10.2	95.95	4 6	0.0015 0.0010

续表

金属	密度ρ/(g/cm³)	相对原子质量 A	原子价 n	体积电化当量ω/(cm³/A·min)
镍	8.96	58.69	2 3	0.0021 0.0014
铌	8.6	92.91	3 5	0.0022 0.0013
钛	4.5	47.9	4	0.0017
铬	7.16	52.01	3 6	0.0015 0.0008
锌	7.14	65.38	2	0.0028

实际电解加工，工件材料不一定是单一金属元素，大多数情况是由多种元素组成的合金。对于合金，其电化当量的计算要复杂一些。假设某合金由共 j 种元素构成，其相应元素的相对原子质量、原子价及百分含量如下所列：

元素号：$1\ 2\ \cdots\ j$

相对原子质量：$A_1\ A_2\ \cdots\ A_j$

原子价：$n_1\ n_2\ \cdots\ n_j$

元素百分含量：$a_1\ a_2\ \cdots\ a_j$

则该合金的质量电化当量和体积电化当量可由下列公式计算：

$$k = \frac{1}{F\left(\dfrac{n_1}{A_1}a_1 + \dfrac{n_2}{A_2}a_2 + \cdots + \dfrac{n_j}{A_j}a_j\right)}$$

$$\omega = \frac{1}{\rho F\left(\dfrac{n_1}{A_1}a_1 + \dfrac{n_2}{A_2}a_2 + \cdots + \dfrac{n_j}{A_j}a_j\right)}$$

即同样有 $\omega = k/\rho$。

2) 电流效率

电化学加工实践和实验测量均表明，实际电化学加工过程阳极金属的溶解量（阴极金属的沉积量）与上述按法拉第定律进行理论计算的量有差别，一般情况下实际量小于理论计算量，极少数情况下也会发生实际量大于理论计算量。究其原因，是因为实际条件与理论计算时假设"阳极只发生确定原子价的金属溶解（或沉积）而没有其他物质析出"这一前提条件的差别。比如，电解加工的实际条件通常是：

① 除了阳极金属溶解外，还有其他副反应而析出另外一些物质，相应也消耗了一部分电量；

② 其中有部分实际溶解金属的原子价比理论计算假设的原子价要高。

以上差别使得实际溶解金属量小于理论计算的溶解量。但有时实际条件还可能是：

① 部分实际溶解金属的原子价比计算假设的原子价要低；

② 电解加工过程发生金属块状剥落，其原因可能是材料组织不均匀或金属材料-电解液成分的匹配不当所引起。

以上情况就会导致实际去除量大于理论计算量。

为了确切表示实际与理论的差别，引入电流效率的概念，用以表征实际溶解（或沉积）金属所占的耗电量对通过总电量的有效利用率，即定义电流效率 η 为

$$\eta = M_{实际}/M_{理论} = V_{实际}/V_{理论}$$

如前已分析的那样，在通常大多数电化学加工条件下，η 小于或接近于 100%；对于少量特殊情况，也可能 $\eta > 100\%$。

影响电流效率 η 的主要因素有：加工电流密度 i，金属材料-电解液成分的匹配，电解液浓度、温度等工艺条件。为了利于工程实用，通常由实验得到 $\eta\omega$-i 关系曲线，这是计算电化学加工速度、分析电化学成形规律的基础数据。

3. 电解质溶液

凡溶于水后能导电的物质称为电解质，如盐酸（HCl）、硫酸（H_2SO_4）、氢氧化钠（NaOH）、氢氧化铵（NH_4OH）、食盐（NaCl）、硝酸钠（$NaNO_3$）氯酸钠（$NaClO_3$）等酸、碱、盐都是电解质。电解质与水形成的溶液为电解质溶液，简称电解液。电解液中所含电解质的多少即为电解液的质量分数。

由于水分子是极性分子，可以和其他带电的粒子发生微观静电作用。例如，NaCl 是一种电解质，是结晶体。组成 NaCl 晶体的粒子不是分子，而是相间排列的 Na^+ 和 Cl^-，称为离子型晶体。把它放到水里，就会产生电离作用。这种作用使 Na^+ 和 Cl^- 一个个、一层层地被水分子拉入溶液中，这个过程称为电解质的电离，其电离方程式简写为

$$NaCl \rightarrow Na^+ + Cl^-$$

NaCl 在水中能 100% 电离，称为强电解质。强酸、强碱和大多数盐类都是强电解质，它们在水中都可以完全电离。弱电解质如氨（NH_3）、醋酸（CH_3COOH）等在水中仅小部分电离成离子，大部分仍以分子状态存在，水也是弱电解质，它本身也能微弱地电离为正的氢离子（H^+）和负的氢氧根离子（OH^-），导电能力较弱。

由于溶液中正负离子的电荷相等，所以整个溶液仍保持电中性。

4. 电极电位

1）电极电位的形成

任何一种金属插入含该金属离子的水溶液中，在金属-溶液界面上都会形成一定的电荷分布，从而形成一定的电位差，这个电位差就称为该金属的电极电位。电极电位的形成，较为普遍的解释是金属-溶液界面双电层理论。典型的金属-溶液界面双电层结构如图 5-2 所示。

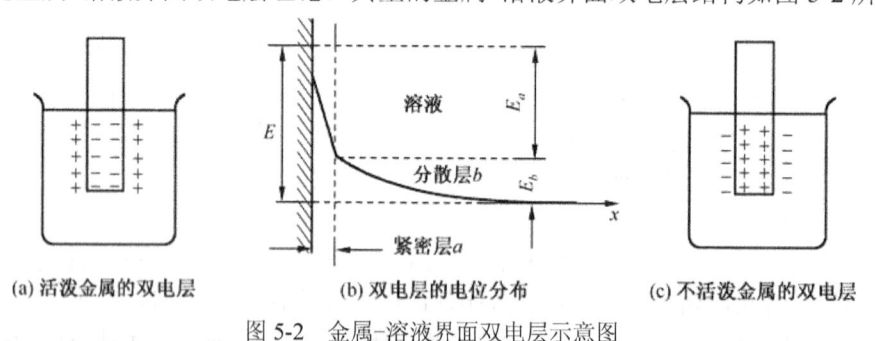

(a) 活泼金属的双电层　　(b) 双电层的电位分布　　(c) 不活泼金属的双电层

图 5-2　金属-溶液界面双电层示意图

E—金属与溶液间的双电层电位差；E_a—双电层紧密部分的电位差；E_b—双电层分散部分的电位差

不同结构双电层形成的机理，可以用金属的活泼性（即金属键合力的大小）以及对金属离子的水化作用的强弱进行解释。由物质结构理论可知，金属是由金属离子和自由电子以一定的晶格形式排列而构成晶体，金属离子和自由电子间的静电吸引力形成了晶格间的结合力称为金属键力。在图 5-2 所示的金属-溶液界面上，金属键力既有阻碍金属表面离子脱离晶格而溶解到溶液中去的作用，又具有吸引界面附近溶液中的金属离子脱开溶液而沉积到金属表面的作用；而溶液中具有极性的水分子对于金属离子具有"水化作用"，即吸引金属表面的金属离子进入溶液，同时阻止界面附近溶液中的金属离子脱离溶液而沉积到金属表面。对于金属键力小，即活泼性强的金属，其金属-溶液界面上"水化作用"占优，则界面溶液一侧被极性水分子吸到更多

的金属离子，而在金属界面一侧则有自由电子规则排列，如此形成了图5-2(a)所示的双电层电位分布。类似分析，如果金属键力强、活泼性差的金属，则金属-溶液界面上金属表面一侧排列更多的金属离子，对应溶液一侧则排列着带负电的离子，如此而形成如图5-2(c)所示的双电层。由于双电层的形成，在界面上就产生了一定的电位差，将这一金属-溶液界面双电层中的电位差称为金属的电极电位 E；其在界面上的分布如图5-2(b)所示。

2) 标准电极电位

为了能科学地比较不同金属的电极电位值的大小，在电化学理论与实践中，统一地给定了标准电极电位与标准氢电极电位两个重要的、具有度量标准意义的规定。所谓标准电极电位，是指金属在给定的统一的标准环境条件下、相对一个统一的电位参考基准所具有的平衡电极电位值。在理论电化学中，上述统一的标准环境约定为：将金属放在该金属离子活度为 1 mol/L 溶液中，在25℃和气体分压为一个标准大气压力（约 0.1 MPa）的条件下。这一规定为衡量不同金属的电极电位值规定了统一的标准环境条件。

对上述统一的电位参考基准，通常选取标准氢电极电位。所谓标准氢电极电位，是指溶液中氢离子活度为 1 mol/L、氢气分压为一个标准大气压、在25℃条件下、在一个专门的氢电极装置（图5-3）所产生的氢电极电位。其电极反应方程式为

$$H_2 \leftrightarrows 2H^+ + 2e$$

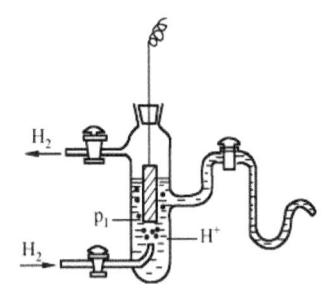

图 5-3 氢电极

由于电极电位是双电层中的电位差值，而在度量电位差时应该设定一个统一的电位参考基准——"零电位标准"，这样才便于比较不同金属的电极电位值。在电化学理论和实验中，统一规定标准氢电极电位为参考基准（"零电位"），其他金属的标准电极电位都是相对标准氢电极电位的代数值（见表5-2）。

还应当指出，由于氢电极制备麻烦，在实际工程中使用不够方便，故在实际测量中，常用性能稳定、制备容易、使用方便的饱和甘汞电极作为参考基准电极。饱和甘汞电位相对于标准氢电极电位具有固定的电位值，实际测量出任意金属电极相对于饱和甘汞电极的电位差，则很容易换算成该金属电极相对于标准氢电极电位（即"零电位"）的电位差。

表 5-2 常用电极的标准电极电位

电极氧化态/还原态	电极反应	电极电位/V	电极氧化态/还原态	电极反应	电极电位/V
Li^+/Li	$Li^+ + e \leftrightarrows Li$	−3.01	Pb^{2+}/Pb	$Pb^{2+} + 2e \leftrightarrows Pb$	−0.126
Rb^+/Rb	$Rb^+ + e \leftrightarrows Rb$	−2.98	H^+/H_2	$H^+ + e \leftrightarrows (1/2)H_2$	0
K^+/K	$K^+ + e \leftrightarrows K$	−2.925	S/H_2S	$S + 2H^+ + 2e \leftrightarrows H_2S$	+0.141
Ba^{2+}/Ba	$Ba^{2+} + 2e \leftrightarrows Ba$	−2.92	Cu^{2+}/Cu	$Cu^{2+} + 2e \leftrightarrows Cu$	+0.340
Sr^{2+}/Sr	$Sr^{2+} + 2e \leftrightarrows Sr$	−2.89	O_2/OH^-	$H_2O + (1/2)O_2 + 2e \leftrightarrows 2OH^-$	+0.401
Ca^{2+}/Ca	$Ca^{2+} + 2e \leftrightarrows Ca$	−2.84	Cu^+/Cu	$Cu^+ + e \leftrightarrows Cu$	+0.522
Na^+/Na	$Na^+ + e \leftrightarrows Na$	−2.713	I_2/I^-	$I_2 + 2e \leftrightarrows 2I^-$	+0.535
Mg^{2+}/Mg	$Mg^{2+} + 2e \leftrightarrows Mg$	−2.38	As^{5+}/As^{3+}	$H_3AsO_4 + 2H^+ + 2e \leftrightarrows HAsO_2 + 2H_2O$	+0.58
U^{3+}/U	$U^{3+} + 3e \leftrightarrows U$	−1.80	Fe^{3+}/Fe^{2+}	$Fe^{3+} + e \leftrightarrows Fe^{2+}$	+0.771
Al^{3+}/Al	$Al^{3+} + 3e \leftrightarrows Al$	−1.66	Hg^{2+}/Hg	$Hg^{2+} + 2e \leftrightarrows Hg$	+0.7961
Mn^{2+}/Mn	$Mn^{2+} + 2e \leftrightarrows Mn$	−1.05	Ag^+/Ag	$Ag^+ + e \leftrightarrows Ag$	+0.7996
Zn^{2+}/Zn	$Zn^{2+} + 2e \leftrightarrows Zn$	−0.763	Br_2/Br^-	$Br_2 + 2e \leftrightarrows 2Br^-$	+1.065
Fe^{2+}/Fe	$Fe^{2+} + 2e \leftrightarrows Fe$	−0.44	Mn^{4+}/Mn^{2+}	$MnO_2 + 4H^+ + 2e \leftrightarrows Mn^{2+} + 2H_2O$	+1.208
Cd^{2+}/Cd	$Cd^{2+} + 2e \leftrightarrows Cd$	−0.402	Cr^{6+}/Cr^{3+}	$Cr_2O_7^{2-} + 14H^+ + 6e \leftrightarrows 2Cr^{3+} + 7H_2O$	+1.33
Co^{2+}/Co	$Co^{2+} + 2e \leftrightarrows Co$	−0.27	Cl_2/Cl^-	$Cl_2 + 2e \leftrightarrows 2Cl^-$	+1.3583
Ni^{2+}/Ni	$Ni^{2+} + 2e \leftrightarrows Ni$	−0.23	Mn^{7+}/Mn^{2+}	$MnO_4^- + 8H^+ + 5e \leftrightarrows Mn^{2+} + 4H_2O$	+1.491
Sn^{2+}/Sn	$Sn^{2+} + 2e \leftrightarrows Sn$	−0.14	F_2/F^-	$F_2 + 2e \leftrightarrows 2F^-$	+2.87

3) 平衡电极电位

如前所述,将金属浸在含该金属离子的溶液中,则在金属-溶液界面上将发生电极反应且在某种条件下建立双电层。如果电极反应可以逆向进行,以 Me 表示金属原子,则反应式可写作

$$Me \underset{还原}{\overset{氧化}{\rightleftharpoons}} Me^{n+} + ne$$

若上述可逆反应速度,即氧化反应与还原反应的速度相等,金属-溶液界面上没有电流通过,也没有物质溶解或析出,即建立了一个稳定的双电层,此种情况下的电极则称为可逆电极,相应电极电位则称为可逆电极电位或平衡电极电位。还应当指出,不仅金属和该金属的离子(包括氢和氢离子)可以构成可逆电极,非金属及其离子也可以构成可逆电极,前面论及的标准电极和标准电极电位则是在标准状态条件下的可逆电极和可逆电极电位,或者说标准状态下的平衡电极电位。而实际工程条件并不一定处于标准状态,那么对应工程条件下的平衡电极电位不仅与金属性质和电极反应形式有关,而且与离子浓度和反应温度有关。具体计算可以用能斯特(Nernst)方程式:

$$E' = E^0 + \frac{RT}{nF} \ln \frac{a_{氧化态}}{a_{还原态}} \tag{5-4}$$

式中　E'——平衡电极电位,单位为 V;

E^0——标准电极电位,单位为 V;

R——摩尔气体常数,单位为 8.314 J/mol·K;

F——法拉第常数,单位为 96 500 C/mol;

T——绝对温度,单位为 K;

n——电极反应中得失电子数;

a——离子的活度(有效浓度),单位为 mol/L。

对于固态金属 Me 和含其 n 价正离子 Me^{n+} 溶液构成的可逆电极:式(5-4)中 $a_{氧化态}$ 为含 Me^{n+} 离子溶液的活度, $a_{还原态}$ 为固体金属的离子活度,取 $a_{还原态}$ =1 mol/L。对于非金属负离子(含在溶液中)和非金属(固体、液体或气体)构成的可逆电极:式(5-4)中 $a_{氧化态}$ 为非金属的离子活度,而纯态的液体、固体或气体(分压为 1 大气压)的离子活度都认为等于 1 mol/L,即取 $a_{氧化态}$ = 1 mol/L;而取 $a_{还原态}$ 为含该离子溶液的离子活度(有效浓度)。

注意到上述 $a_{氧化态}$、$a_{还原态}$ 的取值规则,且将有关常数值代入式(5-4),对于金属电极(包括氢电极):

$$E' = E^0 + 1.98 \times 10^4 (T/n) \lg a_{金属正离子} \tag{5-5}$$

对于非金属电极:

$$E' = E^0 - 1.98 \times 10^4 (T/n) \lg a_{非金属负离子} \tag{5-6}$$

由式(5-5)可以看出,温度提高或金属正离子的活度增大,均使该金属电极的平衡电位朝正向增大;而由式(5-6)也可以看出,温度的提高或非金属负离子活度的增加,均使非金属的平衡电位朝负向变化(代数值减小)。

4) 电极电位的高低决定电极反应的顺序

综观表 5-3 所列的常见电极的标准电极电位值可以发现:电极电位的高低,即电极电位代数值的大小,与金属的活泼性或非金属的惰性密切相关。标准电极电位按代数值由低到高的顺序排列,反映了对应金属的活泼性由大到小的顺序排列;在一定条件下,标准电极电位越低的

金属，越容易失去电子被氧化，而标准电极电位越高的金属，越容易得到电子被还原。也就是说，标准电极电位的高低将会决定在一定条件下对应金属离子参与电极反应的顺序。在电解加工过程中，电极电位越负，即代数值越小的金属，越容易失去电子参与氧化反应；电极电位越正，即代数值越大的金属或金属离子，越容易得到电子而参与还原反应。以图 5-1 中所示的电解池为例，分别列出在两极可能进行的电极反应，并由表 5-3 中查出对应电极的标准电极电位值，则可以解释为什么在阳极进行铁溶解而在阴极进行氢气逸出的电极反应。

在阳极一侧可能进行的电极反应及相对应标准电极电位值为

$$Fe \leftrightarrows Fe^{2+} + 2e \qquad E^0_{Fe^{2+}/Fe} = -0.04 \text{ V}$$

$$4OH^- - 4e \leftrightarrows 2H_2O + O_2\uparrow \qquad E^0_{O_2/OH^-} = +0.401 \text{ V}$$

$$2Cl^- - 2e \leftrightarrows Cl_2\uparrow \qquad E^0_{Cl_2/Cl^-} = +1.3583 \text{ V}$$

由于 $E^0_{Fe^{2+}/Fe}$ 最低，故最容易并首先在阳极一侧进行铁被阳极溶解的电极反应，这就是电解加工的基本理论依据。类似地，考查在阴极一侧可能进行的电极反应并列出相应标准电极电位值：

$$2H^+ + 2e \leftrightarrows H_2\uparrow \qquad E^0_{H^+/H_2} = 0 \text{ V}$$

$$Na^+ + e \leftrightarrows Na \qquad E^0_{Na^+/Na} = -2.713 \text{ V}$$

显见，$E^0_{H^+/H_2}$ 高出 $E^0_{Na^+/Na}$ 约 2.7 V，这在电极电位中是个很大的差值，故在阴极只有氢气逸出而不会发生钠沉积的电极反应，这又是在电解加工中为什么选择含 Na^+、K^+ 等活泼性金属离子中性盐水溶液作为电解液的重要理论依据。

5) 电极的极化

前面已经阐述了在一定条件下，更确切地说，是在标准条件下电极反应顺序与标准电极电位的对应关系；相同的结论，也可应用于在平衡条件下电极反应的顺序与平衡电极电位的关系；平衡电极电位的定量计算可以用能斯特公式，即式(5-4)～式(5-6)。而实际电化学加工，其电极反应并不是在平衡可逆条件下进行，即不是在金属-溶液界面上无电流通过，而是在外加电场作用下，有强电流通过金属-溶液界面的条件下进行，此时电极电位则由平衡电极电位开始偏离，而且随着所通过电流的增大，电极电位值相对平衡电位值的偏离也更大。我们将有电流通过电极时，电极电位偏离平衡电位的现象称为电极的极化；电极电位的偏离值就称为超电压，或称为过电位。电极极化的趋势是：随着电极电流的增大，阳极电极电位向正向，即向电极电位代数值增大的方向发展；而阴极电极电位则向负向，即向电极电位代数值减小的方向发展。将电极电位随着电极电流变化的曲线称为电极极化曲线（如图 5-4 所示）。与图对应，阳极超电压 $\Delta E_a = E_a - E'_a$，阴极超电压 $\Delta E_c = E'_c - E_c$。

按阳极电极电位（E_a）相对应阳极电流密度（即通过阳极金属/电解液界面的电流密度）i_a 绘制成 E_a-i_a 曲线，称为阳极极化曲线。基于阳极极化曲线可以研究阳极极化的规律及特点。阳极电位的变化规律主要取决于阳极电流高低及阳极金属、电解液的性质。典型的阳极极化曲线有图 5-5 所示三种类型。

(1) 全部处于活化状态。如图 5-5(a)所示，在所研究的全过程中，电流密度和阳极金属溶解作用均随阳极电位的提高而增大，阳极金属表面一直处于电化学阳极活化状态。例如，铁在盐酸中的电化学阳极极化曲线就属于这一类型。

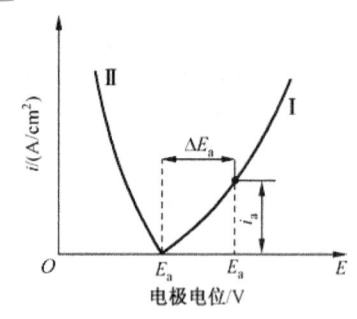

图 5-4 电极极化曲线示意图
Ⅰ—阳极极化曲线；Ⅱ—同一种电极的阴极极化曲线。

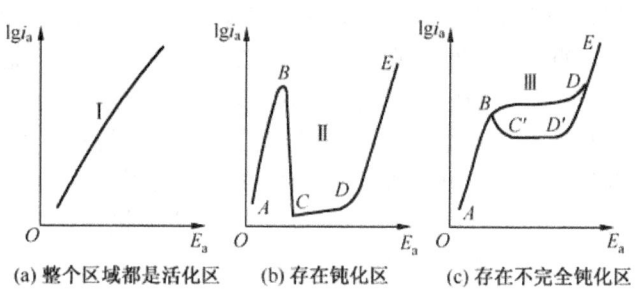

图 5-5 三种典型的阳极极化曲线
(a) 整个区域都是活化区　(b) 存在钝化区　(c) 存在不完全钝化区

(2) 活化—钝化—超钝化的变化过程。如图 5-5(b)所示，阳极过程的开始，即阳极极化曲线的初始 AB 段，其 i_a-E_a 变化规律同上述第一种类型，称为活化阶段；而过了 B 点之后，随阳极电位 E_a 的增大，阳极电流 i_a 会突然下降，且阳极溶解速度也剧减，这一现象称为钝化现象，对应于图中 BC 段称为过渡钝化区，CD 段称为稳定钝化区。而过了 D 点之后，随阳极电位的提高，阳极电流又继续增大，同时阳极溶解速度也继续增大，对应曲线的 DE 阶段称为超钝化阶段。例如，钢件在硝酸钠或氯酸钠电解液中的阳极极化曲线正属于这类。我们应选择电解加工参数处于阳极超钝化状态，此时工件加工面对应大电流密度而被高速溶解；而非加工面则相应电流密度低，即相应处于极化曲线的钝化状态，则相应表面不被加工而得到保护。这正是我们研究阳极极化曲线以合理选择加工参数之目的。

(3) 活化—不完全钝化（抛光）—超钝化的变化状态。图 5-5(c)属于这一类型，其不同状态的变化与上述第二种类型基本相似：AB 称为活化区，BD（有的是 C′D′ 过程）称为不完全钝化区，随后 DE 又进入超钝化区。在不完全钝化区里，电流密度和阳极溶解速度变化很小，但阳极溶解还在进行。观察阳极金属表面存在阳极膜，溶解后的表面平滑且具有光泽，故又将不完全钝化区称为抛光区。电抛光就应该选择具有这种类型极化曲线的金属/电解液体系，如钢在磷酸中的极化曲线就是如此，而正确选择电抛光参数就能获得高的抛光表面质量。

极化曲线具体显示了阳极极化电位与阳极电流之间的关系、规律及特征，研究阳极极化曲线与选择工件材料-电解液体系、选择电解工艺参数密切相关。通常，根据不同极化的原因，将极化分为浓差极化、电化学极化和电阻极化几种类型。

① 浓差极化。浓差极化是由于电解过程中电极-溶液界面处的离子浓度和本体溶液（指离开电极较远、浓度均匀的溶液）浓度存在差别所致。在电解加工时，金属离子从阳极表面溶解出，并逐渐由阳极金属-溶液界面向溶液深处扩散，于是阳极金属-溶液界面处的阳极金属离子浓度比本体溶液中阳极金属离子浓度高，浓度差越大，阳极表面电极电位越高。浓差极化超电压的定量计算可用式(5-4)。

② 电化学极化。一个电极反应过程包括反应物质（以离子态或分子态）的迁移、传递、反应物质在电极-溶液界面上得失电子以及电极反应产物的新相、新结构态的转换等若干步骤，如果反应物质在电极表面得失电子的速度，即电化学反应速度落后于其他步骤所进行的速度，则造成电极表面电荷积累，其规律是使阳极电位更正，阴极电位更负。由于电化学反应速度缓慢而引起的电极极化现象称为电化学极化，由此引起的电极电位变化量ΔE_e（称为电化学超电压）可近似以采用塔费尔（Tafel）公式计算：

$$\Delta E_e = a + b\lg i \tag{5-7}$$

式中，a、b 为常数，与电极材料性质、电极表面状态、电解液成分、浓度、温度等因素有关，选用时可查阅相应电化学手册。在这里需要特别指出：塔费尔公式的适用范围是小电流密度，最多也不能高于每平方厘米十几安培，而电解加工常用电流密度在 $10 \sim 100\ \text{A/cm}^2$ 数量级，故在电解加工时引用塔费尔公式的准确性还有待研究。

③ 电阻极化。电阻极化是由于电解过程中在阳极金属表面生成一层钝化性的氧化膜或其他物质的覆盖层，使电流通过困难，造成阳极电位更正，阴极电位更负。由于这层膜是钝化性的，也由于这层膜的形成是钝化作用所致，故电阻极化又称为钝化极化。显然，电阻极化超电压 ΔE_R（也可称钝化超电压）可用下式计算：

$$\Delta E_R = IR_d \tag{5-8}$$

式中　I——通过电极的电流；

R_d——钝化膜电阻。

由电极极化所引起的总超电压是以上各类超电压之和，即

$$\Delta E = \Delta E_S + \Delta E_e + \Delta E_R \tag{5-9}$$

式中　ΔE——总的电极极化超电压，单位为 V；

ΔE_S——浓差极化超电压，单位为 V；

ΔE_e——电化学超电压，单位为 V；

ΔE_R——钝化超电压，单位为 V。

实际上，由于电解加工是在大电流密度条件下进行的，其阳极极化过程、极化特性比低电流密度条件下复杂得多，故采用式(5-9)计算极化电位将产生较大的误差。因此，实际测试而获得工程条件下的极化曲线就显得更加重要。根据实测而得到的极化曲线，选择工艺参数，分析加工中产生的问题，是电解加工工艺过程通常采用的技术途径。但上述有关极化过程、极化原因及极化种类的讨论以及相应计算式，对于揭示极化过程的实质以及定性分析电解加工过程，依然具有理论指导作用。

6) 钝化与活化

在电解加工过程中还有一种叫钝化的现象，使金属阳极溶解过程的超电位升高，使电解速度减慢。例如，铁基合金在硝酸钠（$NaNO_3$）电解液中电解时，电流密度增加到一定值后，铁的溶解速度在大电流密度下维持一段时间后反而急剧下降，使铁呈稳定状态不再溶解。电解过程中的这种现象称为阳极钝化（电化学钝化），简称钝化。

钝化产生的原因至今仍有不同的看法，主要有成相理论和吸附理论两种。成相理论认为，阳极金属与溶液作用后在金属表面形成了一层紧密的极薄的膜，这种膜形成独立的相，很薄但有一定的厚度，通常由氧化物、氢氧化物或盐组成。成相膜把金属和溶液机械地隔离开，从而使金属表面失去了原来具有的活泼性质，因此使溶解过程减慢，转化为钝化状态。吸附理论则认为，金属的钝化是由于金属表层形成了氧或含氧粒子的吸附层所引起的，吸附膜的厚度至多只有单分子层厚，形成不了独立的相。不少人认为吸附的粒子是氧原子，有的人则认为可以是 O^{2-} 或 OH^- 离子。成相膜理论和吸附理论都能较好地说明许多现象，但又不能把各种现象都解释清楚。事实上，二者兼而有之，但在不同条件下可能以某一原因为主。对不锈钢钝化膜的研究表明，合金表面的大部分覆盖着薄而紧密的膜，而在膜的下面及空隙中，则牢固地吸附着氧原子或氧离子。

处于钝化状态的金属是可以恢复为活化状态的。使金属钝化膜破坏的过程称为活化。引起

活化的因素很多，如把溶液加热、通入还原性气体或加入某些活性离子等，也可以采用机械办法破坏钝化膜，电解磨削就是利用后一原理。

把电解液加热可以引起活化，但温度过高会带来新的问题，如电解液的过快蒸发，绝缘材料的膨胀、软化和损坏等，因此只能在一定温度范围内使用。使金属活化的多种手段中，以氯离子（Cl^-）的作用最引人注意。Cl^-具有很强的活化能力，这是由于Cl^-对大多数金属亲和力比氧大，Cl^-吸附在电极上使钝化膜中的氧排出，从而使金属表面活化。电解加工中采用NaCl电解液时生产率高就是这个道理。

5.1.2 电化学加工的分类

电化学加工按其作用原理和主要加工作用的不同，可分为三大类（见表5-3）。第Ⅰ类是利用电化学阳极溶解来进行加工；第Ⅱ类是利用电化学阴极沉积、涂覆进行加工；第Ⅲ类是利用电化学加工与其他加工方法相结合的电化学复合加工工艺。

表5-3 电化学加工的分类表

类别	加工方法	加工原理	主要加工作用
Ⅰ	电解加工	电化学阳极溶解	从工件（阳极）去除材料，用于形状、尺寸加工
	电解抛光		从工件（阳极）去除材料，用于表面加工、去毛刺
Ⅱ	电铸成形	电化学阴极沉积	向芯模（阴极）沉积而增材成形，用于制造复杂形状的电极，复制精密、复杂的花纹模具
	电镀		向工件（阴极）表面沉积材料，用于表面加工、装饰
	电刷镀		向工件（阴极）表面沉积材料，用于表面加工、尺寸修复
	复合电镀		向工件（阴极）表面沉积材料，用于表面加工、磨具制造
Ⅲ	电解磨削	电解与机械磨削的复合作用	从工件（阳极）去除材料或表面光整加工，用于尺寸、形状加工，超精、光整加工、镜面加工
	电化学-机械复合研磨	电解与机械研磨的复合作用	对工件（阳极）表面进行光整加工
	超声电解	电解与超声加工的复合作用	改善电解加工过程以提高加工精度和表面质量，对于小间隙加工复合作用更突出
	电解-电火花复合加工	电解液中电解去除与放电蚀除的复合作用	力求综合达到高效率、高精度的加工目标

5.2 电解加工

5.2.1 电解加工过程及其特点

电解加工（Electrochemical Machining，ECM），是对作为阳极的金属工件在电解液中进行阳极溶解而去除材料、实现工件加工成形的工艺过程。其加工系统如图5-6所示，基本构成与图5-1所示的电解池相同。

为了能实现几何尺寸、几何形状的加工，还必须具备下列特定工艺条件：

（1）工件阳极和工具阴极（大多为成形工具阴极）间保持很小的间隙（称为加工间隙），一般为0.1～1 mm。

（2）电解液从加工间隙中不断高速（6～30 m/s）流过，以保证带走阳极溶解产物和电解电流通过电解液时所产生的焦耳热，流动的电解液还具有减轻极化的作用。

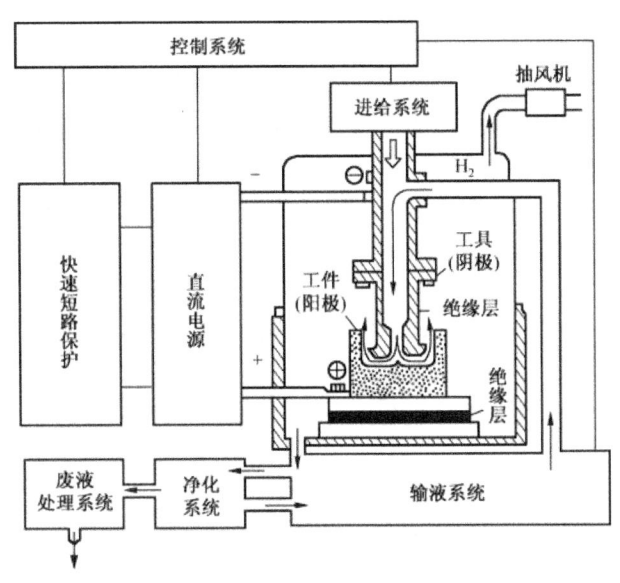

图 5-6 电解加工系统图

(3) 工件阳极与工具阴极分别和直流电源（一般为 10～24 V）连接，在上述两项工艺条件下，则通过两极加工间隙的电流密度很高，高达 10～100 A/cm² 数量级。

在上述特定工艺条件下，则工件阳极被加工表面的金属按照工具阴极形状被高速溶解，而且随着工具阴极向工件阳极进给（通常是这样。但亦可反之，即工具阴极固定而工件阳极向工具阴极进给），保持很小的加工间隙，使工件被加工表面不断高速溶解（如图 5-7 所示），直至达到符合所要求的加工形状和尺寸为止。

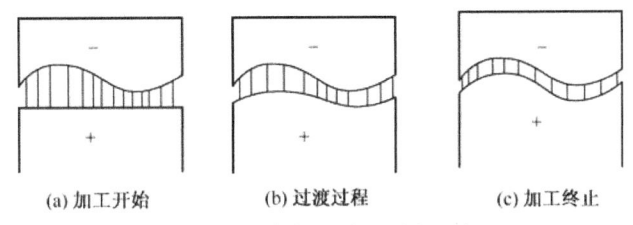

图 5-7 电解加工成形过程示意

由电解加工原理，即电化学阳极溶解的特点所决定，电解加工具有以下工艺特点：

(1) 加工范围广。凡是导电的材料几乎均可进行加工，可以加工各种难切削金属材料，包括淬火钢、不锈钢、高温耐热合金、硬质合金，并且不受材料强度、硬度和韧性的限制；还可以加工各种复杂的型腔、型面、深小孔，既可以采用成形阴极、单向送进运动复制式成形加工，也可采用简单阴极或近成形阴极、进行数控展成形面加工。

(2) 加工效率高。加工效率随加工电流密度和总加工面积的增大而增大，一般能达到每分钟数百立方毫米，甚至高达 10 000 mm³/min，约为通常电火花成形加工的 5～10 倍，对于难切削金属材料、复杂的型腔、型面、深小孔加工，比一般机械切削加工效率高出 5～10 倍。

(3) 加工表面质量好。由于材料去除是以离子状态电化学溶解，属冷态加工过程，因此加工表面不会产生冷作硬化层、热再铸层，以及由此而产生的残余应力和微裂纹等表面缺陷。当电解液成分和工艺参数选择得当，加工表面粗糙度 Ra 可达 0.8～1.25 μm，而人们普遍担心的晶间腐蚀深度在合适的工艺条件下不超过 0.01 mm，甚至不会产生。

(4) 工具无损耗。作为阴极的工具，在电解加工过程中，始终与作为阳极的工件保持一定的间隙，不会产生溶解（阴极一边只有氢气析出）；如果加工过程正常，即与阳极不发生火花、短路烧蚀，工具阴极不会产生任何损耗；其几何形状、尺寸保持不变，可以长期使用。这是电解加工能够在批量生产条件下保证成形加工精度、降低加工成本的基本原因之一。

(5) 不存在机械切削力。电解过程不会产生机械切削力，因此不会产生由此而引起的残余应力和变形，不会产生如机械切削加工所产生的飞边毛刺。由于不存在机械切削力，所以电解加工特别适用于薄壁零件、小刚性零件的加工。

由于电解加工的上述优点，使得它首先在枪炮、航空、航天等制造业中得到成功的应用，以后又逐渐推广应用到汽车、拖拉机、采矿机械的模具制造中，成为机械制造业中具有特殊作用的工艺方法。

但是，电解加工也存在下列缺点和不足，从而影响了其发展和应用。对此，在选用电解加工时应特别注意考虑。

(1) 加工精度还不够高。一般电解加工还难以达到高精度：三维型腔、型面的加工精度为 0.2～0.5 mm，孔类加工精度为±(0.02～0.05) mm，没有电火花成形加工精度高，尤其是加工过程不如电火花加工稳定。这是因为影响电解加工精度的因素多且复杂，理论上定量掌握其影响规律并进行控制还比较困难，往往需要经过大量工艺试验研究才能解决。

(2) 加工型面、型腔的阴极，其设计制造的工作量较大。这些阴极的外形和尺寸往往还要通过试验来逐步修整，所以当加工形状复杂的零件时，阴极的制造周期较长。

(3) 设备一次投资大。由于设备组成复杂，除一般机床设备的要求外，还要解决电解液输送、防泄漏、抗腐蚀、导电、绝缘等一系列问题，材料特殊，制造工作量大，造价高。国产的从十余万元一台（小型）到几十万元一台（大型）不等，而进口一台设备则需人民币几百万元（中型）到千余万元（大型、高自动化程度）。

(4) 处理不当，对周围环境可能产生污染。在某些条件下，电解加工过程会产生少量有害工人健康的气体，如 Cl_2 气；对某些加工材料，在某些特定条件下，也可能产生对人体有害的亚硝酸根离子 NO_2^-、铬离子 Cr^{6+}。对此，基本要求必须控制排放方式和排放量；而高标准则需要采取措施变有害为无害，如将 Cr^{6+} 降为低价无害的铬离子（如 Cr^{3+}）；同时将电解产物进行回收处理，变废为利。电解加工从开始产生至今天的稳定应用，已经有40余年的历史，对于电解废物处理、防止污染环境已经有成熟技术和规程可循，但无论如何，对此问题必须引起重视和采取措施解决。先进的电解液系统，包括净化、回收、处理装置，成本约占全套电解设备成本的1/3。如果说在20世纪80～90年代，由于电解液的处理问题而影响了电解加工的应用，而从20世纪末21世纪初的10余年来，由于电解产物的回收和防污染问题的解决，包括美、英等发达工业国家，电解加工技术的创新发展和扩大应用又进一步得到重视。

综上所述，电解加工对难切削材料、复杂形状零件的批量生产无疑是一项高效率、高表面质量、低成本的工艺技术。如果加工对象选择得当，技术经济分析合理，发挥电解加工的长处，克服其缺陷和不足，就能够获得良好的技术经济效果。我国的一些专家提出了选用电解加工工艺的三条原则：电解加工适用于难切削材料的加工，电解加工适用于相对复杂形状零件的加工，电解加工适用于批量大的零件加工。一般认为，三条原则均满足时，相对而言选择电解加工比较合理。至今，电解加工已经成功地应用于航空、航天发动机叶片型面、机匣凸台、凹槽、炮管膛线、深小孔、花键槽、模具型面、型腔、去毛刺等加工领域。为了满足现代科学技术发展的需要，提高加工精度，稳定加工过程，探索、开发其在整体构件加工领域、微细加工领域的应用前景，是电解加工研究、发展和应用的重要方向，科研人员、工程师正进行不懈努力。

5.2.2 电解加工的基本规律

1. 电解加工速度

类似于一般机械加工，人们希望掌握在工件被加工表面法线方向上的去除（加工）线速度。以面积为 S 的平面加工为例，由式(5-3)容易得到垂直平面方向上的阳极金属（工件）溶解速度为

$$v_a = V/(St) = \omega It/(St) = \omega i$$

考虑到实际电解加工条件下的电流效率，则有

$$v_a = \eta\omega i \tag{5-10}$$

式中 v_a——阳极金属（工件）被加工表面法线方向上的溶解速度，或称为电解加工速度，单位为 mm/min；

η——电流效率；

ω——体积电化当量，单位为 $mm^3/A\cdot min$；

i——电流密度，单位为 A/mm^2。

这是在电解加工工艺计算及成形规律分析中非常实用的一个基本表达式。因为 η、ω 都与实际工艺条件关系密切，所以可将 $\eta\omega$ 的乘积一起考虑作为一个工艺数据（称为实际体积电化当量），其相应数据通过实验测定。

2. 电解加工间隙

电解加工是有间隙加工，研究加工过程间隙变化规律对掌握电解加工工艺规律，保证加工过程的稳定从而控制加工精度有重要意义。

电解加工间隙受电场、流场及电化学特性三方面多种复杂因素的影响，如图5-8所示。首先以最简单情况分析加工间隙的过渡过程，图5-9将电极和工件均简化为平板，同时基于如下假设进行分析研究。

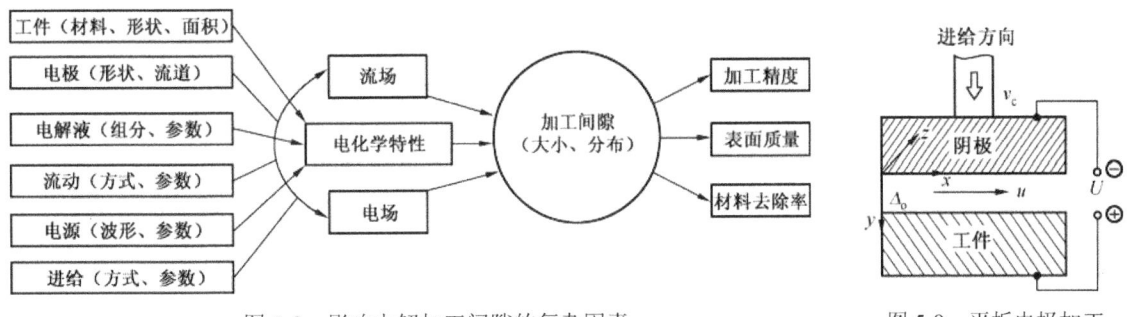

图 5-8 影响电解加工间隙的复杂因素 　　　　　图 5-9 平板电极加工

(1) 阴极与工件的电导率比电解液的电导率大得多，可以认为阴极与工件的各自表面是等电位面。

(2) 电解液的电导率在加工间隙内是均匀的，而且不随时间而变化。

(3) 与加工间隙相比，加工面积足够大，因而可以忽略边界效应。

1) 电解加工的间隙过渡微分方程

设在初始间隙中电解液流速为 u，阴极与工件之间外加电压 U，工具阴极以速度 v_c 恒速进给，此时工件表面的溶解速度为

$$v_a = \eta\omega\kappa\frac{U_R}{\Delta}$$

在电解加工整个过程,阴极表面形状、尺寸都不会改变;同时,在图 5-9 及所设坐标系中,阴极沿 y 方向进给,x 是电解液流动方向,加工面相对阴极间隙为 Δ,初始间隙为 Δ_0,经过 t 时间后,工件加工深度为 h,并假设沿 z 方向所有条件都相同。则从图 5-9 所示几何关系可知,加工 t 时间后的间隙 Δ 可表达为:

$$\Delta = \Delta_0 + h - v_c t \tag{5-11}$$

将上式微分,并注意到 Δ_0、v_c 为为常数,则可以得到:在 dt 时间内,阳极溶解深度 dh 与加工间隙的变化量 $d\Delta$ 之间的关系为

$$d\Delta = dh - v_c dt \tag{5-12}$$

因为 $dh = v_a dt = \eta\omega\kappa U_R dt/\Delta$,由式(5-11)及式(5-12)可得

$$d\Delta = \left(\eta\omega\kappa\frac{U_R}{\Delta} - v_c\right)dt$$

如前所述,令 $C = \eta\omega\kappa U_R$,且知 C 为常数,则

$$\frac{d\Delta}{dt} = \frac{C}{\Delta} - v_c \tag{5-13}$$

式(5-13)就是阴极恒速进给时加工间隙变化的过渡过程基本微分方程。

2) 平衡间隙

由 $v_a = \eta\omega\kappa U_R/\Delta = C/\Delta$,有 $C = v_a\Delta$,即:在一定条件下,电解加工速度与电解加工间隙之积为常数,相互之间呈双曲线函数变化的反比关系(如图 5-10 所示)。如果阴极固定不动,电解加工初始间隙为 Δ_0,随着加工进行,电解加工间隙 Δ 将逐渐增大,而电解加工速度 $v_a = C/\Delta$ 将逐渐减小。

如图 5-11 所示,如果阴极以恒速 v_c 向工件进给,不管 v_c 及 Δ_0 为何值,总有一个时刻 $v_a = v_c$,即工件的电解蚀除速度 v_a 与阴极的进给速度 v_c 相等,即两者达到动态平衡,$d\Delta = (v_a - v_c)dt = 0$,此时加工间隙将稳定不变。对应的间隙称为端面平衡间隙 Δ_b,且

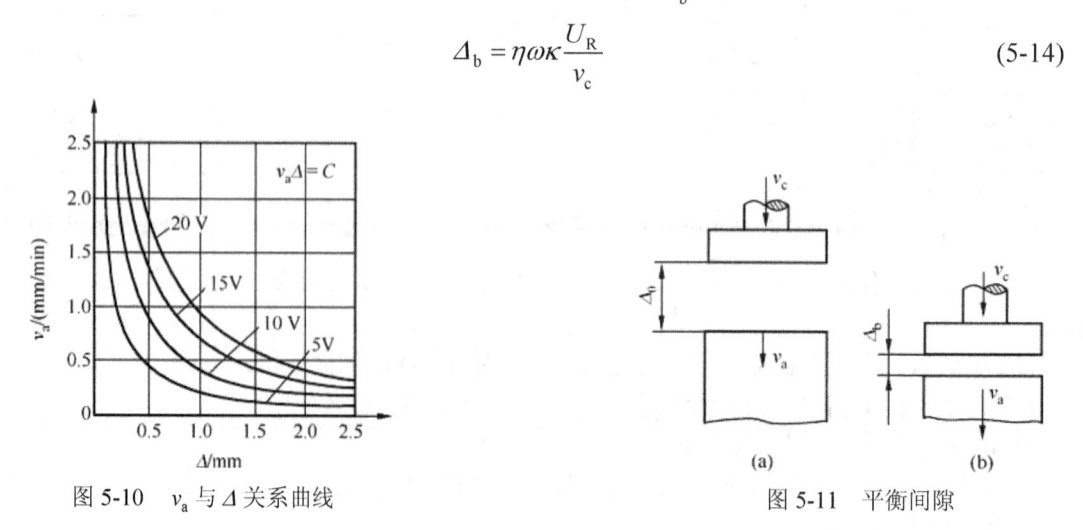

$$\Delta_b = \eta\omega\kappa\frac{U_R}{v_c} \tag{5-14}$$

图 5-10 v_a 与 Δ 关系曲线

图 5-11 平衡间隙

同理,端面平衡间隙与进给速度也呈双曲线函数变化的反比关系,当阴极的进给速度 v_c 过

大时，端面平衡间隙 Δ_b 过小，将会引起局部堵塞，造成火花放电或短路。实际加工的端面平衡间隙，主要决定于所选用的电压、电解液的组成和加工进给速度，一般为 0.1～0.8 mm，型面加工时常选 0.25～0.4 mm。

如图 5-12 所示，在电解加工经过 t 时间后，工具阴极的进给距离为 L，工件表面的电解深度为 h，此时加工间隙为 Δ，随着加工进行，Δ 将逐渐趋向于平衡间隙 Δ_b。起始间隙 Δ_0 与平衡间隙 Δ_b 的差别愈大，或进给速度愈小，则过渡过程愈长。

3) 法向间隙

上述端面平衡间隙 Δ_b 是在垂直于进给方向的阴极端面与工件表面间的间隙。对于锻模等型腔工具来说，工具端面的某一区域不一定与进给方向垂直，可能如图 5-13 所示呈一倾斜角 θ，倾斜部分各点的法向进给速度 v_n 为

$$v_n = v_c \cos\theta$$

将此式代入式(5-14)，即得在 θ 角度处（如图 5-13 所示）的法向平衡间隙

$$\Delta_n = \eta\omega\kappa \frac{U_R}{v_c \cos\theta} = \frac{\Delta_b}{\cos\theta} \tag{5-15}$$

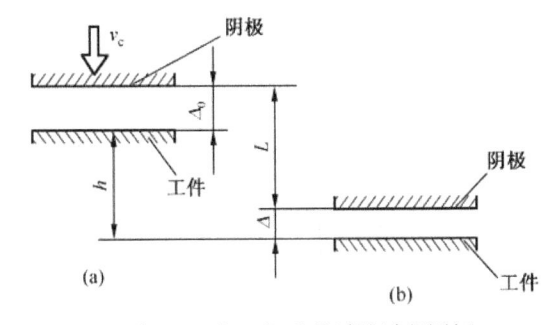

图 5-12 加工间隙的过渡过程图解

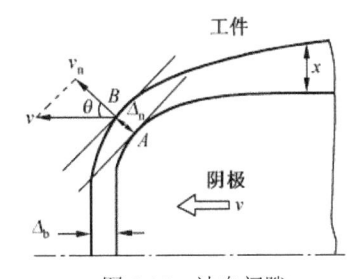

图 5-13 法向间隙

在应用式(5-13)进行法向间隙计算时，必须注意，此式是在进给速度和蚀除速度达到平衡、间隙是平衡间隙而不是过渡间隙的前提下才是正确的，实际上倾斜底面在进给方向的加工间隙往往并未达到平衡间隙 Δ_b 值。底面越倾斜，即 θ 角越大，计算出的 Δ_n 值与实际值的偏差也越大，因此，只有当 $\theta \leq 45°$ 且精度要求不高时，方可采用此式。当底面较倾斜，即 $\theta > 45°$ 时，应按下述侧面间隙计算，并适当加以修正。

4) 侧面间隙

电解加工型孔，决定尺寸和精度的是侧面间隙 Δ_s。阴极侧面绝缘和不绝缘时，其侧面间隙将显著不同。例如，用 NaCl 电解液、侧面不绝缘阴极加工孔时，工件型孔侧壁始终处于被电解状态，势必形成"喇叭口"（如图 5-14(a)所示）。假设在进给深度 $h=v_c t$ 处的侧面间隙 $\Delta_s = x$，由式(5-14)知，该处在 x 方向的电解蚀除速度为 $\dfrac{\eta\omega\kappa U_R}{x}$，经过时间 dt 后，该处的间隙 x 将产生一个增量 dx，且 $dx = \dfrac{\eta\omega\kappa U_R}{x} dt$，对其进行积分，经运算可以得到

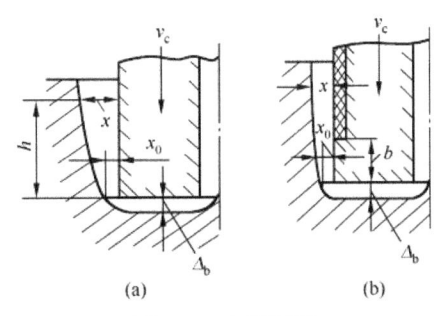

图 5-14 侧面间隙

$$\varDelta_\mathrm{s} = x = \sqrt{\frac{2\eta\omega\kappa U_\mathrm{R}}{v_\mathrm{c}}h + x_0^2} = \sqrt{2\varDelta_\mathrm{b} h + x_0^2} \tag{5-16}$$

当工具底侧面处的圆角半径很小时，$x_0 \approx x_\mathrm{b}$，则

$$\varDelta_\mathrm{s} = x = \sqrt{2\varDelta_\mathrm{b} h + \varDelta_\mathrm{b}^2} = \varDelta_\mathrm{b}\sqrt{\frac{2h}{\varDelta_\mathrm{b}}+1} \tag{5-17}$$

式(5-17)说明，阴极工具侧面不绝缘时，侧面任一点的间隙将随工具进给深度 $h = v_\mathrm{c} t$ 而变化，为一抛物线函数关系，因此工件侧面为一抛物线状的喇叭口。

如果阴极侧面如图 5-14(b)所示进行绝缘，只留一宽度为 b 的工作圈，则在工作圈以上的工件侧面不再遭受二次电解腐蚀而趋于平直，此时侧面间隙 $\varDelta_\mathrm{s}$ 与工具的进给量 h 无关，只取决于工作圈的宽度 b，即

$$\varDelta_\mathrm{s} = \sqrt{2b\varDelta_\mathrm{b} + \varDelta_\mathrm{b}^2} = \varDelta_\mathrm{b}\sqrt{\frac{2b}{\varDelta_\mathrm{b}}+1} \tag{5-18}$$

5) 平衡间隙理论的应用

(1) 计算加工过程中各种间隙，如端面、斜面、侧面间隙，从而可以根据阴极的形状尺寸来推算加工后工件的形状和尺寸。因此，电解加工间隙的变化规律也直接影响并决定了电解加工工件的成形规律。

(2) 选择间隙、加工电压、进给速度等加工参数。使用时，一般是根据式(5-14)，选择加工电压、进给速度以保证合适的加工间隙。

(3) 分析加工精度。如计算整平比及由于毛坯余量不均匀所引起的误差；阴极、工件位置不一致引起的误差，此外可以计算为达到一定的加工精度所需的最小电解加工进给量。

(4) 通常在已知工件截面形状的情况下，阴极的侧面、端面及法向尺寸均可根据端面、侧面及法向平衡间隙理论计算出来。如根据法向间隙计算公式 $\varDelta_\mathrm{n} = \varDelta_\mathrm{b}/\cos\theta$，可用 $\cos\theta$ 作图法由工件截面来设计阴极，计算阴极尺寸及其修正量。

图 5-15 是 $\cos\theta$ 法设计阴极的图解，当工件的形状已知时，在工件型面 2 上任选一点 A_1，作型面法线 A_1B_1 及与进给方向平行的直线 A_1C_1，并取线段长度 A_1C_1 等于平衡间隙 $\varDelta_\mathrm{b}$，再从 C_1 点作与进给方向垂直的直线 C_1B_1，交法线 A_1B_1 于 B_1 点；由几何关系可知，这段法线长度 A_1B_1 就是 $\varDelta_\mathrm{b}/\cos\theta_1$，即过工件型面上 A_1 点的法向间隙 $\varDelta_\mathrm{n}$，而 B_1 点也就是在工具阴极上所找到的对应工件型面上 A_1 点的对应点。依此类推，可以根据工件上的 A_2、A_3、$\cdots$、A_n 等点求得阴极上对应 B_2、B_3、$\cdots$、B_n 等点，将 B_1、B_2、B_3、$\cdots$、B_n 等点连接并经样条光顺处理，就可得到所需要的工具阴极加工面的轮廓线，即图中的曲面轮廓线 1。要指出的是，当 $\theta > 45°$ 时，采用此法处理误差较大，其一般解决的办法是先按求侧面间隙的方法进行计算，再适当修正。

为了提高阴极的设计精度，缩短阴极的设计和制造周期，可根据电解加工间隙理论利用计算机辅助设计（CAD）、逆向工程数字化设计、制造等先进方法来设计制造阴极，有望解决电解加工中阴极设计制造的技术难题。

6) 影响加工间隙的其他因素

平衡间隙理论是分析各种加工间隙的基础，因此对平衡间隙有影响的因素同时对加工间隙有影响，必然影响对电解加工的成形精度。由式(5-14)可知，除阴极进给速度 v_c 外，尚有其他因素影响平衡间隙。

首先，电流效率 η 在电解加工过程中，有可能变化，例如，工件材料成分及组织状态的不一致，电极表面的钝化和活化状况等，都会使 η 值发生变化。电解液的温度、质量分数的变化不但影响到 η 值，而且将对电导率 κ 值有较大影响。

加工间隙内工具形状、电场强度的分布状态将影响到电流密度的均匀性，如图 5-16 所示。在工件的尖角处电力线比较集中，电流密度较高，蚀除较快，而在凹角处电力线较稀疏，电流密度较低，蚀除速度则较低，所以电解加工较难获得尖棱尖角的工件外形。另外，在设计阴极时要考虑电场的分布状态。

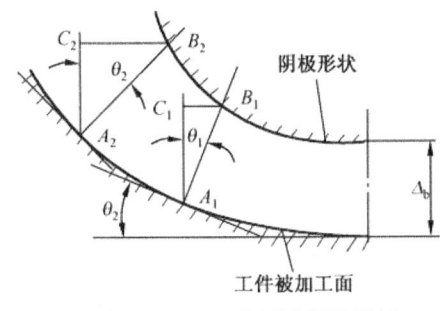

图 5-15　$\cos\theta$ 作图法设计阴极　　　　图 5-16　尖角变圆现象

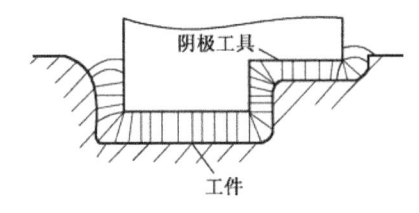

电解液的流动方向对加工精度及表面粗糙度有很大影响，入口处为新鲜电解液，有较高的蚀除能力，越近出口处则电解产物（氢气泡和氢氧化亚铁）的含量越多，而且随着电解液压力的降低，气泡的体积越来越大，电解液的导电率和蚀除能力也越低。因此一般规律是：入口处的蚀除速度及间隙尺寸 Δ_1 比出口处 Δ_2 大，其加工精度和表面质量也较出口处好。

加工电压的变化直接影响到加工间隙的大小。在实际生产中，当其他参数不变时，端面平衡间隙 Δ_b 随加工电压的升高而略有增大，因此在加工过程中控制加工电压和稳压是很重要的。

3．表面质量

电解加工表面质量，是指工件经电解加工后其表面及表面层的几何、物理、化学性能的变化，又称为电解加工工件表面完整性。电解加工的表面质量包括表面粗糙度和表面的物理化学性质的改变两方面。正常电解加工的表面粗糙度 Ra 能达到 $1.25\sim0.16\ \mu m$，由于靠电化学阳极溶解去除金属，所以没有切削力和切削热的影响，不会在加工表面发生塑性变形，不存在残余应力、冷作硬化或烧伤退火层等缺陷。因此，电解加工表面质量大致有以下的特点：

（1）电解加工是利用阳极溶解作用将金属去除的，工具阴极与工件不直接接触，因此在工件的表面上不形成塑性变形层（冷作硬化层），不产生任何明显的残余应力；相反，它能将原有的变形层部分去除或完全去除。在电解加工正常进行时，工件表面的金相组织基本上不发生变化，只是显微硬度比基体金属稍微变软。而一般机械加工通常都在零件的表面形成塑性变形层，表面层存在残余应力，在某些情况下，还出现热影响区和发生金相组织的变化。

（2）切削加工后的表面，在与刀痕平行方向上的表面质量和垂直方向上的大不相同，表面粗糙度主要表现在与刀痕垂直的方向上。而电解加工后的表面质量在各方向上大体都是相同的，它的表面微观几何形状与切削加工的差别较大。

（3）电解加工时影响零件表面质量的因素很多，如机械能、电能、化学能、热能等，比一般机械加工时影响因素要多。各种因素的影响往往不是线性的，而是它们综合作用的结果。实践表明，在工件材料、电解液和工艺参数等匹配得当时，可得到较高的表面光洁度（甚至可以达到镜面）；但如果匹配不当，则表面质量较差，且易出现斑点腐蚀、晶界腐蚀等表面缺陷。

影响表面质量的因素主要如下：

(1) 工件材料的合金成分、金相组织及热处理状态对表面粗糙度的影响很大。合金成分多，杂质多，金相组织不均匀，结晶粗大，都会造成溶解速度的差别，从而影响表面粗糙度，如铸铁、高碳钢的表面粗糙度就较差。可采用适当的热处理，如高温均匀化退火、球化退火，使组织均匀及晶粒细化。

(2) 工艺参数对表面质量也有很大影响。电流密度对表面质量有很大影响，一般来说，电流密度较高，有利于阳极的均匀溶解。电解液的温度和流量对表面质量也有很大影响。电解液温度对电解液的电导率和阳极膜状况都有作用，因此在保持阴极进给速度或电流密度等不变的条件下，电解液温度对表面质量有一定的影响。电解液的温度过高，会引起阳极表面的局部剥落而造成表面缺陷，温度过低，钝化较严重，也会引起阳极表面不均匀溶解或形成黑膜。例如，钛合金如用 NaCl 电解液加工时，电解液温度则需达到 40℃ 以上才能得到较好的表面质量。电解液的流量直接影响到加工间隙中电解液的流速，而电解液流速对电化学过程中阳极极化特性是有影响的。因此，流速的变化如果引起阳极膜的状况发生变化，那么工件的表面质量也可能要发生变化。电解液的流速过低，由于电解产物排出不及时，氢气泡的分布不均，或由于加工间隙内电解液的局部沸腾化，造成表面缺陷。电解液流速过高，有可能引起流场不均，局部形成真空而影响表面质量。加工钛合金或纯钛时，电解液温度需 40℃，平均电流密度在 20 A/cm^2 以上。

(3) 阴极表面条纹、刻痕等都会相应地复印到工件表面，所以阴极表面要注意加工。阴极上喷液口的设计和布局也是极为重要的。如果设计不合理，流场不均，就可能使局部电解液供应不足而引起短路，以及引起流纹等疵病。

此外，工件表面必须除油去锈，电解液必须沉淀过滤，不含固体颗粒杂质。

4．提高电解加工精度的途径

新材料、新结构的不断涌现，给电解加工提供了更广阔的应用领域，提出了更高的工艺指标要求，特别是对加工精度的要求越来越高，而传统的直流电解加工工艺已难以满足新的要求。提高加工精度是电解加工进一步发展的关键所在，成为研究的热点。通过分析电解加工加工误差的形成原因，可以看出，提高电解加工精度的根本途径是改善电解加工间隙的理、化学特性，即提高阳极溶解的集中蚀除能力，降低散蚀性，同时改善间隙内电场、流场、电化学参数的均匀性和稳定性，以及缩小加工间隙。目前，经生产实践证实行之有效的提高电解加工精度的主要技术途径和措施有以下几点。

1) 脉冲电流电解加工

采用脉冲电流电解加工是近年来发展起来的新方法，可以明显提高加工精度，在生产中已实际应用并日益得到推广。早期的脉冲电流电解加工以低频、宽脉冲、周期供给脉冲电流，周期进给或带同步振动进给的模式为主。这种模式的加工工艺水平较传统的直流电解加工有明显的提高，得到了局部应用。20 世纪 90 年代又发展了连续进给、高频、窄脉冲电流的模式，在型面、型腔加工技术上有进一步的突破，经过大量试验研究及初步试生产应用已显示出了明显的技术经济效果及重要应用前景。采用脉冲电流电解加工能够提高加工精度的原因是：

(1) 消除加工间隙内电解液电导率的不均匀化。加工区内阳极溶解速度不均匀是产生加工误差的根源。由于阴极析氢的结果，在阴极附近将产生一层含有氢气气泡的电解液层，由于电解液的流动，氢气气泡在电解液内的分布是不均匀的。在电解液入口处的阴极附近几乎没有气泡，而远离电解液入口处的阴极附近，电解液中所含氢气气泡将非常多。其结果将对电解液流动的速度、压力、温度和密度的特性有很大影响。这些特性的变化又集中反映在电解液电导率的变化上,造成工件各处电化学阳极溶解速度不均匀,从而形成加工误差。采用脉冲电流电解加工就可以在两个脉冲间隔时间内,通过电解液的流动与冲刷,使间隙内电解液的电导率分布基本均匀。

(2) 脉冲电流电解加工使阴极在电化学反应中析出的氢气是断续的,呈脉冲状,可以对电解液起搅拌作用,有利于电解产物的去除,提高电解加工精度。

为了充分发挥脉冲电流电解加工的优点,还有人采用脉冲电流-同步振动电解加工。其原理是在阴极上与脉冲电流同步,施加一个机械振动,即当两电极间隙最近时进行电解,当两电极距离增大时停止电解而进行冲液,从而改善了流场特性,使脉冲电流电解加工日臻完善。

2) 小间隙电解加工

在 0.05~0.1 mm 的端面加工间隙条件下进行电解加工(以下称为小间隙加工),可以在使用一般电解液且不需混气的条件下加工出高精度、低表面粗糙度的工件。在小间隙加工条件下,使用对所加工的材料具有非线性加工特性的电解液来加工型腔,型面精度在±0.05 mm 以内,表面粗糙度 Ra 为 0.3~0.4 μm。在小间隙加工条件下,使用倒置绝缘腔结构的阴极进行套型加工,加工精度可以达到±(0.03~0.05) mm,并且在工件全长范围内的尺寸偏差不大于 0.02 mm。

加工间隙的大小及变化是决定加工精度的一个主要因素。首先由 $v_a = C/\Delta$ 可知,工件材料的蚀除速度 v_a 与加工间隙 Δ 成反比关系。C 为常数(此时工件材料、电解液参数、电压均保持稳定)。

实际加工中由于余量分布不均,以及加工前零件表面微观不平度等的影响,各处的加工间隙是不均匀的。以图 5-17 中用平面阴极加工平面为例来分析,设工件最大平直度为 δ,则突出部位的加工间隙为 Δ,设其去除速度为 v_a,低凹部位的加工间隙为 $\Delta+\delta$,设其蚀除速度为 v_a',按式 $v_a = C/\Delta$,则

$$v_a = C/\Delta ; \quad v_a' = C/(\Delta+\delta)$$

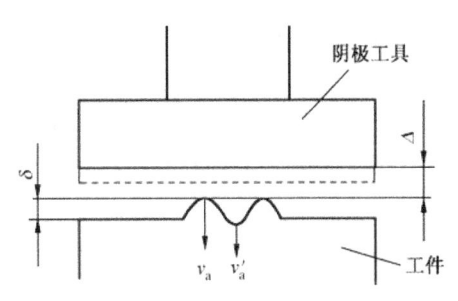

图 5-17 余量不均匀时电解加工示意图

两处蚀除速度之比为

$$\frac{v_a}{v_a'} = \frac{\dfrac{C}{\Delta}}{\dfrac{C}{\Delta+\delta}} = \frac{\Delta+\delta}{\Delta} = 1+\frac{\delta}{\Delta} \tag{5-19}$$

如果加工间隙 Δ 小,则 δ/Δ 的比值增大,突出部位的去除速度将大大高于低凹处,提高了整平效果。由此可见,加工间隙越小,越能提高加工精度。对侧面间隙的分析也可得出相同结论。

可见,采用小间隙加工,对提高加工精度、提高生产率都是有利的。但间隙越小,对电流的阻力越大,电流密度大,间隙内电解液温度升高快、温度高,电解液的压力需很高,间隙过小容易引起短路。因此,小间隙电解加工的应用受到机床刚度、传动精度、电解液系统所提供的压力、流速和过滤情况的限制。

3) 改进电解液

如前所述，采用钝性电解液对提高铁基合金和模具钢、不锈钢的集中蚀除能力有显著效果，钝性电解液已经成为模具电解加工的基本型电解液，但对于钛合金、高温耐热合金等重要电解加工材料，效果却不明显。由于钝性电解液在提高加工精度方面适应对象范围较窄，加之生产效率较低，加工过程中电解液组分还有所变化，需要经常调整，因而未能普遍用于生产。其中，$NaNO_3$ 电解液在英国采用的较多，低浓度的复合 $NaNO_3$ 电解液在我国的钛合金叶片加工中采用的较多。

除了前面已提到的采用钝化性电解液，如 $NaNO_3$、$NaClO_3$ 等外，正进一步研究采用复合电解液，主要是在 NaCl 电解液中添加其他成分，既保持 NaCl 电解液的高效率，又提高了加工精度。例如，在 NaCl 电解液中添加少量 Na_2MoO_4、$NaWO_4$，两者都添加或单独添加，质量分数共为 0.2%～3%，加工铁基合金具有较好的效果。采用 NaCl(5%～20%)、CoCl(0.1%～2%)和 H_2O 的电解液（指质量分数），可在相对于阴极的非加工表面形成钝化层或绝缘层，从而避免杂散腐蚀。

采用低质量分数电解液，加工精度可显著提高。例如，对于 $NaNO_3$ 电解液，过去常用的质量分数为 20%～30%。如果采用 $NaNO_3$(4%)的低质量分数电解液，加工压铸模，加工表面质量好，间隙均匀，复制精度高，棱角很清晰，侧壁基本垂直，垂直面加工后的斜度小于 1°。采用低质量分数电解液的缺点是效率较低，加工速度不能很快。

4) 混气电解加工

混气电解加工工艺可以普遍提高集中蚀除能力，提高整平比，较大幅度地减小遗传误差，在毛坯余量偏小、允差偏大的工件加工中使用，获得了较好的效果。

混气电解加工就是将一定压力的气体（主要是压缩空气）用混气装置与电解液混合在一起，使电解液成为包含无数气泡的气液混合物，然后送入加工区进行电解加工。

混气电解加工在我国应用以来，获得了较好的效果，显示了其一定的优越性。主要表现在提高了电解加工的成形精度，简化了阴极工具设计与制造，因而得到了较快的推广。例如，不混气加工锻模时（如图 5-18(a)所示），侧面间隙很大，模具上腔有喇叭口，成形精度差，阴极工具的设计与制造也比较困难，需要多次反复修正。图 5-18(b)为混气电解加工的情况，成形精度高，侧面间隙小而均匀，表面粗糙度值小，阴极工具设计较容易。

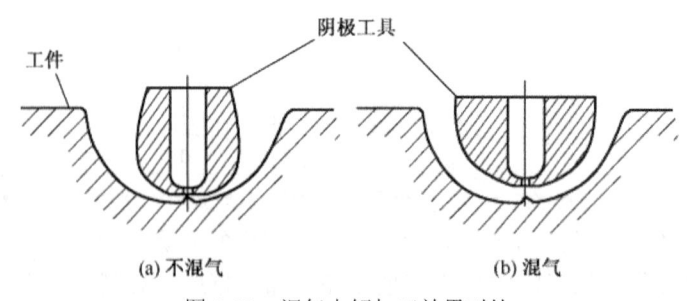

图 5-18 混气电解加工效果对比

混气电解加工装置的示意图如图 5-19 所示，在气液混合腔中（包括引导部、混合部及扩散部），压缩空气经过喷嘴喷出，与电解液强烈搅拌压缩，使电解液成为含有一定压力的无数小气泡的气液混合体后，进入加工区域进行电解加工。混合腔的结构与形状，依加工对象的不同有几种类型。

电解液中混入气体后，将会起到下述作用：

(1) 增加了电解液的电阻率，减少杂散腐蚀，使电解液向非线性方面转化。由于气体是不导电的，所以电解液中混入气体后，就增加了间隙内的电阻率，而且随着压力的变化而变化，一般间隙小的地方压力高，气泡体积小，电阻率低，电解作用强；间隙大的地方压力低，气泡大，电阻率大，电解作用弱。

(2) 降低电解液的密度和黏度，增加流速，均匀流场。由于气体的密度和黏度远小于液体，所以混气电解液密度和黏度也大大下降，这是混气电解加工能在低压下达到高流速的关键，高速流动的气泡还起搅拌作用，消除死水区，均匀流场，减少短路的可能性。

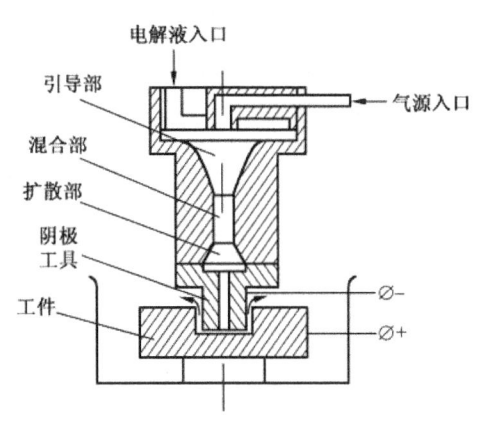

图 5-19 混气电解加工示意图

混气电解加工成形精度高，阴极设计简单，不必进行复杂的计算和修正，甚至可用"反拷"法制造阴极，并可利用小功率电源加工大面积的工件。由于混气后电解液的电阻率显著增加，在同样的加工电压和加工间隙条件下电流密度下降很多，所以生产率较不混气时将降低 1/3～1/2。另一缺点是需要一套附属供气设备，要有足够压力的气源、管道和抽风设备。

由于混气电解加工间隙中两相流的均匀性和稳定性难以控制，导致加工尺寸分散度较难控制，加之生产效率有些降低，气液混合系统较复杂，特别是气液混合器的设计和制造难度较高，因此我国仅在叶片加工中这类整平比矛盾较突出的工件中大量选用，在锻模类尺寸精度要求不甚高的工件加工中也有所采用，但没有得到进一步的发展和扩大应用范围。

【应用点评 5-1】 提高电解加工精度措施应用

上述提高电解加工精度的措施一般会综合使用。因减小加工间隙理论上能够提高复制精度，降低阴极设计难度，但给流场设计和机床刚性及控制精度提出了更高要求。经常在采用脉冲电流电解加工的同时，电解液采用低浓度复合电解液，甚至在加工中辅以振动进给，特别在精密微细电解加工中应用较为广泛，随着高性能脉冲电源应用越来越多，在精密加工中普遍采用了脉冲电流电解加工，广泛应用于航空发动机叶片、小孔、型孔、窄缝及模具型腔加工中，获得了很好的实际应用效果。

5.2.3 电解液

1. 电解液的作用

电解液是电解池的基本组成部分，是电解加工产生阳极溶解的载体。正确的选用电解液是实现电解加工的基本条件。

电解液的主要作用如下：

(1) 与工件及阴极组成进行电化学反应的电化学体系，实现所要求的电解加工过程；同时，电解液所含导电离子是电解池中传送电流的介质，这是其最基本的作用。

(2) 排除电解产物，控制极化，使阳极溶解能正常、连续进行。

(3) 及时带走电解加工过程中所产生的热量，使加工区不致过热而引起自身沸腾、蒸发，以确保正常加工。

2. 对电解液的要求

随着电解加工的发展，对电解液不断提出新的要求，根据不同的工艺要求，电解液可能有所区别，甚至相互差异。对电解液的基本要求是：

(1) 具有足够的蚀除速度　即生产率要高，这就要求电解质在溶液中有较高的溶解度和离解度，具有很高的电导率。例如，NaCl水溶液中NaCl几乎能完全离解为Na^+和Cl^-，并与水的H^+、OH^-能共存。另外，电解液中所含的阴离子应具有较正的标准电位，如Cl^-、ClO_3^-等，以免在阳极上产生析氧等副反应，降低电流效率。

(2) 具有较高的加工精度和表面质量　电解液中的金属阳离子不应在阴极上产生放电反应而沉积到阴极工具上，以免改变工具的形状及尺寸。因此，在选用的电解液中所含金属阳离子必须具有较负的标准电极电位（$U^0 < -2\ V$），如Na^+、K^+离子等。当加工精度和表面质量要求较高时，应选择杂散腐蚀小的钝化型电解液。

(3) 阳极反应的最终产物应是不溶性的化合物　这主要是便于处理，且不会使阳极溶解下来的金属阳离子在阴极上沉积，通常被加工工件的主要组成元素的氢氧化物大都难溶于中性盐溶液，故这一要求容易满足。在电解加工中，有时会要求阳极产物能溶于电解液而不是生成沉淀物，这主要是在特殊情况下，如电解加工小孔、窄缝等，为避免不溶性的阳极产物堵塞加工间隙而提出的。

除上述基本要求外，电解液还应当具备性能稳定、操作安全，污染少且对设备的腐蚀性小，价格便宜易于采购，使用寿命长等条件。

3. 常用电解液

电解液可以分为中性盐溶液，酸性溶液与碱性溶液三大类。中性盐溶液的腐蚀性小，使用时较安全，故应用最普遍。目前，生产实践中常用的电解液为三种中性电解液：NaCl、$NaNO_3$和$NaClO_3$电解液。

1) NaCl电解液

NaCl电解液中含有活性Cl^-，阳极工件表面不易生成钝化膜，所以具有较大的蚀除速度，而且没有或很少有析氧等副反应，电流效率高，加工表面粗糙度值也小。NaCl是强电解质，在水溶液中几乎完全电离，导电能力强，而且适用范围广，价格便宜，货源充足，所以是应用最广泛的一种电解液。

NaCl电解液的蚀除速度高，但其杂散腐蚀也严重，故复制精度较差。NaCl电解液的质量分数常在20%以内，一般为14%~18%，当复制精度要求较高时，可采用较低的质量分数（5%~10%），以减少杂散腐蚀。常用的电解液温度为25~35℃，但加工钛合金时，须在40℃以上。

2) $NaNO_3$电解液

$NaNO_3$电解液的应用也比较广泛，有的单位把它作为标准电解液，有的单位则以$NaNO_3$为主，加以一定成分的添加剂配成非线性好的电解液。$NaNO_3$电解液的腐蚀性小，使用方便，并且加工精度较高。$NaNO_3$电解液是一种钝化型电解液，其阳极极化曲线如图5-20所示。在曲线AB段，阳极电位升高，电流密度增大，符合正常的阳极溶解规律。当阳极电位超过B点后，由于钝化膜的形成，使电流密度i急剧减少，至C点时金属表面进入钝化状态。当电位超过D点，钝化膜开始破坏，电流密度又随电位的升高而迅速扩大，金属表面进入超钝化状态。阳极溶解速度又急剧增加。如果在电解加工时，工件的加工区处在超钝化状态，而非加工区由于其阳极电位较低处于钝化状态而受到钝化膜的保护，就可以减少杂散腐蚀，提高加工精度。图5-21为其成形精度的对比情况。图 5-21(a)为用 NaCl 电解液的加工结果，由于阴极侧面不绝缘，侧壁被杂散腐蚀成抛物线形，内芯也被腐蚀，剩下一个小锥体。图 5-21(b)为用 $NaNO_3$ 或 $NaClO_3$ 电解液加工的情况，虽然阴极表面没有绝缘，但当加工间隙达到一定程度后，工件侧壁钝化，不再扩大，所以孔壁锥度很小而内芯也被保留下来。

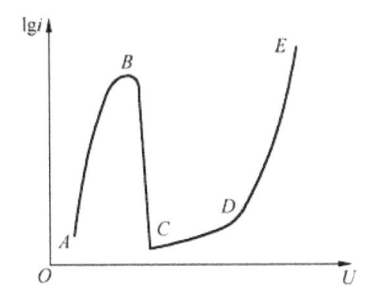

图 5-20　钢在 $NaNO_3$ 电解液中的极化曲线

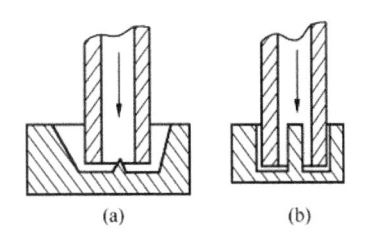

图 5-21　杂散腐蚀能力比较

$NaNO_3$ 电解液在质量分数为 30% 以下时，有比较好的非线性性能，成形精度高，而且对机床设备的腐蚀性小，使用安全。它的主要缺点是电流效率低，生产率也低，$NaNO_3$ 是氧化剂，易燃烧，沾染 $NaNO_3$ 的水溶液干燥后能迅速燃烧，故使用及储藏时要充分注意。另外，加工时在阴极有氨气析出，所以 $NaNO_3$ 会被消耗。

图 5-22 为三种常用的电解液的电流效率 η 与电流密度 i 的关系曲线。从图中可以看出，NaCl 电解液的电流效率接近于 100%，基本上是直线，而 $NaNO_3$ 与 $NaClO_3$ 电解液的 η-i 是曲线，当电流密度小于 i_a 时，电解作用停止，故有时称之为"非线性电解液"。

3) $NaClO_3$ 电解液

$NaClO_3$ 电解液的特点是散蚀能力小，加工精度高。这种电解液在加工间隙达到 1.25 mm 以上时，对阳极的溶解作用就几乎完全停止了，因而阳极溶解作

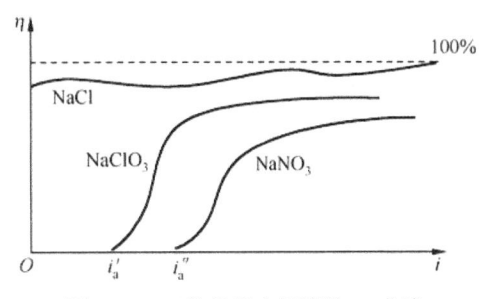

图 5-22　三种常见电解液的 η-i 曲线

用仅集中在与阴极工作表面最接近的阳极部分。这一特点在用固定式阴极加工时，可获得良好的加工精度。

$NaClO_3$ 具有很高的溶解度，可以配置高浓度的溶液，因而有可能得到与 NaCl 相当的加工速度。此外，它的化学腐蚀性也很小，而且加工过的表面具有较高的耐蚀性。但是 $NaClO_3$ 价格昂贵，使用浓度大，使用中又有消耗，故经济性差，这也是限制它迅速推广的原因之一。

$NaClO_3$ 电解液在电解过程中会分解产生 NaCl，使溶液中的 ClO_3^- 含量不断下降，而 Cl^- 含量不断增长。因此，电解液性能在使用中有所变化，电解质有消耗，需要不断补充。

4) 电解液中的添加剂

从前述可知，几种常用的电解液都有一定的缺点。比如，NaCl 电解液的散蚀能力大，腐蚀性也大，$NaNO_3$ 电解液的电流效率一般较低，$NaClO_3$ 电解液的成本较高，使用中还须注意安全。因此，人们一直在研究使用添加剂。添加剂是指在电解液中添加较少的量就能改变电解液某方面性能的特定成分。例如，NaCl 电解液的散蚀能力大，加工精度低是其主要缺点之一，为了减少 NaCl 电解液的散蚀能力，可加入少量磷酸盐等，使阳极表面产生钝化性抑制膜，在低电流密度处电流效率降低甚至不发生溶解作用，从而提高成形精度及表面质量。$NaNO_3$ 电解液虽有非线性特性较好，成形精度高的特点，但其生产率低，可添加少量 NaCl 使其加工精度及生产率均

较高。为了防止中性盐电解液在电解加工过程中产生沉淀物,常常采用金属络合物等隐蔽剂。为改进电解加工表面质量,还可添加类似电镀工业中采用的活化剂和光亮剂。为减轻电解液的腐蚀性,采用缓蚀添加剂等。

4. 电解液的流速和流向

电解加工过程中,流动的电解液要足以排出间隙中的电解产物与所产生的热量,因此必须具有一定的流速。电解液的流速一般在 10 m/s 左右,电流密度增大时,流速要相应增加。流速的改变是靠调节电解液泵的出水压力来实现的。

电解液的流动形式可概括为两类:侧向流动和径向流动,径向流动又可分为正流式和反流式两种。图 5-23 为电解液流动的三种情况。正流式是指电解液从阴极工具中心流入,经加工间隙后,从四周流出。其优点是密封装置较简单,缺点是加工型孔时,电解液流经侧面间隙时已含有大量氢气及氢氧化物,加工精度和表面粗糙度较差。

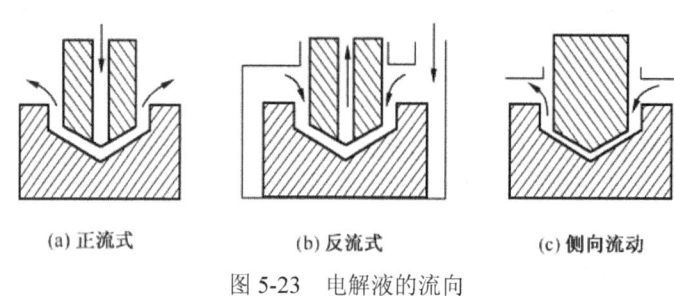

(a) 正流式　　(b) 反流式　　(c) 侧向流动

图 5-23　电解液的流向

反流式是指新鲜电解液先从型孔周边流入,而后经阴极工具中心流出。它的优缺点与正流式恰相反。

侧向流动是指电解液从一侧面流入,从另一侧面流出。一般用于发动机、汽轮机叶片的加工,以及一些较浅的型腔模具的修复加工。

5.2.4　电解加工设备

电解加工是电化学、电场、流场和机械各类因素综合作用的结果,因而作为实现此工艺的手段——设备必然是多种部分的组合,各部分具有相对独立的功能和特性,属于不同的专业范畴,但是又在统一的产品工艺要求下形成一个相互关联、相互制约的有机整体。这就决定了电解加工设备的特殊性、综合性和复杂性。电解加工的全套设备组成如图 5-24 所示,包括机床、电源、电解液系统,以及相应的操作、控制系统及控制软件等。典型电解加工机床如图 5-25 所示。

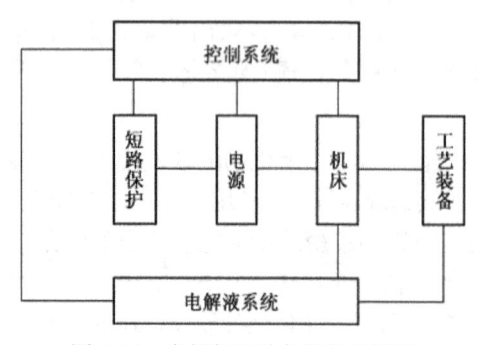

图 5-24　电解加工设备的组成框图

图 5-25　电解加工机床

1. 电解加工设备的主要组成部分

1) 机床

(1) 电解加工机床的构成及特点。

机床是电解加工设备的主体，由床身、工作台、工作箱、滑枕头、进给系统、导电系统组成，是进行电解加工的场所，其主要功能是安装、定位工件和工具阴极，按需要送进工具阴极，以及将加工电流和电解液输送到加工区。

特种加工机床与工艺联系极为紧密，成功的设计必须满足工艺的特殊要求，具备相应的特殊功能。如前所述电解加工设备的中心问题是如何在腐蚀性、干扰性较强的环境中，在较大的动态载荷及加工电流条件下稳定地维持给定的小加工间隙。体现在机床上主要是刚性和耐蚀性，这是确保电解加工机床稳定的两大关键。电解加工机床的特殊功能是传导大电流以及输送高速流动的腐蚀性电解液。总体布局上要注意机床与电源、电解液系统正确匹配的问题。结构上要解决好刚性、耐蚀性、密封以及电流传输的发热等问题，因而电解加工机床结构较为复杂。在选材特点上则以耐蚀材料居多，对定位件则既要求耐蚀又要求高精度和高稳定性，由此导致制造难度较大，需要采用某些特殊工艺，相应的制造成本亦较高。

由于电解加工机床性能、规格与加工产品的特殊要求紧密相连，故其通用范围较窄，属于小批量、多品种类型，因而一般是根据用户订货专门制造，在通用模式的基础上，用户可以根据特殊需要而增、减某些功能，任选某些部件。这也是造成其成本较高的原因之一。

如前所述，电解加工机床与一般金属切削机床相比有其特殊性，因而对电解加工机床的一些特殊要求如下：

① 机床的刚性。电解加工虽然没有机械切削力，但电解液有很高的压强，如果加工面积较大则对机床主轴、工作台的作用力也是很大的。因此，电解加工机床的工具和工件系统必须有足够的刚度，否则将引起机床部件的过大变形，改变工具阴极和工件的相互位置，甚至造成短路烧伤。

② 进给系统的稳定性。金属的阳极溶解量是与时间成正比的，进给速度不稳定，阴极相对工件的各个截面的电解时间就不同，影响到加工精度。这对内孔、膛线、花键等的截面零件加工影响更为严重，所以电解加工机床必须保证进给速度的稳定性。

③ 防腐绝缘。电解加工机床经常与有腐蚀性的电解液相接触，故必须采取相应的措施进行防腐，以保护机床，避免或减少腐蚀。

④ 其他安全措施。电解加工过程中还将产生大量氢气，如果不能迅速排除，就可能因火花短路放电等引起氢气爆炸，必须采取相应的排气措施。

(2) 机床总体布局。

① 总体布局的类型　总体布局是指机床各部件之间相互配置的方式。总体布局中应考虑的主要问题是如何有利于实现机床的主要功能，满足工艺的需要，以最简便的方式达到所要求的机床刚度、精度，同时还要可操作性好，便于维护，安全可靠，性能价格比高。电解加工机床总体布局的主要类型见表 5-4。

② 机床运动系统的布局　机床运动系统的组成和布局影响机床的通用性、操作性、刚性和加工精度。运动坐标的数目越多，通用性就越好，且操作、调整方便。但坐标数的增加相应增加了运动接触面和接触间隙，使接触刚性减弱，在外界载荷的作用下就会增大机床变形量，并使变形量和变形方向不稳定，甚至发生振动，这些都会影响到机床刚性、精度和稳定性。

表 5-4 电解加工机床总体布局的主要类型

类别	名称	示意图	滑枕进给方式	工作台运动形式	最大承载能力/kN	额定电流/A	应用范围
立式机床	框型		滑枕在上部,向下进给式;滑枕在下部,向上进给式	固定式;X,Y双向可调整式;旋转分度式	250	5000 10000 20000 40000	中大型模具型腔,大型叶片型面,大型轮盘腹板,大型链轮齿形,大型花键孔,电解车
立式机床	C型		中型:同上	同上	25	1000 3000 5000	中小型模具型腔;整体叶轮型面、中型孔、异型孔等套料加工
立式机床	C型		小型:滑枕在上部向下进给式	固定式		300 1000	小孔 小异型孔
立式机床	C型		电射流	固定式		1.5 10	微孔
卧式机床	卧式三头		滑枕水平进给	固定式	45	10000	同时加工叶片型面及根部、凸台转接端面
卧式机床	卧式双头		水平进给;向上或向后倾斜方向进给	固定式	90	3000 5000 10000 20000	叶片型面,腹板
卧式机床	卧式单头		水平进给	固定式 旋转分度式	90	10000 20000	机匣内外环底型面、凸台、型孔、筒型零件内孔、大型煤球轧滚型腔、深孔、炮管膛线、深花键孔
	固定阴极式		固定式	固定式		500 1000 1500	扩孔 抛光 去毛刺

机床运动系统的组成和布局要根据加工的具体要求而定。一般来说,在全型加工的大型机床中宜采用固定工作台,滑枕头单坐标进给的方案,以确保机床的高刚度。相应带来工件、夹具安装、调整不便的缺点可用附件弥补。打孔机床及专用性强的中小机床也是如此,通用性强的中小机床工作台(含工作箱)可做成 X、Y 双向水平移动式,但必须采取严密的防锈蚀措施和可靠的夹紧机构。立式机床的滑枕头一般布局在机床上部,加工时工件固定,工具向下进给,在必要时也可采用与此相反的布局方式。例如,加工轴对称工件中需要工具电极旋转时,或用侧流式加工型腔时,均可将滑枕头置于机床下部而向上进给。前者有利于机床刚性的加强,后者有利于流场的稳定。卧式机床的滑枕一般为水平安装,但近年在叶片电解加工机床中开始采用滑枕向上倾斜 30°或 45°方向进给的方案以便一次全型加工出整个叶身表面。近年发展的展成法电解加工则采用多坐标数控机床。虽运动系统的接触刚性较弱,但由于极间负载小,因而仍可达到较高的加工精度。

2) 电源

电源是电解加工设备的核心部分,如前所述机床和电解液系统的规格都取决于电源的输出电流。同时电源的波形、电压、稳压精度和短路保护的功能都直接影响电解加工的阳极溶解过程，从而影响电解加工的精度、表面质量、稳定性和经济性。除此之外，一些特殊电源对于电解加工硬质合金、铜合金等材料起着决定性作用。

电源随着电子工业的发展而发展。电解加工电源从 20 世纪 60 年代的直流发电机组和硅整流器发展到 70 年代的晶闸管调压、稳压的直流电源；80 年代出现了晶闸管斩波的脉冲电源；90 年代随现代功率电子器件的发展和广泛应用，又出现了高频、窄脉冲电流电解加工电源。电源的每一次变革都引起电解加工工艺的新的发展。由于国内外电子工业的差距，电源是电解加工设备中国内外差距较大的环节，体现在电源的容量、稳压精度、体积、密封性、耐蚀性、故障率和寿命等诸多方面，因而电源是国内的电解加工设备中急需改进和提高的另一重要环节。

(1) 电解加工电源的基本要求。

① 电源的额定电流应能按所要求的加工速度加工机床所设计的最大加工面积的工件。由于电源电流超过 $4×10^4$ A 后，导致主回路并联的均流问题、电源本身的散热问题都较难解决，电源的成本也将大为增加。而且在工艺上，如此大的电流引起的加工间隙内电解液的温升、电解产物的排除、导电系统及工装的发热、变形均成为重大问题，故迄今电解加工直流电源最大额定电流为 $4×10^4$ A。

② 电源的额定电压一般在（8~24）V 范围内，需连续可调。电源的稳压精度一般为±1%，脉冲电源则可适当放宽。

③ 耐蚀性好。由于电解加工是在大电流密度下进行，因而电源应尽量靠近加工区，否则传输线路压降较大，导致能耗损失大，特别是脉冲电源还将导致波形传输的畸变。这样就要求电源的耐蚀性好，能承受腐蚀性气体的工作环境。还应在大电流条件下连续工作稳定、可靠、无故障。

(2) 电解加工电源的基本类型。

① 直流电源。当前国内外电解加工中绝大部分仍采用直流电源。早起的直流发电机组噪声大、效率低，调节灵敏度较差，导致稳压精度较低，短路保护时间较长。随着功率硅二极管的发展，硅整流器电源逐渐取代了直流发电机组。其主要优点是可靠性、稳定性好，效率高，功率因数高。硅整流电源中先用变压器把 380 V 的交流电变为低压电的交流电，而后再用大功率硅二极管将交流电整成直流。随着大功率晶闸管器件的发展，晶闸管调压、稳压的直流电源又逐渐取代了硅整流器电源。现在国外已全部采用此种电源，国内大电流电源亦全部采用此方案。其主要优点是调节灵敏度高，稳压精度可达±1%，短路保护时间可达 10 ms。

② 脉冲电流电解加工电源。早期的脉冲电源主要是为了解决某些特殊材料电解加工的需要，例如用直流电源加工硬质合金时只有碳被蚀除，表面状况不均匀，加工速度低，容易短路。采用特殊脉冲电源加工铁、铜、铜合金及硬质合金均获得良好效果。随脉冲电流电解加工工艺的发展，研制脉冲电源的主要目的是为了提高加工精度，改善表面质量，简化、稳定电解工艺过程，将电解加工从一般加工提高到精密加工水平。其发展方向为加大输出电流，提高脉冲频率，改善其频率特性，缩小脉宽，提高电源的可靠性和稳定性。

现代功率半导体器件的发展从根本上改变了脉冲电源自身的品质。采用现代功率半导体器件的电源主要特点是容量大，开关速度快，可以达到大电流、高电压和高频率。目前，国内外采用的功率半导体器件的电解加工脉冲电源均处于工程化前期阶段，尚未定型。

脉冲电源加工工艺对电源的基本要求是：

① 参数。频率 f、脉宽 t_p、占空比 D 是影响脉冲电流电解加工效果的最重要的参数。试验研究表明，在一定的范围内，随着频率的提高、脉宽的变窄，加工精度、表面质量及加工效率

均有所提高。当频率达到 1 kHz，脉宽小到微秒级，占空比 $D \leq 0.5$ 时，能较好地满足中小型零件精密电解加工的要求。

脉冲电源导通期间输出的电压范围与直流加工无明显差异。电流密度则比直流加工高，一般为 30～200 A/cm^2。快速短路保护时间以微秒级最佳。

② 波形。试验研究表明，矩形波脉冲电流无论是在加工精度还是加工效率上均明显优于正弦半波电流。脉冲上升沿最好能达到微秒级，关断时有适量的短时反向电流为好，这有利于快速去极化、提高加工精度，并可缩短脉间周期，以提高加工效率。

(3) 高频、窄脉冲电解加工电源工程化样机。

目前已经研制成 200 A、400 A、1000 A 及 2000 A 的样机。

3) 电解液系统

(1) 电解液系统的功能及特点。

电解液系统的功能包括供液、净化和三废处理三个主要方面。首先是将存储的配置好的电解液以给定的压力、流量供给加工间隙区，同时保持电解液的温度、浓度、pH 值相对稳定；其次是在加工过程中不断净化电解液，去除金属和非金属夹杂物以防止极间短路，粗滤网孔尺寸为 100 μm，精滤为 25 μm。同时还应保持金属氢氧化物的含量小于 5%，在微小间隙加工时最好保持小于 1%，这样既可以防止电解液的黏度过大而影响流动的均匀性，还可防止电解产物黏滞在加工表面造成"结疤"/钝化现象；再次是对污浊电解液进行三废处理，去除在某些加工条件下产生的 Cr^{6+} 及 NO_2^-，并将废液浓缩成干渣以便于处理。由此可见，电解液系统是维持电解加工稳定、正常进行加工的重要手段。虽然此系统的精度要求并不十分高，但由于此系统直接接触腐蚀介质，因而确保其耐蚀性是电解加工设备能稳定工作的必要条件。电解液系统的密封性也极为重要，只有严格密封才能确保各部件如电解液泵、过滤器等正常工作，达到设计指标，并杜绝对工作环境的污染，确保文明生产的条件。国外的电解液系统一般比较完善，但价格高昂，其成本在整套设备中占的比例相当大，如 AEG 公司的电解液系统的成本占全套设备的 30% 以上。国内的则较为简陋，往往不配套，是生产现场中电解加工设备故障率最高的薄弱环节。此外其规格性能也未能如总体布局中所要求的与机床、电源正确匹配，造成整套设备不能充分发挥其最佳状态，因而未能获得最佳的加工效果。电解液系统是国内电解加工设备中亟待改进、提高的环节。

(2) 电解液系统的组成。

电解液系统是电解加工设备中不可缺少的一个组成部分，系统的主要组成部分有主泵、电解液槽、热交换器及电解液净化和产物处理装置。图 5-26 为国内叶片电解加工电解液系统的组成图。

在车间生产批量较大、电解加工机床较多且容量较大时，一般均设有隔离的电解液间，此时可以建立容量较大的池式槽。对小批量多品种生产的单台电解加工设备，其电解液槽则可作为设备的附件由设备生产厂统一配置、采用移动的箱式槽。

热交换器与恒温控制器一起构成电解液的恒温系统。

图 5-26 国内叶片电解加工电解液系统组成

对于小型电解液槽可将蛇形管热交换器置于槽内。这种配置方式的换热效率较低，但占地面积小，较简便，适于小电流加工。对于大型电解液槽则应将热交换器独立安置,通过传输泵使电解液循环流经热交换器。这种配置方式虽然占地面积较大但换热效率较高,适合于较大电流的加工。

电解液的净化方法很多,主要包括沉淀法、过滤法及离心法。当前生产中行之有效的净化装置见表5-5。目前,国内用的比较多的是自然沉淀法。沉淀法虽简易,成本低,但由于电解产物金属氢氧化物是成絮状物存在于电解液中,而且质量很小,因而速度很慢,净化效率低,无法边加工边净化,因此在电解加工过程中无法保持电解产物的含量恒定,只能在其含量超过标准时重新更换电解液。

表5-5 电解液净化装置类型

净化方法	原理	简图	特点
孔隙过滤	电解液在吸力或压力下通过微孔塑料或不锈钢网等介质使固态杂质分离		① 只过滤固态杂质,胶状氢氧化物则能通过 ② 粗过滤置于泵吸口(40目),精过滤置于工作箱进口(网眼尺寸25μm) ③ 滤芯可串、并联
沉淀	电解液中胶状氢氧化物在槽中自然沉淀或通过斜板或加絮凝剂使之加速沉淀		① 净化效率较低,沉淀速度决定于加工材料及温度,顺序为钛合金>镍基合金>铁基合金,48℃时$Fe(OH)_3$沉淀速度:27.2 mm/min,但可用絮凝剂加速 ② 分离系数较小,废液含水量大 ③ 简便 ④ 占地面积大
离心分离	用高速旋转离心机将电解产物分离		① 效率高、分离系数大,叠片式优于桶式 ② 可以边加工边净化,始终保持整个加工过程电解液的纯净 ③ 设备投资大,维护较复杂,国外广为采用,国内尚无适合电解加工用的产品

2. 电解加工设备的总体设计原则

进行总体设计时,首先必须确认设备的工作条件,加工对象的特点和基本要求。这是总体设计的基础和出发点;其次就是要确定设备主要部分的功能、组成、基本方案和相互间的匹配关系,在此基础上进行总体布局;然后根据设计任务书的要求计算、选定设备的总体规格、性能、技术要求;最后定出总体方案。由于电解设备各部分的相对独立性较大且专业领域各异,因此总体设计对于确保设备的整体性能和水平是极为重要的一环,特别是各组成部分之间的相互匹配、协调尤为重要,这是电解加工设备设计与一般机床设计的重大区别之处。

在电解加工设备中进行总体设计时应考虑的主要问题及遵循的主要原则如下。

1) 设备的耐蚀性好

机床工作箱及电解液系统的零部件必须有良好的抗化学和抗电化学腐蚀的能力,其抗蚀能力应达到在 20% NaCl 溶液中，50℃的条件下不受腐蚀。全套电器系统及设备接触腐蚀性气体的表面均需有可靠的防蚀能力。

2) 机床刚性强

随着电解加工向大型、精密发展，采用大电流、高电解压力、高流速、小间隙加工，以及脉冲电流加工的应用，越来越使电解加工机床在较大的动态、交变负荷下工作，要达到高精度、高稳定性就必须有较强的静态和动态刚性。

3) 进给速度特性硬、调速范围宽

为确保动态交变负荷下小间隙加工的稳定性，进给速度从空载到满载变化量应小于 0.025 mm/min，采用液压送进时，低速爬行量应小于 0.01 mm。最低进给速度为 0.01 mm/min，最高空程速度至少为 500 mm/min。

4) 较高的机床精度

国内主要采用反拷电极试修法，因而主要要求定位稳定、可靠，重复精度高，而对位置的绝对精度则没有严格要求。

5) 安全、可靠

必须杜绝工作箱内氢气爆炸（工作箱内氢气含量应低于 0.25%），还应防止有害气体逸出。所有电器柜要防潮及防止腐蚀性气体渗入。

6) 配套性好

设备应成套，各部分性能应相应匹配以得到最佳工作条件。

7) 较大的通用性

电解加工的对象大都属于小批量多品种生产，因而机床的通用性会影响到设备的利用率和经济性，特别是电解设备成本较高，一次投资较大，因而应足够重视其通用性。

5.2.5 电解加工的应用

电解加工在 20 世纪 60 年代开始用于军工生产，20 世纪 70 年代扩大到民用生产。航空、航天、兵器工业是电解加工的重点应用领域，主要用于难加工金属材料，如高温合金钢、不锈钢、钛合金、模具钢、硬质合金等的三维型面、型腔、型孔、深孔、小孔、薄壁零件。

1. 模具型面加工

随着社会经济的发展和科技的进步，在模具制造业中，越来越可以发挥电解加工适宜难加工材料、复杂结构件的加工的优势，在模具加工中占据了重要地位。自 20 世纪 70 年代起，随着电解加工从军工生产向民用扩展，电解加工在模具制造业各个领域都开始应用。例如，锻模型面的形状复杂，硬度、表面质量要求高，但一般精度为中等，棱边锐度不高，生产批量大，正好适宜电解加工。

模具型面电解加工具有以下特点。

(1) 生产率高、加工成本低。这是由于模具型面电解是单方向进给、一次成形的全型复制加工，加工速度快；比较仿形铣、电火花加工工时大为减少；工具阴极不损耗，无须经常修复和更换，因而模具生产周期大为缩短。虽然工具阴极的制造周期显著长于电火花加工用电极制造，但寿命更长，当生产批量大到一定程度后，阴极的折旧费就低于电火花加工。批量越大，经济效益越明显。这就是当前电解加工主要用于批量模具生产的重要原因。

(2) 模具寿命高。这是由于电解加工表面粗糙度低，圆角过渡，流线型好，因而磨损小、出模快，减缓了二次回火软化的效应；其次是电解加工表面没有冶金缺陷层，不会产生残余应力和显微裂纹，因而耐高温疲劳性能好，避免了模具在锻造过程中的拉伤、塌陷、变形等损伤。

(3) 重复精度好。这是由于加工过程中工具阴极不损耗，可长期使用，因而同一阴极加工出的模具有较好的一致性。

【应用点评 5-2】 模具型面电解加工应用

由于模具型面电解加工的上述特点，使之在机械、航空、航天、五金工具、汽车、拖拉机等工业领域的模具制造中获得广泛应用。

2．叶片型面加工

叶片是喷气发动机、汽轮机中的重要零件，叶身型面形状比较复杂，精度要求较高，加工批量大，在发动机和汽轮机制造中占有相当大的劳动量。叶片采用传统的切削加工方法因材料难加工、形状复杂、薄壁易变形等困难较大，且生产率低，加工周期长，而采用电解加工，则不受叶片材料硬度和韧性的限制，在一次行程中就可以加工出复杂的叶身型面，生产率高，表面粗糙度值小。

电解加工已经成为叶身型面加工的主要工艺，图 5-27 为电解加工的叶片。在加工叶身型面方面，电解加工已经取得了如下显著的经济效果。

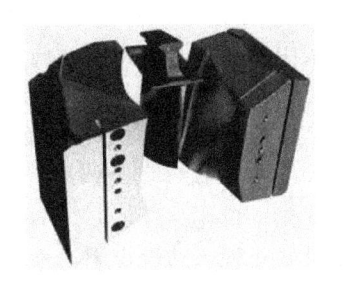

图 5-27 电解加工的叶片示例

1) 加工效率高

其加工时间显著低于传统的切削工艺，如英国 R.R 公司加工 RB211 涡轮叶片的机动时间仅 2 分钟/片，我国航空发动机涡轮叶片加工由传统的机械切削工艺改为电解加工后，其单件工时降到原有的 1/10；采用电解工艺加工长度为 432 mm 的大型扭曲叶片叶背型面，单件工时降到仿形磨的 1/4，仿形车的 1/2。

2) 生产周期大为缩短

由于电解加工叶片的工序高度集中，而机械加工叶片工序则相当分散，加之电解加工工具阴极不损耗，因而总的生产准备周期以及生产周期均大为缩短，如 R.R 公司的叶片自动生产线（以电解加工为主）的生产准备周期减少到原有工艺的 1/10。

3) 手工劳动量大幅度减少

传统的叶片型面加工工艺中手工打磨、抛光的劳动量占了叶片加工总劳动量的 1/3 以上。而电解加工型面由于加工表面质量好、加工过程不产生变形，因而后续的手工打磨抛光量大为减少，废品率也大为降低。例如，上述大型汽轮机叶片改为电解加工后其废品率由原有的 10% 降到 2%，英国 R.R 公司叶片全自动生产线的废品率亦较原有工艺的大为降低。

叶片加工的方式有单面和双面加工两种。机床也有立式和卧式两种。立式大多用于单面加工，卧式大多用于双面加工，叶片加工大多数采用侧流法供液，加工是在工作箱中进行的，我国目前叶片加工多数采用氯化钠电解液的混气电解加工法，也有采用加工间隙易于控制的氯酸钠电解液，由于这两种工艺方法的成形精度较高，故阴极可采用反拷法制造。

3. 深小孔、型孔电解加工

孔类电解加工，特别是深小孔及型孔加工，是电解加工的又一重要应用领域。

1) 深小孔电解加工

对于用难加工材料，如高温耐热、高强度镍基合金、钴基合金制成的空心冷却涡轮叶片和导向器叶片，其上有许多深小孔，特别是呈多向不同角度分布的深小孔，甚至弯曲孔、截面变化的竹节孔等，用普通机械钻削方法特别困难，甚至不能加工；而用电火花、激光加工又有表面再铸层问题，且所能加工的孔深也不大；而采用电解加工孔，加工效率高、表面质量好，特别是采用多孔同时加工方式，效果更加显著。如美国 JT9 发动机一级涡轮导流叶片，零件材料为镍基合金，叶片上有 25 个分布于不同角度上的深小孔，采用电解加工在一次行程中全部完成，高效率、高质量，加工过程稳定。

小孔电解加工通常采用正流式加工。工具阴极常用不锈钢管或钛管，外周涂有绝缘层以防止加工完的孔壁二次电解，工具阴极恒速向工件送进而不断使工件阳极溶解，形成直径略大于工具阴极外径的小孔。

通常小孔加工用工具阴极由不锈钢管制成；当加工孔径很小、或深小孔的深径比很大时，为避免电解液中的电解产物或杂质堵塞，有时还采用酸类电解液，则相应地需要选用耐酸蚀的钛合金管制造工具阴极。用此类阴极加工，其加工深小孔的深径比可以达到 180∶1，孔径精度可以达到 $\pm(0.025 \sim 0.05)$ mm，在 25.4 mm 的深度上，孔的偏斜量不大于 0.025 mm，表面粗糙度 Ra 可以达到 $0.32 \sim 0.63$ μm。该加工工艺已应用于镍、钴、钛、奥氏体不锈钢等高强度合金航空发动机轮盘、叶片上多种类型的小孔加工，如平行孔、斜孔；还可同时加工多个深小孔。

保证阴极绝缘涂层质量，即保证涂层均匀光滑并与管壁结合牢固，不允许涂层中有气孔或夹杂物，不允许漏电，是保证小孔加工质量的必要条件。否则，就会使加工孔偏斜、不圆或孔壁粗糙，甚至出现沟槽。因此，在加工前要仔细检查涂层质量，除目测检查外，还需在电解池中进行通电电解试验的严格检查。常用的绝缘涂层材料有高温陶瓷涂料和环氧塑料涂料。为了保证涂层质量，特别要保证工作端头的绝缘涂层不会因受电解液冲刷而剥落，也不因端头加工区域温度升降的变化而使涂层松动，在阴极管壁厚度及加工孔径允许的条件下，还可以采用复合涂层。

2) 型孔电解加工

型孔、特别在深型孔、复杂型孔的加工中，电解加工已显示其突出优点，占有其独特的应用地位。图 5-28 为型孔电解加工示意图。在生产中往往会遇到一些形状复杂、尺寸较小的四方、六方、椭圆、半圆等形状的通孔和不通孔，机械加工很困难，如采用电解加工，则可以大大提高生产效率及加工质量。图 5-29 为采用电解加工出的上部为圆形下部为六边形的"天圆地方"异形型孔零件实例。为了提高加工速度，可适当增加端面工作面积，使阴极内圆锥面的高度为 $1.5 \sim 3.5$ mm，工作端及侧成形环面的宽度一般取 $0.3 \sim 0.5$ mm，出水孔的截面积应大于加工间隙的截面积。

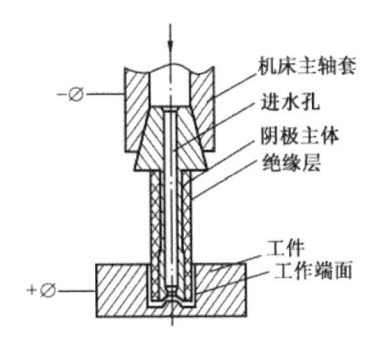

图 5-28　端面进给式型孔电解加工示意图 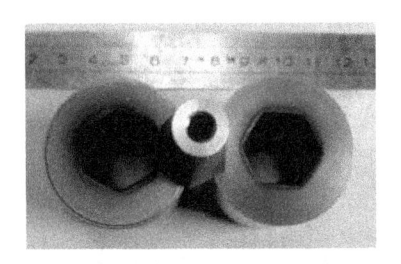　　　　图 5-29　天圆地方异型孔零件

随着电解加工技术的发展，脉冲电流电解加工在型孔、特别是在深型孔、复杂型孔和深小孔的加工中发挥重要作用。其原因可以归纳如下：

(1) 脉冲电流电解加工的集中蚀除能力高、切断间隙小，有利于提高成形精度，特别有利于清棱清角的加工。

(2) 压力波的扰动作用，有利于深孔加工时排除电解产物。

(3) 必要时，可以在直流脉冲电源基础上构造一定周期的反向脉冲（反向幅值比正向幅值小些），有利于清除在阴极加工面上沉积的电解产物。

【应用点评 5-3】　深小孔、型孔电解加工应用

随着新型航空发动机涡轮工作温度增高的需要，零件材料性能不断提高，同时采用大量多种尺寸、多种几何结构的冷却孔设计，电解加工小孔已经并将继续在航空、航天发动机上多种小孔的加工中发挥其独特的作用。特别是十余年来高频、窄脉冲电流电解加工的出现，对于深度不大的型孔、圆孔加工，甚至型管外周不绝缘也能获得很高的成形精度。可以预计，脉冲电流电解加工在深小孔、型孔加工中将有广泛的应用前景。

4. 枪、炮管膛线电解加工

枪、炮管膛线是我国在工业生产中首先采用电解加工的实例。与传统的膛线加工工艺相比，电解加工具有质量高、效率高、经济效果好的特点。经过生产实践的考验，膛线加工工艺已经定型，成为枪、炮制造中的重要工艺技术，并且随着工艺不断改进，阴极结构不断创新，加工精度得到进一步提高，生产应用面也进一步扩大。图 5-30 为国内电解加工炮管膛线实例。

通常，膛线电解加工包括阳线的电解抛光和阴线（膛线）的电解成形加工两道工序，而传统的膛线机械加工方法有两种工序繁多。大口径炮管膛线采用拉线法，在拉线机上用多把拉刀分组进行，才能全部完成膛线的加工。小口径枪管膛线采用

图 5-30　国内电解加工的炮管膛线

挤线法，挤线法是在专用设备上用冲头成形，冲头制造困难。此方法工序繁多，费时费力。

电解加工枪炮管膛线与机械加工膛线比较具有如下优点。

(1) 电解加工仅需要一个阴极，一次成形，生产率高，工序简单。

(2) 工具阴极不损耗，节省了大量昂贵的拉刀或冲头。

(3) 表面质量好，无飞边毛刺，无残余应力，表面粗糙度优于拉制和挤制。

(4) 膛线加工可以安排在热处理后进行，从根本上解决了枪炮管加工后的校直问题。

5. 整体叶轮加工

许多航空发动机的整体涡轮转子，叶轮材料有不锈钢、钛合金、高温合金钢，很难甚至无法用机械切削方法进行加工，目前对于等截面叶片整体叶轮大都采用电解套型方法加工成形。电解套型加工叶片型面精度一般为 0.1 mm，表面粗糙度 Ra 为 0.8 μm，叶片最小通道 2.5 mm，叶片长度为 10~26 mm。

电解加工整体叶轮在我国已得到普遍应用。叶轮上的叶片是逐个加工的，采用套料法加工，加工完成一个叶片，退出阴极，分度后再加工下一个叶片。在采用电解加工以前，叶片是经精密锻造，机械加工，抛光后镶到叶轮轮缘的榫槽中，再焊接而成，加工量大、周期长，而且质量不易保证。电解加工整体叶轮，只要把叶轮坯加工好后，直接在轮坯上加工叶片，加工周期大大缩短，叶轮强度高，质量好。整体叶轮电解加工如图 5-31 所示。

图 5-31　整体叶轮电解加工

6. 电化学去毛刺

毛刺是金属切削加工的产物，难以完全避免。毛刺的存在，不仅影响产品的外观，而且影响产品的装配、使用性能和寿命。随着高科技的发展、产品性能要求的提高，对产品质量的要求越来越严格，去除机械零件的毛刺就愈加重要。

金属材料向高强、高硬、高韧方向的发展，机械产品中复杂整体构件日益增多，去毛刺的难度也随之增大，传统的手工去毛刺作业很难满足要求。各种机械化、自动化去毛刺新技术、新工艺应运而生。

电化学去毛刺是一种先进的去毛刺技术，是电化学加工技术中发展较快、应用较广的一项工艺。常见电解去毛刺的种类见表 5-6。

表 5-6　电化学去毛刺的分类

毛刺部位	典型零件
孔周边	① 曲轴、连杆、活塞、油泵、油嘴等油路孔 ② 气动液压件阀体内孔，交叉孔 ③ 航空、航天发动机燃烧室部件、涡轮部件 ④ 航空、航天控制阀体、管件
槽周边	① 内燃机、柱塞、针阀体、盛油槽 ② 套筒、滑槽、滑阀
异型腔、槽周边	① 齿轮、花键 ② 航空发动机涡轮盘榫槽、榫齿
外形棱边	① 柴油机、汽油机、缸体、壳体、泵体 ② 纺机气流通道、食品、药品的成形机

基于电化学加工的基本原理，电化学去毛刺对工件无机械作用力，容易实现自动化或半自动化，适合去除高硬度、高韧性金属零件的毛刺，还可以去除工件特定部位的毛刺。例如，对于手工难以处理、可达性差的复杂内腔部位，尤其是交叉孔相贯线的毛刺，利用电化学去毛刺有着明显的优势。电化学去毛刺对加工棱边可取得较高的边缘均一性和良好的表面质量，具有去除毛刺质量好、安全可靠、高效等优点，和传统工艺相比，一般可提高效率 10 倍以上。

电化学去毛刺设备已有系列产品，在汽车发动机、通用工程机械、航空航天、气动液压等众多行业得到应用，是电化学加工机床中生产批量较大，应用领域较广的重要装备。

5.3 电铸成形及电镀加工

电铸和电镀的基本作用原理一样，但主要有两个显著区别。其一：电镀，主要是对基体材料加以功能防护或装饰美化，电镀层的厚度通常在几微米到几十微米之间；电铸，主要目的则是获得与原模型面形状对应"相反"的金属制品，电铸层的厚度通常达到零点几毫米到几毫米，有时甚至厚达厘米数量级。其二：电镀层要求与基体材料结合牢固、紧密而难以分离，但电铸层一般最终需要与基体（即原模）分离，独立作为零件使用。

5.3.1 电铸成形加工

1. 电铸加工原理

电铸成形（Electro Forming，EF）是电化学加工技术中的一项精密、增材制造技术。其原理与电解加工过程、即电化学阳极溶解过程相反，是电铸液中的金属正离子在电场力的作用下沉积到阴极表面的过程，简称为电化学阴极沉积过程，即在作为阴极的原模（芯模）上，不断还原、沉积金属正离子而逐渐成形电铸件。当达到预定厚度时，设法将电铸成形件与原模分离，就得到与原模相复制的成形零件。

2. 电铸加工的特点

基于上述加工原理，电铸成形加工具有如下工艺特点：

(1) 能准确、精密复制复杂型面和细微纹路。几何精度高（微米级），表面粗糙度低（Ra 为 0.1 μm），采用同一原模成形的电铸件重复精度高，特别适用于批量精密成形加工。

(2) 基于电铸复制成形的原理，可以像翻拍、印制照片那样，利用石膏、石蜡、环氧树脂其至橡皮泥等作为原模材料，将难以电铸成形的零件复杂内表面复制为外表面，然后在此外表面上电铸复制与零件复杂内表面完全一致的电铸成形件。

(3) 控制电流密度等电铸工艺参数，或采用高频窄脉冲电流等工艺措施，可以得到晶粒微细、甚至纳米晶粒的电铸层，可以获得优异的电铸层特性。

电铸成形已经在精密微细加工中得到大量应用：如复制非常精密的图形、花纹；以样件、标准件为原模，电铸成形能复制样件、标准件的模具；采用"翻拍、印制方法"，制造形状复杂且精度高的空心零件和薄壁零件等。但是，电铸成形加工的速度很低，一般电铸金属层的厚度只能达到每小时 0.02~0.5 mm，精密、高速电铸工艺还在不断研究中。另外，总的电铸层厚度也不能太大，一般为 0.05~5 mm。因此，电铸成形加工还只是在精密、微细加工领域应用较多。

目前，电铸工艺存在的主要不足之处是：电铸速度低、成形时间长；当参数控制不当时，某些金属电铸层的内应力有可能使制品在电铸过程中途或者在与原模分离时变形、破损甚至无法脱模；对于形状、尺寸各异的电铸对象，如何恰当处理电场，合理安排流场，从而得到厚度比较均匀的理想沉积层，需要具有较丰富实践经验和熟练技能的操作人员具体分析处理、操作，有一定的难度。

原则上，凡是能够电镀的金属都可以用电铸，但是综合制品性能、制造成本、工艺实施全面考虑，目前只有铜、镍、金、镍-钴合金等少数几种金属具有电铸实用价值，其中工业应用又以铜、镍电铸为多。

3. 电铸工艺的典型应用

1) 光盘（CD）模具制造

光盘（Compact Disc，CD）分成两类：一类是只读型光盘，最常见的如市场上销售的 CD、DVD 等音像制品；另一类是记录型光盘，包括 CD-R、CD-RW、DVD-R 等，供记录、使用信息。图 5-32 为采用电铸工艺加工的光盘。

光盘的基板材料为聚碳酸脂，加上记录、反射、保护、标志等附加层，合计厚度为 1.2 mm。因为附加层某些部分采用的材料有所不同，从而形成上述两类不同光盘。两类光盘均采用模压方式批量生产。

2) 波导成形

雷达、微波产品中波导元件品种繁多。近年来，随着产品更新，形状复杂的异形波导元件的应用越来越多，工件的尺寸精度要求越来越高，制造难度也越来越大。有些要求特殊的复杂异形波导元件，仅依靠常规电铸还不能成形，如图 5-33 所示的精密异形波导器件采用了预埋件和原模镶拼组装在一起后，再通过电结合技术整体成形的工艺方法。

图 5-32　电铸工艺加工的光盘　　　　图 5-33　精密异形波导器件

3) 滤网制造

滤网通常用于油、燃料和空气过滤器，系其关键部件。电铸是制造多种设备所用滤网的有效方法之一，可以加工面积大小不等、孔型各异的滤网。

采用电铸工艺制取微型滤网，是在具有所需图形绝缘屏蔽掩膜的金属基板上沉积金属，有屏蔽掩膜处无金属沉积，无屏蔽掩膜处则有金属沉积。当沉积层足够厚时，剥离金属沉积层，就获得具有所需镂空图形的金属薄板——滤网。

4) 金首饰制作

金电铸工艺是当今世界首饰制作的最新工艺技术之一。与传统的黄金铸造工艺相比，用电铸技术生产黄金制品具有节省材料（质量一般约为传统铸造工艺的 1/3）、线条更生动、细节更分明、复制精度更高等特点。自 1994 年在香港首次应用以来，电铸工艺至今在黄金产品制造中已占统治地位。

电铸相关过程为：制造蜡模→涂覆导电涂料→电铸黄金（也可是银等贵重金属）→去除蜡芯及导电层→表面修饰。

5.3.2　电镀加工

电铸、电镀、电刷镀和复合镀加工在原理和本质上都是属于电镀工艺的范畴，都是和电解相反，利用电镀液中的金属正离子在电场的作用下，镀覆沉积到阴极上的过程，但它们之间也有明显的不同之处，见表 5-7。

表 5-7 电镀、电铸、电刷镀和复合镀的主要区别

	电镀	电铸	电刷镀	复合镀
工艺目的	表面装饰、防锈蚀	复制、成形加工	增大尺寸，改善表面性能	① 电镀耐磨镀层 ② 制造超硬砂轮或模具，电刷镀带有硬质磨料的特殊复合层表面
镀层厚度	0.001~0.005 mm	0.05~5 mm 或以上	0.001~0.5 mm 或以上	0.05~1 mm 或以上
精度要求	只要求表面光亮，光滑	有尺寸及形状精度要求	有尺寸及形状精度要求	有尺寸或形状精度要求
镀层牢度	要求与工件牢固黏结	要求与原模能分离	要求与工件牢固黏结	要求与工件牢固黏结
阴极材料	用镀层金属同一材料	用镀层金属同一材料	用石墨、铂等钝性材料	用镀层金属同一材料
镀液	用自配的电解液	用自配的电解液	按被镀金属层选用现成供应的电刷镀液	用自配的电镀液
工作方式	需用镀槽，工件浸泡在镀液中，与阳极无相对运动	需用镀槽，工件与阳极可相对运动或静止不动	不需镀槽，镀液浇注或含吸在相对运动着的工件和阳极之间	需用镀槽，被复合镀的硬质材料放置在工件表面

1. 电刷镀加工的原理、特点和应用范围

电刷镀又称为涂镀或无槽电镀，是在金属工件表面局部快速电化学沉积金属的新技术，其原理如图 5-34 所示。加工时，转动的待镀工件接电源负极，工具镀笔接加工电源的正极，操作者手持饱含镀液的镀笔，以适当的压力及一定的相对运动在工件表面上刷涂。在镀笔与工件接触的部位，镀液中的金属离子在电场的作用下，扩散到工件表面，并在工件表面（负极）获得电子，被还原成金属原沉积、结晶，形成镀层。其加工现场如图 5-35 所示。

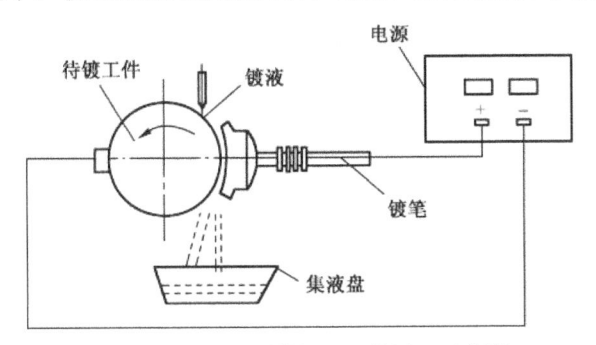

图 5-34 电刷镀加工工艺原理示意图

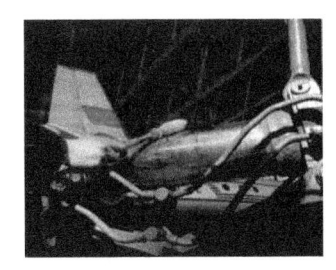

图 5-35 电刷镀加工

电刷镀加工的优点如下。

(1) 不需要传统电镀必备的镀槽，可以对工件局部表面刷镀，设备简单，操作简便，机动性强，便于现场施工。

(2) 可刷镀的金属种类广泛，选用及更换都很方便。

(3) 镀层与基体金属结合强度较理想，刷镀沉积速度远远高于槽镀，镀层厚度易于控制。

电刷镀技术主要的应用范围为：

(1) 修复零件磨损表面，恢复尺寸和几何形状，实施超差品补救。例如，各种轴、轴瓦、套类零件磨损后，以及加工中尺寸超差报废时，可用表面涂镀以恢复尺寸。

(2) 填补零件表面上的划伤、凹坑、斑蚀、孔洞等缺陷，如机床导轨、活塞液压缸、印制电路板的修补。

(3) 大型、复杂、单个小批工件的表面局部镀镍、铜、锌、钨等防腐层、耐腐层等,改善表面性能。

电刷镀加工技术有很大的实用意义和经济效益,已列为国家重点推广项目之一。

2．电刷镀的基本设备

1) 电源

电刷镀所用电源基本上与电解、电镀、电解磨削等所用电源相似,电压在 3～30 V 无级可调,电流自 30～100 A 视所需功率而定。电刷镀电源的特殊要求如下:

(1) 应附有安培小时计,自动记录电刷镀过程中消耗的电荷量,并用数码管显示出来,它与镀层厚度成正比,当达到预定尺寸时能自动报警,以控制镀层厚度。

(2) 输出的直流应能很方便地改变极性,以便在电刷镀前对工件表面进行反接电解处理。

(3) 电源中应有短路快速切断保护和过载保护功能,以防止电刷镀过程中镀笔与工件偶尔短路,避免损伤报废事故。

2) 镀笔

镀笔由手柄和阳极两部分组成。阳极采用不溶性的石墨块制成,在石墨块的外面需包裹上一层脱脂棉和一层耐磨的涤棉套。棉花的作用是饱吸贮存镀液,并防止阳极与工件直接接触短路和防止、滤除阳极上脱落下来石墨微粒进入镀液。

3) 镀液

电刷镀用的镀液,根据所镀金属和用途不同有很多种,比镀槽用的镀液有较高的离子质量分数。配方没有公开,一般可向专业的厂家或者研究所订购,很少自行配置。为了对被镀表面进行预处理(电解净化、活化),镀液中还包括电净液和活化液等。

4) 回转台

回转台用以电刷镀回转体工件表面。可用旧车床改装,需增加电刷等导电机构

3．电刷镀技术的应用

电刷镀技术的主要应用种类如下。

(1) 恢复磨损工件的尺寸精度和几何形状精度;补救加工超差制品。

(2) 填补工件表面的划伤、沟槽、斑蚀等缺陷。

(3) 改善工件表面性能。如强化工件表面,使其具有较高的力学性能;提高表面导电性、导磁性;提高工件的耐高温性能;改善工件表面的纤焊性;减小工件表面的摩擦系数;提高工件表面的防腐性等。

(4) 精饰工件等。

【应用点评 5-4】 电刷镀技术应用

> 由于电刷镀新镀种材料的不断出现,电刷镀工艺将不仅仅用于维修,而会更多地延伸到材料工程、制造工程甚至微电子工程中去,可以预见,简易获得优质材料的全新工艺将更加完善、成熟。

4．复合镀加工

1) 复合镀加工的原理

复合镀是在金属工件表面镀复金属镍或钴的同时,将磨料作为镀层的一部分也一起镀到工件表面上去,故称复合镀。

2) 复合镀加工的分类与应用

依据镀层内磨料尺寸的不同，复合镀的功用也不同，一般可分为以下两类。

(1) 作为耐磨层的复合镀　磨料为微粉级，电镀时，随着镀液中的金属离子镀到金属工件表面的同时，镀液中带有极性的微粉级磨料与金属离子络合成离子团也镀到工件表面。这样，在整个镀层内将均匀分布有许多微粉级的硬点，使整个镀层的耐磨性增加好几倍，一般用于高耐磨性零件的表面处理。

(2) 制造切削工具的复合镀或锒嵌镀　磨料为人造金刚石（或立方氮化硼），粒度一般为(80～250)目。电镀时，控制镀层的厚度稍大于磨料尺寸的一半左右，使紧挨工件表面的一层磨料被镀层包覆、镶嵌，形成一层切削刃，用于对其他材料进行加工。

5.3.3　射流电沉积

射流电沉积是一种局部高速电沉积技术，由于其特殊的流体动力学特性，兼有高的热量和物质传输率，尤其是高的沉积速度而引人注目。所谓数控射流电沉积，就是将含有高浓度金属离子的电解液以高速喷射的形式，在计算机的控制下有选择地喷向阴极进行电沉积的一种数控电沉积形式。这种电沉积形式可以有效地解决前面提到的普通电沉积速度低、铸层不均匀和铸层容易出现缺陷等问题。

射流电沉积技术一直受到国内外研究者的关注。美国国家航空航天局（NASA）在 1974 年详细阐述了射流电沉积原理和工艺方法，并申请了专利。后来，Hayness 等发展了一种压力射流电沉积系统，并用于对连接器镀金。1988 年，Bocking 采用射流电沉积技术沉积纯金沉积层，并首次在射流电沉积过程中使用激光来促进沉积。试验中，激光束直接照射到电沉积溶液喷射区。喷嘴可以在计算机的控制下运动，形成所需的电沉积轨迹和线条。研究发现，电沉积溶液喷射速度对沉积层的表面形貌有很大影响，当喷射速度较小时沉积层表面很粗糙；而当喷速较大（大于 5.0 m/s）时，沉积层表面比较平整光滑。使用该激光加强的射流电沉积技术，其沉积电流密度可以高达 1600 A/dm^2，沉积速率可达 16 μm/s。1994 年，Bocking 和 Cameron 利用射流电沉积技术电沉积金—镍合金沉积层，研究了电沉积液中镍离子的浓度和电流密度等工艺参数对沉积层形貌、厚度、镍含量、择优取向及电流效率等的影响。Bredael 等人采用射流电沉积技术在旋转圆盘电极上制备了平均晶粒尺寸在 1.5～15 nm 之间的 Ni-P 合金沉积层，并讨论了 P 含量对沉积层微观结构的影响。Erb. U 利用射流电沉积的原理制造了高速电沉积装置，它是由一个浸没在电沉积溶液中旋转的阳极和一个高速喷出电沉积溶液的装置组成，由于射流电沉积溶液可以活化表面，所以可以镀覆形状复杂的零件。近年来，国内燕山大学的熊毅、荆天辅等人研究了射流电沉积纳米晶镍的工艺，并从瓦特型镀镍液中制备了晶粒尺寸在 20～30 nm 之间的纳米晶镍块体材料；王楠、张芳采用电沉积溶液射流电沉积制备了纳米晶钴-镍合金。

射流电沉积的工作原理如图 5-36 所示，在工件（阴极）和喷嘴（阳极）之间施加一定的电压，同时电解液高速射流到阴极基板上，在射流覆盖区，阴极与阳极通过电解液构成回路，此时射流覆盖区有电流通过，产生电沉积，而其他部位没有电流通过，则不产生沉积。

电沉积液从特制的喷嘴中喷向阴极。阳极设在喷嘴内，或在喷嘴后面增设一液槽，并放于液槽内。喷射出的电沉积液射向阴极后经接收集存于电沉积液槽中，再由泵输送至喷嘴。其间也可增设连续过滤装置。泵一方面担任输液作用，同时赋予电解液足够的流速，其流量还可以在泵回路中增设流量及阀门来控制。阴阳极间的电路由连续射流的电沉积液构成。当在工件（阴极）与喷嘴（阳极）之间施加一定的电压，同时电沉积溶液高速喷射到阴极上，在射流覆盖区，阴极与阳极通过电沉积溶液构成回路，此时射流覆盖区有电流通过，产生电沉积，而其他部位因没有电流通过则不产生沉积。因此，射流电沉积具有选择性的优点：

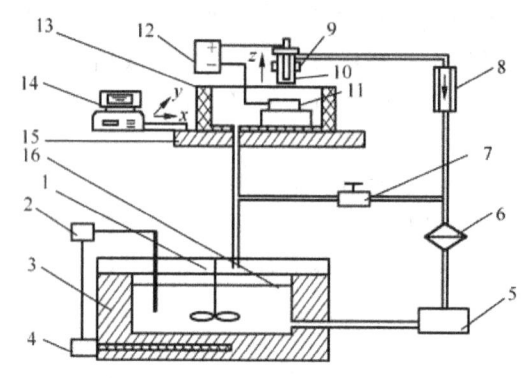

图 5-36　射流电沉积系统原理图

1—搅拌器；2—温控仪；3—水浴槽；4—加热器；5—磁力泵；6—过滤机；7—流量调节阀；8—转子流量计；9—垂直运动机构；10—阳极腔（包括喷嘴）；11—阴极板；12—电源；13—电沉积室；14—控制系统；15—机床工作台；16—电沉积液槽

由于数控射流电沉积工艺的特殊性，数控射流电沉积的数控机床（包括软硬件）具有不同于传统数控机床（包括软硬件）的特点，主要包括：

(1) CAD 几何信息处理。不同于传统的数控加工，数控射流电沉积具有自己独特的特点，数控射流电沉积软件系统必须能够接受零件 CAD 模型所提供的点、线、面等几何信息并经过特殊的数据处理，将其转换为符合数控射流电沉积工艺要求的控制指令。

(2) 电沉积液能够循环喷射，并且电沉积液的流量大小能够调节，这就使得机床要有一套满足数控射流电沉积工艺的管路系统和增压泵。

(3) 由于数控射流电沉积有硫酸等腐蚀性化学成分存在，所以数控射流电沉积的数控机床应严禁硫酸等腐蚀性化学成分腐蚀机床床体，尤其是不能腐蚀丝杠等精密零部件。这就要求位于机床上的集液槽与机床之间应该密封，而且管路系统和增压泵都应能耐腐蚀。

(4) 由于在数控射流电沉积中，有一个特制的阳极腔，阳极腔里有喷嘴和阳极。喷嘴起将电沉积液以极小的液流喷向阴极表面的作用。所以，阳极腔应该具有极高的密封性，才能保证电沉积液以极高的流速喷向阴极表面。阳极和喷嘴离阴极的距离很近，这样就能保证在电沉积过程中阴、阳极之间的电场强度。阳极腔外壳采用耐高温、耐腐蚀、绝缘性能好的工程塑料，阳极棒可以根据不同的试验需求而设计。

图 5-37 为南京航空航天大学自行研制与开发的数控射流电沉积机床，其阳极腔的设计如图 5-38 所示，阳极腔的上端密封垫圈和密封盖固定密封，下端通过螺纹与喷嘴连接，螺纹上缠绕适量胶带密封。

图 5-37　数控射流电沉积机床 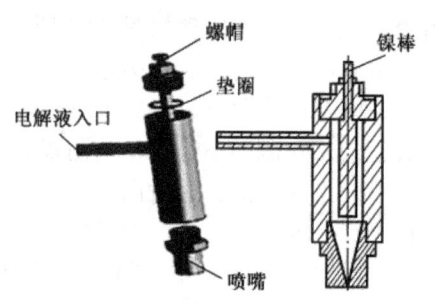　　　　　　图 5-38　射流电沉积的阳极腔

射流电沉积主要特征就是通过电解液在阴极表面的高速流动来改变沉积反应的传质过程，能够极大提高极限电流密度，在实际电沉积过程中可以达到很高的电流密度。下面阐述射流电沉积工艺能够提高极限电流密度并解决普通电沉积缺陷的原理。

极限电流密度 j_d 与扩散层 δ 之间以及扩散层 δ 与电解液速度 u_0 之间的关系如下：

$$\begin{cases} \delta \approx D^{1/3} v^{1/6} y^{1/2} u_0^{-1/2} \\ j_d = nFD \dfrac{C_i^0}{\delta} \end{cases} \tag{5-20}$$

由式(5-20)可知，在法拉第常数 F（9.6485×10^4）、扩散系数 D 和运动黏度 v 为常数的情况下，加速电解液传质过程，减薄扩散层厚度 δ 是提高阴极极限电流密度的关键。

电沉积液以高速喷射的形式喷向阴极表面为金属离子迁移提供了强大的动力，使阴极表面离子数量得到迅速的补充，有效地降低了由于金属离子迁移缓慢造成的浓差极化。同时阴极表面的电沉积液以强烈紊流形式流动，极大的降低了扩散层的厚度，因而能够大大提高极限电流密度，使得电沉积反应能持续在很高的电流密度下进行，从而实现高速电沉积。以普通的 Watt 浴电沉积液为例，在电沉积液温度为 50℃时，电沉积液的稳态扩散层有效厚度可由上式得出约为 0.35 mm，其极限电流密度为 12.3 A/dm²，电沉积液经过喷嘴高速喷向阴极形成的强烈搅拌使得阴极表面流速得到很大提高，扩散层厚度减小到 0.01 mm，相应的极限电流密度提高了约 35 倍，达到 450 A/dm²。另一方面，由于在射流电沉积过程中采用了极高的电流密度，阴极过电位增大，使得金属沉积时电结晶的临界尺寸减小，晶核形成的几率增加；同时，数控射流电沉积是在运动中电沉积，这样就可以使得晶粒更为细小，铸层更加致密，可以实现沉积层表面结构纳米化以及制备高性能的纳米晶金属块体。

其次，理论分析表明，当电沉积液以很细的喷射形式喷向阴极表面时，喷射冲击区的电场分布是近似均匀的。实验也证明了在小喷嘴口径下可以得到令人满意的铸斑形式。所以在以很细的喷射对阴极表面进行扫描仿形时，对阴极表面上的每个电沉积点来说，其电场强度和电流密度都可近似地看做是相等的，从而克服了传统上电沉积由于电场分布不均匀造成的铸层厚度的不均匀。另外，通过电沉积的可选择性，可以实现对工件的局部电沉积，如可以先对芯模的薄弱环节进行电沉积。

最后，少量的氢气析出，在高速液流的冲击下，微观氢气气泡也难以附着在阴极表面，于是降低了铸层出现针孔和麻点的可能。另外，随着极化过电位的增长，金属沉积时电结晶的临界尺寸减小，晶核形成的几率增加，使得晶粒变细，铸层致密。由于射流电沉积可以采用远高于普通直流电沉积的电流密度进行电沉积，从而可以产生更高的电化学极化，达到细化晶粒和提高铸层致密度的效果。

快速成形技术可缩短新产品开发周期，降低开发成本，对增强企业的市场竞争力具有重要意义。国内外的研究表明，射流电沉积及其与快速成形技术的相结合有着良好的应用前景。南京航空航天大学的赵阳培、刘永强等利用计算机，按照零件 CAD 三维实体电子模型分层切片后生成的轨迹或 NC 代码指令，用高速的电沉积溶液射流在阴极板上进行选择性电沉积，逐层沉积形成三维金属实体，首次利用国内自主研发的射流电沉积快速成形设备制备了一组具有不同形状和厚度的具有纳米晶结构的金属铜零件，如图 5-39 所示。试验结果表明，用自行研制的射流电沉积快速成形设备能直接成形出多种不同复杂程度形状的金属零件，并具有较好的形状尺寸精度。使用的喷嘴口径越小，成形零件的尺寸精度越高，圆角半径越小，如图 5-40 所示。

图 5-39 快速成形金属铜零件的实物图

图 5-40 五角星放大图

近年来，南京航空航天大学在射流电沉积的研究上取得了可喜的成果，如利用射流电沉积和脉冲电镀技术，在金属材料表面制备了牢固的、性能良好的纳米晶涂层；同时采用射流电沉积开展了纳米复合镀层方面的研究，先后获得了 $Cu-Al_2O_3$、$Ni-Al_2O_3$ 纳米复合镀层。同时，在国内率先将射流电沉积纳米晶涂层和激光技术表面强化技术相结合，利用激光表面辐照使涂层与基体的结合从机械结合转变为冶金结合，实现金属材料的表面强化，使纳米晶涂层更加致密无孔，强度与硬度等力学性能大大提高，如图 5-41 所示。

另外，将分形理论引入到射流电沉积中，以促使电沉积中对晶体形态的研究实现微观、非唯象理论的突破，在此基础上利用射流电沉积实现了电沉积中枝晶形态的可控生长，如图 5-42 所示；同时结合快速成形技术，成功制备了孔隙率高、组织均匀的多孔金属材料，如图 5-43 所示，并对成形泡沫金属的微观结构、力学性能和散热性能进行一系列的检测分析，并将其用在超级电容器电极集流体的应用研究上，试验结果表明，通过射流电沉积制备的多孔金属镍集流体具有比表面积大、接触电阻小等优点，大大增强了电极活性物质的利用率，使单位比电容达到了 482 F/g，该方法克服了现有制备方法工序多、操作烦琐、成本高的缺点，作为多孔金属制造工艺研究的一种全新的探索，对开发高性能多孔泡沫金属具有重大的意义。

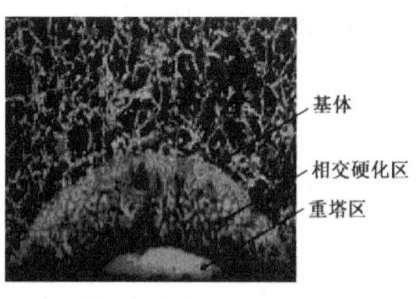

图 5-41 射流电沉积激光熔融区的断面形貌图

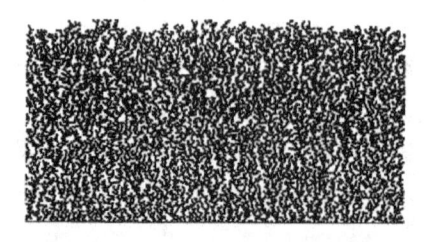

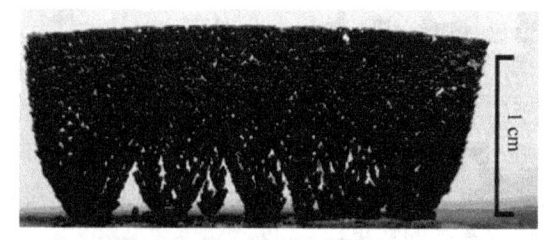

图 5-42 射流电沉积快速成形枝晶形态的可控生长

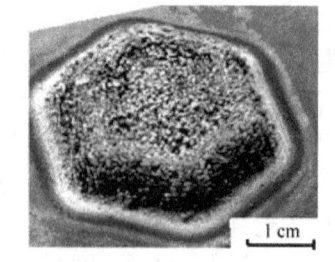

图 5-43 射流电沉积快速成形多孔泡沫金属材料

【应用点评 5-5】 射流电沉积应用

　　射流电沉积技术利用其特殊的液相传质方式，使电沉积速度提高几十倍至几百倍，为快速制备纳米纯金属、合金、复合沉积层开辟了一条全新的途径，并具有广泛的应用前景，如大型器件的局部电沉积、零部件磨损或损伤部位的修复、特殊电镀工具的电镀和特殊用途结构的电铸等。
　　(1) 射流电沉积较传统电沉积的优势有哪些？
　　(2) 射流电沉积机床的主要特点有哪些？

5.4 习题

5-1 试说明电解加工的原理、特点及应用。

5-2 如何提高电解加工的精度，减少杂散腐蚀？

5-3 阳极钝化现象在电解加工中是优点还是缺点？试举例说明。

5-4 电解加工的工艺指标主要包括哪些内容？

5-5 如何利用电极间隙的理论进行电解加工阴极工具的设计？

5-6 试比较射流电沉积与传统电沉积方法。

5-7 试举例说明电刷镀的应用。

5-8 怎样认识目前电化学复合加工的发展趋势？

第 6 章 其他特种加工方法

6.1 超声加工

超声波是指频率高于人耳听觉上限的声波。一般来说，正常人听觉的频率上限在 16~20 kHz 之间，但是在实际工程应用中，有些超声技术使用的频率可能在 16 kHz 以下，而超声波频率的上限是 10^{14} Hz。因此，超声波的整个频率覆盖范围是相当宽广的。

6.1.1 超声加工技术发展概况

超声加工是利用超声振动的工具在有磨料的液体介质中或干磨料介质中产生磨料的冲击、抛磨、液压冲击及由此产生的气蚀作用来去除材料的加工方法，给工具或工件沿一定方向施加超声频振动，或利用超声振动使工具和工件振动相互结合。

我国超声加工技术的研究始于 20 世纪 50 年代末，60 年代末开始了超声振动车削的研究，1973 年上海超声波电子仪器厂研制成功 CNM—2 型超声研磨机。1982 年，上海钢管厂、中国科学院声学研究所及上海超声波仪器厂研制成功超声拉管设备，为我国超声加工在金属塑性加工中的应用填补了空白。1987 年，北京市电加工研究所在国际上首次提出了超声频调制电火花与超声波复合的研磨、抛光加工技术，并成功应用于聚晶金刚石拉丝模的研磨和抛光。1989 年，我国研制成功超声珩磨装置。1991 年，研制成功变截面细长杆超声车削装置。

20 世纪末到 21 世纪初的十几年间，我国的超声加工技术发展迅速，在超声振动系统、深小孔加工、拉丝模及型腔模具研磨抛光、超声复合加工领域均有较广泛的研究，尤其是在金刚石、陶瓷、玛瑙、玉石、淬火钢、模具钢、花岗岩、大理石、石英、玻璃和烧结永磁体等难加工材料领域解决了许多关键性问题，取得了良好的效果。

6.1.2 超声加工的原理及设备

超声加工技术中应用最广泛、最基本的加工方式是磨料冲击加工。因此，下面以磨料冲击加工为例阐述超声加工的基本原理。

超声加工的基本装置如图 6-1 所示，主要由超声波发生器、换能振动系统、磨料供给系统、加压系统和工作台等部分组成。换能器产生的超声振动由变幅杆将位移振幅放大后传输给工具头，工具头作纵向振动，其振动方向如图 6-1(b)中的箭头所示。这样，当工具头作纵向振动时，就冲击磨料颗粒，磨料颗粒又冲击加工表面，超声加工主要是利用磨料颗粒的"连续冲击"作用。由于超声振动的加速度是非常大的，所以磨料颗粒的加速度（或冲击力）也是非常大的。无数磨料颗粒连续不断的冲击，可使加工工件的表面破碎和去除。假如不用磨料而只用振动着的超声工具头直接纵向"锤击"工件表面，那只能使工件表面产生损伤，实际上材料并没有被去除。只有依靠切变应力才能将材料去除，磨料在超声工具头的冲击下产生的应力含有切向成分，此切向分量对加工过程中材料的去除起重要作用。另外，磨料悬浮液中的超声空化效应对加工也有很大的作用。

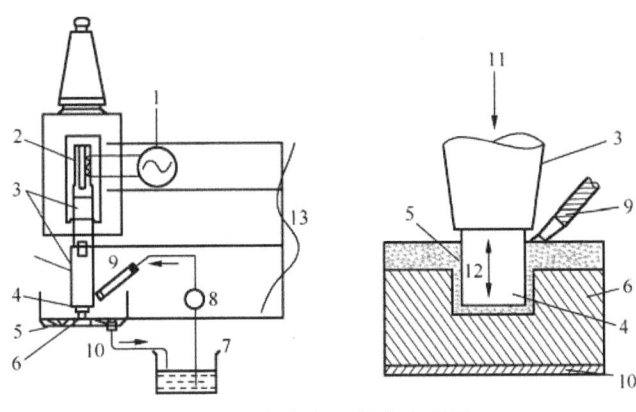

图 6-1 超声加工的基本装置

1—超声波发生器；2—换能器；3—变幅杆；4—工具头；5—磨料；6—工件；7—容器；8—泵；
9—磨料供给管头；10—工作头；11—接触压力；12—工作头振动方向；13—振动位移振幅分布

【应用点评 6-1】 振幅、频率与加工速度的关系

超声加工常用的频率是从 20 kHz 到 40 kHz，位移振幅一般在 10～100 μm 之间。当频率一定时，增大振幅可以提高加工速度，但振幅不能过大，否则会使振动系统超出疲劳强度范围而损坏。同样，当位移振幅一定，而频率增高时，也可提高加工速度，但频率提高后，振动能量的损耗将增大。因此，一般多采用比较低的超声频率。

虽然不同的超声加工设备有所差异，但基本组成相同，一般包括超声发生器、超声振动系统、机床和磨料悬浮液循环系统。

(1) 超声波发生器。超声波发生器（又称为超声电源）的作用是，工频交流电转换为超声频振荡，以供给工具端面往复振动和去除工件材料的能量。当某种原因引起超声波振动系统共振频率的变化时，可通过"声反馈"或"电反馈"使超声波发生器的工作频率能自动跟踪变化，保证超声波振动系统始终处于良好的谐振状态。

(2) 超声振动系统。超声振动系统主要包括超声换能器、超声变幅杆和工具。其作用是将由超声波发生器输出的高频电信号转变为机械振动能，并通过变幅杆使工具端面做小振幅的高频振动，以进行超声加工。

① 超声换能器：换能器的作用是将高频电振荡信号转换成机械振动。目前，根据其转换原理的不同，有磁致伸缩式和压电式两种。

② 超声变幅杆：变幅杆（又称超声变速杆、超声聚能器）的作用是放大换能器所获得的超声振动振幅，以满足超声加工的需要。常用的变幅杆有阶梯形、圆锥形、指数形等几种。变幅杆沿长度上的截面变化是不同的，但杆上每一截面的振动能量是不变的（不考虑传播损耗）。截面越小，能量密度越大，振动的幅值就越大，所以各种变幅杆的放大倍数都不相同。

③ 工具：超声波的机械振动经变幅杆放大后传给工具，使磨粒和工作液以一定的能量冲击工件，并加工出一定的尺寸和形状。工具的形状和尺寸决定于工件表面的形状和尺寸，两者相差一个"加工间隙"（稍大于平均的磨粒直径）。当工件表面积较小或批量较少时，工具和变幅杆做成一个整体，否则可将工具用焊接或螺纹连接等方法固定在变幅杆下端。当工具不大时，可以忽略工具对振动的影响。但当工具较重时，会降低振动系统的共振频率，工具较长时，应对变幅杆进行修正，以满足半个波长的共振条件。

(3) 机床。超声加工机床一般比较简单，包括支撑振动系统的机架及工作台面，使工具以一定压力作用在工件上的进给机构、床身等部分。振动系统安装在一根能上下移动的导轨上；导轨由上下两组滚动导轮定位，使导轨能灵活可靠地上下移动。工具的向下进给及对工件施加压力靠振动系统自重，为了能调节压力大小，在机床后面有可加减的平衡重锤，也有采用弹簧、磁斥力或其他办法加压的。

(4) 磨料悬浮液循环系统。简单的超声加工装置，其磨料是靠人工输送和更换的，即在加工前将悬浮磨料的工作液浇注在加工区，加工过程中定时抬起工具和补充磨料。也可利用小型离心泵使磨料悬浮液搅拌后浇注到加工间隙中，对于较深的加工表面，应经常将工具定时抬起以利磨料的更换和补充。大型超声加工机床都采用流量泵自动向加工区供给磨料悬浮液，且品质好，循环良好。

6.1.3 超声加工的特点

(1) 适合加工各种硬脆材料，不受材料是否导电的限制。既可加工玻璃、陶瓷、宝石、石英、锗、硅、石墨、金刚石、大理石等不导电的非金属材料，又可加工淬火钢、硬质合金、不锈钢、铁合金等硬质或耐热导电的金属材料。

(2) 工件表面的宏观切削力很小，切削应力、切削热更小，不会产生变形及烧伤，表面粗糙度也较低。

(3) 工具可用较软的材料做成较复杂的形状，且不需要工具和工件做比较复杂的相对运动，便可加工各种复杂的型腔和型面。

(4) 可以与其他多种加工方法结合应用，如超声电火花加工和超声电解加工等。

(5) 超声加工的面积不够大，而且工具头磨损较大，故生产率较低。

超声加工与其他加工方法相结合，逐渐形成了多种多样的超声加工方法和方式，在生产中获得了广泛的应用。随着超声加工研究的不断深入，它的应用范围还将继续扩大。

6.1.4 超声加工的应用

目前，超声加工主要分为超声材料去除加工、超声表面光整加工和超声焊接加工等几个方面。而各种加工方式都有其特点和性质，下面将通过实例简略介绍。

1) 超声材料去除加工

超声材料去除加工主要有超声磨削、磨料冲击超声加工、超声车削、超声钻孔和镗孔、超声锯料和超声振动滚齿加工等。以超声磨削为例，根据砂轮的振动方向，超声磨削装置可分为纵向振动、弯曲振动和扭转振动三种类型。

纵向振动超声磨削装置主要用于小孔磨削，如图 6-2 所示。弯曲振动超声磨削装置主要用于平面和外圆磨削，如图 6-3 所示。扭转振动超声磨削装置主要用于螺纹、齿轮或成形表面的磨削加工中，其振动方向必须施加在砂轮的回转方向（圆周方向）上，即扭转振动方向，这样可以获得良好的加工效果。

这三种装置都是让砂轮产生超声频振动，实际上，在大批量生产中，还可以让工件产生超声频振动，砂轮不振动。这样可以有效地解决砂轮更换、循环水密封、碳刷和集流环在高速旋转条件下工作的可靠性问题。

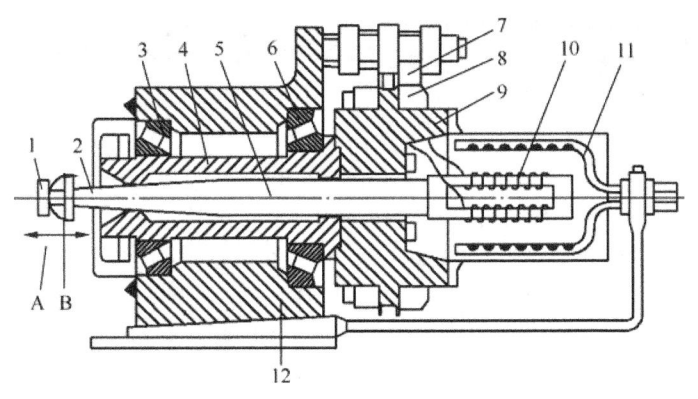

图 6-2 纵向振动超声磨削装置

1—砂轮；2—变幅杆；3,6—圆锥滚子轴承；4—空心套筒；5—振动轴；7—碳刷；8—集流环；9—集流环支架；
10—换能器；11—镍片换能器冷却装置；12—轴承座；A—振动方向；B—砂轮的回转方向

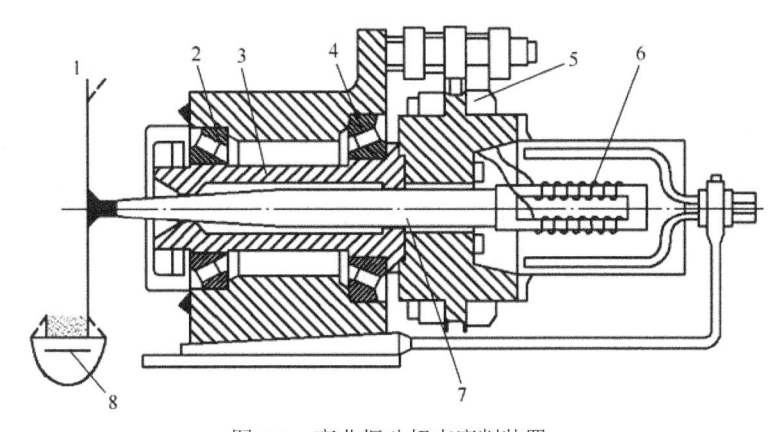

图 6-3 弯曲振动超声磨削装置

1—砂轮；2，4—圆锥滚子轴承；3—空心套筒；5—集流环；6—换能器；7—振动轴；8—工件

以实例继续介绍超声磨削的工艺规律，试件材料为轴承钢，采用 250 W 镍片磁致伸缩换能器，共振频率为 20 kHz，试验在 M131W 万能外圆磨床上进行。超声磨削与普通磨削的金属磨除量、砂轮磨损量如图 6-4 和图 6-5 所示，a_p 为磨削深度。

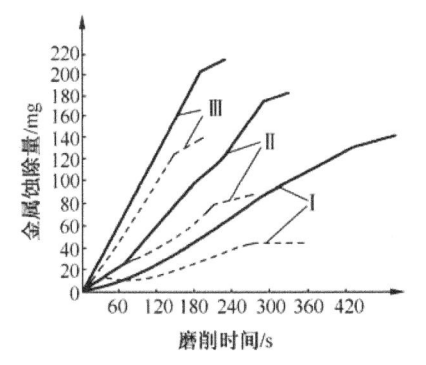

图 6-4 金属磨削量随磨削时间的变化规律
（实线表示超声磨削，虚线表示普通磨削）
Ⅰ—$a_p = 0.0025$ mm；Ⅱ—$a_p = 0.005$ mm；Ⅲ—$a_p = 0.01$ mm

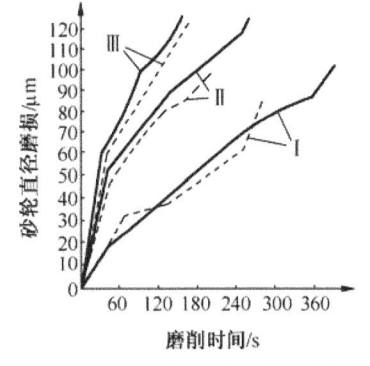

图 6-5 砂轮磨损随时间的变化规律
（实线表示超声磨削，虚线表示普通磨削）
Ⅰ—$a_p = 0.0025$ mm；Ⅱ—$a_p = 0.005$ mm；Ⅲ—$a_p = 0.01$ mm

【应用点评 6-2】 超声磨削与普通磨削的对比

　　超声磨削的金属磨除量比普通磨削大得多,但二者的砂轮磨损却差不多,说明超声磨削时磨粒切削刃能更有效地发挥作用。从超声切削的机理看,沿走刀方向施加超声振动,使刀具磨损加快。而对超声磨削来说,虽然砂轮磨粒的磨损也加快,同时由于磨粒的瞬时高频冲击又使磨粒破碎,形成新的更多的锋利的切削刃,从而提高了加工效率。

　　总之,无论是超声磨削还是普通磨削,在小孔磨削时的砂轮磨损都是比较大的,需经常修整和更换砂轮。但从超声磨削的砂轮磨粒锋利及自锐性增强这一优点看,它允许采用较硬的砂轮,从而提高砂轮耐用度,这对小孔磨削来说是非常重要的,既可以提高加工效率,又可以提高磨削质量。

2) 超声表面光整加工

　　超声波表面光整加工的机理是通过高频振动的硬质滚轮作用于待加工金属工件表面,使工件表层金属产生塑性变形,在塑性变形的过程中,产生了冷作硬化,达到了改善表面质量的目的。超声表面光整加工主要包含超声抛光、超声珩磨、超声砂带抛光和超声压光等。下面以超声抛光为例,简单介绍超声表面光整加工技术。

　　超声抛光是把具有适当输出功率(50～1000 W)的超声振动系统产生的超声振动能量附加在抛光工具或被抛光工件上,使工具或工件以一定的频率(20～50 kHz)和一定的振幅(5～25 μm)进行超声频机械振动摩擦,达到工件抛光目的的表面光整加工方法。

　　超声抛光装置由超声波发生器、换能器、变幅杆和工具头等组成(图 6-6),它是一部手持式超声抛光机。

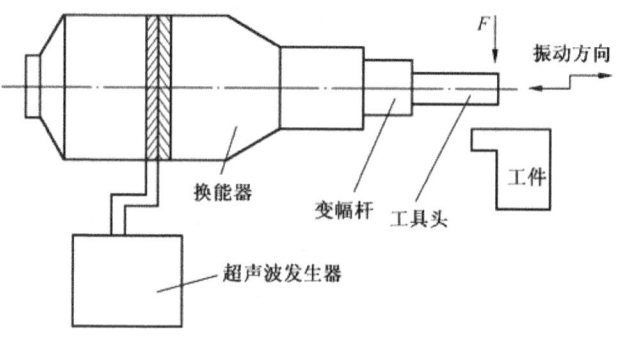

图 6-6　超声抛光原理示意图

　　采用超声抛光可以大大提高生产效率,显著降低表面粗糙度,提高已加工表面的耐磨性和耐腐蚀性,并且可以方便地对模具上的肋、缝、各种形状的孔和其他难以抛光的部位进行研磨抛光。以试件材料 45 号钢为例,把采用普通切削和采用超声抛光加工后两个直径相同的试件放入腐蚀液中(硝酸酒精水溶液,浓度 1%),用电加热器加热至 30℃,并保温,经 10 min 进行一次测量,结果见表 6-1。可以看出,超声抛光试件的耐腐蚀性比普通切削试件约提高 1 倍。

表 6-1　腐蚀量测量结果比较

加工方法	腐蚀量/μm		
	10 min	20 min	30 min
普通切削	1.6	3	3.8
超声抛光	0.8	1.5	2

3) 超声焊接加工

超声焊接是通过超声振动实现固体焊件粘接的一种工艺方法。与传统的其他焊接方法比较，超声焊接有一些较突出的特点，例如可以焊接异种金属，能够把金属薄片或金属箔焊接到较厚的金属板上，对焊件表面的焊前处理要求不高，可以焊接塑料件特殊部位等。因此，超声焊接得到日益广泛的应用。接下来就通过超声金属焊接来介绍超声焊接这种工艺。

超声金属焊接是通过超声振动的作用，使金属焊件在固体状态下连接起来的一种工艺过程。其装置原理如图6-7所示，主要由超声波发生器、换能振动系统、加压装置、时间控制装置等部分组成。

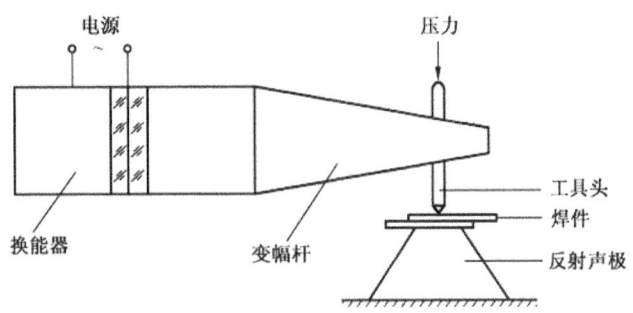

图6-7 金属焊接装置原理示意图

超声金属焊接的机理比较复杂，到目前为止，作用机理还不十分清楚。目前被大家普遍接受的解释是：超声换能振动系统产生纵向振动，位移振幅经放大后传递给焊接工具头并带动上焊件振动。这种振动使两焊件交界面产生类似摩擦的作用。这种摩擦作用在超声焊接过程初始阶段可以破除金属表面的氧化膜，并使粗糙表面的凸出部分产生反复的微焊和破坏，此过程的反复进行而使接触面积增大，同时使焊区温度升高，焊件交界面产生塑性变形。在接触力的作用下，两焊件接触面互相接近到原子引力能够发生作用的距离时，它们之间便会产生金属链接，形成焊点。形成焊点时金属并未熔化。

超声金属焊接的特点是：① 既不需要向工件输入电流，也不需要向工件引入高温热源，且不需要焊剂，只是在静压力下将振动能量转化为工件间的摩擦能、形变能及有限的升温，因而几乎没有热变形，没有残余应力；② 对焊件表面的焊前处理要求不高；③ 易于实现异类金属之间的焊接；④ 可以将金属薄片或细丝焊在厚板上等。

根据待焊区域的形状与设备工作方式的不同，金属超声焊接被分为点焊、连续缝焊、环焊、对接焊、微丝焊和超声钎焊复合焊，超声波峰焊等，这里不作专门介绍。

6.2 磨料流加工

磨料流加工，也称为挤压研磨加工（Abrasive Flow Machining，AFM），是近几十年发展起来的一项新的精密光整加工技术。复杂孔内表面的加工，细孔、深孔、盲孔的精密研磨加工，异形曲面的高精度加工，用流动磨料加工法已取得了成功的经验，特别是在难加工材料方面，如不锈钢、镍铬钢、工具钢及其他合金钢、铜合金、铝合金、超硬合金等，更是得到广泛应用。

6.2.1 磨料流加工的基本原理

磨料流加工是以一定的压力，强迫含有磨料的黏弹性介质（称为黏性磨料）通过被加工表面，利用黏弹性介质中磨粒的"切削"作用，有控制地去除工件材料，实现对工作表面光整精加工的目的。磨料流加工过程相当于用"软砂轮"紧密地贴合在零件表面上移动，在强制移动中"切屑"被流动的黏性磨料包容带走。

图 6-8 为磨料流加工原理图。工件安装在夹具内，夹具夹持在上下对置的上、下两个磨料室之间。工作时，填满在下磨料室内的黏性磨料在活塞的挤压下，被迫流过工件的通道而进入上磨料室，然后由上磨料室的活塞向下挤压，使磨料介质从工件的通道重新返回下磨料室内。这样循环往复，具有一定流量、流速和压力的磨料对工件表面和边角不断进行磨削，以达到加工目的。

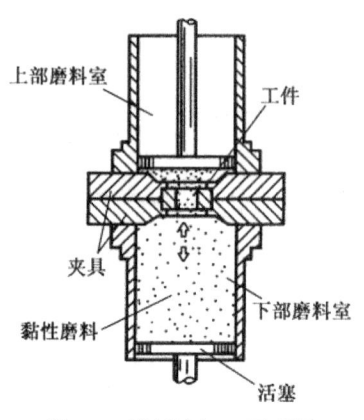

图 6-8 磨料流加工原理图

6.2.2 磨料流加工的三大要素

1) 挤压研磨机床

挤压研磨机床用于固定工件和夹具，有不同的尺寸和结构形式。在一定的压力作用下，使磨料流经加工表面，达到研磨、去毛刺和倒角的目的。

挤压研磨机床要包括两个垂直相对的磨料缸，磨料缸液压夹紧，将工件和夹具固定在当中，机床控制挤出压力，使磨料通过工件，从一个磨料缸进入另一个磨料缸，如此反复进行。当磨料进入、通过受限制通道时，即产生磨削作用。机床监测器上还可增加控制系统，用来控制更多的加工数据，如磨料类型、温度、黏度、磨损和流速等。为了大批量生产汽车零件而设计制造的磨料流加工系统，往往还带有零件清洗设备、装卸工作台、磨料维修装置和冷却器等。这种自动化系统每天可生产上千个零件。

美国挤压研磨公司具有 30 多年设计、制造挤压研磨机床的成功经验，从单机到成套生产线，设计不断优化，已形成多种系列化产品。迄今为止，已为 40 多个国家和地区提供了 2000 多台机床和生产线，在中国也已拥有十多家用户。其主要产品有三大系列：Spectrum 系列挤压研磨机，Vector 系列挤压研磨机和 77 系列挤压研磨机。

2) 夹具

磨料流加工中夹具是一个非常重要的部分，夹具不仅对工件进行定位和夹紧，还引导磨料通达需要研磨加工的部位，或者堵住不需要研磨加工的部位，使其免受影响。对于工件外部边角、表面的加工，夹具的目的是在工件的外面和夹具的内面形成一个有限制性的通道。图 6-9 为采用磨料流动加工对交叉孔零件进行抛光和去毛刺的夹具示意图。图 6-10 为对齿轮齿形部分进行抛光和去毛刺的夹具结构原理图。

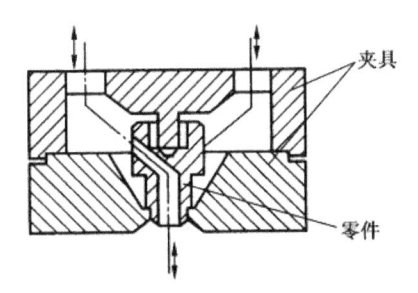

图 6-9　加工交叉孔零件的夹具示意图 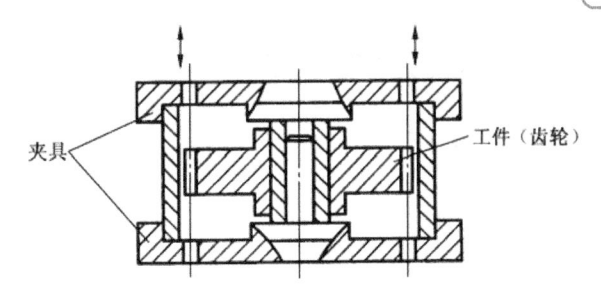　　　　图 6-10　抛光齿轮齿形的夹具结构原理图

有些零件的磨料流加工，不需要夹具辅助，如模具等，因为模具本身的通道就已形成了磨料的限制性通道。有些零件的磨料流加工，仅需要简单的夹具。零件大批量生产的磨料流加工所用的夹具，要设计得易于安装、拆卸和清洗。通常需安装在分度台上，这样的夹具一次可加工许多个零件。

3) 磨料

磨料流加工的中心要素是黏性磨料，其作用相当于切削加工中的刀具，其性能直接影响到加工效果。

磨料是一种由柔性的半固态载体和一定量的磨粒拌和而成的混合物，这种半固态载体是一种高分子聚合物。这种高分子聚合物可以与磨粒均匀黏结，而与金属则不发生黏附，且不挥发，其作用主要是用来传递压力，保证磨料均匀流动，同时还起到润滑作用。

磨粒一般采用氧化铝、碳化硅、碳化硼、金刚石粉等。根据不同的加工对象选用不同的磨料种类、粒度、含量等，粒度一般为(80～600)目，含量（体积分数）范围 10%～60%。粗磨料可获得较快的去除速度；细磨料可以获得较好的粗糙度，故一般去毛刺时使用粗磨料，抛光时都用细磨料，对微小孔的抛光应使用更细的磨料。此外，可以利用细磨料 [(600～890)目] 作为添加剂来调配基体介质的稠度。在实际使用中常是几种粒度的磨料混合使用，以获得较好的性能。

磨料的有效寿命受到多方面因素的影响，如一次操作的磨料总量，磨粒的类型、大小，磨料流速和零件的形状等。在磨料流加工过程中，砂粒碎裂变钝以及金属屑渗入磨料之中，都将影响磨料的有效寿命。一般磨料寿命为 3 个月左右。金刚石磨料的使用期可达 1～2 年。

6.2.3　磨料流加工的基本特性

理论分析和实验均表明，磨料流加工中材料的去除量沿通道长度而变化是磨料流加工的基本切削规律，由于磨料流通常是上下往复加工，中间段的去除量比入口处要小，沿通道纵截面的曲线近似为一抛物线，故而黏弹性磨料往复流过加工面后会在通道两端产生喇叭口形状。这种由于材料在不同部位的加工量不同，造成工件几何形状的改变，可通过适当的夹具设计加以控制，获得希望的加工效果。更可利用磨料流加工这一特性来改变工件的几何形状，获得独特的特性。

黏性磨料通过直通道时，磨粒平动切削作用微弱，移动 2 m，只切除约 0.001 mm，仅起抛光作用。而黏性磨料通过变截面通道和拐角时，磨粒转动切削作用增强，其切削量比磨料流对直通道表面提高百倍以上。这对工件切除毛刺、倒圆锐角极为有利。

6.2.4 磨料流加工的工艺特点

(1) 适用范围 由于黏性磨料是一种具有半固态流动性的物体，具有可塑性，又有弹性，它可以适应各种复杂表面的抛光和去毛刺，如各种型孔、型面、齿轮、叶轮、交叉孔、喷嘴小孔、液压部件、各种模具等，所以它的适用范围是很广的，几乎能加工所有的金属材料，也能加工陶瓷、硬塑料等。

(2) 加工效率 磨料流动加工的材料去除量一般为 0.01~0.1 mm，加工时间通常为 1~5 min，最多十几分钟即可完成，与手工作业相比，加工时间可减少 90% 以上。因为磨料是可流动的，可同时加工多个孔道、缝隙或边，对一些小型零件，可多件同时加工，效率可大大提高。对多件装夹的小零件的生产率每小时可达 1000 件。

(3) 表面质量 加工后的表面粗糙度与原始状态和磨料粒度等有关，一般可降低为加工前粗糙度值的 1/10，最低的粗糙度 Ra 可达到 0.025 μm 的镜面。磨料流动加工可以去除在 0.025 mm 深度的表面残余应力，可以去除前面工序（如电火花加工、激光加工等）形成的表面变质层和其他表面微观缺陷。

(4) 加工精度 磨料流动加工是一种表面加工技术，因此它不能修正零件的形状误差。切削均匀性可以保持在被切削量的 10% 以内，不会破坏零件原有的形状精度。由于去除量很少，可以达到较高的尺寸精度，一般尺寸精度可控制在微米的数量级。

6.2.5 磨料流加工的实际应用

磨料流加工可用于边缘光整、倒圆角、去毛刺、抛光和少量的表面材料去除，特别适用于难以加工的内部通道的抛光和去毛刺，从软的铝到韧性的镍合金材料均可进行磨料流加工。

磨料流加工已用于硬质合金拉丝模、挤压模、拉伸模、粉末冶金模、叶轮、齿轮、燃料旋流器等的抛光和去毛刺。还用于去除电火花加工、激光加工或渗氮处理这类热能加工产生的不希望有的变质层。

【应用点评 6-3】 磨料流复合加工应用

磨料流加工与其他技术相结合形成新的抛光工艺，是磨料流加工的一个发展方向，如超声流动抛光、黏弹性磨料振动抛光。

(1) 超声流动抛光 该工艺是磨料流加工和超声波加工这两种特种加工技术的复合。黏弹性磨料在作超声振动的工具中心受挤压并从出口流出，其流动受到工具和工件的限制，流动与振动的复合运动使磨粒划擦工件表面而产生抛光作用。通过与 CNC 装置相结合，该方法可以抛光复杂三维型腔，仅适用于敞开型的表面。

(2) 黏弹性磨料振动抛光 磨料流加工在模具型腔抛光方面应用广泛，由于黏弹性磨料在工件孔腔中的流动特性，即磨料对加工面的法向压力在入口处最大，出口处最小，中间呈逐渐下降的趋势，使黏弹性磨料往复流过加工面后会在通道两端产生喇叭口状形状误差。该方法对具有较大长径比的通道抛光效果不理想。而采用黏弹性磨料振动抛光装置，可使各处的抛光效果较均匀细致。

6.3 液体喷射加工

液体喷射加工（Liquid Jet Machining），又称为液力加工或者水射流加工，是一种利用从喷嘴中高速喷出的液体冲击力破碎和去除工件材料的特种加工方法。液体喷射加工特别适合于各种材料的去毛刺和切割等加工，是一种"绿色"加工方法。

6.3.1 液体喷射加工的基本原理和特点

1) 液体喷射加工的基本原理

液体喷射加工中液流的运动过程为：水或水中加添加剂的液体，经水泵至增压器，再经蓄压器从人造蓝宝石喷嘴喷射而出形成高速液体束流，到达工件表面去除材料（如图6-11所示）。

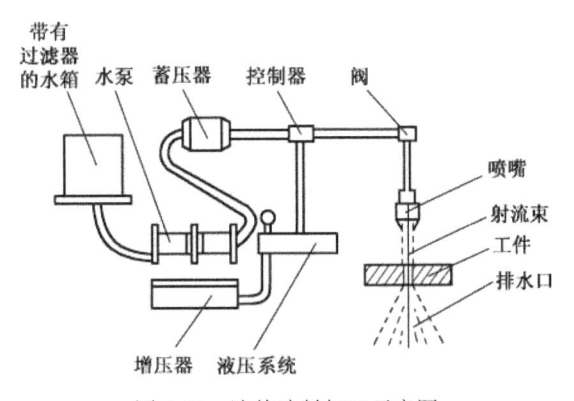

图 6-11 液体喷射加工示意图

液体从增压到形成射流的过程，实际上是能量不断转换的过程：增压过程中，增压器将电动机的机械能转换为液流的压力能；高压液流通过小孔喷嘴时，又将压力能装换为动能，形成高速射流，去除材料。图6-12表现了液体喷射加工实际加工时的状态。

2) 液体喷射加工的特点

(1) 加工精度高，一般可达 0.075～0.1 mm；切边质量好，几乎可以切割任何材料。

(2) 液体束流的能量密度高（高达 10^{10} W/mm^2），流速也很高（7.5 L/min），故工件的切缝很窄（一般为 0.08～0.4 mm），产生很少的废料。

图 6-12 液体喷射加工过程实效图

(3) 可实现高速加工。

(4) 加工过程中无热效应，可切割易燃材料，且为非接触式切割，清洁无污染，非常适合于食品相关行业。

(5) 废料被液体带走，不产生有毒烟雾和粉尘，环境友好。

(6) 设备维护简单，操作方便，可以灵活地任意选择加工的部位，可通过数控，完成复杂形状的自动加工。

6.3.2 液体喷射加工的基本设备

图 6-13 为液体喷射加工机床，其基本设备主要有液压系统、切割系统、控制系统、过滤设备。

图 6-13 液体喷射加工机床

1) 液压系统

液压系统主要包括增压器、蓄压器、泵、阀、过滤器及密封装置。其中泵、阀、控制器、密封装置等设备元件，可根据有关标准选用。

增压器是液压系统中重要的设备，要求增压器使液体的工作压力达到 400 MPa 甚至更高，以保证加工的需要。蓄压器的主要功能是在增压器反向运动时防止压力下降，以使高压液体流动平稳。过滤器要很好地滤除液体中的尘埃、微粒及矿物质沉淀物，过滤后的微粒应小于 0.45 μm。一般液体要经过两组三级过滤，即经过完全相同的两组过滤器，以保证过滤器使用的可靠性。三级过滤是每组过滤器由 0.45 μm、1 μm、10 μm 三种规格金属滤网组成，液体须经过三次过滤。

2) 切割系统

喷嘴是切割系统中最重要的零件；喷嘴应具有良好的射流特性和较长的使用寿命。喷嘴的结构取决于加工要求，常用的喷嘴有单孔和分叉两种。

喷嘴的直径、长度、锥角及孔壁表面质量对加工性能有很大影响，通常要根据工件材料性能进行合理选择。喷嘴的材料应具有良好的耐腐蚀性、耐磨性和承受高压的性能，常用的喷嘴材料有：硬质合金、蓝宝石、红宝石和金刚石。其中，金刚石喷嘴的寿命最高，可达 1500 小时，但加工困难、成本高。此外，喷嘴位置应可调，以适应加工的需要。

【应用点评 6-4】 喷嘴的失效判断

喷嘴在高压下使用必然存在摩擦磨损，这就是人们所关心的喷嘴寿命问题。喷嘴失效判断的依据是：当喷嘴在高压工况下摩擦磨损使得射流压力比初始工况下降了 10%，则该喷嘴报废。此时的累积运行时间就是它的寿命值。喷嘴设计时，以该寿命值与标准规定值相比较，确定该喷嘴是否合适。这种实验也可以作为同一批喷嘴的寿命依据。

3) 控制系统

可根据具体情况选择机械、气压和液压控制；工作台应能纵向、横向灵活移动，适应大面积和各种型面加工的需要；同时，采用计算机控制系统进行自动加工。

6.3.3 液体喷射加工的类型及应用

液体喷射加工按工作介质分为纯水喷射加工和在水中加磨料的磨料水喷射加工两个基本类型。纯水喷射加工由于仅利用水的高压动能，切割能力较差，适用于切割质地较软的材料。而磨料水喷射加工由于液体喷射中磨料的冲击作用远大于纯水型,所以加工能力大大提高,特别适合加工硬质材料,各种金属材料、合金、陶瓷和复合材料都可以进行加工。

具体来说,液体喷射加工在机械制造和其他领域都获得了日益广泛的应用。

(1) 汽车制造与维修采用液体喷射加工各种非金属材料,如石棉刹车片、橡胶机地毯、车内装换材料和保险杠等。

(2) 造船业用液体喷射加工切割各种合金钢板(厚度可达 150 mm),以及塑料、纸板等其他非金属材料。

(3) 航空航天工业用液体喷射加工切割复合结构材料、铁合金、镍钴高级合金和玻璃纤维增强塑料等。这可节省 25% 的材料和 40% 的劳动力,并大大提高劳动生产率。

(4) 铸造厂或锻造厂可采用液体喷射加工切割毛坯表层的砂型和对氧化皮进行清理。

(5) 液体喷射加工不但可用于切割,而且可对金属或陶瓷基复合材料、铁合金和陶瓷等高硬材料进行车削、铣削和钻削等加工。

图 6-14 为液体喷射加工生产出的复杂样件。

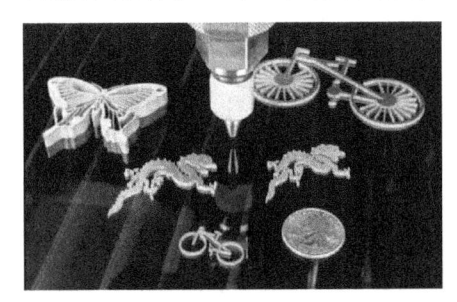

图 6-14 液体喷射加工生产的零件

6.4 复合加工

6.4.1 电解-电火花复合加工

电解加工具有良好的表面处理效果、表面完整性、高的加工速率以及无工具损耗问题等优点。相对电火花加工而言,电解加工在工具阴极蚀刻工件得到的加工精度却低于电火花加工。反之,对电火花加工而言,若要得到高的加工精度就必须牺牲加工速率。高加工速率的电火花加工会造成工件的粗糙度明显提高,并且损害工件表面层。若能结合两种加工方式并选择适当的加工参数,就可以同时获得两种不同加工方式的优点。

1. 电解-电火花复合加工原理

临界电压 U_{cr} 及临界电流密度 i_{cr} 是电解-电火花加工程序的关键。开始进行加工时,流过电解液的加工电流会产生氢离子离解,往阴极移动[图 6-15(a)]并且获得电子还原成氢气。刚开始,气泡集中在阴极附近[图 6-15(b)],因电解作用持续增加,慢慢地气泡层形成[图 6-15(c)],造成工具与工件之间的电阻提高。随着气泡层的电位差提高,开始产生局部放电的现象,进而整个间隙间产生放电[图 6-15(d)]。每个电火花会造成局部汽化作用及局部工件材质分离到溶液中。电火花会造成局部高温,形成高压气泡带动电解液流动。电解液流动会让局部温度冷却下来,分离的材料随即固化,电解液流动带走电解的金属离子及分离固化的金属碎屑。

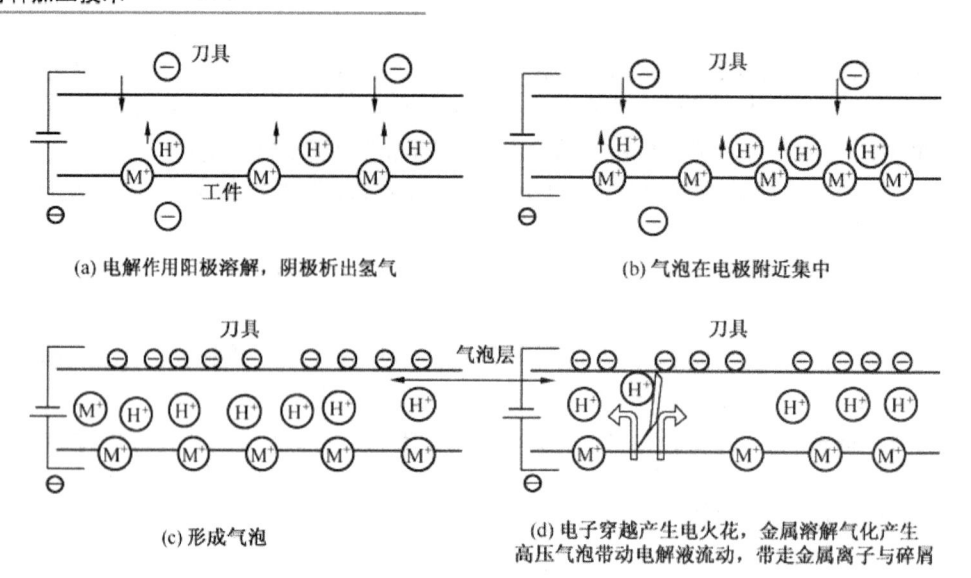

图 6-15 电解-电火花复合加工原理示意图

(a) 电解作用阳极溶解，阴极析出氢气
(b) 气泡在电极附近集中
(c) 形成气泡
(d) 电子穿越产生电火花，金属溶解气化产生高压气泡带动电解液流动，带走金属离子与碎屑

每个电火花释放的能量越高，会造成的点蚀越大，加工的速度越快，但表面的粗糙度提高。因此，整个电解-电火花加工的操作条件，就是要随时保持工件表面只有一个新放电的点（也就是放电的点要尽量少，甚至没有），让电火花所释放的能量不会过高。于是，每个电火花产生的位置就好像是在前一个电火花位置的附近依序产生，逐步完成整个工件表面的加工。电火花加工后的区域，由电解作用来进行表面处理。这有点像由电火花加工来进行成形，再由电解作用来进行表面处理，不但获得电解加工具有的良好表面处理效果、表面完整性、高加工速率以及无工具损耗问题等优点，同时让工具阴极蚀刻工件得到良好的加工精度。

2. 电解-电火花复合加工机理与特点

电解-电火花复合加工法中的放电机理与电火花加工的放电机理不同。电火花加工法的工作液是不具导电性的非电解质，放电的机制是借助减少工具与工件的间距，产生电火花放电。电解-电火花复合加工法中所使用的工作液为具导电性的电解质溶液，电火花的产生是因为电解作用在阴极产生的氢气泡，形成阻隔电流的气泡层，进而导致电火花的产生。其过程可简述如下：

(1) 电解作用阳极溶解，阴极析出氢气；
(2) 氢气泡层形成；
(3) 电子穿越氢气泡层，瞬间放电产生电火花；
(4) 金属熔融汽化，形成高压气泡；
(5) 高压气泡带动电解液流动，冷却并带走金属离子与碎屑。

电解-电火花复合加工的放电周期与强度皆较传统的电火花加工为大，故又称为电解电弧加工（ElectroChemical Arc Machining, ECAM）。加工过程必须避免形成稳态电火花（即在相同位置持续放电），并且可以借由控制电火花的放电强度进行不同的加工。如做成形加工时，可以使用正常的放电强度；做光整加工时，就必须以微电火花进行加工。

3. 应用

电解-电火花复合加工被广泛地应用于各种成形加工或复合光整加工。以下就电解-电火花复合加工在孔加工、型腔加工和光整加工三个部分的应用加以说明。

(1) 孔加工　以电解-电火花复合加工进行打孔加工，必须控制加工参数使加工的工具底部发生电火花去除材质产生坑洞，并且坑洞侧面产生足够的电解作用使孔侧壁平整。调整加工电压及脉冲相位角可以控制电解作用与电火花加工的比例，使加工效果最优化。

(2) 型腔加工　中、英学者合作以电解-电火花进行半圆弧二维型面及长方形槽加工。采用矩形波脉冲电源，频率 1315 Hz，脉宽 0.66 ms，击穿电压 45~80 V，维持电压 20~30 V，电解液为 20% 的 $NaNO_3$。电解液间歇周期供应，供应期间电解作用加工，停止供应期间电火花加工。调整电解液供应时间与停止供应时间的比例可以获得不同的加工速度及表面粗糙度。

(3) 光整加工　采用微秒级脉冲加工电流、低浓度电解液、小间隙及不施加外力让电解液流动的加工条件下，可以获得较佳的整平效果，达到镜面效果，并且保持较高的型面精度。但这种让电解液停滞以产生光整加工效果的加工方式只适用于小尺寸、形状单纯的工件。

【应用点评6-5】　电解-电火花复合加工应用前景

> 目前，电解-电火花复合加工在尺寸加工领域尚未正式在生产中应用。但作为工步复合的方案则已开始用于生产。这是日本在电解加工模具上停滞多年后又重新开始发展的新领域。其方案为 EDM 或 WEDM 成形加工模具型腔之后，直接用其电极在 $NaNO_3$ 电解液中进行窄脉冲高电流密度的电解光整加工，以去除 EDM 的表面淬硬层和 WEDM 的软化层及其表面裂纹，达到镜面粗糙度，并保持 EDM 或 WEDM 已达到的高精度。此技术是 SEIKI 公司与东京大学的 Masuzawa 教授合作研究的，现已推出 COTAC-41 机床，带 CNC 系统控制最佳工作条件和脉冲参数。此设备的最大加工面积为 300 cm^2。

6.4.2　电解-电火花机械磨削

电解-电火花磨削加工是国外 20 世纪 80 年代中期开发成功并用于生产的一种复合加工新工艺，是由机械磨削、电解加工、电火花加工形成的复合加工方法（Mechanical grinding and Electrolysis Electrical discharge Combined，MEEC），通过求最佳加工条件，对工件施加最佳加工能量，以最大限度地发挥被复合加工方法的优点。近年来，MEEC 法又进行了重大改进，派生出新的 MEEC 法。

1. MEEC 法

MEEC 法所用装置由加工电源、磨轮、工作液、主轴和经绝缘处置的研磨机床等组成。磨轮由导电和不导电两部分用树脂黏结而成。导电部分由 8~16 只成扇形分布，不导电部分与一般砂轮相同（如图 6-16 所示），工作液是具有导电性的低浓度（0.5%~1%）电解液。加工时，工件接电源的正极，使用 25~50 V 的直流电源；当磨轮转动，不导电部分与工件接触时，磨粒对工件产生机械磨削作用，而导电部件与工件接近时，被喷射到砂轮和工件间的磨削液便产生电解作用。当导电部分离开工件的瞬间会发生火花放电，而产生电火花加工的作用。通过磨轮反复不停地旋转，在磨削、电解、电火花三者交替的共同作用下，使加工质量和加工效率大幅提高。

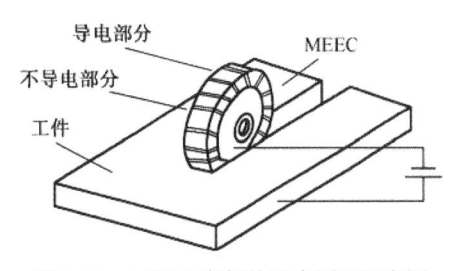

图 6-16　MEEC 磨削的基本原理示意图

MEEC 法具有如下几个特点：

(1) MEEC 法的电源有两种加工方式，可根据不同的工件状态进行选择。在每种加工方式下可设定工件的加工条件（直流、交流、最大电压、电流等），还可以进行通电、输出水平的微调。

(2) MEEC 的工作液应为低浓度的特殊电解液，可发挥电解、放电、机械磨削时的润滑作用，且对机床无腐蚀。

(3) 具有高速、高精度的加工效果，对硬脆、难切削材料亦能如此。

(4) 工件被加工后，无机械损伤，不产生材料物理机械性能降低的变质层。

【应用点评 6-6】 MEEC 法的工程应用

MEEC 法可用于切割、成形研磨、平面研磨、圆柱研磨及用薄片砂轮切割窄槽。被加工对象的材料，除各种钢铁外，还可以是铁硅铝磁性合金、硬质合金、聚晶金刚石、立方氮化硼烧结体、玻璃、导电或不导电陶瓷等难切削材料。

2. 新 MEEC 法

1) 新 MEEC 法的基本原理和特点

新 MEEC 法是在 MEEC 法的基础上对 MEEC 装置做了重大改进的成果：一是增设了修整砂轮用的电极；二是改用可分别在砂轮工件间，以及砂轮和修整砂轮用电极间广泛变换，包括波形在内的各种电参数的新电源；三是将砂轮的结构按工件材料的导电与否分成两类。图 6-17 是用于磨削导电材料的砂轮及 MEEC 磨削装置示意图，像早期所有的砂轮一样，其外圈上的各导电部分都只有数毫米宽。图 6-18 是用于磨削不导电材料的砂轮及 MEEC 磨削装置示意图，由于工件不导电，因此在磨削区附近设置了电极，甚至以喷嘴作为电极，借以通过电解液形成放电回路。至于砂轮，其外圈上的大部分是导电部分，以延长加工过程中的电解作用时间。

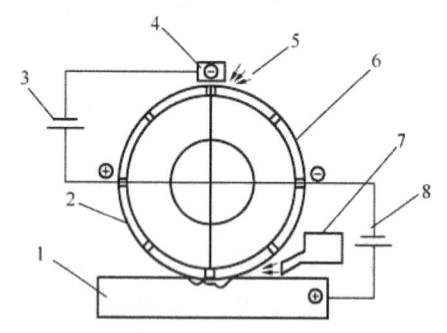

图 6-17 磨削导电材料的砂轮及 MEEC 磨削装置示意图
1—工件；2—导电部分；3—修整砂轮用电源；4—修正砂轮用电极；5—喷液；6—不导电部分；7—喷嘴；8—加工电源

图 6-18 磨削不导电材料的砂轮及 MEEC 装置示意图
1—工件；2—不导电部分；3—修整砂轮用电源；4—修正砂轮用电极；5—喷液；6—导电部分；7—喷嘴；8—加工电源

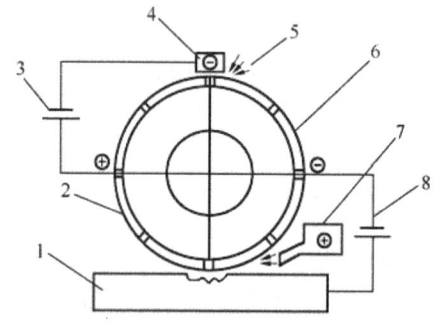

正因为新的 MEEC 磨削装置增设了修整砂轮用电极，而且对于砂轮来说是负极，因此它能在加工过程中通过由电解形成的放电回路持续产生火花放电和阳极溶解作用，不断去除附着在砂轮上的碎屑，从而更有利于保持砂轮的锋利。

新 MEEC 法的加工电源（如图 6-19 所示）可将 50~60 Hz 的工频交流电，或经全波整流的脉冲直流电的每半周波形，变成平滑直流部分和成组脉冲部分，且可对前后两个半周中的平滑部分的幅值（e, h），以及成组脉冲部分的脉冲间隔（f, i）和脉冲最大幅值（g, j）分别进行调节，然后再把每半周中的两部分合成起来。这样就能将半个周波的参数调节得宜于 MEEC 磨削而施加在工件和砂轮间；同时将另外半个周波的参数调节得宜于修整砂轮而施加在砂轮和修整砂轮用的电极之间。这就等于有了"加工电源"（又称为"第一电源"）和"修整砂轮用电源"（又称为"第二电源"）等两个可以广泛调节输出波形和参数的电源。

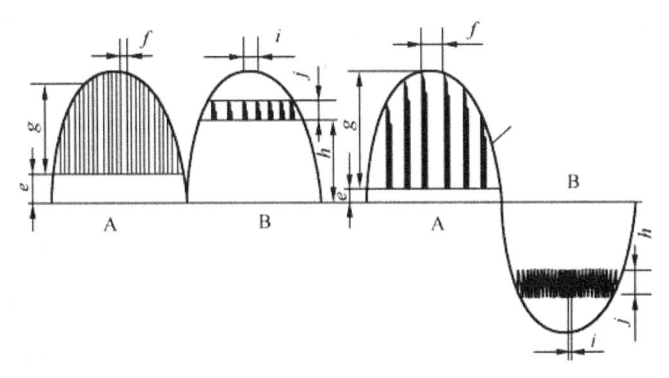

图 6-19　新 MEEC 磨削用的电源工作原理图

【应用点评 6-7】　新 MEEC 法的优点

由于 MEEC 法在加工中持续不断地对砂轮修整，使磨轮磨粒对工作表面有适当的突出，也使磨轮中的导电部分对工件表面的间隔有一适当值进行电解和放电加工，从而充分发挥机械磨削、电解和放电的复合作用。

2) 新 MEEC 法的应用

经过上述改进，再加上专用磨削液的改良，新 MEEC 法的工艺效果更为显著。图 6-20 和图 6-21 分别对比了用新的和早期的 MEEC 法，以及单纯的机械磨削方法，在氮化硅（Si_3N_4）上切割 0.5 mm 窄槽时的切割速度和主电动机的负载功率。

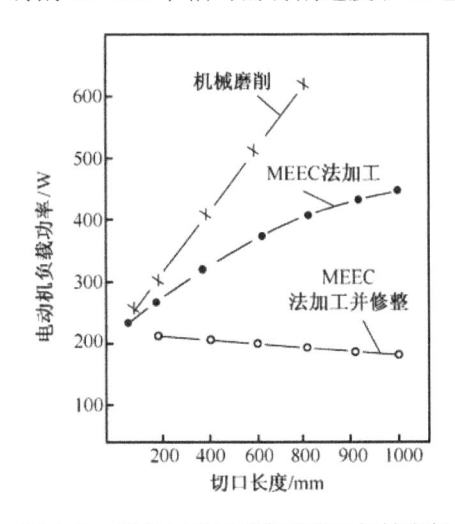

图 6-20　新旧 MEEC 磨削装置及机械磨削方法割槽时的电动机负载功率对比

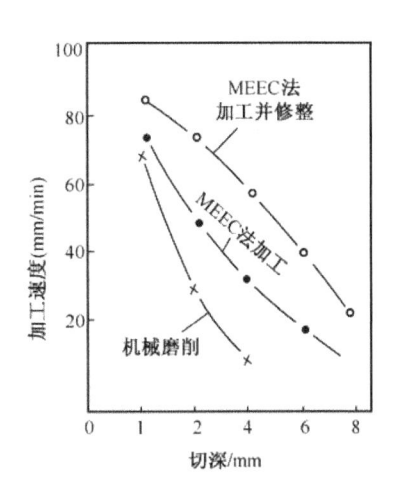

图 6-21　新旧 MEEC 磨削装置及单纯磨削方法割槽时的切割速度对比

应用表明，用 MEEC 法比通常同等要求的磨削可提高效率 60%，用新 MEEC 法则可提高 400%。可见，新 MEEC 法是行之有效的。

伴随着特种加工技术的发展，在计算机技术、现代电力电子技术、网络技术以及航天、航空、模具制造等高新技术推动下，复合加工技术正在向更深更广的层次、领域发展，国际、国内在复合加工方面已做了或正在进行许多方面的研究，譬如：

① 微细电火花磨削（铣削）加工，可以加工出 $\phi 2.5\ \mu m$ 的微细轴和 $\phi 5\ \mu m$ 的微细孔。

② 截取新 MEEC 法加工的特点，研究非导电材料的超声波（充气）和电火花、电化学的复合加工，如图 6-22 和图 6-23 所示。

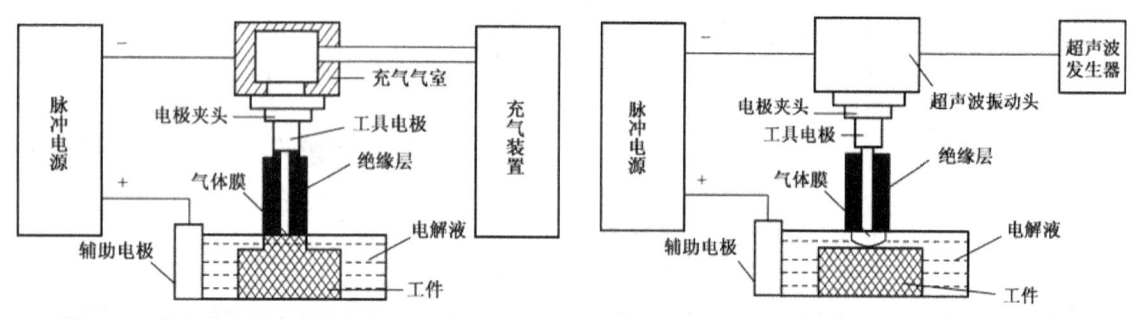

图 6-22　充气电化学电火花复合加工原理图

图 6-23　超声电化学电火花复合加工原理图

③ 微细旋转超声加工，可以加工出 $\phi 5\ \mu m$ 的微孔。

④ 三维摇动电解刮削技术，如图 6-24 所示。

⑤ 激光辅助电解液流加工，如图 6-25 所示。

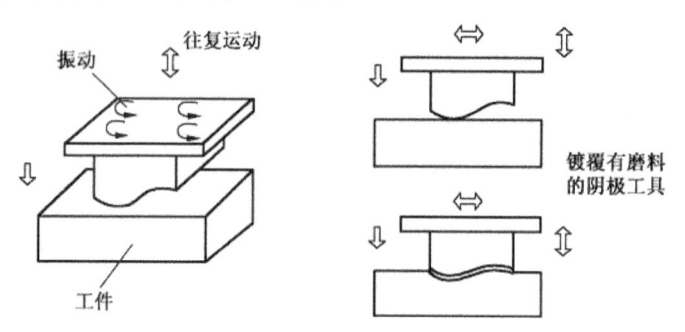

图 6-24　摇动电解刮削技术

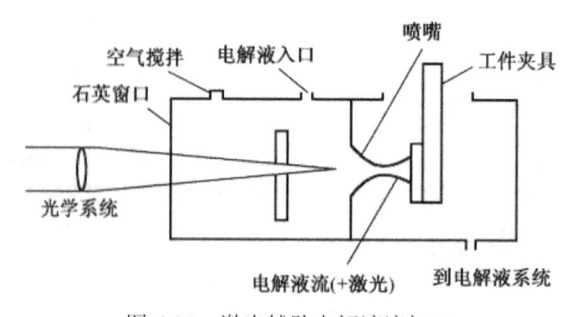

图 6-25　激光辅助电解液流加工

此外，模糊控制、数控控制、网络技术正在渗透和推动已有和未来的复合加工，电火花、电化学、超声、磁、机械加工等多种能量的复合加工技术正在成为新的研究热点，具有广阔的社会和经济前景。

6.4.3 超声放电加工

1) 超声电火花线切割复合加工

超声电火花线切割复合加工技术可用来加工难加工材料（如多相渗杂和导电、导热的不均匀性等材料），线电极的超声振动能改善加工间隙状态，增加切割稳定性，提高脉冲利用率，减少断丝的发生。

超声电火花线切割复合加工示意图，如图 6-26 所示。

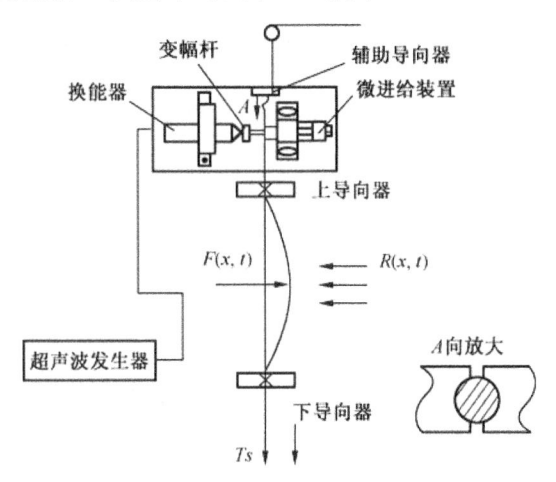

图 6-26 超声电火花线切割复合加工示意图

该装置被安装在低速走丝电火花线切割机上。它由超声发生器、换能器、变幅杆、微进给调节装置和辅助导向器组成。超声发生器可产生功率为 50 W 的超声振荡电压波，其振动频率可在 15～35 kHz 中选取。利用换能器和变幅杆的放大作用，振动装置最大输出振幅可达加工实验中，线电极被变幅杆前端及微动调整装置上的凸台夹住，夹紧力可通过手动进行调整。当超声振动装置工作时，一个交变作用力施加于线电极之上。由于线电极在缓慢拖动中摩擦力的不断变化，线电极张力不断改变，从而引发线电极产生纵向振动。

引入超声作用对线切割加工的效果将通过实验方法来进行研究。所选择的材料分别为钢、聚晶金刚石、金属基纤维强化材料和金属基颗粒强化材料。后三种材料均为难加工材料，由多相复合而成。由于材料中含有不导电相，如颗粒、纤维等，放电加工不稳定，切割效率大大下降而且断丝的概率增加。在超声的作用下，加工效率明显提高。使用超声电火花线切割工艺，弦线纵向和横向的振动使加工区的间隙条件得到改善，有利于放电蚀除物质的排出。同时，加工区的水介质在超声场的作用下，不仅清洗作用增强，而且冷却效果也变好。此外，在弦线上激励出的高频振动有利于放电点的转移，使得加工过程更加稳定，断丝的概率下降。

对工程陶瓷材料进行复合加工实验。试件采用氧化铝-碳化钛复合陶瓷，厚度为 16 mm。图 6-27 为加超声和不加超声情况下加工效率的对比结果。

从图 6-27 中可以看出，在超声作用下的加工效率提高了 50% 以上。低速走丝电火花线切割加工复合陶瓷一般存在一个电流门槛值，当加工电流大于该值时，加工效率迅速下降，断丝频频发生。附加超声振动后，提高了门槛值，即加工可在更大的电流下进行而不发生断丝，因而使得加工效率大大增加。图 6-28 为不同加工条件下表面粗糙度与峰值电流之间的关系。在超声作用下，表面粗糙度有所降低，尤其是在小能量加工情况下这一趋势更明显。

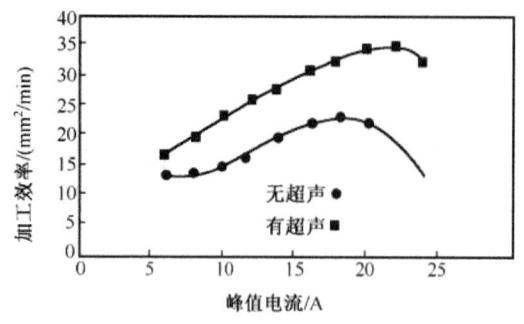

图 6-27　工程陶瓷材料的加工效率比较 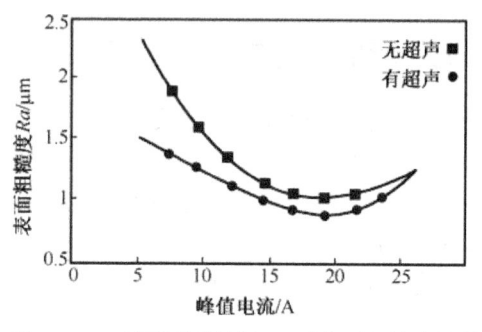　　　图 6-28　工程陶瓷材料加工后表面粗糙度比较

实验结果表明，超声电火花线切割复合工艺加工难加工材料有如下几个特点：一是可提高加工效率；二是加工可在更大的能量下进行，因而最大加工效率可大幅度提高；三是复合加工在相同电参数下可大大减少断丝概率，提高加工的稳定性。实践表明，这种复合加工方法对厚度 50 mm 以下的工件较为适合。当厚度过大时，超声振幅衰减较大，换能器能耗增加，加工效果减弱。

2) 超声电火花复合打孔

超声与电火花加工相结合的超声电火花复合打孔，是将超声声学部件固紧在电火花加工机床的主轴头下部，电火花加工用的脉冲电源加到工具（钢针）和工件上（精加工时工件接正极）。加工时，主轴做伺服进给，工具端面做超声振动。这样，可有效地提高放电脉冲利用率达 50%以上，提高生产率数倍至数十倍，加工面积越小，加工用量越小，生产率提高越多，故适合于微孔加工。其特点如下：

(1) 提高加工深度和加工速度。在同样的条件下打孔，超声电火花复合打孔的深度是电火花打孔深度的 3 倍以上。加工直径 0.25 mm 孔时，超声电火花复合打孔的极限深度为 10 mm 以上，深径比高达 40 以上。超声电火花复合打孔与电火花打孔相比，当孔深为 0.4 mm 时，前者所需加工时间是后者的 1/5～1/4，当孔深增加到 1 mm 时，加工时间则为 1/12～1/10。

(2) 提高打孔精度及降低孔的表面粗糙度。超声电火花复合打孔的尺寸精度、形位精度和孔的表面粗糙度明显优于电火花打孔。

下面介绍钛合金深小孔超声电火花加工工艺与实验。钛合金材料具有优异的耐热与耐蚀性能和单位重量强度大等特点，但同时其导热性能差、韧性极强、摩擦系数大，是一种典型的难加工材料。由于电火花加工具有不受工件材料强度、韧性、硬度等物理力学性能限制及非接触加工等特点，在小孔加工方面有较大的优势。但对于钛合金，尤其是钛合金深小孔的加工不理想。这是由于深小孔电火花加工排屑困难、放电不稳定以及钛合金材料的性能特点等因素造成的。在深小孔电火花加工引入超声振动将明显改善加工质量和加工效率。

超声振动对深孔微细电火花加工的影响。实验表明，在电极轴向引入超声振动，利用超声振动的高频泵吸作用，将金属小屑推开并吸入新鲜的工作液，是改善工作液循环的有效手段。

由于电极超声振动的作用，在放电间隙中工作液将产生高频交变的压力冲击波。电火花放电间隙中，工作液压力的高频变化极大地改善了微小间隙中工作液的流动特性，有效地避免了电蚀产物的沉积，有利于放电点的转移，因而可大幅度提高加工的稳定性和加工效率。此外，电极超声振动所引起的空化作用，使得电蚀坑内熔融的金属因压力降低而重新沸腾，加速了熔融金属的抛出过程，因而提高了金属的去除率并减少了液态金属在加工表面上的重铸，有助于减小加工表面的热影响层厚度和微裂纹。

【应用点评 6-8】 微细电火花加工中超声的作用

在微细电火花加工中，附加超声振动的另一显著效果是使得有效放电率大为提高。在微细电火花加工中，电极端面的放电间隙一般仅有几微米，而且只有在很窄的火花放电概率间隙内，才能形成有效的击穿放电。当电极作高频超声振动时，如果电极的振幅大于最大火花击穿概率间隙范围，则电极将以 2 倍声频往复穿越最大击穿概率区，这样就大大提高了有效脉冲放电率，使加工效率得以大幅度提高。

图 6-29 是在超声电火花复合加工机床上针对厚度为 3.2 mm 的 TC4 材料所进行的加工实验结果。工具电极为 YG6X，被加工孔的直径为 0.2 mm，放电峰值电压为 100 V，限流电阻为 330 Ω，极间电容为 5000 pF，正极性加工，工作液为煤油。

实验中采用的超声振动的频率为 20 kHz，设计振幅为 2 μm。由图 6-29 可以看出，在深小孔电火花加工中附加超声振动的效果极为明显，而在相同工艺参数下不加超声振动时，则可能由于剧烈的电极损耗而无法实现大深径比孔加工。附加超声后，由于加工效率的提高，电极的相对损耗也相对较小，因而加工孔的锥度也将大大减小（实测孔的出入口直径差平均约为 8 μm）。分析表明，在深小孔电火花加工中附加超声振动，虽然能显著地改善电极端面的间隙状态，提高加工稳定性，却不能很好地改善加工屑从孔壁间隙中的流出状态。由于电火花加工小孔过程中，侧向间隙一般只有 4～10 μm。因此如果能增加加工产物的排出空间，则必将有利于加工的稳定和加工速度的提高，同时也可降低孔壁二次放电的概率，进而减小加工锥度和电极的损耗。

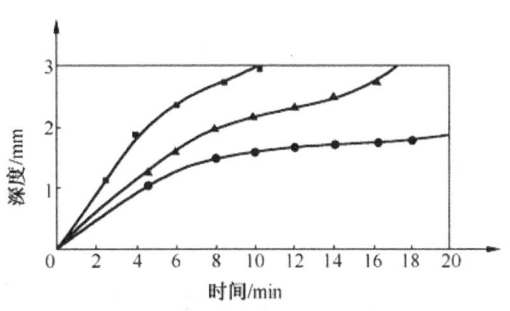

■ 削边电极加超声电火花加工；▲ 超声电火花加工；● 无超声电火花加工

图 6-29 钛合金小孔电火花加工实验曲线

【应用点评 6-9】 削边电极对深小孔电火花加工的影响

在微细孔电火花加工过程中，采用旋转削边电极进行加工，将极大地改善蚀除产物的容屑空间，进而提高加工速度和减小加工锥度。假设加工中的侧向间隙为 10 μm，采用削边电极进行加工时，其容屑空间将比无削边时提高 1/2 左右。这样相当一部分蚀除产物将在削边处排出，而不产生二次放电。同时，工作液介质的流通阻力减小，进一步降低了极间蚀除产物的浓度和二次放电的概率。

6.4.4 复合电解加工

1. 电解磨削

1) 电解磨削的基本原理

电解磨削是由电解作用和机械磨削作用相结合而进行加工的。它比电解加工有较好的精度和表面粗糙度，比机械磨削有较高的生产率。

图 6-30 是电解磨削装置构成简图。导电砂轮接直流电源的负极，被加工工件接正极，工件在一定的压力下与导电砂轮相接触。通过喷嘴向加工区域喷射电解液。在电解和机械磨削的复合作用下，工件表面很快被磨削，去除余量并达到一定的表面粗糙度。

图 6-31 是电解磨削加工原理图。在极间电压的作用下，电流通过电解液从工件流向导电砂轮，形成回路。此时，工件（阳极）表面发生阳极溶解作用（电化学腐蚀），被氧化成为一层极薄的氧化物薄膜，一般称它为阳极钝化膜，但刚形成的阳极钝化膜迅速被导电砂轮中的磨粒刮除，在阳极工件上又露出新的金属表面并被继续电解。这样，由电解作用和刮除钝化膜的磨削作用交替进行，使工件连续地被加工，直至达到一定的尺寸精度和表面粗糙度。

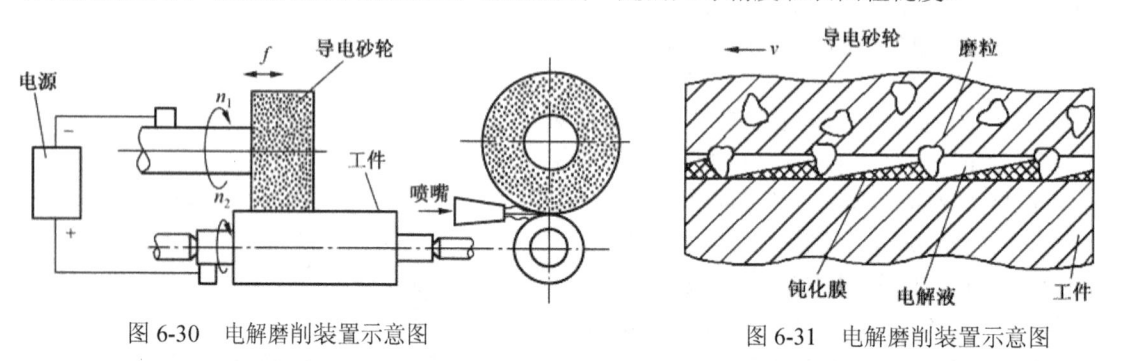

图 6-30 电解磨削装置示意图

图 6-31 电解磨削装置示意图

【应用点评 6-10】 影响电解磨削生产率的主要因素

(1) 电化学当量。由于各种金属的电化学当量不一样，电化学蚀除速度会有差别，导致加工的效率和精度都不尽相同。

(2) 电流密度。提高电流密度能加快阳极溶解。

(3) 导电砂轮与工件间的导电面积。当电流密度一定时，通过的电量与导电面积成正比。阴极与工件的接触面积越大，通过的电量越多，单位时间内金属的去除量越大。

(4) 磨削压力。磨削压力越大、工作台移动速度越快，阳极表面被活化的金属越多，生产率也随着提高。

2) 电解磨削加工的特点

(1) 可加工高硬度材料。由于它是基于电解和磨削的复合作用去除金属的，因此只要选择合适的电解液就可以用来加工任何高硬度与高韧性的金属材料。

(2) 加工效率高。以磨削硬质合金为例，与普通的金刚石砂轮磨削相比较，电解磨削的加工效率要高 3～5 倍。

(3) 加工精度和表面质量好。因为砂轮主要用于刮除阳极薄膜，磨削力和磨削热都很小，不会产生磨削毛刺、裂纹、烧伤现象，加工表面粗糙度 Ra 可小于 $0.16\ \mu m$。

(4) 砂轮损耗量小。以磨削硬质合金为例，普通磨削时，碳化硅砂轮的磨损量为切除硬质合金质量的 400%～600%；电解磨削时，砂轮的磨损量不超过硬质合金切除置的 50%～100%。与普通金刚石砂轮磨削相比较，电解磨削的金刚石砂轮的消耗速度仅为它们的 1/10～1/5。

(5) 需要对机床，夹具等采取防腐防锈措施；需要增加通风、排气装置；需要增加直流电源、电解液过滤循环装置等附属设备。

图 6-32 和图 6-33 为电解磨削加工的一些样件。

2. 电解磨料光整加工

1) 电解磨料光整加工基本原理

电解磨料光整加工是利用电化学腐蚀作用和磨料的机械刮膜作用相复合而对金属工件表面所进行的光整加工，是电化学机械复合加工的一种形式。

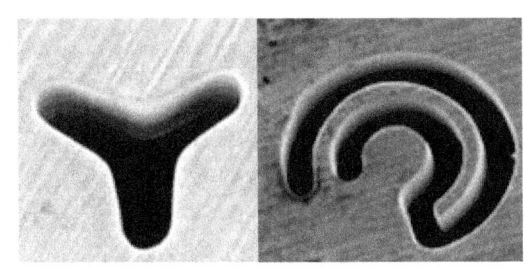

图 6-32　电解磨削加工的微结构图 　　　　　图 6-33　电解磨削加工的微齿型结构

电解磨料光整加工的基本原理如图 6-34 所示。以工具作为阴极，工件作为阳极，在工具与工件之间充有电解液和磨料构成的工作液。当接通直流电源后，将发生电化学反应；工件产生阳极溶解，并在表面形成钝化膜，从而阻碍阳极正常溶解。此时，由于有磨料作用，可以刮除钝化膜，使阳极表面得到活化，工件原始表面凹凸不平，高点钝化膜首先被刮除，刮除后高点露出的新鲜金属表面继续受到电化学作用和磨料机械作用。这样，金属表面的高点部分不断去除。

而金属表面的低点或凹陷部分受钝化膜保护，去除较慢，使得工件表面粗糙度值迅速降低。正是这种钝化、活化过程不断交替，构成了整个电解磨料光整加工过程。因此，电解磨料光整加工是电解作用、磨料机械作用相复合形成的一种高效率的加工方法。工件表面金属的去除主要靠电解作用完成，磨料起刮除钝化膜及整平表面的作用。

图 6-35 为电解磨料光整加工装置简图。阴极上包覆一层具有弹性、透水性、耐磨性良好的合成纤维材料。按磨料是否黏附到合成纤维上，可将电解磨料光整加工分为固定磨料加工和流动磨料加工两类。

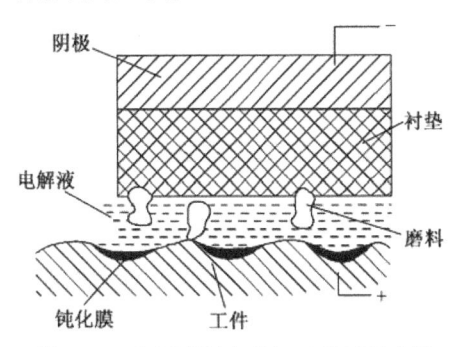

图 6-34　电解磨料光整加工原理示意图 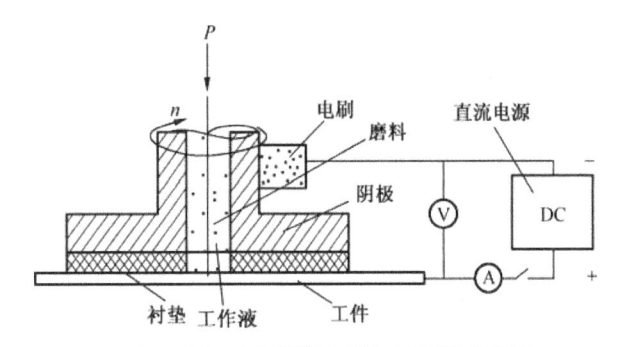　　　　　图 6-35　电解磨料光整加工装置示意图

2) 电解磨料光整加工的特点

大量研究结果表明：电解磨料光整加工比单一电解抛光和单一机械抛光的表面质量都好，且加工速度快。电解磨料光整加工具有以下特点。

(1) 材料适应性广。电解磨料光整加工主要依靠电化学作用去除金属，通过选择合适的电解液和磨粒，对淬硬的高碳钢、合金钢及硬质合金等常规方法难以抛光的材料，均有很好的加工效果。

(2) 磨具损耗小。磨粒的主要作用是刮除零件表面的钝化膜，一般而言，钝化膜的硬度比金属基体的硬度低，更容易刮除，因而磨具损耗小。

(3) 转换工序少，加工效率高、成本低。以粗糙度 Ra 值为 1.6 μm 左右的表面为例，若采用常规抛光工艺，通常需依次更换不同粒度的磨具经粗抛、精抛等工序以获取镜面效果；而采用电解磨料光整加工工艺，则可直接采用细粒度磨料，大大提高了加工效率，降低了成本。

(4) 加工表面质量好。

【应用点评 6-11】 电解磨料光整加工的表面质量讨论

电解磨料光整加工过程中,磨粒的机械刮削作用力很小,相对运动速度低,加工中不存在产生高温的条件,工件表面不会产生塑性变形层、残余应力、微观裂纹等表面缺陷。另外,加工表面微观几何形状比较理想。电解磨料光整加工是以电解、磨料共同作用去除高点,形成的表面微观几何形状呈"高原型"[图 6-9(b)],该类表面在耐磨性、耐腐蚀性及抗黏着性能等方面都远优于单一机械抛光形成的微现"尖峰状"表面 [图 6-9(a)]。

当然,加工效果受电化学作用和机械作用两方面的影响,加工工艺参数的选择和控制相对机械抛光要复杂一些。要获得高质量的表面,必须正确选择工艺参数,特别要注意保证电化学作用与磨料机械作用的合理配合。

3. 超声-电解复合加工

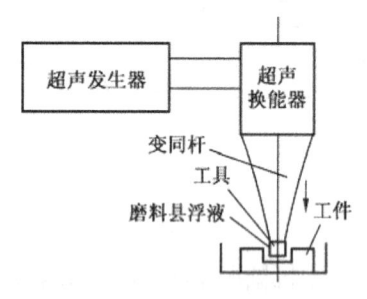

1) 超声-电解复合加工原理

超声-电解复合加工是电解加工与超声加工两种工艺方法的复合。它以超声加工基本工艺环境作为复合工艺的实施基础。由激励源、超声换能器组成超声发生器,超声震荡激励通常采用电脉冲激励方式;工具通过变幅杆和超声发生器相连接,同时工具必须接入电解加工电源的负极端,成为超声-电解复合加工所使用的工具阴极;工件则接入电源的正极端,成为阳极;提供悬浮磨料的液态载体为电解液。

超声-电解复合加工时,在工具阴极和工件之间的间隙中充满,或者以一定的速度流过混有悬浮磨料的电解液,工具阴极一方面自身作超声频振动,又以一定的速度向工件作进给运动。随着极间间隙减小,将发生电化学反应,工件产生阳极溶解,材料得以少量去除,此时工件表面被生成的钝化膜覆盖,阻止金属的进一步电化学蚀除。由于工具阴极端部的超声振动,电解液中的悬浮磨料颗粒对工件表面进行撞击和抛磨,起到破坏工件表面钝化膜的作用,而超声空化效应更加剧了这种作用,随着钝化膜的去除,工件表面得以活化,继而重新溶解。

图 6-36 是超声-电解复合加工示意图。

在超声-电解复合加工过程中,工件表面呈现电化学钝化、活化的交替变化状态,材料的去除主要取决于电化学阳极溶解。钝化膜则对金属表面起到一种保护作用,工件主要加工部位上的钝化膜被磨料定域性地去除,使得金属溶解仅仅局限于该部位。

图 6-36 超声-电解复合加工示意图

2) 超声-电解复合加工的特点

(1) 超声-电解复合工艺改善了电解加工的定域性,提高了成形精度。

(2) 超声-电解复合加工金属蚀除呈现微量渐进的特点,若磨料粒度及电解、超声工艺参数搭配得当,工件表面逐渐变光滑,能够获得较好的表面质量。

(3) 超声-电解复合加工的极间间隙一般小于单一电解加工的间隙,由于超声作用,电解产物的排出条件得以改善,加工速度和过程稳定性均有提高。

4. 复合电解珩磨

1) 复合电解珩磨加工原理

复合电解珩磨是指电解与珩磨相结合的复合加工。所用的阴极工具是含有磨粒的导电珩磨条（或轮）。电解珩磨过程中，金属主要靠电化学作用腐蚀下来，导电珩磨条起到磨去电解产物阳极钝化膜和整平工件的作用。可对普通的珩磨机床及珩磨头稍加改装，增设电解液循环系统和直流电源，以电解液替代珩磨液，工件接电源阳极，珩磨条（或轮）接阴极，形成电解加工回路，并构成复合电解珩磨加工系统。加工时，珩磨头和工件之间的运动关系仍保持原珩磨机的运动。

图 6-37 是复合电解珩磨加工原理示意图。电流从工件通过电解液而流向珩磨条，形成通路，于是工件（阳极）表面的金属在电流和电解液的作用下发生电解作用（电化学腐蚀），被氧化成一层极薄的氧化物或氢氧化物薄膜。但阳极薄膜迅速被导电珩磨条中磨粒刮除，在阳极工件上又露出新的金属表面并被继续电解。这样电解作用和刮除薄膜的磨削作用交替运行，工件被连续加工，直至达到一定的尺寸精度和表面粗糙度。

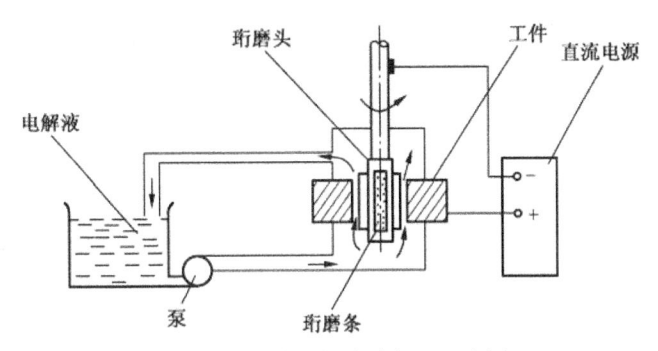

图 6-37　复合电解珩磨加工示意图

2) 复合电解珩磨加工特点

与普通珩磨相比，复合电解珩磨具有如下特点：

(1) 加工效率高，加工精度好。复合电解珩磨加工效率是普通珩磨加工的 3~5 倍，表面粗糙度 Ra 可低于 $0.10\ \mu m$。

(2) 电参数可调范围大。为获得良好的加工质量，除正确选择电参数外，还应选择电解能力较弱、非线性特性较好，能产生较厚钝化膜的电解液。

(3) 珩磨头既是磨削工具，又是电解加工的工具电极，必须保证导电能力，一般用金属导体制造。当珩磨头与工件之间充满电解液并具有一定极间电压情况下，保证形成电解加工回路，才能产生电解珩磨的效果。

(4) 珩磨条损耗小，排屑容易，冷却性能好，热应力小，工件表面无毛刺。

5. 电解-电火花复合加工

1) 电解-电火花复合加工原理

电解-电火花复合加工是同时利用电解作用和电火花蚀除作用进行加工的复合加工方法，既可以加工导电材料，也可以加工非导电材料。与单一的电解加工或电火花加工相比，电解电火花复合加工的加工效率大大提高，在非导电超硬及硬脆材料的加工方面有着广泛的应用。

电解-电火花复合加工时，工件和工具分别接低压直流电源的阳极和阴极，以实现电解加工；同时由脉冲发生器供给脉冲电压，并利用电解时在工件上产生的气泡，形成电解液中火花放电所需的非导电相，实现电火花加工。由于电解加工时气体相形成的速度慢，不易形成气泡，因而放电击穿延时长，电解能量消耗大，同时火花放电时的蚀除作用也削弱了。当用这种方法加工非导电材料时，仅可以进行切割或打小孔，而且效率低、能耗大。为解决这一问题，可采用可控充气的方法，形成电解液中火花放电所需的非导电相。其基本原理如图 6-38 所示。

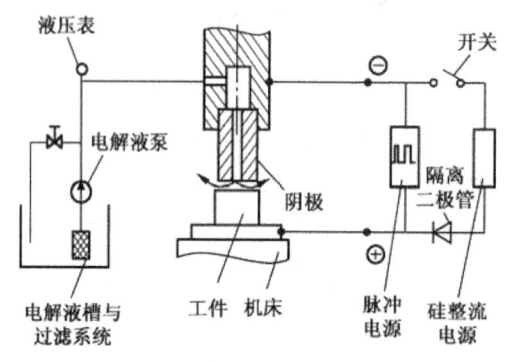

图 6-38　电解电火花复合加工基本原理

2) 电解-电火花复合加工的特点

电解-电火花复合加工有其独特的特点，归纳如下：

(1) 由于放电作用可以消除间隙中的"搭桥"和短路点，能实现小间隙加工，可以获得高加工精度和好的加工稳定性。

(2) 电解-电火花复合加工用的阴极不需绝缘保护，而阴极和夹具设计更复杂，主要考虑具有一定流速工作液的流场设计问题。

(3) 由于放电现象的存在，阴极有一定损耗，由此影响了其在型面加工中的应用。

【应用点评 6-12】　电解-电火花复合加工击穿放电特性

(1) 击穿电压值比绝缘介质中的小。(2) 击穿延时比绝缘物质中的延时长百倍，如电解液中放电延时为 $10^{-5} \sim 10^{-4}$ s，而煤油中放电延时为 $10^{-7} \sim 10^{-6}$ s。(3) 在一定的极间距离范围，击穿电压与极间距离无关。如极间距离大于 0.05 mm，极间击穿电压保持在 21 V 左右，不随电解液浓度、极间距离和充电电压的变化而异。

6.4.5　复合切削加工

复合切削加工（Cutting Base Combined Machining）是以传统的切削或磨削为主的复合加工，其投入少、容易实施，可获得事半功倍的效果，具有很大的开发潜力和应用前景，受到国内外学者、企业界的高度重视。目前以超声振动切削、磁化切削等工艺方法应用较多，在改善工件表面质量、提高加工效率、扩大加工范围等方面，已获得独特而明显的技术经济效益。

1. 超声振动切削

与电火花加工、电解加工、激光加工等特种加工技术相比，超声加工时既不依赖于材料的导电性又没有热物理作用，这决定了超声加工技术在硬脆材料，尤其是非金属硬脆陶瓷材料加工方面的广泛应用。随着压电材料及电子技术的发展，微细超声、旋转超声铣削技术、超声辅助特种加工技术等成为当前超声加工研究领域的热点，其中超声振动切削的研究、应用更为成熟。

1) 超声振动切削的基本原理

当启动超声波发生器（如图 6-39 所示）磁化电源时，供给镍磁致伸缩式换能器一定的超声频电流及磁化用直流电流，在换能器线圈内产生交变的超声频磁场和恒定的极化磁场，使换能器产生同频的纵向机械振动能，同时传递给变幅杆，并将振幅放大到预定值，推动谐振刀杆进行铣削。换能器、变幅杆、刀杆均与发生器输出的超声电频率处于谐振状态，形成一个谐振系统，其固定点都应在位移节点上。

2) 超声振动切削的应用

超声振动切削经过几十年的发展，已经日趋成熟，作为一种精密加工和难切削材料加工中的新技术，与各种传统切削工艺相结合形成的各种复合切削加工得到广泛应用。目前，在国内应用较多的主要有：超声振动车削，超声振动磨削，超声振动加工深孔、小孔和攻丝、铰孔等。

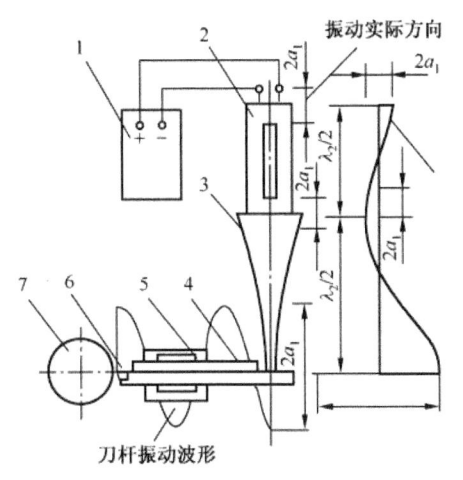

图 6-39 超声振动切削的基本原理
1—超声发生器；2—换能器；3—变幅杆；4—谐振刀杆；
5—节点压块；6—刀头；7—工件

表 6-2 不同钻削方法生产率的对比

工序	传统切削		超声振动切削	
	切削参数	时间/min	切削参数	时间/min
(1) 钻 75″ 直径孔	178 r/min, 0.007″/r	6.42	178 r/min, 0.011″/r	4.08
(2) 扩钻 1.44″ 直径孔	93 r/min, 0.010″/r	8.60	93 r/min, 0.015″/r	5.81
(3) 粗镗	$t = 0.050″$, 178 r/min $s = 0.004″/r$；		$t = 0.100″$, 347 r/min $s = 0.009″/r$；	
	9 刀共走刀 44″	58.80	4 刀共走刀 20″	6.40
(4) 精镗	200 min, 0.005″/r	8.00	400 r/min, 0.005″/r	4.00
(5) 外圆粗车	420 r/min, 0.007″/r		420 r/min, 0.007″/r	
	共走刀 20″	6.80	共走刀 20″	6.80
(6) 外圆半精车	420 r/min, 0.007″/r	5.44	省去	
(7) 外圆精车	420 r/min, 0.007″/r	2.72	420 r/min, 0.007″/r	2.72
合计		96.78		29.81

(1) 医用精密接骨螺钉的超声振动车削。在医疗器械行业中，广泛采用具有防锈、防腐性能和相当塑性、强度的锻造不锈钢材。但是由于这种材料的韧性大、导热系数低、高温强度高、切削变形大、加工硬化现象严重，加之医用接骨螺钉的规格多、牙形特殊、几何尺寸小，使用普通车削方法加工该种零件废品多、生产率低、难以维持正常的生产过程，形成加工中的"瓶颈"。

为此，采用超声振动车削加工接骨螺钉（如图 6-40 所示），材料为 $CrNi_4Mo_3$ 锻打，车削用刀片材料为 YG8，刀尖圆弧半径为 0.3～0.5 mm。

振动参数：频率 $f = 23$ kHz，振幅 $A = 10$ μm。

切削参数：切削速度 v 为 2.4 m/min，切削深度 a_p 为 0.2 mm，进给量视螺距而定，机床 C616，冷却液为 15% 乳化液。

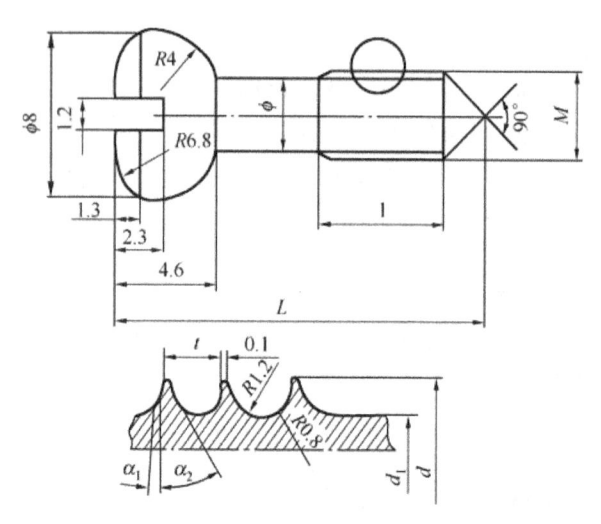

图 6-40 医用精密接骨螺钉简图

车削结果：工件的表面粗糙度 Ra 稳定地达到 $0.4\ \mu m$，加工精度完全符合技术要求，加工过程质量稳定，工效提高了3倍。

(2) 超声振动磨削的应用。用传统磨削加工不锈钢、钛合金、高温合金等料时，常会出现砂轮堵塞和工件表面的磨削烧伤，严重影响加工质量。而振动超声磨削时，砂轮的磨粒由于振动，不像普通磨削单纯沿切削面切线方向前进，砂粒在作切线运动时，还受到每秒钟万次左右的振动，去冲击被加工表面。此高频振动产生的"空化"作用（是指当工具端面以很大的加速度离开工件表面时，加工间隙内形成负压和局部真空，在工作液体内形成很多微空腔，当工具端面以很大的加速度接近工件表面时，空泡闭合，引起极强的液压冲击波，可以强化加工过程），促使冷却液进入切削区甚至磨削表面的微裂缝中，改善了磨削区的工作状况，同时形成各磨粒切削长度截短的机理，磨屑很细、很短。加之能保持磨粒锋利，防止容屑堵塞。一般比普通磨削降低切削力30%～60%，降低切削温度，提高加工效率1～4倍。超声振动磨削按砂轮的振动方式可分为纵振和扭转振动。前者直接利用换能器和变幅杆在超声波发生器的作用下，产生纵向振动进行磨削，一般用于平面磨削；后者利用磁致伸缩换能器在超声波发生器的作用下，直接产生扭转振动，经扭转变幅杆放大后用于磨削的方法，一般多用于内、外圆磨削。超声振动磨削具有结构紧凑、成本低、易推广应用等优点。

【应用实例6-1】 超声振动装置在医疗上的应用

在国外，除应用金属、非金属材料的加工，在医疗方面也得到很好的应用。如牙科用的磨齿装置，可保持磨粒锋利，防止砂轮堵塞；超声振动磨齿时的脉冲作用力，可对神经产生不敏感性效果，有利于减轻病痛；砂轮振动产生的动应力，将影响砂轮的硬度，这种随振动频率和振幅变化的砂轮等效硬度能方便医生根据病人实际状况选择最佳磨齿条件。

2. 磁化切削加工

所谓磁化切削，是一种基本不需要投资，尽可能利用原有的机床和一般切削工具，仅将工件或刀具或两者同时磁化的条件下进行切削加工的方法。试验和应用表明：磁化切削简单易行，可提高刀具的耐用度，且效果明显。近年来，国内这方面研究的重点基本上放在研制刀具的磁化处理装置、与未处理的刀具做对比性试验等方面，并取得一定效果。

1) 磁化切削的形式和工作原理

磁化切削的形式较多,按磁化对象、磁化对刀具和切削加工的关系、磁化时电流的性质以及是否加磁性材料分为如下4类。

(1) 按磁化对象,可分为刀具磁化、工件磁化及刀具-工件一体磁化三种形式。

图6-41是刀具磁化,其优点是切削区磁场大,通用性好,应用范围广,刀具伸出较长会影响刀具切削时的刚度。图6-42是工件磁化,其缺点是耗电较多,不方便,影响工件的刚度,一般应用较少。

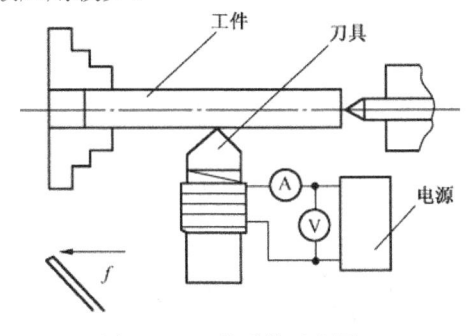

图 6-41 刀具磁化示意图

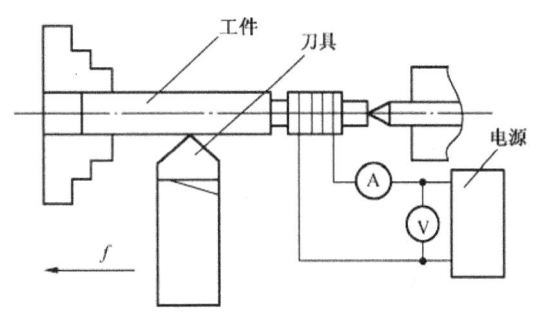

图 6-42 工件磁化示意图

(2) 按磁化与切削加工的关系,可分为机外磁化和在机磁化两种形式。

图6-43和图6-44是机外磁化,将刀具预先在磁化装置上处理后,再进行切削比较方便。通常整体高速钢刀具机外的磁化效果较好,一次性磁化即可;而焊接式、机夹式硬质合金刀具往往需要磁化数次才行。

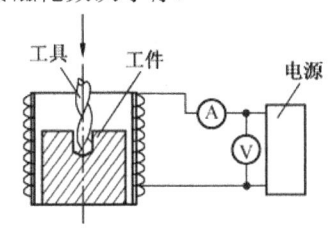

图 6-43 机外磁化示意图(一)

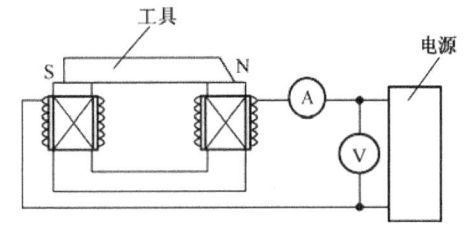

图 6-44 机外磁化示意图(二)

在机磁化是指在切削过程中对刀具、工件两者同时磁化,可以通过改变电流大小、线圈匝数来控制磁感强度,其优点是有利于磁场稳定,缺点是安装复杂,易吸附切屑。

(3) 按磁化时的电源,可分为直流磁化、交流磁化、脉冲磁化。

前者控制方便,应用较广,但磁化时间长,耗电量大(如图6-45所示);后者电路简单、成本低,因有涡流损耗,耗电量也较大;而脉冲磁化耗电少,磁化时间短,但结构复杂、成本高。

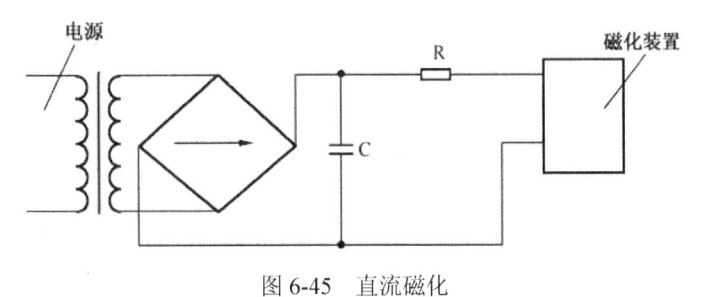

图 6-45 直流磁化

(4) 按是否加磁性材料，还可以分为主装置磁化、固有磁化。

2) 磁化切削的工艺效果

根据国内外的试验研究和应用表明，磁化切削具有如下效果。

(1) 提高刀具耐用度。采用磁化切削，可明显降低切削温度，减少刀具磨损，根据被加工材料不同，可提高刀具耐用度2～5倍左右，提高工效10倍左右。

(2) 可降低工件表面粗糙度和提高加工精度。在相同的刨削条件下，传统刨削的工件表面粗糙，且有毛刺，而磁化刨削则表面光滑无毛刺。例如，高速钢刨刀加工方钢（HB170）时，一般可使其表面粗糙度 Ra 由 12.5～25 μm 降低至 3.2～6.3 μm。试验表明：加工时，工件受到磁场引力作用，此引力方向相反于径向切削力 F_y，从而减少或消除 F_y 力所产生的变形。当车削细长轴、磨削细长轴时，相当于安装了"磁力跟刀架"，有利于消除或减少此类加工引起的鼓形误差。

(3) 装置简单、安全可靠、成本低。通常，切削加工时刀具的磁场强度仅为 2～10 J，对机床、工件、操作者均无不良影响。

【应用点评6-13】 减少切削力与功率消耗是磁化切削的工艺效果之一

经北京某厂测定磁化切削比普通切削可减少电流消耗量25%；四川某厂采用45钢零件试验，用高速钢刨刀加工，当进给量与切削深度相同，切削速度分别是 17.9 m/min、36.5 m/min 时，磁化切削功率分别减少 33%、32%。

3) 磁化切削机理的探讨

磁化切削加工可显著提高刀具耐用度和切削功率的机理，目前尚无成熟的理论，所见文献的见解也不尽一致。综合试验和应用的情况可以认为，提高加工效果的主要依据在于：

(1) 刀具在强磁场内磁化时，会使材料结构发生变化，内部的磁分子排列整齐，使工件变为电磁铁，形成磁场与磁力线，减少磁化前内部磁分子之间的拉力，根据磁力线的特性，每根磁力线又产生了相互排斥的力，对加工十分有利。

(2) 磁化处理可使高速钢产生磁致伸缩强化或磁致扩散硬化而提高刀具的耐用度；受过磁化处理的高速钢不仅含有大量的磁化物，而且可使碳化物的分布更均匀，从而改善高速钢的强度特性。此外，较强的磁场引起工件的磁致伸缩，使其硬度显著降低，也改善了材料的切削加工性。

(3) 磁化切削时，沿磁力线方向作用着一个磁场力，此力力图将切屑拉开，在切屑根部产生弯矩，不同程度改变了切削合力的大小和方向。一般沿剪切面上的诸力减小，剪切角增大，切屑变形减少。

(4) 磁场可减小切削振动，降低切削温度（中速切削时一般降低 10%～30%），从而改善切削条件，提高刀具耐用度。

6.5 习题

6-1 液体喷射加工的特点有哪些？

6-2 液体喷射加工在起割和转角时应注意些什么（可画图描述）？

6-3 进行液体喷射加工操作时，在安全技术方面应注意些什么？

6-4 论述电解磨削的基本原理。

6-5 影响电解磨削生产率的主要因素有哪些?
6-6 超声-电解复合加工的特点有哪些?
6-7 电解-电火花复合加工的特点有哪些?
6-8 论述电解-电火花加工的基本原理。
6-9 影响电解-电火花加工的主要因素有哪些?
6-10 电解-电火花加工的特点有哪些?
6-11 MEEC法的基本原理是什么?
6-12 新MEEC法与MEEC法的区别是什么?
6-13 超声振动切削的特点是什么?
6-14 磁化切削具有什么效果?

第 7 章 特种加工新技术

7.1 特种加工与快速成形技术

我们首先提出一个问题：如何加工图 7-1 所示套接在一起的连环？显然，若采用传统的车、铣、钻等方法是不易实现的，本节将介绍一种适合于快速加工这一类结构零件的方法——快速成形。

图 7-1 七连环成形件

7.1.1 快速成形技术的概念

快速成形即快速制造，是指由 CAD 模型直接驱动的快速制造任意复杂形状三维实体的技术总称。快速原形（Rapid Prototyping，RP）是快速成形（即快速制造）大家族中最早出现并发展的一种技术。在快速原形技术飞速发展的背景下，许多学者试图用更为宽泛的学术概念和更为明确的工程内容来命名这一领域。芬兰快速成形学者 Dr. Jukka Tuomi 建议将一切基于离散-堆积成形原理的成形方法统称为快速制造，再根据各种方法的特点冠以不同的名称，即：

$$
\text{快速制造}\atop\text{即快速成形或快速}\atop\text{成形制造}
\begin{cases}
\text{快速原形制造(Rapid Prototyping Manufacturing, RPM)} \\
\text{快速工具制造(Rapid Tooling Manufacturing, RTM)} \\
\text{快速模具制造(Rapid Mold Manufacturing, RMM)} \\
\text{快速生物模具制造(Rapid Mold Manufacturing, RBM)} \\
\text{快速支架制造(Rapid Scaffold Manufacturing, RSM)}
\end{cases}
$$

快速制造（快速成形）是快速原型制造向功能性零件制造方向发展的结果，是一类先进的制造技术的总称，其内核和本质与快速原型技术是相同的，由此可得出快速制造的定义：即由产品三维 CAD 模型数据直接驱动，组装（堆积）材料单元而完成任意复杂且具有使用功能的零件的科学技术总称。与其相对应，快速原型制造的定义为：由产品三维 CAD 模型数据直接驱动，组装（堆积）材料单元而完成任意复杂三维实体（不具使用功能）的科学技术总称。其基本过程是：首先完成被加工件的计算机三维模型（数字模型、CAD 模型），然后根据工艺要求，按照一定的规律将该模型离散为一系列有序的单元，通常在 Z 方向将其按一定厚度进行离散（分层、切片），把原 CAD 三维模型变成一系列的层片的有序叠加；再根据每个层片的轮廓信息，输入加工参数，自动生成数控代码；最后由成形机完成一系列层片制造，并实时自动将它们连接起来，得到一个三维物理实体。这样就将一个复杂的三维加工转变成一系列二维层片的加工，因此大大降低了加工难度，这就是所谓的降维制造。由于成形过程为材料标准单元体的叠加，成形过程无须专用刀具和夹具，因而成形过程的难度与待成形物理实体形状的复杂程度无关，如图 7-2 和图 7-3 所示。

图 7-2　快速成形技术的原理图　　　　图 7-3　快速成形的基本过程

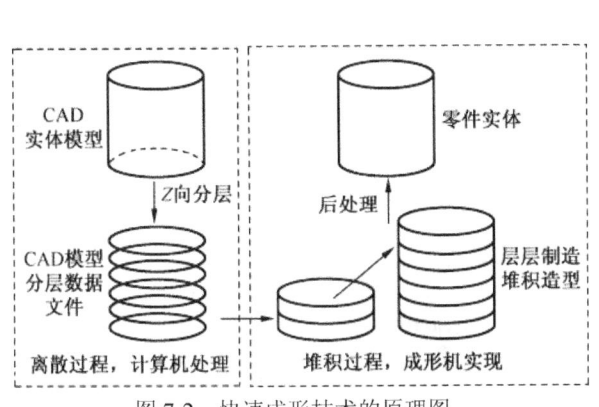

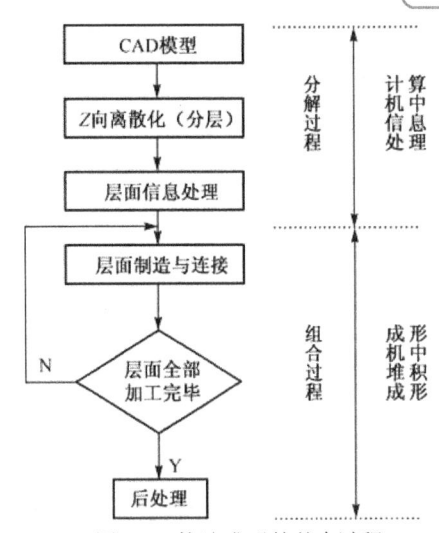

尽管 rapid prototyping 的英文原义是指快速原型，常简写为"RP"，已成为学术界和工业界的专用术语，但它并不仅仅指快速原型，而是代表了一种成形概念，泛指快速成形过程，快速成形工艺方法及相应的软件、材料、设备和整个技术链，即 RP 已被公认为是泛指快速成形或快速成形制造。由于快速制造已用 RM（Rapid Manufacturing）代表，故 RP 不具有快速制造之意。本书中，成形之"形"不用"型"而用"形"，其意非指模型、型腔等，而是指有形之物体，即形也，物也，成形寓意为形成三维实体。在快速成形技术的发展过程中，各研究机构和人员均按照自己的理解，从不同的侧面强调其特点而赋予其不同的称谓，如自由成形制造 FFF（Free Form Fabrication）、实体自由成形制造 SFF（Solid Freeform Fabrication）、分层制造 LM（Layered Manufacturing）、添加制造 AM（Additive Manufacturing）或材料增长制造 MIM（Material Increase Manufacturing）、直接 CAD 制造 DCM（Direct CAD Manufacturing）、即时制造 IM（Instant Manufacturing）等。快速成形技术的不同称谓即反映了其各个侧面的重要特征。在工程上，经常混淆 RP、RPM 原型与 RM 原型。事实上，它们在学术上是有明确的含义的。如果原型仅用来对设计进行评价，即原型仅具备对设计评价的功能，此类原型应称为 RP 或 RPM 原型；当原型具备了非评价功能，如用来翻制模具或金属零件或陶瓷型等，此类原型就应称为 RM 原型了。

【应用点评 7-1】　快速成形技术的发展

快速成形技术是当今世界上发展最快的材料成形技术，经过多年的发展，目前已形成了多种先进的工艺技术，各种方法均具有自身的特点和适用范围。比较成熟的工艺有光固化快速成形（SL）、激光选区烧结（SLS）、三维打印快速成形工艺（3DP）、熔融挤出快速成形工艺（FDM）、叠层实体制造（LOM）等。

7.1.2　快速成形工艺

1. 光固化快速成形工艺

1) 光固化快速成形工艺的定义

光固化快速成形，又称为立体光刻、光成形等，是一种采用激光束逐点扫描液态光敏树脂使之固化的 RP 成形工艺。该工艺是美国的 C. Hull 于 1986 年研制成功的，称为 SL（Stereolithography）工艺。1988 年，美国 3Dsystem 公司推出第一台商用样机 SLA-1（Stereolithography Apparatus-1）。

光固化快速成形工艺的基本原理如图7-4所示。树脂槽中存储了一定量的光敏树脂，由液面控制系统使液体上表面保持在固定的高度，紫外激光束在振镜控制下按预定路径在树脂表面上扫描。扫描的速度和轨迹及激光的功率、通断等均由计算机控制。激光扫描之处的光敏树脂由液态转变为固态，从而形成具有一定形状和强度的层片；扫描固化完一层后，未被照射的地方仍是液态树脂，然后升降台带动加工平台下降一个层厚的距离，通过涂覆机构，使已固化表面重新充满树脂，然后进行下一层固化，新固化的一层黏结在前一层上，如此重复，直至固化完所有层片，这样层层叠加起来即可获得所需形状的三维实体。

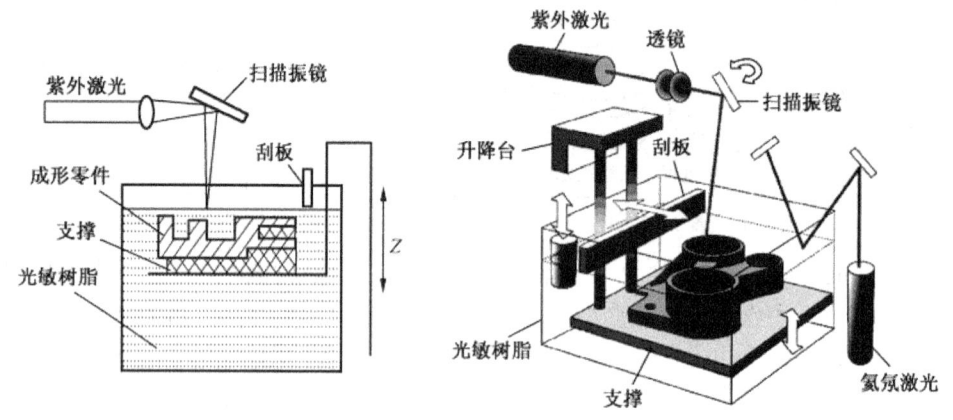

图 7-4 光固化成形的基本原理

完成的零件从工作台取下后，为了提高零件的固化程度，增加零件强度和硬度，可以将其置于阳光下，或者专门的容器中进行紫外光照射。最后，对零件进行打磨或者上漆，以提高其表面质量。

2) 光固化快速成形工艺的特点

光固化快速成形工艺作为快速成形技术的一种，所依据的仍然是离散-堆积成形原理。但是，由于层片成形机理的特点，导致光固化快速成形工艺具有如下特点。

(1) 成形精度高。由于光固化工艺的扫描机构通常采用振镜扫描头，光点的定位精度和重复精度非常高，成形时扫描路径与零件实际截面的偏差很小；另外，激光光斑的聚焦半径可以做得很小，目前光固化工艺中最小的光斑可以做到 25 μm，所以与其他快速成形工艺相比，光固化工艺成形细节的能力非常好。

(2) 成形速度较快。美国、日本、德国和我国的商品化光固化成形设备均采用振镜系统（两面振镜）来控制激光束在焦平面上的平面扫描。325～355 nm 的紫外激光热效应很小，无须镜面冷却系统，轻巧的振镜系统可保证激光束获得极大的扫描速度，加之功率强大的半导体激励固体激光器（其功率在 1000 mW 以上）使目前商品化的光固化成形机最大扫描速度可达 10 m/s 以上。

(3) 扫描质量好。现代高精度的焦距补偿系统可以实时地根据平面扫描光程差来调整焦距，保证在较大的成形扫描平面（600 mm × 600 mm）内具有很高的聚焦质量，任何一点的光斑直径均限制在要求的范围内，较好地保证了扫描质量。

(4) 成形件表面质量好。由于成形时加工工具与材料不接触，成形过程中不会破坏成形表面或在上面残留多余材料，因此光固化工艺成形的零件表面质量很高。另外，光固化成形可采用非常小的分层厚度，目前的最小层厚达 25 μm，因而成形零件的台阶效应非常小，成形件表面质量非常高。

(5) 成形过程中需要添加支撑。由于光敏树脂在固化前为液态，所以在成形过程中，零件的悬臂部分和最初的底面都需要添加必要的支撑。支撑既需要有足够的强度来固定零件本体，又必须便于去除。由于支撑的存在，零件的下表面质量通常差于没有支撑的上表面。

(6) 成形成本高。光固化设备中的紫外线固体激光器和扫描振镜等组件价格都比较昂贵，从而导致设备的成本很高；另外，成形材料光敏树脂的价格也非常高，所以与熔融挤压成形、分层实体制造等快速成形工艺相比，光固化工艺的成形成本要高得多。但光固化成形设备的结构与系统比较简单。振镜扫描系统与绘图机式扫描系统相比，既简单高效又十分可靠。

与其他快速成形工艺相比，光固化成形工艺存在其特有的一些优点，也有一些不足之处。但是不论对哪种快速成形工艺而言，精巧设计的硬件系统、功能完备的软件系统和合理的工艺规划都是成功实现该工艺的必要条件。

【应用实例7-1】 摩托罗拉公司手机手板制作

利用光固化快速成形具有的高精度、表面质量优良、制作复杂模型等优点，可以制作手机手板、小电器等零件。国外大公司已经广泛采用该方法加快产品的开发进程，图 7-5 为摩托罗拉公司使用 SLA 成形工艺进行的手机手板样件验证工作，大大缩短了开发周期。目前许多跨国公司也已将本土设计工作逐渐转移到中国。

图 7-5 手机手板

2. 激光选区烧结快速成形工艺

1) 激光选区烧结基本原理

激光选区烧结（Selected Laser Sintering，SLS）工艺，又称为选择性激光烧结，是采用红外激光作为热源来烧结粉末材料，并以逐层堆积方式成形三维零件的一种快速成形技术。

SLS 工艺的基本思想是基于离散-堆积成形的制造方式，实现从三维 CAD 模型到实体原型零件的转变。利用 SLS 工艺制造实体原型/零件的基本过程如下所示。

第一步，在计算机上，实现零件模型的离散过程。首先利用 CAD 技术，构建被加工零件的三维实体模型；然后利用分层软件，将三维 CAD 模型分解成一系列的薄片，每一薄片称为一个分层，每个分层具有一定的厚度，并包含二维轮廓信息，即每个分层实际上是 2.5 维的；最后用扫描轨迹生成软件，将分层的轮廓信息转化成激光的扫描轨迹信息。

第二步，在 SLS 成形机上（如图 7-6 所示），实现零件的层面制造。堆积成形的过程如下：首先在成形缸内将粉末材料铺平，预热之后，在控制系统的控制下，激光束以一定的功率和扫描速度在铺好的粉末层上扫描。被激光扫描过的区域内，粉末烧结成具有一定厚度的实体结构。激光未扫描到的地方仍是粉末，可以作为下一层的支撑并能在成形完成后去除，这样得到零件的第一层。当一层截面烧结完成后，供粉活塞上移一定距离，成形活塞下移一定距离，通过铺粉操作，铺上一层粉末材料，继续下一层的激光扫描烧结，而且新的烧结层与前面已成形的部分连接在一起。如此逐层地添加粉末材料、有选择地烧结堆积，最终生成三维实体原型或零件。

第三步，全部烧结完成后，要做一些后处理工作，如去掉多余的粉末，再进行打磨、烘干等处理，以便获得原型或零件。

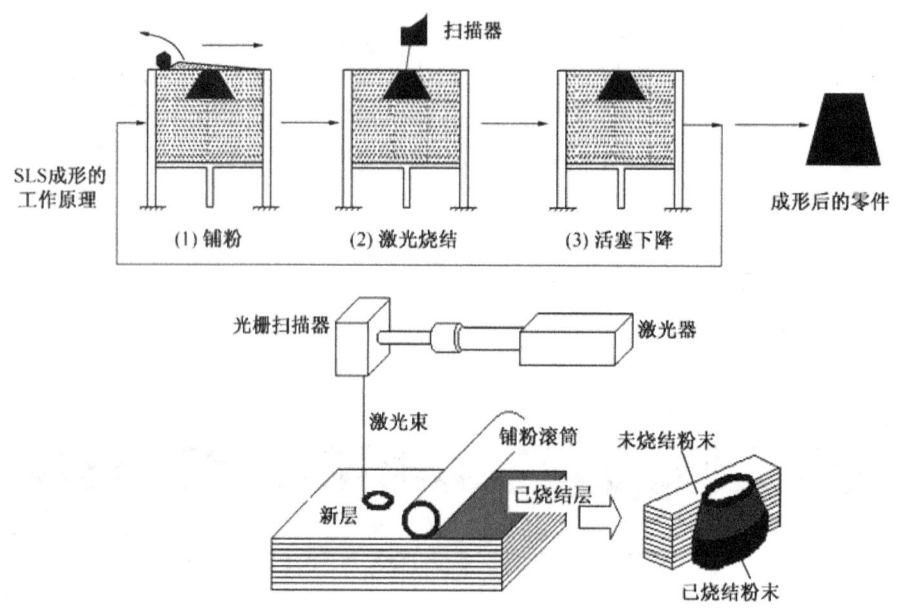

图 7-6　SLS 工艺原理示意图

2) SLS 工艺特点

与其他 RP 工艺相比，SLS 工艺具有如下特点：

(1) 可以成形几乎任意几何形状结构的零件，尤其适于生产形状复杂、壁薄、带有雕刻表面和内部带有空腔结构的零件，对于含有悬臂结构（overhangs）、中空结构（hollowed areas）和槽中套槽（notches within notches）结构的零件制造特别有效，而且成本较低。

(2) 无须支撑。SLS 工艺中，当前层之前各层没有被烧结的粉末起到了自然支撑当前层的作用，所以省时省料，同时降低了对 CAD 设计的要求。

(3) 可使用的成形材料范围广。任何受热黏结的粉末都可能被用做 SLS 原材料，包括塑料、陶瓷、尼龙、石蜡、金属粉末及它们的复合粉。

(4) 可快速获得金属零件。易熔消失模料可代替蜡模直接用于精密铸造，而不必制作模具和翻模，因而可通过精铸快速获得结构铸件。

(5) 未烧结的粉末可重复使用，材料浪费极小。

(6) 应用面广。由于成形材料的多样化，使得 SLS 适合于多种应用领域，如原型设计验证、模具母模、精铸熔模、铸造型壳和型芯等。

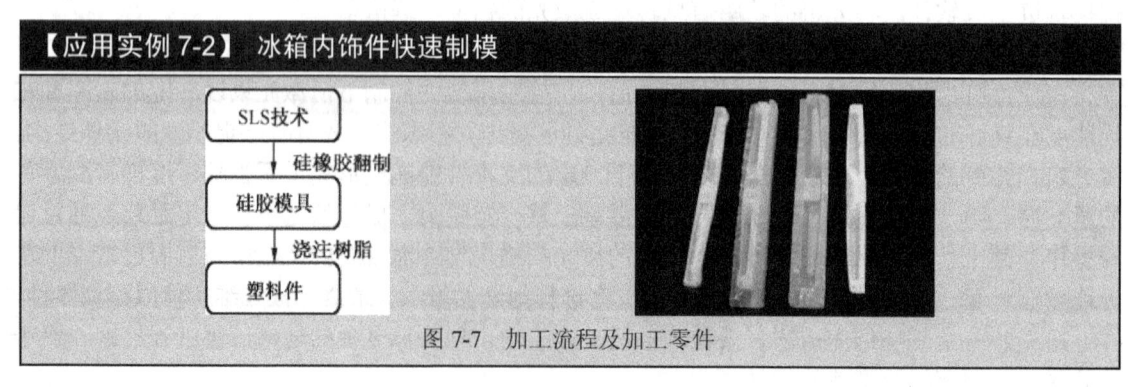

【应用实例 7-2】　冰箱内饰件快速制模

图 7-7　加工流程及加工零件

3. 叠层实体制造的工艺过程及技术性能

叠层实体制造（Laminated Object Manufacturing，LOM）工艺是快速原型技术中具有代表性的技术之一，在我国也称为分层实体制造（Slicing Solid Manufacturing，SSM）。其系统原理如图 7-8 所示，由 CO_2 激光器及扫描机构、热压辊、升降台、送纸辊、收纸辊和控制计算机等组成。

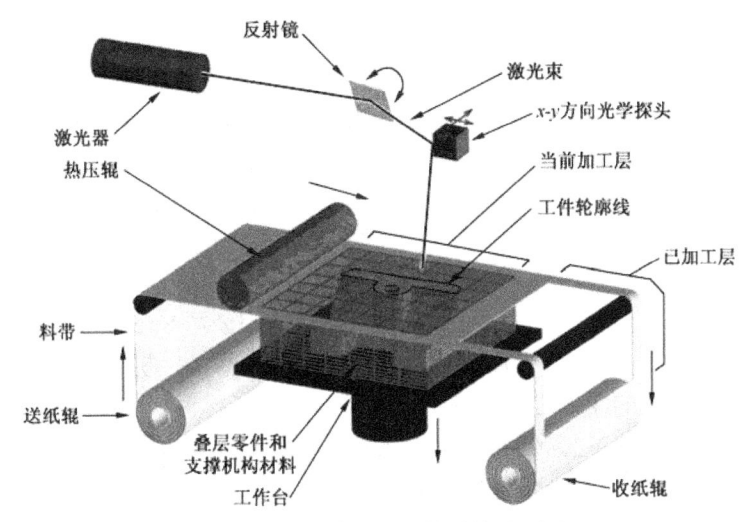

图 7-8 叠层实体制造的系统原理图

LOM 的成形工艺基于激光切割薄片材料、由黏结剂黏结各层成形，其具体过程如图 7-9 所示。

(1) 料带移动，使新的料带移到工件上方。

(2) 工作台上升，同时热压辊移到工件上方；当工件顶起新的料带，并触动安装在热压辊前端的行程开关时，工作台停止移动；热压辊来回碾压新的堆积材料，将最上面的一层新材料与下面的工件黏结起来，添加一层新层。

(3) 系统根据工作台停止的位置，测出工件的高度，并反馈回计算机。

(4) 计算机根据当前零件的加工高度，计算出三维形体模型的交截面。

(5) 交截面的轮廓信息输入到控制系统中，控制 CO_2 激光沿截面轮廓切割。激光的功率设置在只能切透一层材料的功率值上。轮廓外面的材料用激光切成方形的网格，以便在工艺完成后分离。

(6) 工作台向下移动，使刚切割的新层与料带分离。

(7) 料带移动一段比切割下的工件截面稍长的距离，并绕在收料轴上。

(8) 重复上述工艺过程，直到所有的截面都切割并黏接上，所得到的是包含零件的方体。零件周围的材料由于激光的网格式切割，而被分割成一些小的方块条，能容易地从零件上分离，最后得到三维的实体零件。

从叠层实体制造的工艺过程可以看出其具有的特点：

(1) 用 CO_2 激光进行切割。

(2) 零件交截面轮廓外的材料用打网格的办法使之成为小的方块条，便于去除。

(3) 采用成卷的带料供材。

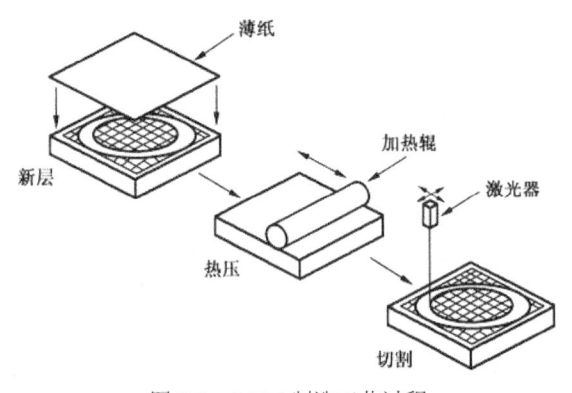

图 7-9 LOM 制造工艺过程

(4) 行程开关控制加工平面。

(5) 热压辊对最上面的新层加热加压。

(6) 先进行热压、黏结，再切割截面轮廓，以防止定位不准和错层问题。

4. 熔融挤出快速成形技术

熔融挤出快速成形工艺（Melted Extrusion Modeling，MEM），又称为熔融沉积成形工艺（Fused Depositon Modeling Technology，FDM），是一种利用喷嘴熔融、挤出丝状成形材料，并在控制系统的控制下，按一定扫描路径逐层堆积成形的一种快速成形工艺。为统一起见，本书中将统一使用 MEM 工艺代表熔融挤出成形工艺。其工艺原理图如图 7-10 所示。

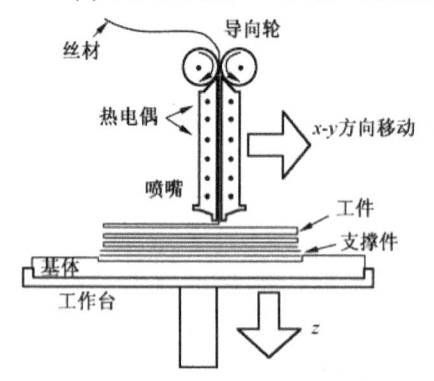

图 7-10 微流喷挤技术原理图

该工艺最先由美国公司 Stratasys，推出商品化设备。由喷嘴将丝状的成形材料熔融、挤出，喷嘴在 x、y 扫描机构的带动下沿层面模型规定的路线进行扫描、堆积熔融的成形材料。一层扫描完毕后，底板下降或者喷嘴升高一个层厚高度，重新开始下一层的成形。依此逐层成形直至完成整个零件的成形。

MEM 工艺的典型特征之一就是使用喷嘴熔化、挤出成形材料进行堆积成形；特征之二就是该工艺使用挤出技术作为使能技术，层与层之间仅靠堆积材料自身的热量进行扩散黏接。成形过程中，成形材料加热熔融后，在恒定压力作用下连续地挤出喷嘴，而喷嘴在扫描系统带动下进行二维扫描运动。当材料挤出和扫描运动同步进行时，由喷嘴挤出的材料丝堆积形成了材料路径，材料路径的受控积聚形成了零件的层片。堆积完一层后，成形平台下降一层片的厚度，再进行下一层的堆积，直至零件完成。

【应用实例 7-3】 FDM 应用

排灌设备中的核心部件是喷嘴，需要根据具体的使用要求优化设计，并进行相关的如水压等方面的测试。如何才能较为快速又准确地设计出高质量的产品成为开发的关键。

Toro 公司利用了 FDM 技术，选用 ABS 材料完成了一系列复制结构喷嘴的快速成形应用，如图 7-11 所示。加工的成形件能够完全满足水压测试的要求，该技术在快速开发性能优良的新产品时起了重要作用。

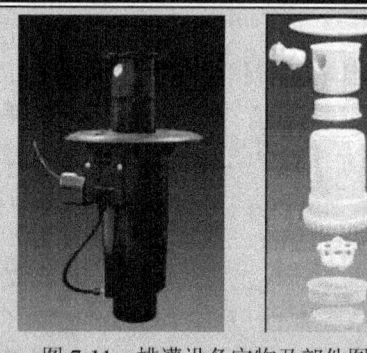

图 7-11 排灌设备实物及部件图

5. 三维打印快速成形工艺

1) 三维打印快速成形工艺原理

三维打印快速成形工艺（Three Dimension Printing，3DP）是美国麻省理工大学 E. M. Sachs 教授等学者开发的一种快速成形工艺，并于 1993 年申请了 3 个专利。与选区激光烧结工艺一样，该工艺的成形材料也需要制备成粉末状；不同的是，3DP 采用喷射黏接剂黏接粉末的方法来完成成形过程。其具体过程如下：首先，底板上铺一层具有一定厚度的粉末；接着用微滴喷射装置在已铺好的粉末表面根据零件几何形状的要求在指定区域喷射黏接剂,完成对粉末的黏接;然后,工作平台下降一定的高度(一般与一层粉末厚度相等),铺粉装置在已成形粉末上铺设下一层粉末,喷射装置继续喷射以实现黏接;周而复始,直到零件制造完成。没有被黏接的粉末在成形过程中起到了支撑的作用,使该工艺可以制造悬臂结构和复杂内腔结构而不需要再单独设计添加支撑结构。造型完成后清理掉未黏接的粉末就可以得到需要的零件。其过程如图 7-12 所示。在某些情况下,还需要类似于烧结的后处理工作。

2) 三维打印快速成形工艺的特点和优势

3DP 工艺最大的特点是采用了数字微滴喷射技术。数字微滴喷射技术是指在数字信号的控制下,采用一定的物理或者化学手段,使工作腔内的流体材料的一部分在短时间内脱离母体,成为一个(组)微滴(droplets)或者一段连续丝线,以一定的响应率和速度从喷嘴流出,并以一定的形态沉积到工作台上的指定位置。图 7-13 显示了数字微滴喷射过程模型,一次数字脉冲的激励得到一个射流脉冲,射流脉冲的大小与激励信号的脉宽有关。当这个激励信号的脉宽极小的时候,射流(实际上已被离散为尺度为数十至数百微米大小的微滴)成为一个微单元(即一个微滴),可用数字技术中"位"的概念来描述。此时模型成为一种新的数字执行器的原型,喷嘴的流量由数字激励信号的频率和脉宽来进行控制。当射流的连续喷射时,可视为激励信号全为 1 输出的特例。

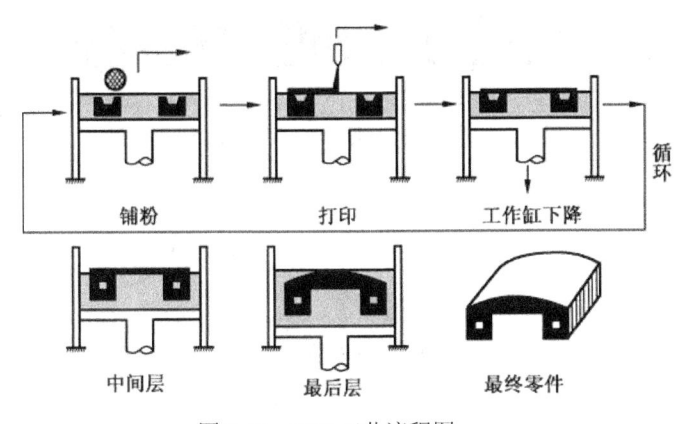

图 7-12 3DP 工艺流程图

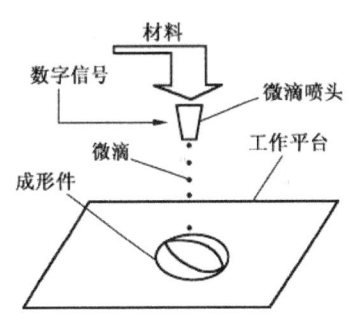

图 7-13 微滴喷射技术示意图

上述分析揭示了一种新型的微制造技术,本书称之为数字微滴技术,是数据与信号处理技术、微制造技术、材料科学、计算机科学等技术和科学集成发展的高技术,包括数字微滴(微流)喷射(挤出)驱动、微滴(流)的输运、沉积(着陆)形态控制等技术。从微输运的角度分析,笔写(或直写)技术与数字微滴技术属于同一范畴。采用激光束的微滴捕获、输运和沉积技术与细胞受控组装技术相结合,形成细胞激光直写技术方法,则是笔写技术的新发展。

用于 3DP 的数字微滴技术主要是微滴喷射技术,其特点如下:

(1) 微输运过程对激励信号具有快速响应性。
(2) 微输运的流量可以用数字信号控制。
(3) 可以精确控制微输运材料单元的落点及着陆形态。

数字微滴技术是近几十年日益受到重视的一门技术,尤其在喷墨打印领域已经得到非常广泛的应用。20 世纪 70 年代末,Canon 公司的一位工程师偶然将一块电烙铁放在装有水的针头上,水竟从针头喷出。这一现象给了工程师们极大的灵感和启示。Canon 公司看准这一目标,耗资

500亿日元（约4.5亿美元），经过10余年的研究和完善，成功地将喷墨技术应用到打印机、传真机、复印机、文字处理机、缩微系统和桌面印刷系统等涉及到输出文字和图像的设备上。

喷墨打印技术可以看做是数字微滴技术在二维空间中的应用，喷射技术应用到快速成形领域，则是试图在三维成形领域得到应用。

基于数字微滴喷射技术的3DP工艺具有如下特点：

(1) 成形效率高。由于可以采用多喷嘴阵列，因此能够大大提高造型效率。

(2) 成本低，结构简单，易于小型化。微滴喷射技术无须用到激光器等高成本设备，故其成本相对较低，而且其结构简单，可以进一步结合微机械加工技术，使系统集成化、小型化，是实现办公室桌面化系统的理想选择。

(3) 可适用的材料非常广泛。从原理上讲，只要一种材料能够被制备成粉末，就可能应用到3DP工艺中。在所有快速成形工艺中，3DP工艺最早实现了陶瓷材料的快速成形。目前，其成形材料已经包括塑料、陶瓷和金属材料等。

在3DP工艺的开发中，数字微输运技术和成形材料是研究的重点。清华大学激光快速成形中心在国家自然基金的支持下对各种材料微输运技术进行了较为深入的研究工作，并取得了许多成果。其中，基于螺旋挤压方式的连续喷射方法已经应用于商品化成形设备中；基于压电晶体的按需喷射方法也取得长足进展，并已应用于生物制造和无木模成形工艺中。

【应用实例7-4】 鞋底模型的加工

鞋底模型传统加工方法：

(1) 造型技术人员把二维CAD绘图转变为木头和泡沫的三维模型。

(2) 每个模型要花费1200多美元。

(3) 每个模型要花费很长时间。

(4) 和设计经常有偏差，导致返工。

采用3DP技术加工的鞋底模型（如图7-14所示）的优点：

(1) 每个模型加工成本约为30美元。

(2) 每个模型在2小时内可以完成。

(3) 通过不同色彩的喷涂打印，更是可以显示内底的压力点和干涉情况。

(4) 与三维CAD模型完全吻合。

图7-14 3DP快速制作的鞋底模型

6. 其他快速成形工艺简介

1) 轮廓成形工艺

轮廓成形工艺（Contour Craft，CC）是由美国南加州大学Behrokh Khoshnevis等人开发的一种类似于熔融堆积成形的工艺，采用堆积轮廓和浇铸熔融材料相结合的方法来成形，在堆积轮廓时采用了简单的刮刀和刮板式装置，形成原型的层片为准三维。该工艺有两个特点：一是先成形某一层片的外部轮廓，然后在中间部位采用浇铸的方法完成成形，如图7-15所示；二是在轮廓成形时，该工艺采用一些简单的模具如平面或曲面模板辅助完成外表面的成形，使所成形层片的侧壁可以是斜壁或一些曲面形状。由于成形侧壁的过程中，材料的流动受到模具的一定约束，所以提高了成形零件的外表面质量和精度，消除或部分消除了"台阶效应"。

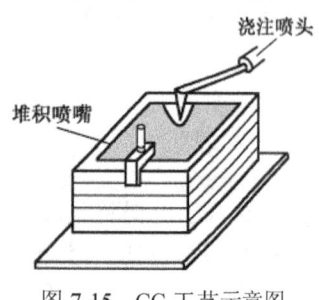

图7-15 CC工艺示意图

由于模具的作用，堆积零件的层厚也可以较大，同时由于采用了堆积与浇铸相结合的方法，从而大大提高了成形零件的速度。该工艺在成形大型零件方面具有较大的优势，发明者甚至提出用 CC 工艺来成形建筑物和游艇。

2) 三维绘图工艺简介

三维绘图工艺（3D plotting）是由 Sanders Prototype 公司（后改名为 Solidscape 公司）开发的。与 3DP 工艺不同，三维绘图采用两个微滴喷射喷嘴分别喷射成形材料和支撑材料完成堆积成形（包括支撑结构），而不是喷射黏度很低的黏结剂 3DP 工艺。与 FDM 工艺最大之不同在于，三维绘图工艺采用微滴喷射技术按需喷射（drop on demand）进行堆积，而 FDM 工艺采用连续微流挤出技术。三维绘图工艺的原理是由成形喷嘴喷出热塑性塑料成形原型本体结构，由另外一个喷嘴喷出，石蜡作为支撑结构，加工完一层后，经铣刀铣削喷射表面，以保证所要求的层厚，再进入下一层面的制造。工件完成后，放入充满煤油的加热搅拌器中，利用煤油将蜡除去，如图 7-16 所示。该系统可成形 305 mm × 155 mm × 230 mm 的零件，z 轴精度可达 13 μm。

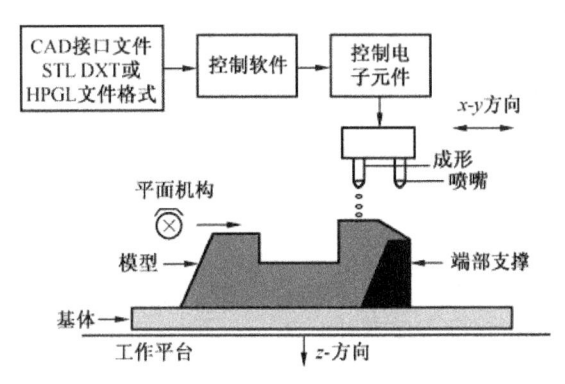

图 7-16 三维绘图工艺原理

7.1.3 激光快速制造技术

激光快速制造技术是以激光为使能技术，利用 CAD 数字模型驱动高能量密度的激光束熔化、烧结、连接金属粉末或板材直接成形金属零件或模具的一项快速制造技术。

激光快速制造技术主要有：激光熔覆快速制造、激光选区烧结快速制造、激光选区熔化快速制造、激光金属板材叠加快速制造和生坯带激光烧结快速制造。其中，激光熔覆快速制造和激光选区烧结快速制造技术更是立足于金属零件模具的快速制造，在现代航空航天、国防、汽车等工业领域蓬勃发展，已经成为一种主要的快速制造技术。

1. 激光熔覆快速制造技术

1) 激光熔覆的定义

激光熔覆又称为激光包覆、激光涂覆（如图 7-17 所示），是利用一定功率密度的激光束照射被覆金属表层上的具有某种特殊性能的材料，使之完全熔化，基体金属微熔、冷凝后在基材表面形成一个低稀释度的包覆层，从而达到使基材改性的目的。激光熔覆的熔化主要发生在外加材料中，基材表面微熔的目的是使之与涂覆合金达到冶金结合，以增强涂覆层与基材的结合力，并防止基材元素与涂覆层元素的互相扩散而改变涂覆层的成分和性能。

图 7-17 激光熔覆

激光熔覆快速制造技术是激光熔覆技术与快速原型技术相结合的产物。首先，由 CAD 产生零件模型，并用分层切软件对其进行处理，获得各截面形状的信息参数，作为工作台进行移动的轨迹参数。然后，工作台在计算机的控制下，根据几何形体各层截面的坐标数据进行移动的同时，用激光熔覆的方法将粉末进行逐层堆积，最终形成具有一定形状的三维实体零件。

2) 激光熔覆技术的应用

激光熔覆快速制造技术在新型汽车制造、航天、航空、新型武器装备中的高性能特种零件和民用工业中的高精尖零件的制造领域具有极好的应用前景，尤其是常规方法很难加工的梯度功能材料、超硬材料和金属间化合物材料的零件快速制造以及大型模具的直接快速制造。

激光熔覆快速制造技术的应用领域主要包括：

(1) 特种材料复杂形状金属零件直接制造。
(2) 含内流道和高热导率部位的模具。
(3) 模具快速制造、修复与翻新，表面强化与高性能涂层。
(4) 敏捷金属零件和梯度功能金属零件制造。
(5) 航空航天重要零件的局部制造与修复。
(6) 特种复杂金属零件制造。
(7) 医疗器械等。

激光熔覆快速制造金属零件有两个主要的发展方向：大型零件的毛坯制造，小型功能梯度复杂零件或多材料复杂零件的制造。

对于大型零件的毛坯制造，用直接金属制造可以节约昂贵的大型模具开发成本，加速制造时间，而且成形的零件性能能够达到要求。这种制造一般不需要太高的成形精度，要留有足够的加工余量在后续处理中加工，以达到精确的零件尺寸。根据这一要求，激光熔覆快速制造系统不必采用全面的闭环控制方式，但激光器的功率要大，从而保证每层成形高度和扫描速度都可以提高，达到较高的成形速度。

【应用实例 7-5】 激光熔覆技术应用实例

清华大学机械系激光加工研究中心基于激光熔覆快速制造系统制造了 973 项目"天体高能辐射的空间观测与研究"中子课题的硬 X 射线调制望远镜准直器，该零件材料为高熔点高密度钨基合金，薄壁圆筒状结构，内含筋板，用传统制造技术极难加工完成。图 7-18 为某型空间卫星上的硬 X 射线调制望远镜。

图 7-18 某型空间卫星

2. 激光选区烧结快速制造

SLS 工艺原理已在 7.1.2 节中详细介绍。本章节主要介绍 SLS 在金属零件的快速制造方面的应用。图 7-19 所示的是激光选区烧结快速制造的金属零件。

图 7-19　粉末烧结成形的金属零件

SLS 工艺由美国得克萨斯大学奥斯汀分校（The University of Texas at Austin）的 Carl R. Deckard 于 1986 年提出并申请了专利，1988 年研制成功了第一台 SLS 成形机，后由美国 Goodrich 公司投资的 DTM 公司将其商业化，推出 SLS Model 125 成形机，随后推出了 Sintersation 系列成形机（如图 7-20 所示）。德国 EOS 公司、国内的北京隆源自动系统有限公司、武汉滨湖机电技术产业有限公司等在这一领域也做了很多研究工作，也分别推出了各自的 SLS 工艺成形机。近 20 年的时间里，各国的研究学者在 SLS 技术的成形工艺、方法、材料、成形效率、精度控制及其应用方面进行了大量的理论和实验研究。

3Dsystem 公司基于 SLS 的 sPro 快速成形机 　　　3Dsystem 公司 Sintersation2500 快速成形机

图 7-20　SLS 成形机

按烧结用材料的特性，SLS 技术的发展可分为两个阶段：第一个阶段是采用 SLS 技术烧结低熔点的材料来制造原型，所用的材料是塑料、尼龙、金属或陶瓷的包衣粉末（或与聚合物的混合粉末）；第二个阶段则采用 SLS 技术直接烧结高熔点的粉末材料来制造零件。

德国 EOS 公司在金属粉末的激光选区烧结快速制造方面一直走在前列，它开发了激光烧结直接制作金属零件和模具的技术（Direct Metal Laser Sintering, SMLS）和 EOSINT M 系列设备（如图 7-21 所示）。EOS 公司最新推出的 M270 机型中，激光器由原来的 CO_2 激光器换成了固体 Yb 光纤激光器，尽管功率仍维持在 200 W 不变，但最小光斑仅为 100 μm，因此功率密度得到大幅提高，可支持更高的扫描速度，减少了激光对零件的热影响和成形过程中的变形。同时，激光的波长更易于金属的吸收，在激光作用下金属粉末可充分熔化，最终成形零件的密度几乎可达到 100%，制作件的精度和分辨率也相当高，这是传统的 SLS 方法难以达到的。图 7-22 为采用 EOS 激光粉末烧结快速成形系统制造的金属零件。

EOS 还推出了用于金属成形的粉末材料 Driectsteel H20，其硬度可达 42HRC，拉伸强度达 1200 MPa。用 Driectsteel H20 材料制作的模具镶块用于塑料注射模具有相当长的寿命（如图 7-23 所示）。

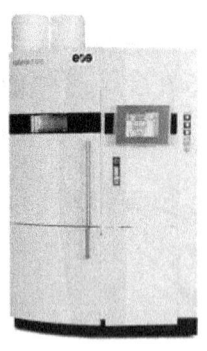

FORMIGA P 100　　　　　　　　EOSINT P800

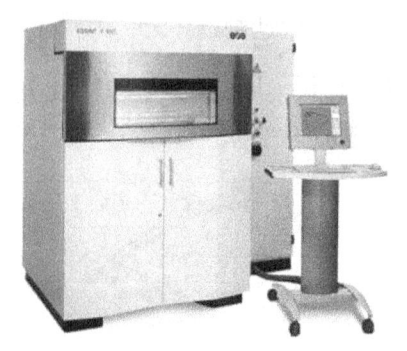

图 7-21　SLS 设备

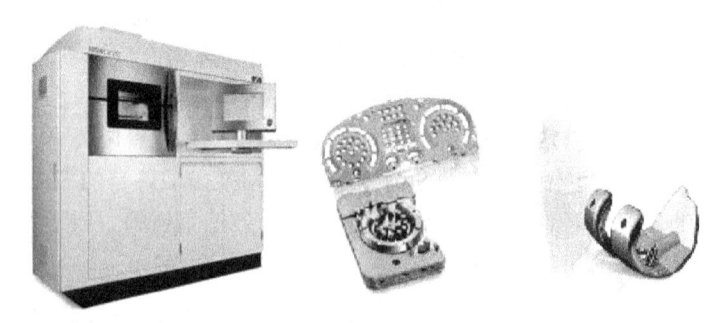

图 7-22　EOSINT M270 及其加工的金属零件

图 7-23　SLS 加工的塑料零件

【应用实例 7-6】 SLS 在医学上的应用

SLS 工艺烧结的零件可用于人工骨的制造。N. K. Vail 等人对用 SLS 技术制备人工骨进行了研究。将由 $Ca(H_2PO_4)_2$ 和 $CaHPO_4$ 组成的混合粉末发生反应，生成钙磷比（Ca/P）为 0.9 的骨质材料，利用 SLS 工艺，将骨质材料和 MMA、KCl 等组成的黏结剂制成具有特定孔隙率的人工骨，结果显示人工骨的生物相容性良好。文献也报告了南非比勒托尼亚大学等机构的颅骨整形专家通过远程网络系统利用 SLS 工艺为一个 3 岁男孩进行颅骨整形手术的例子。在手术之前，这名男孩的颅骨信息经扫描后输入计算机，再利用 DTM 公司的 SLS 工艺制作出颅骨模型，医生在模型上进行手术设计，以获得最佳的手术方案，结果手术非常成功。

3. 激光选区熔化快速制造

以德国 F&S/MCP 及英国 The University of Liverpool 为代表的金属粉末激光选区熔化技术（Selective Laser Melting，SLM）采用单一成分的金属粉末，其主要特点是金属粉末在激光辐照下，达到完全熔化，而非局部熔结。由于熔化部分不存在固相成分，表面张力很容易导致所谓"球化"现象，通过对材料成分和技术参数的严格控制，可以使之消除。与烧结相比，选区熔化能使制件达到或接近完全致密的程度,而且采用单一成分的金属粉末进行选区熔化还可以保证材料成分的稳定性。只要克服"球化"现象,SLM技术比SLS技术应该更具市场前景。图7-24为SLM技术示意图。

目前国内的应用领域如下。

(1) 超轻航空航天部件的快速制造。在满足各种性能要求的前提下,与传统方法制造的零件相比,用SLM方法制造的零件的重量可以减轻90%左右。

(2) 刀具的快速制造。用SLM方法可以快速制造具有随形冷却流道的刀具和模具,使其冷却效果更好,从而减少冷却时间,提高生产效率和产品质量。

图 7-24　SLM 技术示意图

(3) 微散热器的快速制造。用SLM方法可以快速制造具有交叉流道的散热器,流道结构尺寸目前可以做到0.5 mm,表面粗糙度Ra可以达到8.5 μm。这种微散热器可以用于冷却高能量密度的微处理器芯片、激光二极管等具有集中热源的器件,主要应用于航空电子领域。

(4) 生物制造。将SLM方法用于制造,具有下列优点:能够制造多孔生物构件;生物构件的密度可以任意变化;构件体积孔隙度可以达到75%~95%。

【应用点评 7-2】　国内的激光选区熔化技术研究

由于巨大的市场价值与商业机密,SLM技术的发展与推广存在如下问题:① SLM系统十分昂贵,送粉时间长,工作效率低,且由于大工作台范围内的预热温度场难以控制,工艺软件不完善,制件翘曲变形大,因而无法直接制作大尺寸零件;② SLM材料品种有限,制备过程复杂,成本高,且其成分和制备方法保密,只售给购买其SLM系统者;③ 基于SLM技术的金属零件/模具的制造工艺成本高。只有解决以上问题,研发出可靠性和技术指标达到国际先进水平、价格低廉、具有自主知识产权的SLM系统、成形材料和配套的工艺路线,才能在我国推广这项技术。

4. 激光金属板材叠加快速制造简介

金属板材叠加制造技术是基于LOM工艺方法,直接采用金属片材,通过激光切割、焊接或黏接金属片材制造金属零件及模具。

日本Tokyo Institute of Technology大学的T. Obikawa等人使用0.2 mm厚、两面涂了低熔点合金的钢板,通过焊接堆积制造金属模具。此外,还有人采用2.5 mm厚、两面涂了低熔点的材料的铝合金板,层层叠加成形。这两种方法最后都需要机加工处理,以保证表面质量。

CAM-LEM INC.公司开发的叠层工程材料计算机辅助制造技术(Computer-Aided Manufacturing of Laminated Eng. Materials,CAM-LEM)首先采用激光在板材上切割出轮廓,然后采用黏结剂黏结这些金属薄膜,并在炉子中进行烧结,去除黏结剂并使各层黏接在一起得到金属零件。该金属零件的密度能达到理论值的99%,但同时会引起较大幅度的收缩(12%~18%),需要在CAD建模时加以考虑。

重庆大学采用真空压力热扩散焊也进行了基于LOM工艺的金属板材叠加成形方面的研究。

5. 生坯带激光烧结快速制造简介

生坯带激光烧结技术（Green Tape Laser Sintering，GTLS）是日本 Ibaraki 大学前川克广教授发明的一种将 SLS 技术与叠层实体制造技术 LOM 相结合的一种快速成形技术。金属粉末与有机黏结溶剂混合制成悬浮液，制成适合于 LOM 工艺的生坯带。然后采用 150 W 的 Nd:YAG 激光器辐照带材使之选区烧结，在必要的地方铺上粉末材料，压实后再进行二次烧结。逐层反复烧结，最后除去未烧结材料，可获得三维金属型。

> 【应用点评7-3】 激光快速成形
>
> 激光快速成形技术以其快速性和高精度为制造领域带来革命性的创新，为制造业的发展提供了新的技术支持。经过国内科研工作者几年的研究，国内的激光快速成形技术已经赶上了世界技术的发展，并形成了自己的特点，随着快速成形技术与快速反求、快速模具制造等技术相结合，激光快速成形技术也越来越多地用于机械电子、汽车制造、航空航天、工艺美术、医疗康复等方面，并产生了极大的社会经济效益。

7.2 微细加工技术

微细加工是当今最为活跃的研究领域之一，在许多工业领域有着重要和广阔的应用前景。微细加工技术源于半导体集成电路制造工艺，但发展至今其内涵已经大大拓宽，不仅限于 IC 工艺中的硅片刻蚀技术，LIGA、准 LIGA、微细电加工、微细束流加工等多种加工技术已经成为微细加工技术中的重要组成部分。微细加工任务不是由某一项技术独自完成的，而是由许多方法和技术共同承担的。这些方法各具所长，相辅相成，构成了微细加工技术群，承担着丰富多样的微细加工任务。

微细加工目前主要涉及微米级的精度、结构和型貌，这是由已有的微细加工技术所具有的能力和工业的需求所决定的。从发展的角度看，微细加工将包括微米级加工（Micro-machining）和纳米级加工（Nano-machining），或者说，微细加工技术正在向纳米尺度领域发展和延拓。

7.2.1 微细刻蚀

1. 光刻工艺

光刻是半导体集成电路制造中的重要工艺，是利用光成像在光敏胶膜上形成图形的技术。光刻过程一般由下述基本工艺步骤构成，如图 7-25 所示。

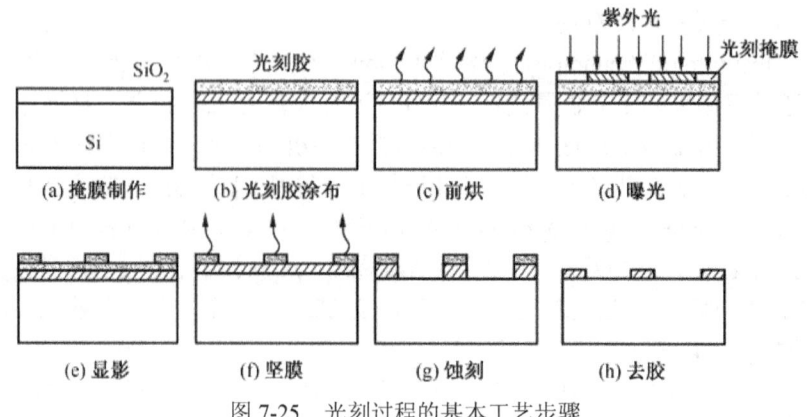

图 7-25 光刻过程的基本工艺步骤

1) 掩膜板制作

根据需要进行计算机辅助图形设计，然后按照设计好的图形经电子束曝光机制作掩膜板。常用人造石英作为掩膜板材料，在其上覆盖一层硬质材料，如铬、氧化铬、氧化铁等。

2) 基底材料表面预处理

基底材料通常为单晶硅或其他硅基材料。采取打磨、抛光、脱脂、酸洗、水洗等方法，对硅材料表面进行光整和净化处理，保证光刻胶与基底表面有良好的附着力。

3) 涂胶

为了涂覆的光刻胶厚度均匀、适中，常采用甩胶法进行涂胶。将硅片安置在甩胶机的旋转头上，在硅片中心滴少量胶，然后旋转头以每分钟数千转的速度旋转。在离心力的作用下，胶均匀分布于整个硅片表面。胶层的厚度通常为几微米，对于 MEMS 的某些特殊需求，胶层厚度也可达到毫米级。

光刻胶有正负胶之分，在光照后，这两种光刻胶表现出相反的特性。正胶在光照后易溶解，处于掩膜遮蔽处的胶被固化保护。负胶恰好相反。

4) 曝光

曝光的光源有多种形式。波长短的光可获得更高的分辨率。紫外光线(UV)波长为 350～500 nm，远紫外光（deep ultraviolet）波长为 200～300 nm，X 射线的波长为 4～50Å。从成本考虑，曝光光源多采用紫外光，当对分辨率或深宽比有很高要求时，采用电子束或 X 射线曝光。电子束光刻可以制造出亚微米级图形，而且由于图形由电子束进行扫描运动形成，因此可以不用掩膜进行直接刻写。X 射线光刻可获得高的分辨率和高的生产率。X 射线光刻在 LIGA 技术中起到了关键作用。

将掩膜放置在曝光光源和已涂覆光刻胶的硅片之间，曝光光线透过掩膜对光刻胶进行照射。在受到光照的部位，光刻胶性质将发生变化。曝光时间根据实际光源条件、光刻胶种类、任务需求进行严格控制。

5) 显影和坚膜

曝光后的胶膜需要在化学溶剂中处理，进行显影和坚膜，以具有较强附着力和抗蚀能力。

6) 去胶和烘干

基于光刻技术，硅材料的微制造技术主要有两类：体硅微制造技术和表面微制造技术。体硅微制造技术通过物理、化学的方式有选择地去除基底材料形成所需的微结构。表面微制造技术主要以基底为基础，在其上通过添加、沉积等工艺手段来构造微结构。因此，这两种工艺也常被称为体去除加工和表面添加加工。这两种技术分别在下面给予介绍。

2. 体微制造技术

选择性地清除薄膜层上无遮蔽部分的工艺过程称为刻蚀。体硅微制造技术是通过光刻和刻蚀技术形成所需的微结构。刻蚀方法主要有湿法刻蚀和干法刻蚀，湿法刻蚀又称为化学腐蚀，干法刻蚀又称为物理腐蚀。确定选择湿法刻蚀还是干法刻蚀涉及多方面的考虑，如掩膜的情况、微器件结构和表面的技术要求、具体的设备条件等。

1) 湿法刻蚀

湿法刻蚀是将覆盖有抗蚀光刻胶的基底放入化学腐蚀剂中，胶膜镂空处的基底材料在化学腐蚀剂的作用下开始腐蚀。腐蚀速度取决于所采用的腐蚀剂和被腐蚀的材料种类。在一定的时间后，达到所需要的腐蚀深度，获得微结构件。化学腐蚀在各方向上的速度是一致的。化学刻蚀不仅可用于硅材料刻蚀，还可用于金属、玻璃等很多材料，是应用非常广泛的微细结构图形制备技术。

腐蚀过程又因基底材料不同,可以分为各向同性腐蚀和各向异性腐蚀。各向同性湿法腐蚀,被腐蚀的基底材料是均匀且各向同性的,由于腐蚀速度在各方向的一致性,因此腐蚀过程会出现侧蚀现象,腐蚀过程的可控性差,图形的分辨率受到限制,难以获得高深宽比的沟槽或筋板结构。各向同性刻蚀可以制造微米级高度的复杂微细结构。

在湿法刻蚀过程中,在狭小的沟槽通道内由于反应产物的扩散受到限制,因此腐蚀速度受到影响,也会影响到腐蚀的各向一致性,影响到微结构的最终形状。因此有时对腐蚀剂进行搅拌。搅拌的作用是为了加速反应产物的转移,并保证各向腐蚀的一致性。

用来刻蚀的腐蚀剂有很多种,如 KOH、乙二胺、邻苯二酚等,根据不同的应用情况和针对不同的材料进行选择。湿法刻蚀成本比较低,不需要太昂贵的装置和设备,因此应用非常广泛。

【应用点评 7-4】 硅材料的各向异性刻蚀

利用硅材料各向异性刻蚀,可以制作出许多具有垂直侧壁的微机械零件。这是在某一个方向产生腐蚀其他方向几乎不发生腐蚀的定向刻蚀。

硅材料具有立体晶体结构,是一种各向异性材料,在三个晶面上表现出不同的性质。硅晶体的三个晶面法线方向上,表现出不同的机械性能和抗腐蚀能力。硅在(111)和(100)晶向的腐蚀速度比为 1∶400。

2) 干法刻蚀

湿法刻蚀利用化学溶剂来选择性地去除基底材料,干法刻蚀是利用气体腐蚀剂去除材料。干法刻蚀可以利用适当的反应气体/蒸气自发地实现。采用等离子刻蚀可以加速刻蚀速度,目前已经成为一种主要的刻蚀方法。

气体在足够强的电场作用下,会成为带有大量离子、自由电子的中性离子化气体,即所谓的等离子体。通常,等离子内存有化学活性粒子。这些高活性的粒子与固体表面进行物理和化学的相互作用,导致基底材料的去除,也就是对基底材料进行了刻蚀。

等离子刻蚀过程一般在真空环境下进行。等离子体刻蚀具有较快的速度,可以达到每分钟几微米的刻蚀速度。与湿法刻蚀相比,等离子体刻蚀具有速度快、分辨率高、易于自动化操作等优点。

7.2.2 LIGA 技术

1. LIGA

LIGA 技术是 20 世纪 80 年代德国 Karlsruhe 核研究中心发明的一种三维微细制造技术,在制造高深宽比金属微结构和塑料微结构件方面具有独特的优势。LIGA 一词来源于德文光刻(Lithographie)、电铸(Galvanoformung)、注塑(Abformung)三个词的缩写。采用 LIGA 技术已制造出微米尺度的微齿轮、微过滤器、微红外滤波器、微加速传感器、微型涡轮、光纤耦合器和光谱仪等多种结构器件。LIGA 技术包括光刻、电铸、注塑微成形三个主要环节。

光刻环节采用波长为 0.2~0.6 nm 典型值的同步辐射 X 射线作为光刻光源,由于其波长短、穿透能力强,可以获得 100∶1 甚至更高的深宽比。

电铸环节包括金属电化学沉积和金属微结构分离。用光刻胶微结构与金属基板的组合体作为电铸母模进行电铸,将光刻胶微结构中所有间隙部位用金属离子"填满"。将光刻胶微结构与金属沉积脱模后得到金属微结构件,这个金属微结构件可以是最终的产品,也可以作为下一步微注塑加工的模版,进行批量生产。

LIGA 技术的特点与优越性主要表现在下列 4 方面。

(1) 能制造出有很大高宽比的微结构。对于宽度仅为数微米的图形,其高度可以接近 1000 μm,高宽比可达数百比一,结构侧壁平行线偏差在亚微米范围内。

(2) 取材比较广泛。利用 LIGA 技术,可以生产多种微结构器件,材料可以为镍、铜、金、镍钴合金、塑料等。

(3) 可以制作复杂图形结构。这一特点是硅微细加工技术所不具备的。因为硅微加工采用各向异性蚀刻,硅晶体沿晶轴各方向的溶解速率不同,从而在硅晶体中生成的结构不可能是任意的,用 LIGA 技术制作微结构,其二维平面内的几何形状可以任意设计,微结构的形状只取决于所设计的掩膜图案。

(4) 可以进行大规模生产。可利用微塑铸技术进行微器件的工业化大批量生产,从而降低成本。

【应用实例7-7】 LIGA 中的微电铸

LIGA 技术的微电铸工艺与常规电铸工艺有所不同。深度 X 射线光刻的光刻胶图形具有很大的高宽比,而横向结构尺寸很小,对这样高深宽比的深孔、深槽进行微电铸,金属离子的补充、沉积层的均匀性、致密性都要采取特殊措施加以保证。由于电镀液的表面张力,电镀液很难进入深孔、深槽,不容易产生容易的对流,离子补充困难,影响沉积速度和沉积质量。解决该问题的措施有:在电铸液中添加表面抗张剂,减小溶液表面张力;采用脉冲电流,提高深镀能力;采用超声波扰动溶液,增加金属离子的对流。

微电铸合金材料是一个重要的发展方向。合金材料的许多优良性能或特殊性能,将拓宽微电铸的应用范围。开展研究的镀种有 NiFe、NiP、FeCo、CoNiP 等。其中,FeNi 合金作为软磁材料在微执行器中有较广泛的应用,特别为微电磁马达的实用化奠定了基础。

2. 准 LIGA

由于 LIGA 技术需要同步辐射 X 射线源进行光刻,成本高昂;与集成电路的制作工艺兼容性差等原因,因此又发展一种利用常规的紫外光刻蚀和掩膜的准 LIGA 技术,用来制作高深宽比微金属结构。

准 LIGA 的工艺过程除了所用光刻光源和掩膜外,与 LIGA 工艺基本相同,采用常规光刻机上的深紫外光作为光源,代替同步辐射 X 光,对厚胶或光敏聚酰亚胺光刻,然后结合电镀、化学镀或牺牲层技术,可以获得固定的或可转动的金属微结构。利用后续的微电铸和微复制工艺,同样可实现微机械器件的大批量生产。用准 LIGA 技术既可制造高深宽比的微结构,又不需要昂贵的同步辐射 X 射线源和特制的 LIGA 掩膜,对设备的要求低得多,而且它与集成电路工艺的兼容性也要好得多。目前,准 LIGA 技术所能获得的深宽比等某些指标与 LIGA 相比还有差距,但是已经可以满足微机械制作中的许多需要。近年来,准 LIGA 技术得到了很大的发展和广泛的应用,如能开发高能量紫外光源及深紫外光刻胶,对准 LIGA 技术的研究工作将起很大的推动作用。准 LIGA 工艺可以制成镍、铜、金、银、铁、铁镍合金等金属结构,厚度能达几百微米。

目前已研制成功或正在研制的 LIGA 产品有微传感器、微电机、微执行器、微机械零件、集成光学和微光学元件、微型医疗器械和装置、流体技术微元件等。其中,直流电机、光纤联结器等已形成产品并批量生产。LIGA 产品的应用涉及广泛的科学技术领域和产业部门,如加工技术、测量技术、自动化技术、航天技术、生物医学技术等。

7.2.3 微细电火花加工

1. 基本原理

电火花加工已经在生产中得到了广泛的应用，是模具制造、异型零件加工等的主要工艺手段。电火花加工具有以柔克刚、小或无加工力、过程可控性好等优点，使它在微细加工领域有着发展空间。自 20 世纪 80 年代以来，关于微细电火花加工（Micro-EDM）的研究活跃，应用日增，目前已经成为一种重要的微细加工手段。其加工基本原理与本书前述的电火花加工相同，均是在绝缘介质中通过两极之间的火花放电来去除导电材料的工艺方法。

微细电火花放电加工（Electrical Discharge Machining，EDM）系统通常包括脉冲电源、主轴进给单元、伺服控制单元、工作液系统。工件和工具分别与脉冲电源两输出极相接。两电极之间充满绝缘液体（如煤油）。当工具电极缓慢进给接近工件至很小距离时，施加在两电极间的脉冲电压将会在某点（如最小间隙处）击穿绝缘介质，形成放电。脉冲放电产生的局部高热，使工件材料熔化或汽化蚀除，在工件表面形成一个微小的凹坑。实际加工的脉冲放电是重复出现的，在一秒钟内要进行几千到几十万次，工具电极伺服进给维持加工间隙，一次次击穿放电产生的微小凹坑积累成材料的宏观去除，在工件上加工出所需要的形状。

> **【应用点评 7-5】 微细电火花加工用电极材料与工作液**
>
> 铜的熔点虽不算高，但导热性好，所以耐蚀性也不错，比较适合作为微细电火花加工的工具材料。对于常规电火花加工来说，石墨是很常用的电极材料，但石墨质地相对疏松，成形加工性差，不容易制成微小尺寸的工具电极。
>
> 微细电火花加工常采用煤油或水基工作液。煤油黏度较低，绝缘性能好，加工稳定，但在放电过程中和机油、变压器油一样会析出碳黑，形成胶体物质，不利于加工产物的排出。普通自来水中含有过多的导电杂质，绝缘强度低，使脉冲放电能量不够集中，加工稳定性差。高纯度、低杂质含量的水，如去离子水，效果比较好，排屑容易。但水基工作液会发生微弱的电化学反应，对加工质量的控制有不利的影响。

2. 微孔、微轴加工

欲进行微细电火花加工，除了采取微能电源和微量进给控制外，微细电极的制造和安装也是关键所在。以微孔加工为例，加工时为了排除加工产物，需要工具电极丝旋转，在机床回转主轴夹头上安装数微米直径的金属丝，并保持它的直线精度和回转精度是极其困难的。比较实际的方法是采取反拷法在加工现场制作微细电极。如图 7-26 所示，将棒状毛坯装夹在机床主轴头上，一块状金属连接在电源的另一端。块状金属持续向旋转的毛坯棒加工进给，使其直径不断变小，最后至所需要的值。反拷法解决了微细电极的装夹和保证同轴度问题。

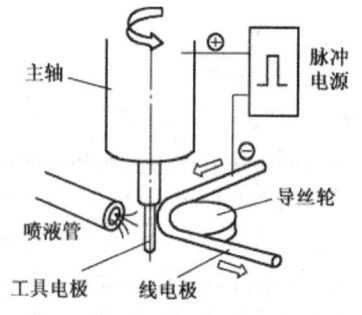

图 7-26 反拷制作微细电极

在反拷法基础上，线电极电火花磨削技术（Wire Electrical Discharge Grinding，WEDG）更好地解决了柱状微细电极的制作和安装问题。该技术采用运动电极丝对电极坯材进行反拷加工，加工时丝电极往复运动。WEDG 法有如下主要特点：

(1) 工具电极形状取决于主轴头和线电极的相对运动。通过协调控制线电极沿工具径向进给运动、主轴的上下运动和旋转运动，可以加工出多种形状的微细电极，如圆柱形、棱柱形、螺纹状、圆锥形等。

(2) 电极丝通过运动补偿或降低了自身的放电损耗，保证了微细电极的尺寸精度。

(3) 电极丝运动和工具电极的旋转运动有利于放电点的转移，避免了短路、拉弧等现象的发生，使加工过程稳定可靠。

利用 WEDG 可以加工出如图 7-27 所示直径小至 2 μm 的电极棒，从而加工出 5 μm 的微孔。通过对线电极和电极坯材运动轨迹的控制，WEDG 技术不仅可以加工出圆柱状电极，还可加工多边形柱等更复杂的微小工具电极。由于制作微小工具电极和接下来的微孔加工都是在同一台设备上进行，不存在工具电极装夹、定心等问题。

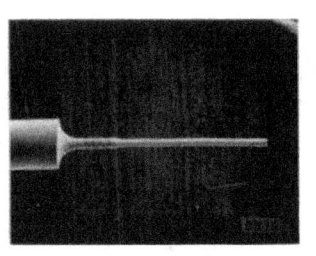

图 7-27　WEDG 加工出微轴和 EDM 加工出的微孔

3．铣削加工

利用 WEDG 技术加工出棒状微细电极后，可进一步拓展到三维微型腔的加工。采取与数控铣削加工相近的方式，电极棒相当于立铣刀，进行三维微细轮廓的数控电火花铣削加工。

三维型腔简单电极数控电火花铣一直受到电加工界普遍关注，曾开展了很多研究工作。这一技术涉及电极损耗及其补偿问题，特别是尖角部分损耗补偿问题，必须采取有效的方法，采取分层加工方式获得了较好的结果。分层加工方法与激光烧结快速成形方法的加工模式相仿。以型腔加工为例，将被加工型腔轮廓按深度方向分为若干层，电火花铣削逐层进行。同时通过大量工艺试验和理论分析，建立起单位面积上的电极损耗模型，在数控程序中逐层对电极进行长度方向的损耗补偿，从而保证加工精度。

采用微小成形电极进行传统的复制式电火花加工是自然的想法。但是复杂形状的微型电极本身就很难制造。利用 LIGA 技术为微细电火花加工提供工具电极，然后进行微细电加工，制造零件的内型腔或者外部轮廓，是近些年的一个重要研究方向。

LIGA 技术可以制备出具有高深宽比的金属微结构零件，但是材料局限于镍和铜。将 LIGA 制造出的铜微结构件作为微细电火花加工的工具电极，发挥电火花加工可以加工任意导电材料的优点，可以制作出材料综合性能更好的微结构或器件。同时，如果工具电极损耗得到很好的控制，将可以加工出更高深宽比的微结构零件。研究报道，利用 LIGA 工艺制作出 3×4 圆柱形铜电极阵列，每个电极直径 100 μm，彼此间隔为 500 μm，如图 7-28 所示。利用该电极阵列在 50 μm 厚的不锈钢薄片上批量制作出喷嘴群孔，所花时间（4 min）不到普通单个逐一加工总时间（14 min）的 1/3。

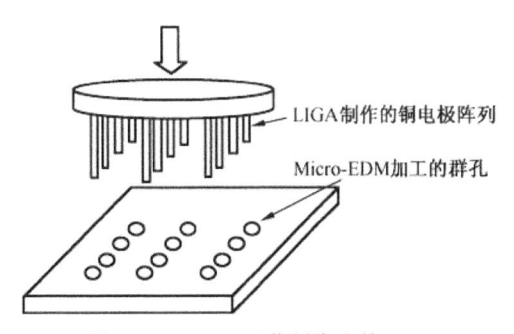

图 7-28　LIGA 工艺制作出的 3×4 圆柱形铜电极阵列与群孔

4．微细线切割加工

微细线切割加工原理与线切割相同，采用金属丝作为工具电极，与工件之间形成放电，金属丝与工件进行平面相对运动，可以切割出复杂的二维或二维半图形。

根据电极丝的运动速度，线切割机床分为高速走丝机床和低速走丝机床。微细线切割加工为低速走丝加工，其中如何获得高强度的微细电极丝是该技术应用中的重要因素。超细电极丝主要有钨丝和钼丝，价格较昂贵。有采用高拉伸强度的钢丝（100 碳钢琴线）外面加镀黄铜来制作，俗称"钢琴线"。这种电极丝的拉伸强度为一般电极丝的 2 倍，高达 2000 N/mm^2 以上。目前，国外生产的低速走丝机床配备 30 μm 的超细丝，用于加工微小零件，国内也有研究机构尝试在低速走丝机床采用 30 μm 的细丝，并已取得成功。图 7-29 是微型电火花线切割加工出的零件。

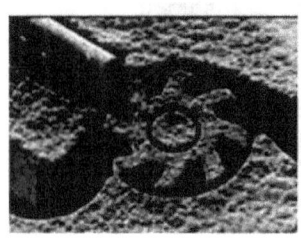

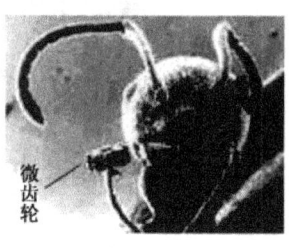

(a) 微型泵　　　　　(b) 微型齿　　　　　(c) 微型齿轮与蚂蚁首部对比

图 7-29　微型电火花线切割加工的零件

7.2.4　微细电铸加工

1．基本原理

电铸最主要的优点是具有极高的复制精度。电铸工艺已经有相当长的历史，但是在问世后的一段时间内，工业对于精密、微细的需求较少，电铸的潜能没有得到充分的发挥。近年来，制造技术向微米尺度、纳米尺度不断发展，对于电铸的需求日益提高。另一方面，随着研究的深入和相关领域科学技术的进步，电铸自身的不断提高，其精密、微细的能力日益提高。电铸技术在微机电系统（MEMS）制造领域的成功应用，是近年来电铸技术发展的一个最重要的成果。除此之外，电铸也被应用到很多领域中的多种微细零、部件的制造。

2．微细电铸典型应用

1) 精细纹理型面复制

复制精细纹理型面是电铸的重要应用之一，如唱片模版、表面粗糙度样规、激光防伪商标、CD 盘模版等。这些产品都具有精细的纹理型貌，涉及亚微米级甚至纳米级的精度，其电铸工艺流程相似，一般包括电铸芯模版制作、电铸复制、模压生产等工艺步骤。

【应用实例7-8】　CD 盘的制作工艺流程

电铸芯模板制作：在玻璃基板上均匀涂覆光刻胶。计算机将声像信息解读为脉冲数字信号，再转化为激光束记录仪上一系列"开"和"关"的脉冲，通过这一激光编码过程，将数据记录到感光树脂涂层上。激光束记录仪使部位感光性树脂在蓝光下曝光，这样就生成了光盘的具体内容。用化学显像药水来进行显影。感光性树脂上曝光的部分被腐蚀掉以后，在表面上形成了上亿个微小的凹点，从而将声像信息转变为凹坑信号。再对已载有声像信息的芯模版进行化学镀银，最后获得了电铸芯模板。

电铸复制：将芯模板浸浴在含有镍离子的电解质溶液里进行电铸，形成具有一定厚度和刚性的镍片，其金属表面上留下了与芯模板完全相反的表面，这一镍片被称为"父片"（Father）。之所以称其为"父片"，是因为它将被用于生成另外的金属片，称为"母片"（Mother），再生成"模片"（Stamper）。这样由一张"父片"复制出很多张模片，从而满足大规模生产的需求。

模压生产：模片是金属"父片"的完全复制品，也是电铸的最终产品，通过金属模片进行塑料 CD 复制品的大规模生产。

制造 CD 盘的整个工艺流程如图 7-30 所示。

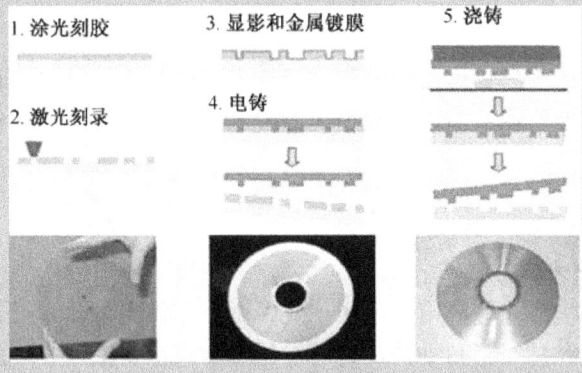

图 7-30　CD 盘生产工艺流程

2) 微型孔网板类零件

电铸的一个重要应用是制造多孔网板，如各种筛网、滤网。工艺过程是采取某种手段将金属芯模的某些部位屏蔽住，在裸露金属基底的部位沉积上金属。实际上，LIGA 技术也是相同的思路，不过由于尺度非常微小，需采用特殊的光刻手段；X 射线深层辐射的作用不仅获得精细的光刻胶图案，还希望胶层结构具有高的深宽比，这样通过电铸"填充"后获得高深宽比的金属微结构。

电动剃须刀网罩（如图 7-31 所示）的电铸成形是其典型工艺。电动剃须刀网罩是上面有许多圆孔或条缝的金属薄板。网罩一面与做旋转运动的刀头接触，另一面贴近皮肤。贴近皮肤一面的小孔边缘倒圆，以利于胡须进入。刀头接触的一面孔边缘保持锐边，与旋转刀头配合，割断胡须。

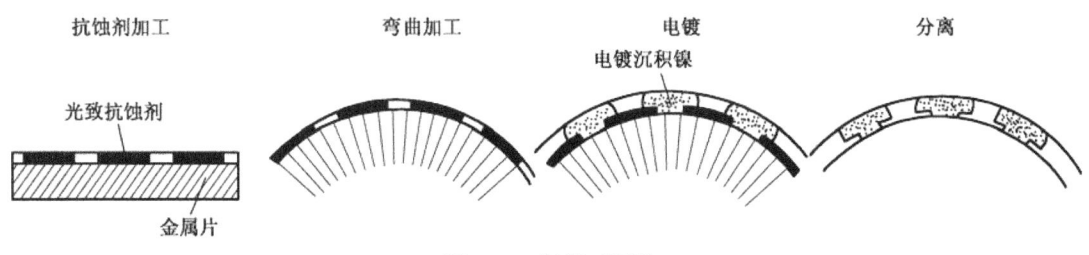

图 7-31　剃须刀网罩

【应用实例 7-9】　剃须刀网罩的电铸成形

网罩的制造工艺如下：

(1) 根据设计要求，制造光刻用图案掩模板。

(2) 在金属板上涂覆光刻胶，并用掩模板对其进行曝光，然后经过显影、定影等一系列处理，获得表面带有所需光刻胶图案的母模板。

(3) 如果网罩是圆形球面形状的，则需将母模板弯曲成所需形状。

(4) 电沉积镍到所需厚度。参数的控制要兼顾材料的硬度和柔韧性。一般硬度控制在 500～550HV，硬度过高容易脆裂。

(5) 将镍质网罩从母模板上剥离下来（很常用的电极材料）。

7.2.5 微细电解加工

1. 基本原理

电解加工技术所能达到的精度和微细程度目前还不能与电铸技术相比。电解加工的杂散腐蚀、电场和流场的多变性给加工精度带来很大的限制。但在某些特殊的微细加工场合，电解加工已经获得很好的效果。

2. 微细电解典型应用

1) 电解微细刻蚀技术

电解加工概念已经被成功地应用在电子工业中微小零件的电化学蚀刻加工中。与传统化学蚀刻相比，电化学法更容易控制和维护，对环境的影响也小得多。在电解蚀刻中，常用光敏材料在待加工材料上制成特定图案的遮蔽层，未被保护的材料在电解作用下逐渐腐蚀直到所需要的深度。这种工艺被应用在高速打印机打印带、印制板等电子产品的制造上。图 7-32 所示的是单侧电化学蚀刻的示意图。

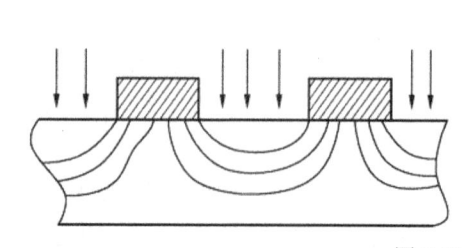

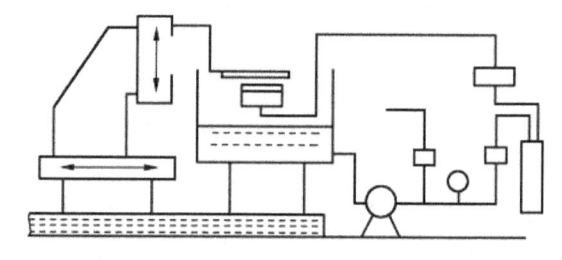

图 7-32 单侧电化学蚀刻

2) 深小孔加工

电解加工是加工深小孔的重要技术之一，有三种加工方式：成形管加工法（STEM）、毛细管法（CD）、电液流加工法（ESD）。

成形管法（STEM）常用钛管作为工具阴极，其外表面均匀涂覆绝缘层。采用酸性溶液，例如 15% 的 HNO_3，以利于电解产物的排出。由于采用了酸性电解液，可能会在阴极表面上出现金属沉积现象，这会改变电极尺寸，影响加工精度。多采用"周期反接极性"的方法来解决这一问题，即经过一段时间加工后，短时间反接工具与工件的极性，将工具表现的沉积物及时去除，再正接极性进行加工，如此往返交替，保证工具尺寸不变。STEM 法可加工孔径 0.5～3 mm、深径比可达 300∶1 的深小孔，并且可进行群孔加工。

与 STEM 法有所不同，毛细管法（CD）在玻璃毛细管中放置一根极细的金属丝如铂丝作为阴极。加工时，酸性电解液通过毛细管，产生带电的液流，射向加工工件，产生电化学溶解反应。由于带电液流的通道较长，两极施加电压要比 STEM 法大得多，达百伏以上。由于毛细管电极非常细，能加工出孔径比 STEM 法还要小的微细孔。它加工的最小直径可达 200 μm，深径比 100∶1。

电液流加工法（ESD）与毛细管加工方法类似，在收敛形绝缘玻璃管中放置一金属丝接负极，高压泵把酸性电解液打入玻璃管中，通过喷嘴时形成带负电的电液流。加工时，高速酸性电液流射向工件阳极，对阳极工件进行加工。玻璃管电极可深入、也可不深入工件进行加工。加工孔径范围一般为 0.15～1.5 mm，最小孔径为 25 μm。

3) 脉冲电流微细电解加工

理论、试验研究和工业实践都已表明，脉冲电解加工可以显著提高加工精度，如好的型面精度控制、垂直的侧壁、小的转角圆弧等。在脉冲电解加工中，电解液的间断、周期性的更新，使得间隙中的电解产物（阳极去除下来的金属、阴极析出的氢气、产生的焦耳热）得到及时排出，因而可以工作在更小的加工间隙下，可以显著改善加工精度。

在某些脉冲电解加工系统中，工具采取往复运动方式，在脉冲间隔的时候工具电极回退，以加强电解液冲刷和产物排出的效果，同时采用零位对刀方式进行加工间隙的检测，然后调整间隙到所需的值。这种周期往复运动改善了加工的稳定性和保证了加工过程的重复性，提高了加工精度。

【应用实例 7-10】 纳秒脉冲电流微细电解铣削加工

当脉宽小至数十纳秒时，电化学的溶解定域性会突变性提高，将溶解区域限定在很小的范围，消除了常规电解加工固有的杂散腐蚀问题。另外，采取压电器件来实现工具电极精确的微量进给运动，加工间隙可控制在微米量级。用一根直径 10 μm 的铂金丝作为电极，脉宽 50 ns，脉冲频率 2 MHz，加工电压 1.6 V，电极做三维数控运动，实现了亚微米精度的三维复杂型腔（边长 40 μm，中间有 5 μm 见方、10 μm 高的凸台，如图 7-33 所示）的微细加工。

图 7-33 纳秒脉冲电流

7.2.6 微细高能束流加工

1. 基本原理

高能束流加工主要包括激光加工、电子束加工和离子束加工。激光加工是利用激光能量密度高、方向性好的特点，通常将光能转变为热能来蚀除材料；电子束加工利用电子的高速运动冲击工件使动能转变为热能来加工材料；离子束加工是在真空条件下，将具有一定速度的离子束投射到材料表面，产生离子的溅射效应或注入效应。

高能束流加工具有一些共同的特征：

(1) 束流加工不存在工具损耗、工件变形问题。

(2) 束流可以聚焦成为很细的能量束，进行非常精细的加工。

(3) 束流便于控制，与数控技术、机器人技术结合，可以实现加工过程具有高度的柔性和自动化程度。

高能束流加工在很多领域得到应用，承担着多种微细加工任务，已经成为重要的微细加工手段。本文以应用最广泛的微细激光举例，介绍微细高能束流加工工艺。

2. 准分子激光加工

准分子激光（Excimer Laser）原意为被激发的双原子气体。准分子激光气体为惰性气体（如 He、Ne、Ar、Kr 等）与化学性质较活泼的卤素气体（如 F、Cl、Br 等）混合物，它受到外来能量的激发出现一系列物理及化学反应，形成转瞬即逝的分子，其寿命仅为几十纳秒，发出高功率的紫外光。之所以称为准分子，是因为它不是稳定的分子，在激发态下才会结合为分子，而在正常的基态会迅速离解。

准分子激光波长很短，在 157～353 nm 范围。聚焦光斑可小至 1 μm。功率密度高达 10^8～10^{10} W/cm^2。频率高（达 5 kHz），效率高（达 4%），光束质量好（发散角 0.3 mrad，波长线宽 1 pm 以下），工作寿命长，光束截面大等优点，是很有潜力的工业激光器。

准分子激光是一种超紫外线光波，加工机理比较复杂，通常的解释是依靠"激光消融"（Laser Ablation）来蚀除材料。激光消融是建立在光化学作用的基础上进行的，即由于紫外光子能量比材料分子原子间的连接键能量大，材料吸收后（吸收率很高），破坏了原有的键连接，当破坏达到一定程序后，碎片材料就自行剥落。每个脉冲可去除亚微米深的材料，如此逐层蚀除材料，达到加工目的。

对于微细小孔、划片微调、切割、焊接以及标记等加工，准分子激光表现优异，加工精度高，无论钻孔、切割或刻划，都是直壁尖角，而且基本上没有热影响区。材料对紫外波吸收率高，准分子激光脉宽窄，因而功率密度非常高。

准分子激光直写（Direct Writing）被认为是一个重要的微细加工手段，它将激光技术与 CAD/CAM 技术和数控技术有机地结合。计算机对于给定图形进行造型，并为加工系统加载图形结构信息和加工指令，控制准分子激光束扫描路径、激光束的通断状态、激光器的工作参数等，在工件表面进行直接刻写。准分子激光直写加工方式灵活方便、可控性好、准备周期短，可以制造较为复杂的三维微细结构。

准分子激光的脉冲波作用时间极短，聚焦光斑小，很适合用于医疗手术。准分子激光已经很广泛地用于眼角膜的切割手术，包括屈光性角膜切割手术和治疗性角膜切割手术。在切割区大小、病人手术前近视程度、激光脉冲数量等参数设定后，手术可在数十秒钟内自动完成，效果良好，对周边组织的伤害和导致的疤痕都非常的轻微。准分子激光也用于直接制造各种微形元件，如用在显微外科手术中的"梳形"元件、传感元件和控制元件等。由聚酯薄片制造的外科手术"梳形"元件外形只有 0.75 mm×1.1 mm×0.075 mm。准分子激光还可在类似于发丝的材料上切割、打孔或打标，包括成形图形加工。用准分子激光或固体激光可在覆铜板上打出 25 μm 的小孔，生产率达每分钟 1 万个，从打孔成本的对比也可看出，对于小于 0.2 mm 的孔，机械钻孔的成本迅速增加。当孔径小到 25 μm 时，机械钻孔成本是 YAG 激光打孔的 40 倍。

【应用点评 7-6】 准分子激光器的加工特点

一直以来，准分子激光器在紫外"冷加工"应用领域中占有主导地位，但是准分子技术有许多固有的缺点：所有的准分子激光器都要使用有毒气体，而特殊气体的更换、存储和调整过程非常麻烦，同时，它们的体积庞大，价格昂贵，操作和维修费用高；最大的问题在于，准分子激光器的输出光束大而方，空间质量较差，这严重限制了光束的聚焦性，使得在微处理过程中一定要使用掩模板。准分子激光器对一步钻出相同形状的孔和重复性的工作是不错的（如加工喷墨打印机磁鼓喷嘴上的孔），但总的说来效率并不高，只有 1% 的脉冲能量作用于加工表面，而其他约 99% 的光能量损失于模板。

3. 超短脉冲激光加工

超短脉冲激光指皮秒（10^{-12} s）或飞秒（10^{-15} s）级脉宽激光脉冲。自激光器问世以来，在缩短脉冲宽度方面进行了几次革新发展。进入 20 世纪 90 年代以来，超短激光脉冲产生和放大技术获得了长足进展。随着新型宽带激光介质的出现和一系列新技术的发明，已使激光脉冲的脉宽达到了 4 飞秒以下，聚焦后的光强可以高达百太瓦（TW，即 10^{12} W）甚至拍瓦（PW，即 10^{15} W）量级。在这种物理条件下，激光与物质的相互作用过程将会发生根本改变，出现了许多新现象。微细加工是飞秒激光脉冲的一个重要应用领域。

飞秒超短脉冲激光加工与以往的长脉冲激光加工相比，最大特点是超短（脉冲宽度）和超强（脉冲能量密度），其优势主要体现在以下方面：

(1) 极短的脉冲持续时间使得激光照射时的热扩散非常小，可以忽略不计，激光能量的吸收更集中，只在照射区域积蓄，可以达到常规激光加工所无法达到的高能量密度状态。

(2) 作用时间的缩短使因热传导作用而影响的热效应区域减小了很多。超短脉冲激光加工时材料的去除主要以蒸发汽化的方式进行，当激光能流密度被调整到等于或刚超过材料烧蚀阈值时，材料中的热影响区实际上比聚焦区更小，实现了真正意义上的"冷"加工，显著提高了加工质量和加工精度。研究发现，这种激光束冷加工特点甚至使它能安全地切割高爆炸药，可用于退役的火箭、火炮炮弹及其他武器的拆除工作。

(3) 飞秒激光加工相互作用区内的大部分材料在极短时间内通过熔融态而汽化，因此材料的热传导率对加工效果的影响被大大削弱。所以，飞秒激光可以加工热传导性好的金属材料。

由于以上原因，飞秒激光微加工能获得常规长脉冲无法比拟的高精度和低损伤，能以极低的能量获得极高的光强，且因超快，故其激光能量丝毫不扩散到焦点以外。这些特点使之非常适合于微细加工，可对金属和非金属、透明材料、感光性树脂等材料在微米或亚微米尺度范围进行开槽、钻孔、切割等加工，制作三维立体造型、加工透明材料的内部等。

【应用点评 7-7】 超短脉冲激光加工应用

使用超短脉冲激光，可在金属上打出几百纳米直径的微孔。飞秒激光加工正在被用于发动机喷油嘴微孔加工。飞秒激光系统用于大规模集成电路芯片的光刻工艺中。飞秒激光能用于加工聚合物和生物组织，而不改变其重要的生物化学特性。生物医学专家已将它作为超精密外科手术刀，用于视力矫正手术，能够减少组织损伤不留下手术后遗症。飞秒激光甚至被认为可对单个细胞动精密手术或者用于基因疗法。

7.3 微机电系统应用

7.3.1 微机电系统概述

1. 微机电系统

一般认为，微机电系统是一个由许多独立元件组成的装置，元件能够很经济地制造，再经智能集成，由微传感器、微致动器、微控制器、微动力源和实体机构等部分共同组成微机电系统。通过各种微细加工技术的应用，不仅可以制造成本适中、尺寸相当微小的单个元件，又能够使许多这样的元件（组件）智能组合连接构成系统，使微机电系统具备丰富的使用功能。

微机电系统与某些以微电子集成电路为核心的、具有信号流输入和输出的宏观机电控制系统很相像。然而后者常常分为外部元器件（如传感器、致动器等）和内部电路（多为集成电路），同时依靠外部电源提供动力。而微机电系统则将上述所有部分都集纳在自身非常微小的一个系统之内，成为高度集成的机电一体化产品。显然，二者有明显的本质区别。

此外，组成微机电系统的元器件常采用不同技术制造，而这些技术可能互不相容。因此，将诸多元器件结合进同一系统，既具有技术因素，还具有经济因素，二者必须兼顾。衡量微机电系统的实用性时，经济因素是最重要的，倘若某种制造技术、封装技术、检测技术的经济性评价欠佳，那么就不适合应用于微机电系统的生产之中。

2. 微机电系统的组成

微机电系统（MEMS）是微机械与微电子功能集成于一体的微型机电器件或装置，完整的微机电系统应该包括微传感器、微致动器、微控制器、微动力源和实体机构等几部分。某些微机电系统中还具有调整制动器、固定装置、工具等机械结构，以及与宏观系统的接口。

1) 微传感器

传感器的定义是：能感受规定的被测量，并按照一定规律，将被测量转换成可用输出信号的器件或装置。传感器通常由敏感元件和转换元件组成，敏感元件是指传感器中能直接感受到或响应被测量的部分，转换元件是指传感器中能将敏感元件感受或响应的被测量转换成适合于传输或测量的电信号部分。

传感器可以按多种方式分类：如按信号转换原理分类，分为物理、化学、生物传感器等；按被测量分类，分为压力、加速度、流体浓度传感器等；按制备材料分类，分为薄膜、半导体、陶瓷传感器等；按应用对象分类，分为医学、生物、航空、汽车传感器等。不同的微传感器视应用场合各有不同的性能要求。

微传感器特指采用微细加工技术制备的微型传感器。微传感器的敏感元件尺寸一般为微米级，微传感器的整体尺寸也在数毫米以下，如目前已经形成产品的微压力传感器、微加速度传感器、微陀螺等，体积只有常规传感器的几十分之一乃至1%，质量也从常规的千克级下降至几十克级乃至几克级，功耗也降至毫瓦级甚至更低。

由于微型化的原因，微传感器提高了温度稳定性，工作频带加宽，敏感区间变窄，灵敏度及分辨率都很高，系统的可靠性大为提高。微传感器是目前实用性最为成功的微机电系统器件之一。

随着微细加工技术，特别是纳米加工技术的不断发展，微传感器还有进化到纳米传感器的趋势。扫描隧道显微镜技术已用来研制微传感器和纳米传感器，未来的纳米传感器立体分辨率将小到分子量级，结构达到纳米量级，结构的界面成为关键。

2) 微致动器

致动器是微机电系统的另一个主要组成部分。微致动器有时也称为微执行器或微执行元件。微传感器将外部输入的物理或化学参数转换为电或光信号对内输出，微致动器则将这些电、光或热信号转换成力、转矩、位移和相位等物理参数输出。微传感器对微致动器的具体动作起着辅助控制作用。微致动器使得整个微机电系统能够在一定范围运动或动作，所以能够独立而连续地完成对诸多参数的检测。微致动器可以分为许多类，最常用的三类是静电微致动器、电磁微致动器、压电微致动器。

静电微致动器的致动动力，源自电荷间的吸引力或排斥力的相互作用，以此顺序驱动电极产生平移或旋转运动。静电电动机是最典型的静电微致动器，其运行原理有两种：一种利用介电弛豫原理，另一种利用电容可变原理。

利用介电弛豫原理的静电电动机一般被称为静电感应电动机或异步介电感应电动机。其动作原理如下：如果将介电转子置于旋转电场中，就会在转子表面感应出电荷，由于介电弛豫，感应电荷滞后于旋转电场，与旋转电场之间的偏移就能产生一个作用在转子上的转矩。如果转子由多种介质构成，那么不同的介电弛豫过程将被叠加，在不同的频率下起作用。由于电动机运行时，转子的角速度小于旋转电场的角速度，因此这种电动机被称为"异步"，电动机的转矩和效率都取决于转子角速度与旋转电场角速度的比。

利用电容可变原理的静电电动机是指利用带电极板之间基于静电能量变化趋势产生机械位移，作用力使两个电极趋于互相接近并达到一个能量最小的稳定位置。电动机的定子为静止电极，转子为移动电极，通过限制转子向定子方向移动的自由度，就可使转子获得单一方向的位移。

电磁微致动器基于电、磁之间作用产生的驱动力实现致动作用，如电磁微电机，利用平面绕组线圈内层产生的旋转水平磁场驱动永磁转子转动；以及采用磁阻可变性原理研制成的另一种电磁微电机，利用定子磁极和转子组成的磁回路中系统磁阻趋于最小的原理，当定子绕组线圈产生旋转磁场时，驱动软磁转子转动。电磁微电机产生的驱动力矩比静电微电机要大得多，一般高三个数量级。电磁微电机的缺点是与 IC 工艺难兼容，制作工艺较复杂。电磁式微电动机是电磁微致动器的一种重要形式，由于输出力矩大，运行寿命长，转换效率高、转速可调和转向可逆等一系列优点而广受青睐，已成为世界上各先进国家的研究热点之一。其结构比较复杂，在尺寸小时，磁场密度的大小受到导体表面电阻和线圈发热导致的温升限制，而且磁性材料的性能和漏磁通也会进一步减小能量密度，所以电磁式微电动机在小型化时并不具备传统电磁电动机的优势。电磁式微电动机尺寸很小，又具有相对旋转结构，所产生的电磁力矩不大，一般在 μNm 量级，因此，微电动机摩擦损耗所占比例很大，传统润滑方法不再有效，成为需要解决的问题之一。

压电式微致动器利用压电材料的逆压电效应，将电能转换成机械能来形成驱动力。由于压电元件振动方式除了与几何形状相关，还与其对晶轴的相对位置、电场方向均有关，为应用带来了多种选择。压电微致动器能提供直线或旋转运动形式，所以在众多微致动器中，压电微致动器的应用非常广泛。压电微电动机的独特优点是无噪声、无惯性，动力矩的大小介于静电微电动机和电磁微电动机之间。压电微电机利用压电材料（薄膜或圆片等）的逆压电效应，在交变电场作用下，压电材料伸缩，将电能转变成机械能，通过各种伸缩振动模式的转换与耦合，将压电材料的伸缩振动转变成旋转驱动或其他驱动。振动频率超过 16000 Hz 后，即达到超声频范围，这时又常称为超声电动机。

目前主要有以下几种压电（超声）微电动机：

(1) 柱状超声微电动机，具体又分为压电管式、压电片夹心式和压电柱式。传动原理相同，定子产生弯曲摇头运动，通过摩擦力压紧转子产生回转，其实质是单个行波连续的点（线）接触。

(2) 环状超声微电动机。美国研制了直径 8 mm 的环状超声微电动机，还研制了双面转子行波型超声微电动机，力矩要比同等直径的行波型超声微电动机高 2 倍，且运转十分平稳，已用于 NASA 的火星着陆器用灵巧机械臂。

(3) 弹性叶片超声微电动机，由日本研究人员首先提出并试制成功。其中一种微电动机定子直径为 30 mm，转子直径为 5 mm，空载转速 1500 r/min，最大力矩 10 mNm。由于结构较简单，可进一步微型化。

随着压电材料生长技术的发展及微机械加工技术的进步，人们开始尝试用微机械加工方法研制压电微电动机，以实现微型化，达到批量生产、降低成本的目的。为了实现转子的微型化，需要采用包括 LIGA 技术在内的复杂的微机械加工工艺。由于存在转子设计制作复杂、费用昂贵、磨损严重等缺点，驻波型压电微电动机真正实现微型化还有待于进一步深入研究。相比之下，行波式压电微电动机具有结构相对简单、费用低廉、磨损较低的特点。

几种微致动器驱动方式的比较见表 7-1。

表 7-1　若干微致动器驱动方式的比较

驱动方式	特　点
电磁	结构较复杂；驱动力矩较大，可制成小型或微型致动器；工艺复杂，与 IC 不兼容；转速高；有直流功耗
压电	结构简单；噪声低；响应快；抗干扰能力强；无直流功耗；驱动力矩大；转速低；与 IC 不兼容
静电	与 IC 兼容；转速高；易于控制；无直流功耗；驱动力矩较小；工作电压高；存在静电干扰
热（喷气）	驱动力矩大；工艺复杂；与 IC 不兼容
热（膨胀）	工艺简单；与 IC 兼容；直流功耗很大，效率低

3）微控制器

微控制器可以说是微机电系统的核心部分，由数据处理器和系统接口组成。

数据处理器的功能在于协调微机电系统与外界事物的所有关系，以完成预定任务，如对微传感器接收的数据信息进行处理，并控制微致动器的动作等。

微机电系统是自成体系的微小系统，与外界宏观系统的联系需要通道，这就是接口。微机电系统接口与微电子中的接口概念截然不同的是，后者仅仅传输电信号，相对容易实现，且技术经多年发展已比较成熟完善。而前者不仅需要传输数据及信息（多半以电信号形式出现），还需与外界宏观系统产生诸如热、光、机械（结构连接、力、力矩作用等）、流体（物质、能量交换）等的耦合关系，特别地，若应用于医疗、生物领域的微机电系统，有时还要与人、动植物发生信息、能量联系，因此"接口"更复杂。

微观与宏观的接口涉及工艺及材料选择的基本规则，由于传输元件及相互距离的微小化，元件的力学、热学、电磁学等特性在"微"领域中的特殊变异，导致接口的设计、制作变得更加复杂、困难，除去电信号能够以统一的数据格式为前提之外，机械的接口不会统一于某一种模式。

4）微动力源

为微机电系统提供能源是系统技术的重要组成部分，包括能源转换、能源传输和能源贮存等多种功能。微动力源需要具备小型、高密度、高效率的特点。微动力源可以有多种类型，电能是应用最广泛的能源。还有，机械能源多利用物体位置变化、变形产生位能来获得，可以利用气压、液压、惯性、弹性变形实现能量存储。采用辐射或传导方式传输热能的方式也在深入研究中，生化能源、光能源、化学能源等其他能源方式也非常适合应用于微机电系统。

7.3.2　微机电系统中的集成电路工艺

微机电系统中基于集成电路制造工艺的微机械加工技术是在集成电路工艺和理论的基础上发展起来的。IC 工艺的主要流程主要包括半导体晶体生长、晶片制备、晶片的处理加工、薄膜成形、曝光、印刷、掺杂、蚀刻、划片、封装等。微机械的制造除了特殊技术外，还大量应用了常规集成电路的工艺，如氧化、掺杂、外延、光刻等微机械加工工艺。这类工艺是迅速发展的各种微传感器、微执行器以及微结构的一类关键工艺。

1．薄膜成形

1）氧化

硅晶片氧化有如下目的：① 钝化晶体表面，形成化学和电的稳定表面；② 形成后续工艺步骤（扩散或离子注入）的掩膜；③ 形成介质膜-导电膜；④ 在衬底和其他材料间形成界面层（或牺牲层）。

氧化法通常在高温炉进行，根据炉内氧化气氛分为干氧氧化法、水蒸气氧化法和湿氧氧化法。其中采用丰富水蒸气和氧的湿氧氧化法兼有氧化膜质量好、速度快的优点。

2) 金属化

金属化是在晶片上形成一层金属膜，以形成电阻触点或金属-半导体触点。金属膜的形成方法有真空蒸镀法、溅射法、化学气相淀积法和电镀法等。其中真空蒸镀法和溅射法效率高，且为干式镀膜，得到广泛应用。

真空蒸镀法是在真空中金属熔化并蒸发成金属蒸气原子，淀积到基片上，在基片表面形成一层薄而均匀的金属膜。图 7-34 为真空蒸镀法示意。图 7-35 为溅射法的示意，在真空系统中充有一定压力的惰性气体（如氩气），通过高压电场的作用使氩气放电，产生的氩离子流迅速撞击阴极（固体溅射材料），打击出有相当大的动能的阴极原子（分子），在基片上淀积，形成薄膜。

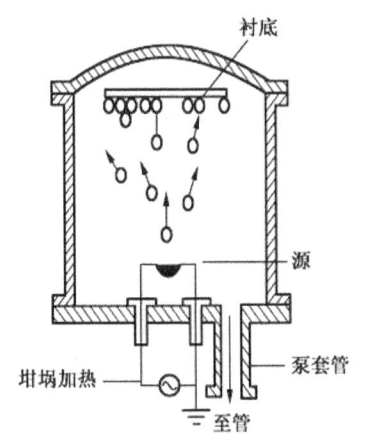

图 7-34 真空蒸镀法示意管

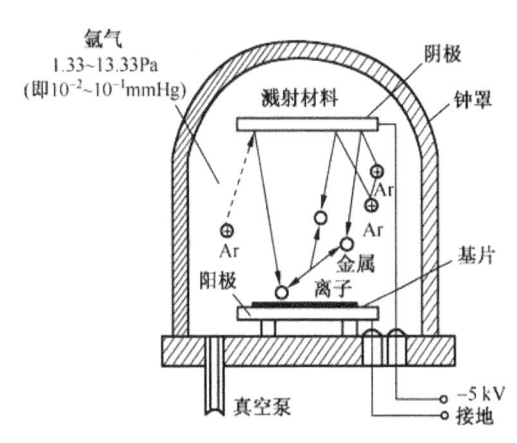

图 7-35 溅射法示意

3) 化学气相淀积

化学气相淀积法是容器中气相状态的化学物质在加热了的基片表面进行高温化学反应，可用来形成金属膜、介质膜、多晶硅膜等。化学气相淀积法可提供很好的保形覆盖层和均匀同步覆盖，而且一次能对大量晶片进行淀积，有利于批量生产。化学气相淀积方法有多种，如等离子增强型化学气相淀积、金属有机物化学气相淀积等。

图 7-36 为常压化学气相工艺装置的示意，由反应室、气体控制系统、衬底加热器和尾气回收几部分组成。反应气体进入反应室后，在衬底表面发生化学反应，同时在基片上淀积所需的薄膜。气体混合比例、气体流动方向、整体系统的清洁度将影响淀积薄膜的均匀性和致密度。

图 7-37 为等离子化学气相工艺装置的示意，由反应室、真空系统、射频电源、气体控制系统和尾气回收几部分组成。在两块平行的不锈钢板上施加高频电场，上极板加高衬底加热压，下极板接地并可旋转，把低压原料气体输入真空室内，输入电能，使其成为等离子状态，通过反应使薄膜淀积在基片上。

4) 外延

外延是在单晶硅衬底上生长单晶薄层的工艺，外延片指长有外延层的晶片。外延中新生单晶层按衬底晶向生长，并可不依赖于衬底中的杂质种类和掺杂水平控制其导电类型、电阻率和厚度等参数。

外延生长的特点是外延层能够形成与衬底相同的晶向，因而可在外延层上进行各种横向或纵向的掺杂分布和蚀刻加工，以制得各种形状，还可以利用外延形成的单晶及 p-n 结来实现自停止蚀刻。典型的外延厚度为 1~20 μm。外延的生长方法有多种，如气相外延、液相外延和分子束外延等。

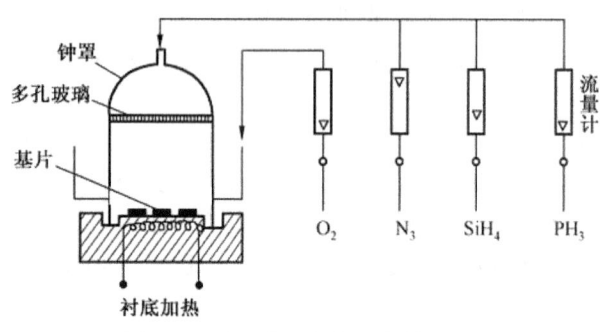

图 7-36　常压化学气相工艺装置的示意

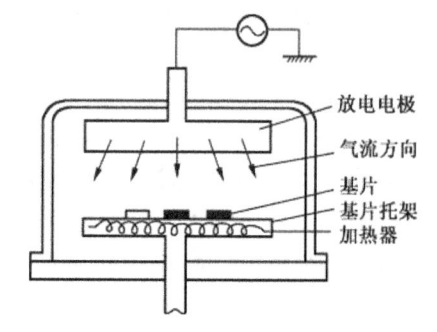

图 7-37　等离子化学气相工艺装置的示意

气相外延中，将硅源材料和氢气在高温作用下生成高纯度硅蒸气，蒸气淀积在单晶基片上并沿着单晶方向生长出有一定厚度的单晶层。在硅集成电路中通常采用气相外延。

分子束外延是在超高真空中由分子束源向基片喷射而形成外延薄膜，其生长速度非常慢。如利用结晶生长性质，可制成二维、三维的微结构。

5) 旋涂法

旋涂法的工艺很简单，在可变转速的旋转平台上基片以 500~5000 r/min 高速旋转，喷嘴对着基片的中心喷涂熔液体，将涂覆材料均匀涂在基片的上面。旋涂法常用来为衬底涂非电质的绝缘层、抗蚀剂和有机材料。

2．掺杂技术

掺杂技术是将所需的杂质以一定的方式掺入到半导体基片规定的区域内，并达到规定的数量和符合要求的分布，以达到改变材料电学性质、制造 p-n 结、互连线的目的。在微机械加工中，通过掺杂技术来实现自停止蚀刻、构造薄膜层。掺杂的方法有扩散法、离子注入法等。

1) 扩散法

杂质扩散是把硅片放在扩散炉中，通以含有掺杂剂的气体，在高温下，杂质蒸气分解，与硅反应，生成杂质单质原子，这些杂质原子经过硅片表面向内部扩散。常用硼作 p 型掺杂剂，砷和磷作 n 型掺杂剂，这三种杂质均可容易得到很高的掺杂浓度。

2) 离子注入法

离子注入是用杂质元素的离子束轰击晶片以达到掺杂的目的。杂质元素的离子束经电场加速，获得极大速度和能量，垂直打在晶片上。离子以高速度穿透晶体表面进入晶片，在晶片体内不断与晶片原子相撞，使得速度下降，最后在晶片内停留。控制离子束能量可以精确控制离子掺杂的位置和杂质原子的数量。图 7-38 为离子注入装置示意，离子源经多道工艺产生离子，离子经抽取后通过磁分析器选择所需的单质离子束通过可变狭缝进入加速管。加速管两端加有几十万伏的电压，在其强电场作用下，经过垂直扫描和水平扫描注入到半导体硅片上，使之形成一定的杂质分布。

离子注入法的最大特点是它的掺杂是在较低的温度（750℃）下进行的。与扩散方法相比，离子注入法可以精确控制掺入杂质的数量、重复性好、加工温度低等优点。

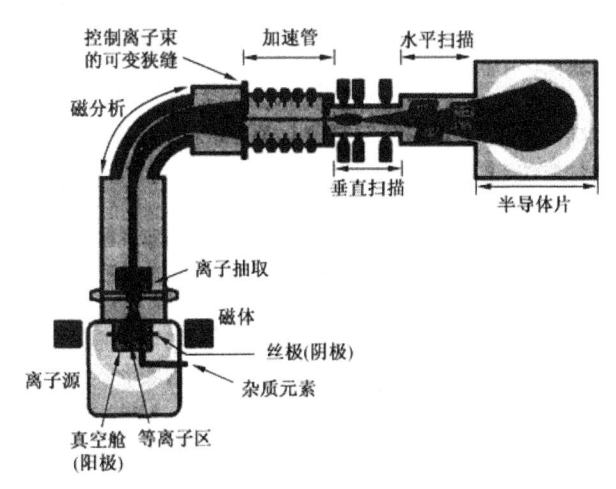

图 7-38　离子注入装置示意

【应用点评 7-8】　表面微加工技术

表面微加工技术主要涉及到薄膜、沉积、腐蚀等工艺手段。其中腐蚀技术以湿法腐蚀为主。薄膜是微制造技术中最为重要的步骤。薄膜材料的选择也很广泛，包括金属、二氧化硅、氮化硅、多晶硅、有机物等很多种材料，而材料的选择根据具体任务需求来决定。沉积方法也是多种多样的，一般来说，常用的方法主要有 3 种：化学气相沉积（CVD）、物理气相沉积（PVD）和电化学沉积。

7.3.3　微机械加工实例

1. 微惯性器件

利用体硅加工与静电键合工艺相结合制造的微惯性器件，涉及如图 7-39 所示三层结构。

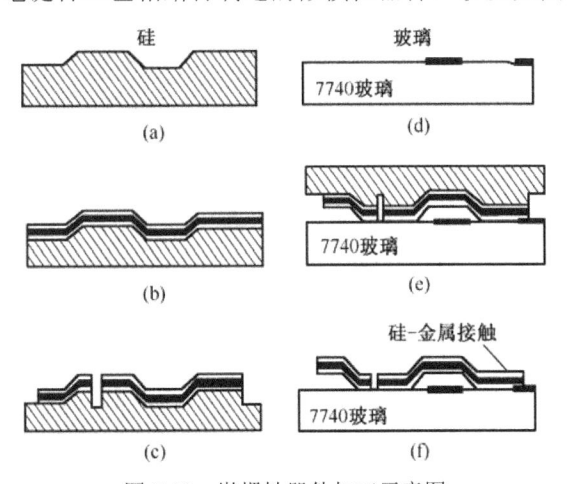

图 7-39　微惯性器件加工示意图

加工过程如下：

(1) 如图 7-39(a)所示，在 p 型硅（100）晶面上用 KOH 溶液蚀刻出窗口。

(2) 如图 7-39(b)所示，在高温下对蚀刻出的窗口及未蚀刻的晶面上扩散一层厚度为 5～10 μm 的硼。

(3) 如图 7-39(c)所示，利用反应离子刻蚀技术在对硼层和硅衬底进行刻蚀。

(4) 如图 7-39(d)所示，在一个 7740 玻璃基板上蚀刻出两个窗口，并淀积钛、铂、金等金属膜。

(5) 如图 7-39(e)所示，将加工好的硅片与玻璃基板进行静电键合。

(6) 如图 7-39(f)所示，把键合好的硅片和玻璃片放入乙二胺—邻苯二酚（EDP）溶液中，将 p 型硅蚀刻掉，得到所需的结构。

2．单自由度多晶硅梁

图 7-40 给出了采用表面微加工工艺制作的一个单自由度多晶硅梁的工艺过程。

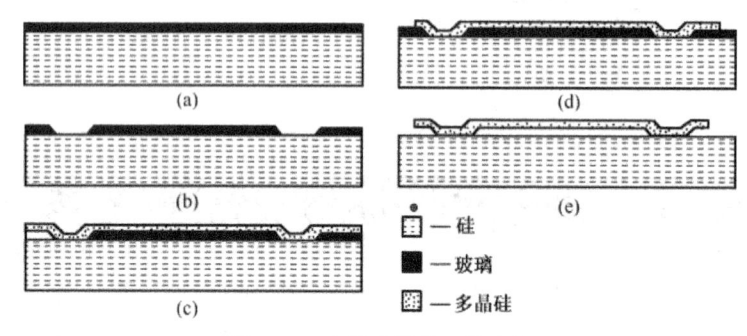

图 7-40 多晶硅梁的工艺过程

加工过程如下：

(1) 如图 7-40(a)所示，在基板上淀积一层绝缘层作为牺牲层。牺牲层由低压强化学气相沉积（LPVCD）方法淀积磷硅玻璃（PSG）层构成。磷硅玻璃在氢氟酸中的蚀刻速率比二氧化硅的蚀刻速率高。

(2) 如图 7-40(b)所示，在牺牲层上进行光刻，蚀刻出窗口。

(3) 如图 7-40(c)所示，在蚀刻出的窗口及牺牲层上淀积多晶硅（或金属、合金、绝缘材料）作为结构层。当采用多晶硅作为结构层时，为降低热应力效应，须在 1050℃高温氮气中退火 1 小时。

(4) 如图 7-40(d)所示，采用干法蚀刻方法在结构层上进行第二次光刻。

(5) 如图 7-40(e)所示，采用湿法蚀刻从侧面将牺牲层蚀刻掉，释放结构层。

3．墨水喷嘴阵列

墨水喷嘴阵列是最早开发的微机械产品之一，是计算机外部打印设备中的重要部件。为了达到高速、高质量的打印效果，要求喷嘴尺寸精确、嘴孔内壁面垂直、平整，嘴孔尺寸均匀、嘴与嘴间的间距均匀。采用微机械加工技术能够满足上述要求，所制得的喷嘴阵列尺寸精度高、小型、可靠、制造简易、成本低，能与有关微电路集成，适宜于大批生产。

墨水喷射印刷的原理是：墨水通过喷嘴时被加压，形成导电的细束墨水流；压电振荡器以固定的频率振动墨水喷嘴阵列，使墨水流断成均匀的液滴流；加静电，使需要的液滴带电并从主喷流方向通过静电作用向外偏转，而未带电的液滴则使之打击在纸上。

墨水喷嘴是在 100 硅片中制出穿通硅片的锥形方孔所构成，长方形的喷嘴孔的四个侧面与 111 面平行，即孔的侧壁为 111 面所包围，如图 7-41 所示。孔顶和孔底的两个面与 100 面平行，长方形的边长是 111 面与 100 面的交界并平行于 110 面。由于对 111 面蚀刻速度极慢，因而能自动形成由 111 面所包围的锥孔，且孔的四个侧面十分平整而垂直，这是用微机械加工技术制造喷嘴中难以用其他技术所取代的显著优势。

4．热导检测器

热导检测器（如图 7-42 所示）一般用 n 型 100 小硅片批量制造，然后装在直径 50 mm 硅片上色谱栓的出口处。其制作过程是，先在硅片上热生长 100 nm 厚的氧化膜，再在其上表面溅射淀积一层厚 1.5 μm 的耐热玻璃。在此硅片的背面蚀刻出一个 300 μm × 700 μm 的空腔，以除去检测器传感区底下的导热硅。最后，在上表面蒸发沉积一层厚 100 nm 的镍作为电阻传感器。

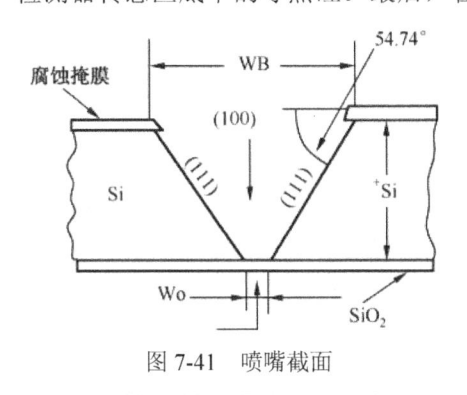

图 7-41　喷嘴截面

图 7-42　热导检测器

> **【应用点评 7-9】微器件的几何量测量**
>
> 微机电系统一般在 1 mm 以下，因此不能采用常规的测量几何尺寸的方法进行测量，通常使用光学工具显微镜和扫描电子显微镜等进行几何尺度测量。人眼的分辨率为 100 μm，而光学显微镜的最高分辨率为 0.2 μm。在制造 MEMS 中，显微镜可测量工件长度、角度、分度、形状和位置误差。
>
> 扫描电子显微镜的设计思想和工作原理早在 1935 年便已被提出来了。从电子枪阴极发出的电子束，受到阴阳极之间加速电压的作用射向镜筒，经过聚光镜及物镜的会聚作用，缩小成直径约几纳米的电子探针。1942 年，英国首先制成一台实验室用的扫描电镜，1956 年开始生产商品扫描电镜。扫描电镜已广泛地应用在生物学、医学、冶金学等学科的领域中，促进了各有关学科的发展。

7.3.4　微机电系统的应用

1．汽车工业领域应用

汽车微传感器发展迅速，技术日趋成熟完善，能满足汽车环境苛刻、可靠性高、精度准确、成本低的要求。每辆高档汽车大约采用 25～40 只微传感器，极大地推动了电子技术在汽车上的应用，已成为企业争先投资开发的热点，用于测量进气歧管压、大气压、油压、轮胎气压等，表 7-2 列出了一些主要用途。

表 7-2　汽车用微传感器的主要用途

歧管压力测量	点火提前角控制、空燃比控制、废气循环控制
大气压测量	空燃比修正
气缸内气压测量	爆震控制
燃油喷射压力测量、控制	柴油共轨系统
充气压力测控	安全气囊系统
传动油压测量、控制	变速自动控制

	续表
制动油路油压测量、控制	制动系统
角速率测量	汽车导航、汽车底盘控制系统
加速度测量	汽车安全气囊打开控制
悬挂液压测量、控制	悬挂系统
压缩机压力测量	工作压力控制
轮胎气压测量	轮胎气压监测

2. 生物医学领域应用

微机电系统在生物医学工程中的应用是研究的重要目标之一。微机电系统在医学中的应用日益广泛，如微小医疗机器人、微小人工血管、微小血管检测器、细胞操作器、可进入人体腔道进行检查和手术的微型机械，用于外科手术中可实现各种微细操作的微型可控镊子等。微机电系统在生物工程中的应用研究主要集中在以下几方面：人体微小器官和组织的检测和治疗、脑功能的研究、细胞研究、基因研究等。

为了将外科手术对人体的损伤减低到最小，国际生物医学工程领域倡导的微创外科手术成为发展的必然趋势。制约微创外科手术发展的主要问题在于触觉反馈、视觉信息的获取和体内手术仪器的灵敏度，因此，开发高精度的微传感器、体内照明系统和柔性的微机器人将成为推动微创外科手术进步的关键。

日本研制了用形状记忆合金制作微小机器人，外径仅 2.5 mm，弯曲角度达 60°，采用电阻值反馈法控制。形状记忆合金的材料特性决定其能产生多种蛇游运动形式，以此制成的器械可以在弯曲、粘滑、复杂的人体内腔道环境中运动自如，诊断或治疗病灶。美国研制成的超微机器人尺寸可达到亚微米级，能注入或吞入体内，疏通消化道和血管，可以清除毒物、病变细胞及其他"垃圾"。在医用微机器人方面，美国已开发出用于眼球视网膜显微手术的六自由度微操作机械手样机；日本研制出用于细胞操作的双指微操作手样机，在细胞手术中，通过控制微推进器，把一种直径为 1 μm 的生理微电极送入神经组织内来治疗帕金森病、癫痫、精神分裂症等。

微型驱动机器人带动光学成像、体内照明、前端物镜黏附物清除装置自动进入人体，完成体内检查和体内微细手术等功能。微型机器人采用电磁式驱动，结构简单，控制方便灵活，通过改变激励脉冲时序来使驱动器前进和后退，并具有输出力和步距都较大的优点，适于在狭窄的人体肠道行进。由于人体内部结构和人体内环境的特殊性、复杂性，系统还有待完善，如驱动器的结构和运动原理应能更好地适应人体环境、采用新型的复合材料与人体器官相容等。

3. 航空航天军事领域应用

陀螺是航天、航空、军事等领域的一种重要敏感元件。传统的陀螺仪由高速旋转的转子、内环、外环和基座组成，内外环精度高，加工难度大，以往通常采用机械加工制造，成品陀螺仪体积大，质量重，成本高。硅微机械陀螺是 20 世纪 80 年代发展起来的新型陀螺，利用微细加工技术制成。与传统机械式陀螺相比，硅微机械陀螺具有体积小、质量轻、工艺简单、可批量生产、价格低、可集成化等优点。

微型惯性测量系统（MIMS）在军事领域的典型应用有：弹药制导和人员导航用的片上惯性导航装置，弹道修正引信用 MIMS 器件与传感器系统，单兵作战信息传感系统，引信全电子安全、保险和点火系统，侵彻炸点自适应控制，导弹飞行参数测试，航弹用 MIMS 惯性测量组合，战场环境监测微小飞机，安全监视分布式无人值守战斗单元传感器，星箭飞行过程与状态测试等。

微型飞行器（Micro Aerial Vehicle，MAV）概念起源于20世纪90年代初。微型飞行器具有体积小、质量轻的飞行平台优势，携带方便、操作简单、隐蔽性好、机动灵活，在军民两方面具有十分广阔的应用前景。微型飞行器可以进行敌情侦察及监视，可以携带微型战斗部件执行攻击，用于目标搜索、信号干扰和通信中继，搜寻灾难幸存者和有毒气体或化学污染源，用于森林防火、大型牧场和城区监视，测量农业生产中广袤地域的生态环境及监测病虫害状况等。

微型卫星一般指质量为1~20 kg的卫星，纳米卫星则指质量低于1 kg的卫星。与大卫星相比，微小卫星具有成本低、质量轻、体积小、性能高、研制周期短等特点，可极大地提高发射可靠性并增加发射次数。单颗廉价微小卫星既可用于快速完成单项任务，又能与众多低成本、高性能微小卫星组成卫星星座群，完成复杂的航天任务。MEMS技术可用于卫星的许多分系统中，如制导传感器（微陀螺和微加速度计）、执行器（焦平面微执行器）、液体流量控制器（微阀）和状态监控传感器（压力微传感器、温度微传感器）等，其他潜在的应用包括微推进器和超精巧型微致动光学元件。

4．一般工业领域应用

工业管道微机器人中的微执行器携带传感器和操作器进入复杂系统的工业管道通道孔，检查狭窄处的微裂缝以及不拆卸机械系统修补危险点。管道微机器人具备多自由度弯曲管系统、检测装置和修复装置，能对发电厂、化工厂的管道、家庭燃气管、水管的管内检查、核电站中的透平机及飞机发动机内部检查。日本研制了能进入工业管道检修的微机器人。开发的一种蠕动式管道微机器人结构为蚯蚓式移动单元，采用气压驱动柔性微执行器，整个机器人由三节单元组成，按照一定控制规律使三节单元协调动作，实现微机器人在直径为20 mm管道内的灵活移动，移动速度为2.2 mm/s，最大牵引力达0.22 N。

通常，把被加工零件的尺寸精度和形位精度达到零点几微米、表面粗糙度低于百分之几微米的加工技术称为超精密加工技术。超精密加工技术在国防工业、信息产业和民用产品中都有着广泛的应用前景。目前，微机器人在超精密加工领域中的应用主要有以下几种方式：微加工机器人，宏微机器人双重驱动，机床与微机器人结合，扫描隧道显微镜和原子力显微镜等。携带各种微操作、加工、测量工具的微小机器人，不仅可以进行精密零件加工、检验和装配，还可以合作完成一些大型机床难以完成的工序。因此，基于微机器人的超精密加工成为实现超精密加工的一种有效方式。日本开发了一组尺寸大约在1立方英寸的微小机器人，由压电晶体驱动，电磁铁实现在工件表面的定位，不仅可以在水平表面移动，还可以在立面和天棚移动，不需要导轨等辅助装置，还提供了模块化设计，为完成不同的微观操作，可以选择不同的工具，如小锤、微检测工具和灰尘捕获探针等。在加工试验中，一个微钻机器人由减速齿轮驱动，其他则由直流电动机带动小齿轮驱动，可以合作进行工件表面的微孔加工。

仿人机器人是多学科先进技术的综合体现，所涉及关键技术的研究成果对国民经济多个领域有重要的推动作用，是一个国家在先进制造技术和自动化领域的研究水平和实力的重要体现之一。仿人机器人走进社会、使机器人融入人类生活，对于推动人类生活方式的变革有重要意义。因此，机器人"人"化已成为当前机器人领域最活跃的研究热点之一。

【应用点评7-10】 微流体器件

微流动系统作为微机电系统的一个重要分支，近年来取得了很大的进展。微流动系统是由微泵、微阀、微传感器等微型流动元件组成的，可进行微量流体的压力、流量和方向控制及成分分析的微机电系统。MEMS 在流体力学中的应用最主要的是流场的测量和流动控制两方面，其优越性非常明显。

作为微机电系统的一个较大分支，微流动系统同样具有集成化和大批量生产的特点，同时由于尺寸微小，可减小流动系统中的无效体积，降低能耗和试样用量，而且响应快，因此有着广泛的应用前景，如液体和气体流量配给、化学分析、微型注射和药物传送、集成电路的微冷却、微小型卫星的推进等。

微流动系统由以下部分构成：微型流量传感器、微流体流速传感器、微流体压力传感器、微泵、微阀及集成微流体控制系统。

7.4 习题

7-1 RP 技术的特点有哪些？为什么说它有较强的适应性和柔性？

7-2 RP 技术与传统的受迫成形和去除成形有什么不同？

7-3 SLA 技术是基于什么原理工作的？其制造精度如何？制造时是否要支撑？

7-4 LOM 的工作原理是什么？是否属于先进的 RP 技术？

7-5 SLS 可利用什么材料成形？是否需要支撑？

7-6 FDM 是利用什么方法成形的？为何可直接用于熔模铸造？

7-7 3D-P 与 SLS 技术的异同点是什么？为什么称其为三维印刷？

7-8 为什么说，SDM 是去除加工和分层堆积加工相结合的新型 RP 工艺？

7-9 MEM 的定义及应用前景如何？

7-10 激光熔覆技术的主要应用领域有哪些？

7-11 简述微机电系统的定义和特点。

7-12 MEMS 的概念是什么？列举三种以上 MEMS 产品及应用。

7-13 简述 LIGA 技术中，X 光深层光刻工艺的各关键技术及要求。

7-14 微细电火花和微细电化学加工与常规电火花和电化学加工有何异同？

7-15 简述 LIGA 和 UV-LIGA 的共同点和区别及其在 MEMS 中的应用。

7-16 湿法刻蚀和干法刻蚀的概念是什么？二者的共同点和区别是什么？

7-17 光刻各过程的作用是什么？光刻在整个微制造中的地位如何？

7-18 简述集成电路工艺各工序及技术内容。

参考文献

[1] 刘晋春，赵家齐，赵万生. 特种加工. 北京：机械工业出版社，2004.
[2] 郑启光. 激光先进制造技术. 武汉：华中科技大学出版社，2002.
[3] 盛新志，娄淑琴. 激光原理. 北京：清华大学出版社，2010.
[4] 邵丹，胡兵，郑启光. 激光先进制造技术与设备集成. 北京：科学出版社，2009.
[5] [德]Reinhart Poprawe. 激光制造工艺：基础、展望和创新应用实例. 北京：清华大学出版社，2008.
[6] 张通和，吴瑜光. 离子束表面工程技术与实用. 北京：机械工业出版社，2005.
[7] 刘金声. 离子束技术及应用. 北京：国防工业出版社，1995.
[8] 范玉殿. 电子束和离子束加工. 北京：机械工业出版社，1989.
[9] 徐家文，云乃彰，王建业. 电化学加工技术. 北京：国防工业出版社，2008.
[10] 金庆同. 特种加工. 北京：航空工业出版社，1988.
[11] 文秀兰，林安，谭昕，钟建琳. 超精密加工技术与设备. 北京：化学工业出版社，2006.
[12] 张辽远. 现代加工技术. 北京：机械工业出版社，2002.
[13] 孔庆华. 特种加工. 上海：同济大学出版社，1997.
[14] 范植坚，李新忠，王天诚. 电解加工与复合电解加工. 北京：国防工业出版社，2008.
[15] 建业，徐家文. 电解加工原理及应用. 北京：国防工业出版社，2001.
[16] 张建华，张勤河，贾志新. 复合加工技术. 北京：化学工业出版社，2005.
[17] 王贵成，张银喜. 精密与特种加工. 武汉：武汉理工大学出版社，2002.
[18] 颜永年，等. 中国材料工程大典. 哈尔滨：哈尔滨工程大学出版社，2008.
[19] 颜永年，等. 快速成形与铸造技术. 北京：机械工业出版社，2004.
[20] 郭戈，等. 快速成形技术. 北京：化学工业出版社，2005.
[21] 朱荻，等. 微机电系统与微细加工技术. 哈尔滨：哈尔滨工程大学出版社，2008.
[22] 莫锦秋. 微机电系统设计与制造. 北京：化学工业出版社，2004.
[23] 刘广玉，等. 微机械电子系统及其应用. 北京：北京航空航天大学出版社，2003.
[24] [美]格雷戈里 T. A. 科瓦奇. 微传感器与微执行器全书. 张文栋，译. 北京：科学出版社，2003.
[25] 石庚辰. 微机电系统技术. 北京：国防工业出版社，2002.

读者服务表

尊敬的读者：

感谢您采用我们出版的教材，您的支持与信任是我们持续上升的动力。为了使您能更透彻地了解相关领域及教材信息，更好地享受后续的服务，我社将根据您填写的表格，继续提供如下服务：

1．免费提供本教材配套的所有教学资源；
2．免费提供本教材修订版样书及后续配套教学资源；
3．提供新教材出版信息，并给确认后的新书申请者免费寄送样书；
4．提供相关领域教育信息、会议信息及其他社会活动信息。

基本信息					
姓名		性别		年龄	
职称		学历		职务	
学校		院系（所）		教研室	
通信地址				邮政编码	
手机		办公电话		住宅电话	
E-mail				QQ 号码	
教学信息					
您所在院系的年级学生总人数					
	课程1		课程2		课程3
课程名称					
讲授年限					
类　　型					
层　　次					
学生人数					
目前教材					
作　　者					
出 版 社					
教材满意度					
书评					
结构（章节）意见					
例题意见					
习题意见					
实训/实验意见					
您正在编写或有意向编写教材吗？希望能与您有合作的机会！					
状　态		方向/题目/书名			出 版 社
正在写/准备中/有讲义/已出版					

与我们联系的方式有以下三种：

1．发 Email 至 yuy@phei.com.cn，领取电子版表格；
2．打电话至出版社编辑 010-88254556（余义）；
3．填写该纸质表格，邮寄至"北京市万寿路173信箱，余义 收，100036"

我们将在收到您信息后一周内给您回复。电子工业出版社愿与所有热爱教育的人一起，共同学习，共同进步！

反侵权盗版声明

电子工业出版社依法对本作品享有专有出版权。任何未经权利人书面许可，复制、销售或通过信息网络传播本作品的行为；歪曲、篡改、剽窃本作品的行为，均违反《中华人民共和国著作权法》，其行为人应承担相应的民事责任和行政责任，构成犯罪的，将被依法追究刑事责任。

为了维护市场秩序，保护权利人的合法权益，我社将依法查处和打击侵权盗版的单位和个人。欢迎社会各界人士积极举报侵权盗版行为，本社将奖励举报有功人员，并保证举报人的信息不被泄露。

举报电话：（010）88254396；（010）88258888
传　　真：（010）88254397
E-mail：dbqq@phei.com.cn
通信地址：北京市万寿路 173 信箱
　　　　　电子工业出版社总编办公室
邮　　编：100036